中国耕地轮作休耕制度研究

赵其国 滕 应等 著

科学出版社

北京

内 容 简 介

　　实施耕地轮作休耕制度是保障我国粮食安全和农业绿色发展长效机制的科学路径。本书分析了我国粮食安全面临的新形势与新问题，对比了我国与发达国家的轮作休耕制度，研究了我国农业资源承载力与环境容量、轮作休耕耕地资源现状与区划，并重点阐述了地下水漏斗区、重金属污染区、连作障碍区、生态严重退化区耕地轮作休耕制度试点工作的进展、存在问题和对策建议。本书系统介绍了我国耕地轮作休耕制度试点工作研究的最新成果，为我国耕地轮作休耕制度的设计与发展提供第一手基础资料，具有重要的现实指导意义。

　　本书可供有关科研、教学和管理部门的耕地生态环境保护科学工作者、研究生、技术人员和管理人员参考。

审图号：GS（2019）4050 号

图书在版编目（CIP）数据

中国耕地轮作休耕制度研究/赵其国等著. —北京：科学出版社，2019.11
ISBN 978-7-03-062581-6

Ⅰ．①中⋯　Ⅱ．①赵⋯　Ⅲ．①休耕–轮作–研究–中国　Ⅳ．①S344.1

中国版本图书馆 CIP 数据核字（2019）第 224293 号

责任编辑：周　丹　沈　旭/责任校对：杨聪敏
责任印制：师艳茹/封面设计：许　瑞

科学出版社 出版
北京东黄城根北街 16 号
邮政编码：100717
http://www.sciencep.com
三河市春园印刷有限公司 印刷
科学出版社发行　各地新华书店经销
＊
2019 年 11 月第 一 版　　开本：787×1092　1/16
2019 年 11 月第一次印刷　　印张：19
字数：443 000

定价：189.00 元
（如有印装质量问题，我社负责调换）

前　言

　　开展耕地轮作休耕制度试点，是中央确定的一项农业领域重大改革任务。近年来，我国粮食正呈现生产量、进口量、库存量"三量齐增"的突出现象。在粮食连年增产的同时，我国农业生产也面临着资源环境的多重挑战，耕地高强度开发利用、耕地地力严重透支、水土流失、地下水严重超采、土壤质量退化、重金属污染加重已成为制约农业可持续发展的突出矛盾。2016 年、2017 年、2018 年、2019 年中央一号文件连续四年明确指出探索实行"耕地轮作休耕制度试点"，通过轮作、休耕、退耕、替代种植等多种方式，对地下水漏斗区、重金属污染区、生态严重退化地区开展综合治理，保护耕地质量和地下水资源，防治和修复土水污染，确保农业生态环境恶化趋势总体得到遏制，保护粮食生产能力，确保耕地急用之时粮食能够产得出、供得上，推进农业供给侧结构性改革，保障国家粮食安全。十九大报告中明确要求"严格保护耕地，扩大轮作休耕试点，健全耕地草原森林河流湖泊休养生息制度"。因此，如何有序、稳妥、科学地推进耕地轮作休耕制度，探索藏粮于地的具体实现途径，加强资源保护和生态修复，对推动我国农业绿色发展和资源永续利用具有重要战略意义。

　　为了深入调研我国耕地轮作休耕制度试点进展及其存在的战略性问题，中国科学院学部工作局启动了"探索实行耕地轮作休耕制度试点问题咨询研究"项目（2016ZWH002A-002），由中国科学院南京土壤研究所赵其国院士牵头承担，并成立了项目工作组。项目组于 2016～2018 年组织 20 余位院士和专家在湖南、河北、江苏、贵州、黑龙江进行了实地调查与考察、咨询与研讨活动。项目组在大量调查、观测和研究工作的基础上，对我国主要地下水漏斗区、重金属污染区、生态严重退化地区、东北冷凉区、北方农牧交错区等的耕地轮作休耕制度试点成效、问题、成因进行了深入分析和研究，取得了大量的第一手资料。本书共十章，涵盖了我国粮食安全面临的新形势与新问题、我国农业资源承载力与环境容量、东西方国家轮作休耕制的发展及启示、我国耕地轮作休耕制度发展现状、我国轮作休耕的耕地资源现状与区划、地下水漏斗区耕地轮作休耕制度试点研究、重金属污染区耕地的轮作休耕技术、连作障碍区耕地轮作休耕技术、生态严重退化区耕地轮作休耕制度试点及我国耕地轮作休耕制度试点体制机制等，内容丰富，系统性强，对我国耕地轮作休耕制度设计与发展具有重要指导作用。

　　本书共分十章，第一章由徐明岗和周海燕（中国农业科学院农业资源与农业区划研究所）完成；第二章由黄标和张艳霞（中国科学院南京土壤研究所）完成；第三章由骆世明、赵飞、向慧敏（华南农业大学）完成；第四章由黄国勤（江西农业大学）、赵其国（中国科学院南京土壤研究所）、邱崇文（广东海纳农业研究院）完成；第五章由潘贤章和赵其国（中国科学院南京土壤研究所）完成；第六章由孙继朝、荆继红、王金翠、刘春燕（中国地质科学院水文地质环境地质研究所）完成；第七章由王果（福建农林大学）和纪雄辉（湖南省农业科学院土壤肥研究所）完成；第八章由段增强、赵其国（中国科学院南京土壤研究所）完成；第九章由骆永明、赵其国和李小平（中国科学院南京土壤研究所）等完成，其中第一节由张兴义（中国科学院东北地理与农业生态研究所）执笔，第二节由刘国彬（中国科学院水利部水土保持研究所）和樊廷录（甘肃省农业科学院）执笔，第三节由王克林（中国科学院亚热带农业生态研究所）和刘永贤（广西农业科学院农业资源与环境研究所）执笔，第四节由王家嘉（安徽省农业科学院土壤肥料研究所）执笔，第五节由黄国勤（江西农业大学）执笔，第六节由周志高和王兴祥（中国科学院南京土壤研究所）执笔，第七节由赵玉国（中国科学院南京土壤研究所）执笔；第十章由沈仁芳、赵其国、滕应、李秀华（中国科学院南京土壤研究所）等完成。全书由赵其国院士、滕应研究员统稿、定稿。本书在出版过程中得到了福建省农业科学院谢华安院士、中国科学院南京土壤研究所沈仁芳所长等的关心和指导，得到了中国科学院学部工作局谢光锋处长、李鹏飞副处长、席亮博士、秦佩恒副研究员等的大力支持，得到了过园高级工程师、李小平高级工程师和李秀华工程师在文字编辑方面的悉心帮助，在此一并表示诚挚的感谢！

由于作者水平有限，加之时间仓促，书中内容难免有不妥之处，敬请专家和读者不吝指正。

谨以此书献给中华人民共和国成立 70 周年！

赵其国
中国科学院南京土壤研究所
2019 年 10 月 1 日

目　录

前言
第一章　我国粮食安全面临的新形势与新问题 ················· 1
　　第一节　国际粮食安全格局与发展态势 ················· 1
　　第二节　我国粮食安全面临的突出问题 ················· 6
　　第三节　实现我国粮食安全的战略途径 ················· 20
　　参考文献 ················· 24
第二章　我国农业资源承载力与环境容量 ················· 26
　　第一节　农业资源承载力和环境容量概述 ················· 26
　　第二节　我国农业资源承载力和环境容量现状 ················· 32
　　第三节　我国农业资源环境承载力调控方向与途径 ················· 58
　　参考文献 ················· 61
第三章　东西方国家轮作休耕制的发展及启示 ················· 62
　　第一节　东西方传统农耕制度特点及形成的历史原因 ················· 62
　　第二节　发达国家耕作制度的发展与轮作休耕制的形成 ················· 70
　　第三节　发达国家经验对建立中国轮作休耕制的启示 ················· 77
　　参考文献 ················· 80
第四章　我国耕地轮作休耕制度发展现状 ················· 82
　　第一节　我国各地耕地轮作休耕制度的类型与模式 ················· 82
　　第二节　我国耕地轮作休耕制度试点进展与成效 ················· 92
　　第三节　当前我国耕地轮作休耕制度存在的主要问题 ················· 97
　　第四节　我国耕地轮作休耕制度发展建议 ················· 100
　　第五节　结语 ················· 104
　　参考文献 ················· 104
第五章　我国轮作休耕的耕地资源现状与区划 ················· 105
　　第一节　我国轮作休耕区划的必要性 ················· 105
　　第二节　我国轮作休耕的耕地资源现状 ················· 106
　　第三节　我国耕地轮作休耕区划原则与方法 ················· 118
　　第四节　我国耕地轮作休耕区划 ················· 127
　　参考文献 ················· 134
第六章　地下水漏斗区耕地轮作休耕制度试点研究 ················· 136
　　第一节　我国地下水漏斗区的形成与分布 ················· 136
　　第二节　河北平原地下水漏斗形成变化解析 ················· 137
　　第三节　漏斗区耕地轮作休耕试点技术 ················· 161

　　参考文献 ………………………………………………………… 165
第七章　重金属污染区耕地的轮作休耕技术 ………………………… 166
　　第一节　我国耕地重金属污染现状与防治 ……………………… 166
　　第二节　湖南试点区耕地重金属污染与风险防控 …………………… 174
　　第三节　重金属污染区耕地轮作休耕制度试点现状与问题 ……………… 189
　　第四节　对策建议 …………………………………………… 192
　　参考文献 ………………………………………………………… 195
第八章　连作障碍区耕地轮作休耕技术 ………………………………… 197
　　第一节　我国耕地连作障碍现状与成因 ………………………… 197
　　第二节　我国耕地连作障碍防治技术 …………………………… 214
　　第三节　连作障碍区轮作休耕试点现状与问题 ………………… 221
　　第四节　对策建议 …………………………………………… 226
　　参考文献 ………………………………………………………… 228
第九章　生态严重退化区耕地轮作休耕制度试点 …………………… 231
　　第一节　东北水土流失与有机质下降区 ………………………… 231
　　第二节　西北干旱半干旱风沙区和水土流失区 ………………… 239
　　第三节　华北平原砂姜黑土板瘦障碍区 ………………………… 246
　　第四节　长江中下游水田僵板化和酸化区耕地轮作休耕试点 …… 255
　　第五节　南方红壤旱地水土流失和酸化区 ……………………… 262
　　第六节　西南喀斯特石漠化区耕地轮作休耕制度试点 ………… 269
　　第七节　西藏高原农业区耕地轮作休耕制度 …………………… 276
　　参考文献 ………………………………………………………… 279
第十章　我国耕地轮作休耕制度试点体制机制 ……………………… 281
　　第一节　制度试点的体制机制现状 ……………………………… 281
　　第二节　目前存在的体制机制问题 ……………………………… 286
　　第三节　体制机制的对策建议 …………………………………… 289
　　参考文献 ………………………………………………………… 292

第一章　我国粮食安全面临的新形势与新问题

第一节　国际粮食安全格局与发展态势

粮食是人类赖以生存的最基本的生活必需品，是人类从事其他一切活动的前提。根据联合国粮食及农业组织（FAO）的定义，粮食主要包括水稻、小麦、玉米、大豆和马铃薯等。粮食安全（food security）始终是经济发展和社会稳定的基础，始终是关系国家安全的长期战略性问题。1983 年，FAO 确定的粮食安全的最终目标是，确保所有人在任何时候既能买得到又能买得起所需要的任何食品。1996 年，联合国粮食及农业组织在罗马召开世界粮食首脑会议，给出了粮食安全的定义。粮食安全是指所有人在任何时候都能在物质和经济上获得足够、安全和富有营养的粮食来满足其积极和健康生活的食品需求和食物喜好。从以上可以看出，粮食安全主要涵盖四个方面：第一，粮食供给，取决于国内生产、进口能力和库存，反映政府和市场可提供足够数量和合格质量的粮食供给的能力；第二，粮食获取，用来衡量个人是否拥有足够的资源获取适当的有营养的食品；第三，供给和获取的稳定性，取决于天气条件、市场价格的涨落、自然和人为灾害及政治、经济等其他问题；第四，粮食利用和食品安全，取决于适当的食物实践、食品安全和质量、清洁用水、充分利用食物能力、营养需求达标情况。

一、世界粮食生产状况及发展态势

（一）1980 年以来世界粮食产量持续增长

世界范围内的主要粮食作物包括玉米、小麦、水稻、大豆、谷子和高粱等，其中，前三种作物占到全世界粮食的 50%以上。根据联合国粮农组织统计，1980～2016 年，世界主要谷物（玉米、小麦和水稻）总产量由 12.3 亿 t 增长至 25.5 亿 t，年均增长率为 2.05%，总体呈现波动上升趋势。可以将其清晰地分为两个阶段，1980～2000 年的平稳增长期和 2001～2016 年的快速增长期（图 1.1）。1980～2000 年，世界产量最多的粮食是小麦，2000 年以后，玉米占世界粮食产量的比例最高。1980～2016 年，世界大豆产量由 0.81 亿 t 增长至 3.34 亿 t，年均增长率为 4.01%。

（二）亚美欧始终处于世界粮食生产的核心

由图 1.2 和表 1.1 分析，1980～2010 年，全球多数地区的主要粮食作物产量波动上升，亚洲、美洲和欧洲是世界粮食产量最为集中的三个地区。2010 年，亚洲的主要粮食产量为 11.8 亿 t，占全球主要粮食总产量的 54%；美洲的主要粮食产量为 5.89 亿 t，占全球主要粮食总产量的 27%；欧洲的主要粮食产量为 2.91 亿 t，占全球主要粮食总产量的 13%。上述三个地区的主要粮食产量合计为 20.6 亿 t，占全球粮食产量的比例为 94%。

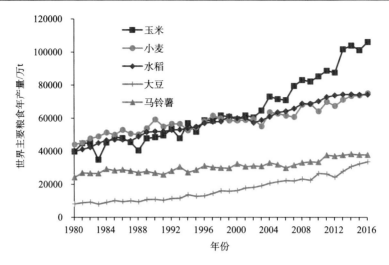

图 1.1　世界主要粮食年产量变化趋势（数据来源：FAO）

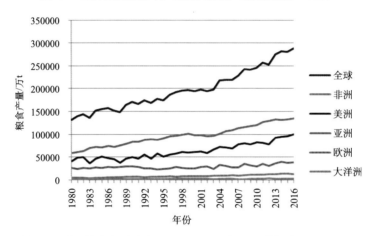

图 1.2　世界粮食产量分布（1980~2016 年）（数据来源：FAO）

粮食产量=小麦产量+玉米产量+水稻产量+大豆产量

表 1.1　各地区主要粮食作物产量所占份额的变化　　　（单位：%）

地区	1980 年	1990 年	2000 年	2010 年
亚洲	46	51	53	54
美洲	28	26	27	27
欧洲	21	18	15	13
非洲	4	4	4	5
大洋洲	1	1	1	1
全球	100	100	100	100

　　1980~2010 年，欧洲主要粮食作物的产量份额由 21%降低到 13%，1980 年欧洲谷物的收获面积为 1.92 亿 hm²，1999 年的收获面积下降至 1.15 亿 hm²。欧洲谷物面积的缩减由多种因素导致，一是青贮饲料和油籽播种面积的增加使谷物面积受到挤压；二是城

市化扩张使耕地面积总体减少；三是东欧 20 世纪 90 年代的改革取消了粮食种植补贴，导致较多的土地被弃耕。美洲的谷物收获面积也出现下降，但是单产水平的提高抵消了面积下降的影响，因此美洲的主要粮食产量份额在 26%～28% 之间轻微波动，基本持平。非洲的谷物产量水平虽然较低，但以较快的速度增长，其中 2016 年，非洲的粮食产量为 1.26 亿 t，比 1980 年增长了 176%，而且非洲还有较多的耕地可供开发，是未来主要粮食产量增长的潜力地区。

（三）农业投入对世界粮食产量的影响

世界粮食生产受多种因素的影响，大体包括五个方面：一是资源因素，包括耕地面积、水资源状况、农业人口密度等；二是农业投入，包括科技研发、农业基础设施及农业机械投资、化肥农药使用等；三是气候变化；四是农业政策；五是有效需求。

耕地面积是决定粮食产量的主要因素，同时也是未来粮食增长空间的制约因素。1980～2015 年，世界耕地面积经历了先增长后下降再增长的过程，总体趋势为增加（图 1.3）。由初期的 13.5 亿 hm^2 增长至末期的 14.3 亿 hm^2，累计增加了 0.8 亿 hm^2，相当于增加了 10 个河南省的耕地面积，增幅为 6%。世界耕地面积的第一个增长阶段出现在 1980～1990 年，由 13.5 亿 hm^2 增长至 14.1 亿 hm^2，1990～2010 年下降到 13.9 亿 hm^2 以后又开始增加，2015 年达到 14.3 亿 hm^2，增幅为 3%。有研究表明，工业化和城镇化进度的加快对世界耕地面积的影响很大。从长期看，尽管耕地面积有增加趋势，但粮食作物将与其他经济作物争夺耕地，增长空间最终会受到制约。

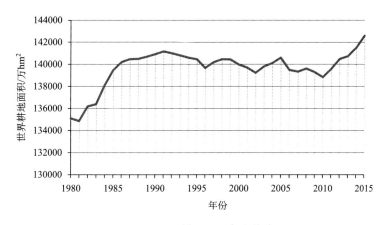

图 1.3　世界耕地面积变化趋势

农业政策也会对粮食生产产生重要影响。粮食价格波动较大，生产者面临较大的风险，通过给予种粮农民补贴，能有效地防止弃耕现象出现。以欧洲为例，1980 年以来，欧洲耕地面积出现缩减，1980～2009 年耕地面积累计减少了 21.2%（表 1.2）。出现上述状况的原因之一是东欧 20 世纪 90 年代的改革取消了粮食种植补贴，引起较多的耕地被弃耕。但在施行高额种粮补贴的法国和德国，耕地面积基本没有缩减，法国的耕地面积甚至增加了 5%。以上说明，农业补贴是防止农民弃耕的一个有效手段，具有稳定粮食生产的作用（韩俊，2014）。

表 1.2 欧洲耕地面积的变化

地区	1980 年/(万 hm²)	1990 年/(万 hm²)	2000 年/(万 hm²)	2009 年/(万 hm²)	1980~2009 年增长率/%
法国	1747	1800	1844	1835	5.0
德国	1203	1197	1180	1195	−0.7
欧洲	35273	34899	28759	27797	−21.2

未来 10 年，世界粮食的产量将继续增长，但增长速度会放慢，预计年增长率为 1.7%，低于 2000~2016 年的年度增幅 2.05%。不断增长的资源约束、环境压力及更高的生产成本均对粮食生产造成制约。未来 10 年，发展中国家将依靠其较大的农业耕地潜力及增加农业生产效率来提高粮食产量。预计发展中国家粮食产量的年增长率为 1.9%，而发达国家的年增长率仅有 1.2%。尽管粮食产量的年增长速率降低，但仍高于同期的人口增长率。

2021 年，世界粗粮产量预计达到 13.59 亿 t，年增长率预计为 1.5%。其中，阿根廷、巴西、中国、俄罗斯、乌克兰和美国将出现较快增长。预计粗粮种植面积的增长大于其他作物，2021 年比 2011 年增长约 7%，其中，巴西、阿根廷、加拿大和撒哈拉以南的非洲地区增长速度相对较快。美国仍占据世界玉米产出的统治地位，中国、欧盟、巴西、阿根廷、印度、墨西哥和加拿大的玉米产量也将继续增长。2021 年，世界小麦产量预计为 7.61 亿 t。发达国家是传统的小麦产区，未来几年小麦产量仍将以较快的速度增长，对全球小麦增产的贡献率达到 59%。2021 年，世界水稻的产量预计为 5.42 亿 t，发展中国家，尤其是印度、柬埔寨、缅甸和部分非洲国家，是推动水稻产量增加的主要力量。由于需求刚性增长，世界谷物供给局面持续偏紧。

二、世界粮食消费状况及发展态势

（一）2002 年之后世界粮食消费增长速度总体加快

由图 1.4 可见，2010 年，世界主要谷物（玉米、小麦、水稻）的国内消费总量为 19.5 亿 t，比 1980 年增加了 8.2 亿 t，增长了 73%。2002 年之前谷物的消费增长相对较慢，之后增长速度总体加快。其中，1980~2002 年年度消费平均增长率为 1.29%，2002~2010 年年均增长率上升至 2.04%。之所以出现上述情况，与 2002 年之后世界生物燃料对谷物尤其是玉米的需求快速增长密切相关。据统计，2002~2010 年全球玉米消费年均增加 3.3%，其中，燃料乙醇消耗的玉米占 70%以上，美国于 2002 年开始大规模发展生物能源，到 2010 年，其燃料乙醇消耗的玉米达 1.28 亿 t，相当于美国玉米产量的 41%及全球玉米产量的 25%。除此之外，发展中国家经济增长速度加快，人均食物的消费量增加，对肉蛋奶等产品的需求增加及饲用粮需求的快速增加，也对近 10 年谷物消费的快速增长起到了推动作用，并逐步改变了全球粮食供需格局，如印度已成为全球第一大棕榈油进口国和食糖进口国。

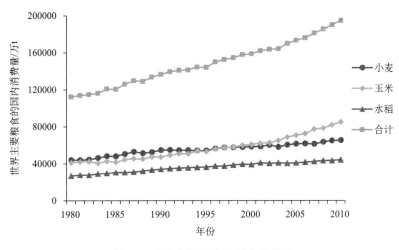

图 1.4　世界主要粮食的国内消费量

气候变化，极端天气频繁，也直接影响了全球粮食的有效供给。目前，全球粮食生产主要集中在北美、南美等人少地多、农业资源丰富的地区，粮食产量占世界总量的 26%，粮食出口量占世界粮食出口量的 55%。而亚洲和非洲多年来粮食供应紧张，每年进口的粮食相当于世界进口总量的 70% 以上。在全球变暖、自然灾害频发的背景下，全球粮食新增的供给与出口更加集中于少数国家，全球粮食供给和价格体系更加脆弱。特别是，粮食主产国的任何灾害性天气都会导致粮食生产的大幅波动，既对全球粮食市场产生深刻影响，也直接影响缺粮国家的粮食安全。

2010 年世界大豆的国内消费量为 2.51 亿 t，比 1980 年增长了 1.77 亿 t，累计增长幅度为 239%，明显快于小麦、玉米和水稻的消费增长幅度。2003 年以来，世界大豆的消费量增速加快主要受以下因素影响：一是发展中国家经济增长速度加快，饮食结构出现较大变化，对食用油及肉蛋奶产品的需求上升，推动大豆等油籽需求增加；二是欧美及南美等部分国家的生物柴油产量加快增长，也增加了油籽的需求。生物能源大规模消耗粮食是当前全球粮食供需格局出现转折性变化的主因。

（二）1995～2010 年玉米和大豆工业消费的增长速度快于其他领域消费

1980～2010 年，世界谷物消费结构变化，主要是以生物燃料为代表的工业需求的增长较快，消费比重增加，而饲用消费虽然也在增长，但消费比重却有所下降。1980～1990 年，世界饲料用玉米的消费量约占全部消费量的 40%，2000～2010 年平均比重下降至约 35%。欧美国家生物燃料的发展是造成世界玉米消费增长的主要原因。

大豆的消费主要分为植物油和豆粕两个消费分支。在植物油分支，食用消费和工业消费均增长较快，但 2000～2010 年工业消费的速度明显快于食用消费。1980～2000 年，世界植物油工业消费占国内消费总量的平均比重为 8.4%。2000～2010 年，平均比重上升至 16.5%，其中，2010 年比重达到 22.8%。1980～2010 年，世界植物油食用消费以年均 4.2% 的速度增长，但慢于工业消费 10.3% 的增幅。1980～2000 年，世界植物油食用消费占国内消费总量的平均比例为 91%。2000～2010 年，平均比例降低为 82% 左右，其中，

2010年，食用消费占总消费的比例为76%。在豆粕分支，饲用消费占全部消费的98%，1980～2010年，豆粕饲用消费年均增长率为4.1%。

第二节　我国粮食安全面临的突出问题

中国历来把粮食安全视为国家的生命线，没有任何国家比中国更重视粮食生产和自给自足，习近平总书记曾形象地说"中国人的饭碗任何时候都要牢牢端在自己手上。我们的饭碗应该主要装中国粮。"特别是改革开放40年来，中国一靠政策，二靠科技，三靠投资，用不到全球9%的耕地养活了约占全球20%的人口，这是对人类社会的一大贡献。但近年来，出现了一些新现象和新问题，粮食安全面临巨大的挑战。

一、我国粮食安全现状

我国是世界上重要的粮食生产国之一，粮食作物种类多、分布广，主要的粮食作物有水稻、玉米、小麦、高粱、谷子、大豆和薯类作物等20余种。我国三种主要粮食作物（小麦、玉米、水稻）产量基本呈现逐年递增趋势（图1.5），1980～2016年，我国粮食总产量（小麦、玉米、水稻和大豆的总和）从26566万t增加到58483万t，增长了120%。其中，水稻、大豆、小麦和玉米分别增长50%、51%、139%和270%。尤其值得注意的是，从2012年起，玉米年产量跃居三大粮食作物产量之首，打破了自1980年开始连续30年水稻稳居粮食产量第一的局面。特别是2004年以来，我国粮食生产实现了"十二连增"，且从2010年以来，粮食产量连续超过1万亿斤（5亿t），粮食保障能力上升到一个新的台阶。"十二连增"成绩喜人，为经济平稳健康发展提供了坚实基础。

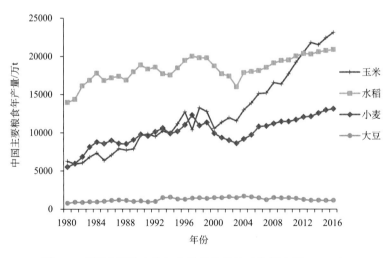

图1.5　我国主要粮食的年产量变化趋势（数据来源：FAO）

粮食产量的增长，最主要的原因是单产的提高。由图1.6可见，1980～2016年，小麦、玉米和水稻的单产水平逐步提高，三大粮食作物的平均单产从3.04t/hm^{2}增加到6.09t/hm^2，单产水平增加了一倍多。其中，水稻的单产最高，1980～2016年，产量从不足 5t/hm² 逐年攀升，最高达到 6.9t/hm²。玉米的单产低于水稻，但增长速度较水稻高，2013 年达到历史最高水平 6.0t/hm²，较 1980 年增长了 93%。三大粮食作物中，小麦的单产最低，2016 年单产为 5.4t/hm²，较 1980 年的产量水平增长了 186%。大豆的单产从 1.1t/hm² 增加到 2016 年的 1.8t/hm²，较 1980 年增长了 64%，单产一直处于较低的水平。

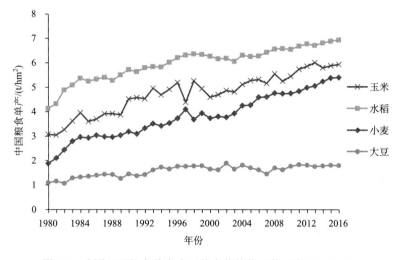

图 1.6　我国主要粮食单产水平的变化趋势（数据来源：FAO）

中国是世界上种稻最早也是生产稻谷最多的国家，水稻在各种粮食作物中平均单产最高。我国的水稻种植区域以南方为主，近年来呈现出逐步向长江中下游和黑龙江水稻产区等优势区域集中的趋势。目前南方稻区约占我国水稻播种面积的 94%，其中长江流域水稻面积已占全国的 65.7%，北方稻作面积约占全国的 6%。在我国，玉米的主要集中栽培区是从黑龙江省大兴安岭经辽南、冀北、晋东南、陕南、鄂北、豫西、四川盆地四周及黔、桂西部至滇西南，面积占全国玉米播种面积的 80% 左右，其中东北多于西南。小麦的种植区域在全国范围内分布广泛，以黄淮海平原和长江流域较为集中。小麦可分冬小麦和春小麦，我国以冬小麦种植为主，其面积和产量均占小麦 80% 以上。

粮食净进口规模迅速扩大，大豆成为主要进口品种。从图 1.7 可见，粮食进口的快速增长主要集中在大豆等稀缺品种。2015 年，大豆的进口量激增到 8169 万 t，目前，大豆的进口依存度已超过 80%。玉米进口量在 1995 年激增到 518 万 t，2012 年增加到 521 万 t，2013 年回落至 326 万 t。2003~2015 年，12 年间我国粮食产量增长了 44.3%，水稻、小麦和玉米分别由净出口 234.8 万 t、206.7 万 t、1640 万 t，转变为净进口 309 万 t、288.5 万 t 和 471.9 万 t；大豆净进口由 2047.4 万 t 扩大到 8169 万 t，增加了 3.0 倍，2015 年大豆自给率仅为 11.9%。我国对油料和饲用豆粕的需求迅速扩张，带动大豆需求迅速增长，导致大豆净进口成为我国粮食净进口的主因（2014 年大豆占粮食净进口的 72.4%）。2003~2014 年，我国粮食净进口量由 171.2 万 t 增加到 9831 万 t，增加了 56.4 倍。

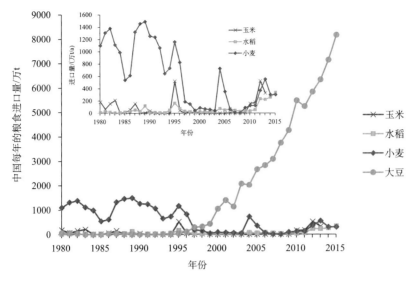

图 1.7　我国粮食进口量的变化趋势（数据来源：FAO）

粮食库存屡创历史新高，粮食尤其玉米、稻谷库存增长明显快于产量。目前，三大主要粮食品种——稻谷、小麦、玉米的库存规模已全面超过其产量。玉米库存量最大，其临时收储库存已超 2.5 亿 t。2011～2014 年，除小麦库存有所减少外，粮食总体及稻谷、玉米、大豆库存均增势显著，增势最猛的是玉米，稻谷次之。同期粮食尤其是稻谷和玉米库存增长量均数倍于产量增长。2015 年稻谷、小麦、玉米产量大于需求，且净进口规模分别较上年扩大了 43.1%、2.5% 和 83%，导致库存进一步增加。玉米库存量最大，稻谷次之。

一方面是我国粮食产量实现"十二连增"，近年来，我国粮食年产量稳定维持在 6 亿 t 以上；另一方面是我国粮食进口数量不断攀升，2016 全年全国粮食进口首次突破 1 亿 t。来自海关总署的数据显示，2015 年上半年，我国累计进口包括小麦、玉米、大麦在内的谷物及谷物粉 1629 万 t，同比增长超过 60%。2015 年进口 1.2 亿 t，从结构上来说，大体上是大豆 8000 多万 t，谷物 3000 多万 t。此外，粮食的库存量也达到近年高点，玉米等粮食积压严重，库存压力凸显。我国粮食正呈现生产量、进口量、库存量"三量齐增"的怪现象。

国内外粮食价差扩大是造成"三量齐增"的重要原因。从 2012 年起，国内粮价开始逐渐高于国际市场，到 2016 年上半年，水稻、小麦、玉米等主粮价格均超过国际市场的 50%。其中，6 月份我国晚籼米较泰国大米完税价高出 51%，小麦和玉米也分别比国际市场价平均高出 56% 和 65%。国内生产成本和最低收购价的抬升、国际粮食价格的下跌、人民币汇率的升值及因全球能源价格暴跌导致的货运价格下跌，是国内外价差扩大的四大主要推手。与 2011 年相比，2016 年我国早籼稻最低收购价攀升超过 32%，而当时国际市场上稻米价格则比 2011 年下跌 40.4%，与此同时，由于石油价格的暴跌，过去四年全球粮食货运价平均下跌超过 50%。

二、我国农业生态退化严重

生态（ecology）是生物与生物之间以及生物与环境之间所形成的结构与关系，是生物资源（动、植、微、农、林、牧）与环境（水、土、气、生、废污）的相互依存关系。生态安全是农业安全的基石。

（一）我国耕地质量等级总体状况

耕地是最宝贵的自然资源和农业生产要素，是粮食生产的"命根子"，是保障经济发展和满足人们对美好生活向往的基础。而耕地质量是由耕地地力、土壤健康状况和田间基础设施构成的满足农产品持续产出和质量安全的能力①，是实施国家粮食安全战略的根本。

2012 年年底，农业部组织完成了全国县域耕地质量评价，以全国 18.26 亿亩耕地（我国第二次土壤普查的国土数据）为基数，以耕地土壤图、土地利用现状图、行政区划图叠加形成的图斑为评价单元，从农业生产角度出发，根据立地条件、耕层理化性状、土壤管理、障碍因素和土壤剖面性状等方面综合评价耕地质量和粮食生产能力，主要结果如下：

我国耕地划分为 10 个耕地质量等级（表 1.3），一至三等的耕地面积为 4.98 亿亩，占耕地总面积的 27.3%；四至六等的耕地面积为 8.18 亿亩，占耕地总面积的 44.8%；七至十等的耕地面积为 5.10 亿亩，占耕地总面积的 27.9%（农业部耕地质量监测保护中心，2017）。全国四至六等耕地所处环境气候条件基本适宜，农田设施建设具备一定基础，其中大部分可通过耕地质量建设提升 1~2 个质量等级，是今后粮食增产的重点区域和重要突破口。按照其中 70% 的耕地基础地力平均提高 1 个等级测算，可实现新增粮食综合生产能力 0.5 亿 t 以上。

表 1.3　全国耕地质量等级面积、比例及主要分布区域

质量等级	面积/亿亩	比例/%	主要分布区域
一等地	0.92	5.1	东北区、黄淮海区、长江中下游区、西南区
二等地	1.43	7.8	东北区、黄淮海区、长江中下游区、西南区、甘新区
三等地	2.63	14.4	东北区、黄淮海区、长江中下游区、西南区
四等地	3.04	16.7	东北区、黄淮海区、长江中下游区、西南区
五等地	2.89	15.8	长江中下游区、黄淮海区、东北区、西南区
六等地	2.25	12.3	西南区、长江中下游区、黄淮海区、东北区、内蒙古及长城沿线区
七等地	1.89	10.3	西南区、长江中下游区、黄淮海区、甘新区、内蒙古及长城沿线区
八等地	1.39	7.6	黄土高原区、长江中下游区、西南区、内蒙古及长城沿线区
九等地	1.06	5.8	黄土高原区、内蒙古及长城沿线区、长江中下游区、华南区、西南区
十等地	0.76	4.2	黄土高原区、内蒙古及长城沿线区、黄淮海区、华南区、长江中下游区
合计	18.26	100	——

注：青藏区耕地面积小，不能成为主要分布区域，其耕地主要分布在七至九等，占全区的 79.1%。

① FAO 官网统计数据. 2017. http://www.fao.org/faostat/zh/#data/QC[DB/OL].

（二）不同区域耕地质量情况

按照中国综合农业区划，将我国耕地划分为东北、内蒙古及长城沿线、黄淮海、黄土高原、长江中下游、西南、华南、甘新、青藏区九个区。各区耕地质量等级分布情况分述如下。

1. 东北区

东北区包括黑龙江、吉林、辽宁三省及内蒙古东北部大兴安岭区，总耕地面积 3.34 亿亩，占全国耕地总面积的 18.3%。一至三等的耕地面积为 1.44 亿亩，主要分布在松嫩—三江平原农业区，以黑土、草甸土为主，土壤中没有明显的障碍因素。评价为四等的耕地面积为 0.815 亿亩，主要分布在松嫩—三江平原农业区和辽宁平原丘陵农林区，以白浆土、黑钙土、栗钙土、棕壤为主，土壤质地黏重、耕性较差，易受旱涝影响。评价为五至六等的耕地面积为 0.87 亿亩，主要分布在松辽平原的轻度沙化与盐碱地区及大小兴安岭的丘陵区，以暗棕壤、白浆土、黑钙土、黑土、棕壤为主，主要障碍因素包括低温冷冻、水土流失、土壤板结等。评价为七至八等的耕地面积为 0.21 亿亩，主要分布在大小兴安岭、长白山地区及内蒙古东北高原、松辽平原严重沙化与盐碱化地区，以暗棕壤、栗钙土、褐土、风沙土、盐碱土为主，主要障碍因素包括水土流失、土壤沙化、盐碱化及土壤养分贫瘠、土壤保肥保水能力差、排水不畅等，易受到干旱和洪涝的影响。东北区没有九至十等地。图 1.8 为东北区耕地质量等级比例分布图。

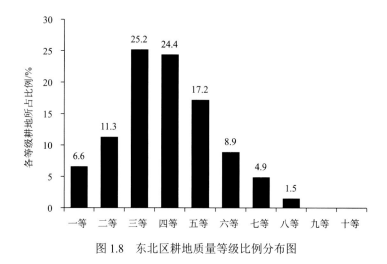

图 1.8 东北区耕地质量等级比例分布图

2. 内蒙古及长城沿线区

内蒙古及长城沿线区包括内蒙古包头以东（除大兴安岭外）、辽宁朝阳、河北承德和张家口、北京延庆、山西北部及西北部、陕西榆林、宁夏盐池和同心，总耕地面积 1.33 亿亩，占全国耕地总面积的 7.3%。一至五等的耕地面积为 0.41 亿亩，主要分布在长城沿线农牧区和内蒙古中南部牧农区，以栗钙土、草甸土为主，土壤中没有明显的障碍因素。评价为六等的耕地面积为 0.20 亿亩，主要分布在内蒙中南部牧农区和长城沿线农牧区，以褐土、栗钙土、黑钙土、草甸土为主，耕地中没有明显障碍因素，但土壤质地偏黏。评价为七至八等的耕地面积为 0.41 亿亩，主要分布在长城沿线农牧区和内蒙古中南部牧农区，以栗钙土、暗棕壤及存在盐渍化的潮土与草甸土为主，主要限制因素是土质黏重、耕性差，前期土温低、不宜发苗。评价为九至十等的耕地面积为 0.31 亿亩，主要分布在内蒙古中南部牧农区和长城沿线农牧区，以栗钙土、盐化或碱化的草甸土为主，主要障碍因素是风沙与盐碱，土壤贫瘠，耕作粗放，淡水资源缺乏，干旱威胁严重。图 1.9 为内蒙古及长城沿线区耕地质量等级比例分布图。

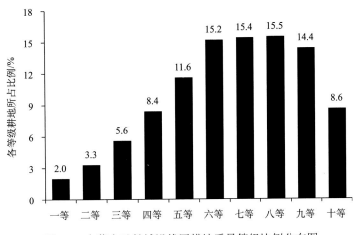

图 1.9　内蒙古及长城沿线区耕地质量等级比例分布图

3. 黄淮海区

黄淮海区位于长城以南、淮河以北、太行山及豫西山地以东，包括北京大部、天津、河北大部、河南大部、山东、安徽与江苏的淮北地区，总耕地面积 3.46 亿亩，占全国耕地总面积的 18.9%。一至三等的耕地面积为 1.18 亿亩，主要分布在燕山、太行山山麓平原、黄淮平原和冀鲁豫低洼平原，以褐土和潮土为主，没有明显障碍因素。评价为四至六等的耕地面积为 1.67 亿亩，主要分布在黄淮平原、冀鲁豫低洼平原、山东丘陵地带，以潮土、棕壤、褐土及黄泛区的风沙土为主，有一定的盐渍化和水土流失及旱涝灾害等。评价为七至十等的耕地面积为 0.61 亿亩，主要分布在山东丘陵地带与滨海盐碱土地区，其中，山东丘陵地带以土层浅薄或含大量砂砾的褐土与棕壤为主，主要障碍因素是水土流失和土壤养分贫瘠、土层较薄及干旱缺水；滨海盐土地区以盐化潮土、滨海盐土为主，主要障碍因素是盐碱危害、土壤贫瘠。图 1.10 为黄淮海区耕地质量等级比例分布图。

4. 黄土高原区

黄土高原区位于太行山以西、青海日月山以东、伏牛山及秦岭以北、长城以南，包括河北西部、山西大部、河南西部、陕西中北部、甘肃中东部、宁夏南部及青海东部，总耕地面积 1.53 亿亩，占全国耕地总面积的 8.4%。一至六等的耕地面积为 0.58 亿亩，主要分布在汾渭谷地农业区和晋东豫西丘陵山地农林牧区，种植历史悠久，以褐土、堘土为主，土层深厚，保水保肥性能强。评价为七等的耕地面积为 0.18 亿亩，在全区均有广泛分布，以褐土、潮土、新积土为主，土壤有机质含量低，养分缺乏。评价为八至九等的耕地面积为 0.52 亿亩，主要分布在陇中青东丘陵农牧区和晋陕甘黄土丘陵沟壑牧林农区，以黑垆土、黄绵土、风沙土为主，主要障碍因素是土壤肥力低、干旱缺水、水土流失严重。评价为十等的耕地面积为 0.25 亿亩，主要分布在晋陕甘黄土丘陵沟壑区和陇中青东丘陵区，以黄绵土、黑垆土、灰钙土、风沙土为主，水土流失剧烈、土壤退化严重，生态环境恶化、自然灾害频繁，土壤贫瘠、生产力低下。图 1.11 为黄土高原区耕地质量等级比例分布图。

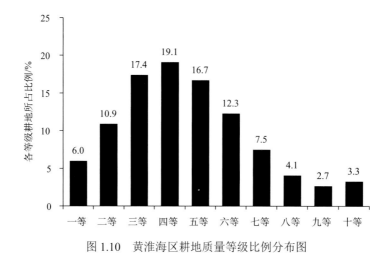

图 1.10 黄淮海区耕地质量等级比例分布图

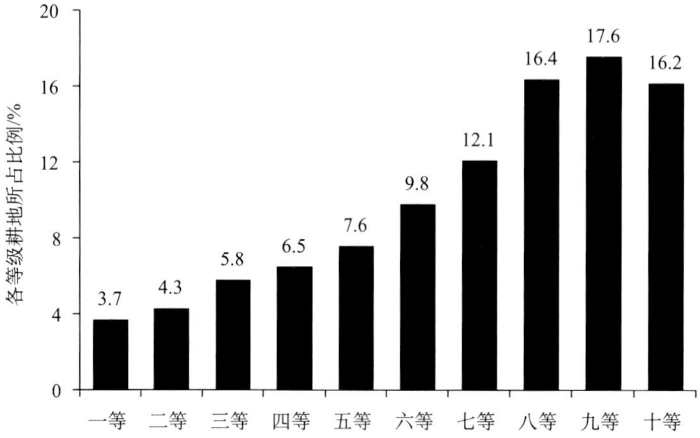

图 1.11 黄土高原区耕地质量等级比例分布图

5. 长江中下游区

长江中下游区位于淮河—伏牛山以南、福州—英德—梧州以北、鄂西山地—雪峰山以东地区，总耕地面积3.30亿亩，占全国耕地总面积的18.1%。长江中下游区多为一年两熟或一年三熟制。一至二等的耕地面积为0.39亿亩，主要分布在洞庭湖区、鄱阳湖区和江汉平原，以性状良好的水稻土土类中的潴育水稻土、渗育水稻土和脱潜水稻土为主，没有明显障碍因素。评价为三至六等的耕地面积为2.07亿亩，主要分布在长江下游平原丘陵区和江南丘陵山地农林区，其次为豫皖鄂平原山地农林区和长江中游平原区，以水稻土、红壤、潮土、黄褐土、黄棕壤、石灰（岩）土为主，有一定水土流失和洪涝灾害，土壤微酸、质地黏重，增产潜力很大，需加强培肥管理。评价为七至十等的耕地面积为0.84亿亩，主要分布在江南丘陵山地农林区、长江中游平原区和浙闽丘陵山地区，以石灰（岩）土、水稻土、潮土、黄棕壤为主，土壤质地黏重、酸性强、肥力低，土体薄、水土流失强，易淀浆板结、通透性差。图1.12为长江中下游区耕地质量等级比例分布图。

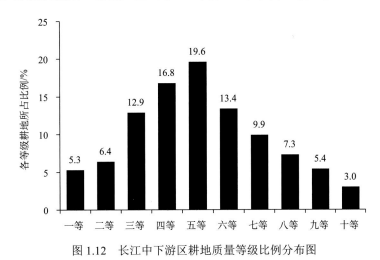

图1.12　长江中下游区耕地质量等级比例分布图

6. 西南区

西南区位于秦岭以南、百色—新平—盈江以北、宜昌—溆浦以西、川西高原以东，包括陕西南部、甘肃东南部、四川和云南大部、贵州全部、湖北和湖南西部及广西北部，总耕地面积2.92亿亩，占全国耕地总面积的16.0%。一至三等的耕地面积为0.62亿亩，主要分布在四川盆地农林区，以性状良好、养分含量高的水稻土为主，没有明显障碍因素。评价为四至六等的耕地面积为1.52亿亩，主要分布在四川盆地农林区和黔桂高原山地区，以水稻土、紫色土、黄壤、石灰（岩）土为主，主要障碍因素是土层薄、石多土少、水土流失严重，耕地分布零散且耕作不便。评价为七至十等的耕地面积为0.78亿亩，主要分布在川滇高原山地农林牧区，以高山区棕色石灰土、红色石灰土、黄色石灰土等石灰（岩）土及性质恶劣的水稻土为主，主要障碍因素是海拔高、气温低、季节性干旱，缺乏灌溉条件，土壤瘠薄、生产条件差，大多仅能种植一季作物。图1.13为西南区耕地质量等级比例分布图。

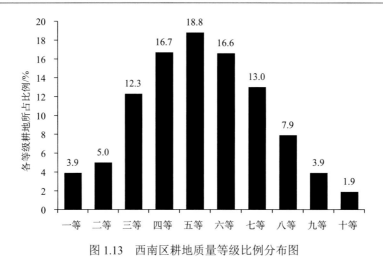

图 1.13 西南区耕地质量等级比例分布图

7. 华南区

华南区位于福州—大埔—英德—百色—新平—盈江以南，包括福建东南部、广东中南部、广西南部和云南南部，总耕地面积 1.32 亿亩，占全国耕地总面积的 7.2%。一等的耕地面积为 0.07 亿亩，主要分布在粤西桂南农林区和闽南粤中地区，以水稻土中性状良好的潴育水稻土和土体深厚的砖红壤、赤红壤为主，没有明显障碍因素。评价为二至六等的耕地面积为 0.75 亿亩，主要分布在粤西桂南农林区、闽南粤中农林水产区和琼雷及南海诸岛农林区，以水稻土、赤红壤、砖红壤、石灰（岩）土、紫色土为主，土壤质地黏重、水土流失严重，土壤熟化度低、供肥性差。评价为七至十等的耕地面积为 0.50亿亩，主要集中在滇南农林区，以石灰（岩）土、燥红土、砖红壤、赤红壤、水稻土为主，土壤存在"黏、酸、瘦、薄"等障碍因素，耕性差。图 1.14 为华南区耕地质量等级比例分布图。

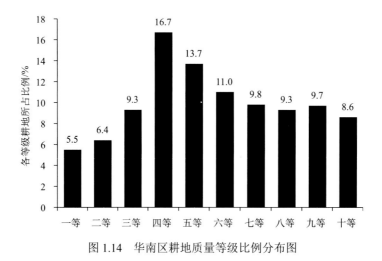

图 1.14 华南区耕地质量等级比例分布图

8. 甘新区

甘新区位于包头—盐池—天祝以西、祁连山—阿尔金山以北，包括新疆全境、甘肃河西走廊、宁夏中北部及内蒙古西部，总耕地面积 0.93 亿亩，占全国耕地总面积的 5.1%。一至四等的耕地面积为 0.38 亿亩，主要分布在南疆农牧区和蒙宁甘农牧区，有良好稳定的灌溉水源和充足的光热，以灌漠土、灌淤土、草甸土为主，土壤中没有明显的障碍因素。评价为五至六等的耕地面积为 0.17 亿亩，以蒙宁甘农牧区较为集中，以具有一定灌溉条件的草甸土、栗钙土、棕钙土、灰钙土、灰漠土、棕漠土为主，耕地中没有明显障碍因素，但耕作粗放、水利设施不配套、生产力水平低。评价为七至八等的耕地面积为 0.32 亿亩，主要分布在北疆农林牧区，以草甸土、潮土、灰漠土、灰棕漠土为主，主要障碍因素是有效灌溉程度低、栽培管理粗放，土壤荒漠化严重、土壤肥力低下、生产水平不高。评价为九至十等的耕地面积为 0.06 亿亩，主要分布在蒙宁甘农牧区和北疆农林牧区，以潮土、棕钙土、灰漠土、灰棕漠土、风沙土为主，主要障碍因素是水资源缺乏、灌溉条件差、养分含量低、盐分含量高，沙化、荒漠化严重。图 1.15 为甘新区耕地质量等级比例分布图。

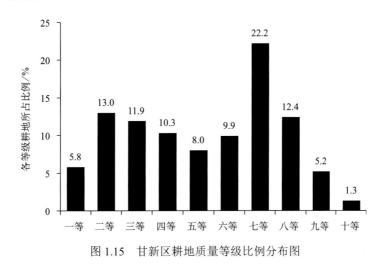

图 1.15　甘新区耕地质量等级比例分布图

9. 青藏区

青藏区包括西藏、青海大部、甘肃甘南及天祝、四川西部、云南西北部，总耕地面积 0.13 亿亩，占全国耕地总面积的 0.7%。一至六等的耕地面积为 0.02 亿亩，主要分布在川藏林农牧区，以亚高山草甸土、冷棕钙土为主，海拔低、水热条件好，没有明显的障碍因素，应兴修水利、发展灌溉，严格控制坡地耕垦。评价为七至十等的耕地面积为 0.11 亿亩，主要分布在青藏高寒牧区，以高山草原土、高山草甸草原土、高山荒漠草原土、高山漠土为主，海拔高、气候干燥、气温低且土层薄、土壤肥力低，再加上管理粗放、投入不足，耕地生产能力较低。图 1.16 为青藏区耕地质量等级比例分布图。

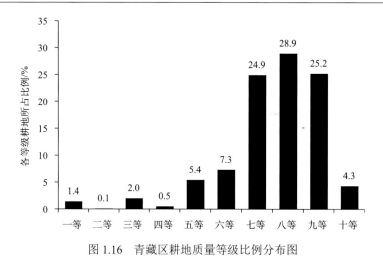

图 1.16 青藏区耕地质量等级比例分布图

（三）粮食综合生产能力总体不高

以全国耕地面积 18.26 亿亩为基数，按照粮食综合生产能力测算，我国耕地综合生产能力超过 1000 kg/亩的耕地有 2.3 亿亩，占耕地总面积的 12.6%；耕地综合生产能力在 500～1000 kg/亩的耕地有 9.9 亿亩，占耕地总面积的 54.2%；耕地综合生产能力小于 500 kg/亩的耕地有 6.0 亿亩，占耕地总面积的 32.9%。耕地综合生产能力在 500～1000 kg/亩的耕地，所处环境气候条件基本适宜，农田设施具备一定基础，其中大部分可通过耕地质量建设提升 1～2 个质量等级（100～200kg/亩），是今后粮食增产的重点区域和重要突破口。

（四）土壤有机质含量较低，养分非均衡化发展

有机质是土壤肥力的重要指标，其含量和组成影响着土壤团粒结构、微生物种群与活性、土壤保肥能力和缓冲性等，对农作物根系和长势有决定性作用。据 2012 年年度耕地质量监测结果显示，全国耕地土壤有机质平均含量为 23.2g/kg，仅相当于欧美等发达国家同类土壤的 1/3～1/2。如我国棕壤有机质含量多数为 10～15g/kg，欧洲棕壤多数为 30g/kg 以上；我国的褐土多数为 10g/kg 左右，欧洲的褐土多数为 20g/kg 以上；我国的黑钙土多数为 30g/kg 左右，欧洲的黑钙土多数为 80g/kg 左右。

我国农田土壤有机质含量相对较低的（低于 20.0g/kg）占 50.0% 左右。与全国第二次土壤普查比，东北区和西北区有机质含量下降较快，降幅分别为 30.7% 和 24.4%。以东北黑土区为例，该区是我国重要商品粮生产基地，常年粮食产量近 6800 万 t，占全国粮食总产量的 14% 左右，不断增加的粮食生产水平，导致黑土过度开发利用，大量耗竭耕地地力，造成土壤有机质含量大幅度下降。2012 年，黑龙江、吉林、辽宁黑土土壤有机质平均含量均在 40.0g/kg 以下，与全国第二次土壤普查比，分别下降 26.7%、41.2% 和 34.5%。

由于欧美发达国家化肥施用量较低与合理的养分配比以及有机肥施用较普遍，土壤养分基本保持平衡供应。长期以来，由于我国农民施肥结构不合理、区域肥料投入不平

衡,我国耕地资源养分失衡现象严重。据监测结果显示,2012年耕地土壤有效磷平均含量为23.6mg/kg,与全国第二次土壤普查相比增长了近3倍,而全氮基本持平,速效钾含量波动较小,北方地区速效钾含量下降。由于土壤磷素过快累积,导致氮磷钾养分供给不平衡,交互作用下降,肥料农学利用率降低。同时,磷元素对钙、锌、铁等元素的"拮抗"作用增强,降低了中、微量元素有效性。加之施肥对中、微量元素补充不足,农作物中、微量元素缺素症表现更加明显,面积不断扩大。据测土配方施肥土壤测试分析,在现有耕地中,中量元素在缺素临界值以下的钙占64%、镁占53%、硫占40%;微量元素在缺素临界值以下的硼占84%、铁占31%、锌占42%、锰占48%、铜占25%、钼占59%,与全国第二次土壤普查相比,增加近一倍。油菜缺硼造成"花而不实",豆科作物缺钼造成固氮能力降低。

（五）土壤耕层变浅,板结严重

欧美国家农田大多为机械化耕作,耕层厚度一般在25cm以上。而在我国,由于水土流失和农田机械耕作等方面的原因导致耕作层逐年变浅。调查结果表明,华北小麦-玉米一年两熟轮作区土壤耕层厚度变浅、容重偏高和有效耕层土壤量减少。该区耕层厚度平均为19.0cm,较适宜的小麦玉米生长最低耕层厚度少3.0cm;5～10cm土壤容重平均为1.38g/cm^3,比适宜土壤容重高15.0%左右;有效耕层土壤量平均为2.6×10^{6}kg/hm^2,比正常有效耕层土壤量减少3.7%,导致土壤保墒、保肥、抗逆能力下降,限制作物根系正常生长发育,影响作物产量。据湖南省土肥站调查,该省目前约有72.3%的稻田土壤耕层厚度只有13～16cm,较高产稻田土壤要求耕层厚度16～20cm低3～4cm,耕作层变浅不利于水稻根系生长,影响水稻产量的提高。据吉林省土肥站调查,东北黑土区由于严重的水土流失,黑土厚度由开垦初期的60～80cm,减少到目前的20～30cm,在一些土壤侵蚀严重的地区,黑土成为"破皮黄"地,有的甚至成为"露黄"地。据监测,黑土表层还在以平均每年0.3～1.0cm的速度流失。

（六）区域性土壤红壤酸上加酸,中性棕壤酸化

欧美发达国家的农田施肥量特别是氮肥施用量较低,约为中国的1/3,加上广泛使用脱硫煤做燃料及有机肥的普遍施用,土壤酸度基本保持稳定,没有明显的酸化问题。我国受酸雨发生面积增加、过量施用氮肥等影响,农田土壤酸度（pH）大面积下降,与全国第二次土壤普查比,2012年东北区、华南区、西南区酸性土壤（pH低于5.5）比例均有所增加,分别增加了8.3个百分点、14.4个百分点和8.8个百分点。部分地区酸化趋势明显,如华东区土壤pH平均仅为5.9,与全国第二次土壤普查比,下降0.2个单位,特别是一些区域土壤酸化现象相当严重。太湖流域江苏武进典型水稻土,山东招远棕壤农田表土、江西兴国红壤土壤pH分别较全国第二次土壤普查下降1.2个单位、1.6个单位和0.9个单位。据测土配方施肥数据统计分析,南方14省（区、市）土壤pH小于6.5的比例由30年前的52%扩大到65%,小于5.5的由20%扩大到40%,小于4.5的由1%扩大到4%。酸化最严重的广东、广西、四川等省（区）,pH小于4.5的耕地土壤比例分别为13%、7%和4%。土壤酸化造成镉、铅等重金属活性增强,给农产品质量安全带来

隐患；钾、钙、镁等元素溶解性增强，造成盐基离子大量淋失；嗜酸性细菌增加，造成有益微生物减少。酸化十分严重时，土壤铝离子释放速度加快，极易引发作物铝中毒，甚至死亡。江西樟树市部分地块 pH 下降到 4.0 以下后，造成花生绝收。

（七）西北次生盐渍化问题突出

欧美发达国家注重对耕地的养护技术，实行休闲轮作和地下水适度开采，次生盐渍化极少发生。而我国西北地区降水少、蒸发大，水去盐留，耕地土壤盐分不断积累，导致土壤次生盐渍化。据统计，仅西北地区农用地盐渍化面积 3 亿亩，约占全国盐渍化面积的 60%。其中，因灌溉方式不当导致耕地土壤次生盐渍化面积 2100 万亩，占全国次生盐渍化面积的 70%。据新疆伽师县的调查，全县轻度盐渍化、中度盐渍化和重度盐渍化耕地面积分别占总耕地面积的 62.32%、32.03% 和 2.42%，耕地土壤次生盐渍化现象十分严重。耕地土壤出现次生盐渍化，不仅造成农业综合生产能力下降，影响农作物生长，而且极易引发土地荒漠化、沙尘暴等生态问题。据调查，轻度盐渍化农田农作物出苗率比正常田块少 5%，中度盐渍化少 10%，重度盐渍化则少 25%。近年来，西北内陆灌区土壤次生盐渍化面积呈增长趋势，发生程度加重，已经成为当地发展高效农业的主要障碍因素之一。

（八）水土流失

在我国，土壤侵蚀包括水蚀、风蚀和冻融侵蚀等主要类型。目前，全国有 356.9 万 hm^2 的水蚀和风蚀面积，127.8 万 hm^2 的冻融侵蚀面积，占国土总面积的 51.1%。按照水土流失强度来划分等级，截止到 2000 年年底，轻度、中度、强度、极强度和剧烈各等级水土流失的面积分别为 163.8 万、80.9 万、42.2 万、32.4 万和 37.6 万 hm^2，分别占水土流失总面积的 45.9%、22.7%、11.8%、9.1% 和 10.5%。全国水土流失面积中，轻度和中度面积所占比例较大，达 68.6%。水蚀是我国分布最广、危害最严重的水土流失类型，占国土总面积的 17%。除上海市、香港和澳门特别行政区外，全国其余 31 个省（区、市）都存在水蚀。水蚀面积较大的省（区、市）依次是内蒙古、四川、云南、新疆、甘肃、陕西、山西、黑龙江、贵州和西藏。全国风蚀总面积 195 万 hm^2，占全国国土面积的 21%，其中轻度风蚀面积最大，中度、强度、极强度和剧烈风蚀面积相当。其中新疆和内蒙古的风蚀面积为 154 万 hm^2，占全国风蚀面积的 78.5%。全国冻融侵蚀总面积 127.8 万 hm^2，占国土总面积的 14%，其中，西藏自治区的冻融侵蚀面积最大，为 90.5 万 hm^2，占全国冻融侵蚀总面积的 71%（赵其国，2006；李智广等，2008）。

（九）农田基础设施相对滞后

受地形地貌及降水分布的影响，我国耕地分布与水资源分布很不匹配，北方地区的水资源量只占全国水资源总量的 19%，但耕地面积占 65%。而南方地区水资源量占全国水资源总量的 81%，但耕地面积仅占 35%。尽管中华人民共和国成立以来，中央和地方各级政府高度重视农田水利基本建设，全国耕地有效灌溉面积从初期的 2.4 亿亩，发展到 2012 年的 9.05 亿亩，但仍有 45% 左右的耕地经常遭到不同程度的洪涝和干旱威胁，中小流域防洪设施建设和农田末级渠系建设相对滞后。具体表现在三个方面：一是中、小河流防洪标准普遍不高，一遇暴雨，极易造成洪涝灾害，影响粮食生产；二是蓄引提水设施严重老化或不配套，病险水库多，引水干渠渗漏严重，蓄引提水能力弱化；三是深入农田的末级排灌设施不配套，串排串灌现象普遍，农田抗灾保收能力不强。以四川为例，防渗渠道仅建成 3.6 万 km，约占渠道总长的 30% 左右，据测算，由于防渗差且老化破损严重，输水损失大，灌溉水利用率只有 0.4，每年有近 20 亿 m^3 水不能有效利用，600 万亩灌溉面积不能实现。水利工程蓄引提水能力也明显不足，只占水资源总量的 10%，不足全国平均水平的 1/2。

三、我国农业环境污染加剧

近 30 年来，欧美发达国家特别重视土壤环境保护，通过各种法律限制污染物进入农田；对已经污染的农田，则采取各种措施进行修复和治理，对严重污染的农田，严格限制农业生产。而在我国，据全国污染源普查，目前受污染耕地为 1.5 亿亩，污水灌溉 3250 万亩，固体废弃物堆存占地和毁田 200 万亩，受污染耕地占总耕地面积的 10% 以上，每年造成粮食减产 1000 多万 t，直接经济损失 200 亿元以上。土壤一旦受到污染，修复成本高、时间长，还有一些污染根本无法修复，给农产品质量和安全生产带来威胁。据研究表明，广西受砷、铅、镉轻度污染的农田，采用植物修复需要 3～5 年，亩均投入 1.5 万元以上。农业污染源普查表明，全国部分地区农膜残留污染突出，地膜年残留量为 12.1 万 t，残留率为 20% 以上。农田残膜可破坏土壤结构，使土壤孔隙度下降，阻碍作物对水分和养分的吸收，影响作物生长。

欧美发达国家注重农田生态保护型技术应用，包括保护性耕作、有机肥施用等，土壤生态功能良好。而在我国，由于耕作方式变化，化学物质大量投入，农田环境污染，造成土壤微生物区系失调，耕地土壤生态功能变差，土壤对干旱、重金属污染、养分缺乏等胁迫因子的缓冲作用下降。据调查，30 年来我国土壤有益线虫数量从 3000～5000 条/kg 下降到 500 条/kg；蚯蚓数量急剧减少，当初耕地土壤有蚯蚓 10g/kg，而现在很难在不施用有机肥的耕地土壤中找到蚯蚓。土壤中有益动物数量减少，使土壤食物链断裂，导致土壤物质循环、转化、储存及能量转换功能减弱。同时，由于土壤养分失衡，基础地力下降，一些土壤微生物群落由高肥力"细菌型"向低肥力或病害"真菌型"转化，土壤自身调控能力减弱，土传病害频发。据调查，华南地区因土壤微生物群落失衡，造成番茄青枯假单胞菌感染发病普遍，轻病田减产 10%，重病田减产 50%。广东、海南土壤镰刀菌导致香蕉发生枯萎病。东北大豆种植区，长期过度使用氮肥和除草剂，施用有机肥不足，致使土壤原生根瘤菌急剧下降，大豆固氮肥田能力减弱，对氮肥依赖性越来越大，连作病害越来越严重。

20 世纪 90 年代以来，我国农田农药施用量直线上升。如表 1.4 所示，2013 年我国农药使用总量达到 180.19 万 t，从分省的统计数据来看，农药施用量最大的省份是山东省，超过了 15 万 t，其次为河南省，农药使用量为 13.01 万 t，农药使用量最少的为西藏 0.1 万 t。以我国南方稻区为例，一般一年二至三熟，化肥和农药主要施用在前两季水稻上，农药种类主要为杀虫剂和除草剂两类，其中杀虫剂包括杀虫脒、甲胺磷、三唑磷、乐果等，除草剂一般有丁草胺、杀草灵等。如果一季稻按照各农药推荐施用量每年 1.5kg/hm²，那么两季水稻应施用农药总量不超过每年 15kg/hm²，大部分种植水稻的省（区、市）均不同程度地超过此值。农药一方面通过各种迁移运动进入水体，作物吸收了农药而残留于作物中，恶化了水质和粮食品质；另一方面增强了水稻各种病虫草害的抗药性能，给该区的粮食生产带来了环境安全隐患。

表1.4 我国31个省（区、市）农药施用总量（2013年）

省（区、市）	农药施用量/万t	省（区、市）	农药施用量/万t
北京	0.39	湖北	12.72
天津	0.36	四川	6.0
河北	8.67	云南	5.48
河南	13.01	贵州	1.35
吉林	5.1	广东	11.01
黑龙江	8.4	广西	6.9
辽宁	6.0	西藏	0.1
内蒙古	3.13	新疆	2.13
山东	15.84	甘肃	7.78
山西	3.05	重庆	1.84
浙江	6.22	陕西	1.3
上海	0.50	福建	5.78
江西	9.99	安徽	11.78
江苏	8.12	海南	4.35
湖南	12.43	青海	0.2
宁夏	0.27	全国总量	180.19

注：数据来源于农业农村部官网统计数据，http://zdscxx.moa.gov.cn:8080/misportal/public/dataChannelRedStyle.jsp，2018。

这些问题，既有长期积累形成的，也有生产发展中新出现的；既有外部带来的，也有内部产生的，相互交织，相互影响。因此，我们必须未雨绸缪，有效应对，牢牢把握国家粮食安全的主动权。

第三节 实现我国粮食安全的战略途径

保障国家粮食安全是发展现代农业的首要任务。立足我国的国情，创新思路，突出重点，强化措施，促进粮食持续稳定发展，端牢中国人自己的饭碗。新形势下国家粮食安全战略，一是必须靠自己解决好中国人的吃饭问题；二是适当进口满足国内的需求，我国耕地资源有限，粮食等农产品需求量又大，适度进口是必然的，也是必要的，适当进口粮食，主要是品种余缺调剂和年度平衡调节；三是必须靠生产能力提升保证有效供给。实现立足国内自给的方针，就是确保产能，提高粮食综合生产能力。"十三五"中央的方针也非常明确地提出要巩固和提升粮食产能。只有产能提高了，才能只要有需要，只要缺了，就能快速生产出来。具体的战略就是藏粮于地，藏粮于技。

一、实施耕地质量保护与提升

保障国家粮食安全的根本在耕地。耕地、基本农田是农业最核心的生产资料，对其高效利用、保护与建设是农业部门的重要职责。为进一步提高耕地的综合生产能力，确保我国粮食安全、农产品质量安全和农业生态安全，组织实施耕地质量保护与提升项目，不仅十分必要，而且十分紧迫。刘成果等一批农业专家在《关于建立耕地生态补偿机制的建议》中提出，国家要采取切实措施，下力气解决耕地质量提升和污染防治问题，实现粮食生产的可持续发展。建议由国家和各级地方政府设立耕地生态补偿专项资金，以耕地经营者作为补偿对象，主要用于有机肥投入、秸秆还田、畜禽粪便处理还田、豆科作物和绿肥种植补贴及资源节约型和环境友好型关键技术推广应用。因此，实施耕地质量保护与提升，社会有呼吁、现实有需求、工作有基础、领导有批示。

人多地少是我国基本国情。耕地数量不足，质量问题日益突出。我国中低产田面积占耕地总面积的65%，并有扩大趋势。由于城镇建设大量占用优质耕地，工业"三废"污染，肥料施用不合理，导致耕地土壤养分非均衡化；部分地区土壤退化，污染加剧，地力下降。在这种情况下，只有下大力气强化耕地质量建设与管理，创建肥沃、持续、协调的土壤环境，不断提高粮食单产，增加总产，才能从根本上保障国家粮食安全。

提高耕地质量是实行农业可持续发展的需要。据统计，全国因水土流失、贫瘠化、次生盐渍化、土壤酸化等原因已造成40%以上的耕地退化，且有不断扩大的趋势。同时，农田排灌设施不配套，现有基础设施年久失修、老化和灾毁严重，农田抗灾能力不强。因此，必须在加强农田基础设施建设的同时，采取土壤改良、地力培肥技术措施，实现外在质量和内在质量统一，全面提升耕地综合生产能力，做到"藏粮于地"，促进农业可持续发展。

提高耕地质量也是促进农业增效与农民增收的需要。据调查，全国耕地土壤有机质平均含量为1.8%，其中旱地土壤有机质平均含量为1.0%，仅为欧洲同类土壤的1/3～1/2，远达不到高产高效所需要的土壤条件。在农业生产过程中，为追求高产或增产，普遍存在"重化肥、轻有机肥""重氮磷肥、轻钾肥""重大量元素肥、轻中微量元素肥"的现象。在我国用肥总量中，有机肥仅占25%，而合理的施用比例应为40%。平衡施肥面积仅6000万亩，不及农作物播种面积的3%。目前，微量元素肥料的施用面积仅占缺素面积的15%，这就导致了肥料、水资源利用率不高，无形增加了农业生产成本，影响农民增收和农业增效。

提高耕地质量是保障农产品质量安全的需要。目前，工业"三废"污染的耕地面积达到1.5亿亩，污水灌溉的耕地面积为4950万亩。全国每年因污染造成有毒有害物质超标、品质下降的农产品多达1200万t，经济损失在200亿元以上。在污染严重的地区，癌症等疾病的发病率和死亡率是对照区的数倍，这种现状直接影响农产品质量安全。因此，只有加强耕地质量建设与管理，加快耕地污染的治理与修复，才能保证食品安全和人身健康。

党中央、国务院鲜明提出要坚守耕地红线，既包括数量不减少，又包括质量有提高。

为贯彻党中央、国务院的战略部署,落实中央农村工作会议和2014年中央一号文件精神,农业部结合《全国高标准农田建设总体规划（2014—2020 年)》组织实施重金属污染耕地和地下水严重超采地区综合治理,组织专家编制了以耕地质量建设与管理为主要内容的“耕地质量保护与提升项目”规划报告,通过采取高标准农田建设到哪里,耕地培肥、土壤改良等技术应用到哪里的措施, 全面保护与提升耕地质量,夯实粮食稳定增产和农业可持续发展的基础。

近年来,各级农业部门在耕地质量建设和管理方面开展了大量工作,积累了丰富的实践经验。

一是“沃土工程”项目一期、土壤有机质提升、旱作节水农业、测土配方施肥、耕地地力调查等项目的实施,初步摸清了我国主要耕地的质量状况和存在的问题,提升了土肥水新技术研发和技术集成能力,在土壤培肥改良、科学施肥、农业高效用水等方面具有扎实的技术储备,为实施“耕地质量保护与提升”打下了良好的基础。

二是具备较强的技术力量。在开展全国第二次土壤普查工作过程中,从国家到省、市、县各级分别建立了土壤肥料技术推广机构,建立健全了科研、教学等相应机构。在实施 2005 年启动的测土配方施肥补贴项目中,各级土壤肥料工作部门的体系进一步完善,业务能力进一步提升。目前,全国土肥技术人员达到 2.8 万人,大专学历以上占72%。项目建设了一批具有一定检测能力的土壤肥料化验室,省级以下土肥检测仪器设备达 8.4万台（套）,检测能力与检测质量明显提升。同时,国家、省、市、县四级耕地质量监测网络不断完善,可以为耕地质量保护与提升项目实施提供数据支撑。

三是农田设施基础条件不断完善。改革开放以来,国家陆续实施了农业综合开发、大型商品粮基地建设、小流域综合治理、土地整理、大型灌区输水工程等项目,尤其是2013 年国务院发布了《全国高标准农田建设总体规划》,促进了农田生产条件和农田基础设施的改善,有利于耕地质量建设各项技术措施的跟进和实施,为提升耕地内在质量,建设沃土良田创造了很好的条件。

全面贯彻落实党的十八大和十八届三中全会精神,以科学发展观为指导,以保障国家粮食安全为目标,以强化耕地质量建设与保护为手段,以建成的高标准农田、占补平衡和重金属污染的农田为重点,以“增、提、改、防、节”为路径,依靠科技进步,遵循耕地质量演变规律,强化政策扶持,统筹规划、突出重点、分类指导、分区实施、连片建设,有序推进全国高标准农田建设总体规划项目的实施,促进粮食稳定增产和农业可持续发展。

以改良土壤、培肥地力、养分平衡、耕地修复为重点,实现耕地质量保护与提升。改良土壤,重点是改善土壤的理化性状,改良酸化、盐渍化等障碍土壤,改进栽培方式。培肥地力,重点是提高土壤有机质含量,提高贫瘠土壤肥力,提高耕地基础地力。控污修复,重点是控施化肥农药,阻控重金属和有机物污染,控制农膜残留。保水保肥,重点是推广测土配方施肥和水肥一体化,推进深耕深松,推行等高种植。

通过耕地质量保护与提升行动的实施,到 2020 年,保证 8 亿亩高标准农田基础地力提高 1 个等级。耕地质量保护与提升项目的实施区土壤有机质含量平均提升 10%,土壤pH 保持在 5.5～7.5,旱地耕层厚度在 25cm 以上;氮肥利用率提高 5 个百分点,减少氮肥用量 10%；降水利用率提高 10% 以上，农作物水分利用效率每亩提高 0.1kg/mm。新增粮食生产能力 800 亿 kg，达到耕地质量有提升，耕地产出有提高，实现粮食增产、农业增效、农民增收，促进农产品安全和农业可持续发展。

二、促进农业科技进步和科技创新

保障国家粮食安全的出路在科技。世界农业发展的历程中，农业科技始终是农业发展的主要动力，发挥着重要的推进作用。从传统农业、近代农业到现代农业，每一轮农业科技革命无不以农业技术变革为动力、以技术进步为标志而发展，并随着农业科技的不断创新与突破而产生质的飞跃，因此，世界各国均把大力推进农业科技进步作为促进农业发展的重要战略。从农业生产投入要素（主要包括劳动力和土地）的角度来分析，农业科技进步的主要表现是对这两种要素的替代。世界农业发展和提高粮食安全的实践证明，在构成农业综合生产能力的主要生产要素中，科技发挥了基础性和关键性的作用。农业科技进步和创新有力地保障了世界粮食的有效供给。

目前，农业现代化水平较高的国家，其农业科技对农业增长的贡献率均达到 70%～80%。根据有关研究，中国科技进步对粮食增产的贡献率更为突出，1984～2007 年生产技术进步对单产增长的贡献份额，早稻和中籼稻分别为 70.6% 和 71.8%，玉米和晚稻约为 60%，小麦和粳稻分别为 42.1% 和 44%。

农业科技进步和创新对粮食安全的贡献可通过以下途径实现。

1. 提高有限的资源要素利用率，提高粮食经济效益

农业科技进步和创新可以提高农业资源的质量和单位资源的利用效率，使有限的农业资源发挥更大的经济效用。例如，采用测土配方施肥技术一般可使各种作物增产 8%～15%，高的可达 20%，比传统施肥方法节约肥料 15%。节水灌溉和旱作农业技术可使单位农产品的平均耗水量减少一半，相当于把灌溉面积增加了一倍。像日本、韩国、以色列等"人多地少"的国家，其人均耕地面积低于世界水平，这些国家就是依靠大力发展资源替代技术，走资源节约型道路，采用以化肥、农药为主的化学技术和农作物品种改良为主的生物技术来提高单位土地面积的产量，以此来突破土地规模对农业产出增加的制约（翟虎渠，2010）。

2. 开发和应用高质量的生产资料，提高土地的生产率和粮食产品质量

农业科技进步不仅可以为粮食安全提供高质量的生产资源，如化肥、地膜等，还可以提供新品种，提高投入产出比。例如，改革开放 40 多年来，共育成作物新品种 6000 多个，水稻、小麦、玉米、大豆等主要粮食作物品种在全国范围内更新了 3～4 次，每次更新增产 10%～20%，而且作物品种的抗性和品质也不断得到改进。

3. 开发和应用先进的农业生产技术，提高粮食生产的可持续性

先进的农业生产技术包括农作物耕作栽培技术、化肥技术、病虫害防治技术等，这些技术的应用大幅度提高了资源利用率，缓解了资源和生态压力，增加了环境资源的可

持续性。此外，通过高效的病虫害预防手段和控制技术，可有效地防止重大病虫害的发生，减少粮食的损失，减轻甚至杜绝长期施用化肥农药带来的环境污染及害虫抗药性提高等。

三、开展耕地轮作休耕

轮作休耕（crop rotation and land fallow）是耕作制度（亦称农作制度，farming systems）的一种类型或模式，是耕作学、土壤学研究的重要内容之一（沈学年，1984）。轮作是土地所有者或土地使用者为保护耕地，在同一地块上有序种植不同作物的一种耕作方式。休耕是为提高以后耕种收益，实现土地的可持续利用，在一定时期内不耕种的耕作方式，是轮作的一种特殊形式。轮作休耕以保障国家粮食安全和不影响农民收入为前提，休耕也不能减少耕地，搞非农化和削弱农业综合生产能力，确保急用之时粮食能够产得出，用得上。现阶段，国内外粮食供给充裕，国内粮食库存增加较多，国内外市场粮价倒挂明显，而且农业资源过度开发，农业投入品过量使用，地下水超采及耕地质量下降和污染加剧相互叠加等带来的新问题日益凸显，农业可持续发展面临重大挑战。在部分地区实行耕地轮作休耕，既有利于耕地休养生息和农业可持续发展，又有利于平衡粮食供求矛盾，稳定农民收入，减轻财政压力。开展轮作休耕是主动应对资源环境压力，改变耕作方式，调整耕作制度，恢复和储备地力，转变农业发展方式，促进农业可持续发展的重大举措。

我国耕种历史久远，集约化程度高，在长期的利用过程中，虽然在一些地方维持了地力的长久不衰，有的地方还培育了一些高肥力的土壤，但许多地方的耕地地力仍因产投不平衡而逐步衰竭，一些利用不当的地方则产生了严重的破坏。随着人口的增长和社会经济的发展，对农产品特别是肉蛋奶需求的进一步增加，耕地还将承受更大的负荷和压力，耕地质量问题日益尖锐。这些基本国情决定了我国耕地质量建设必须保护与提升并重，即因地制宜、轮作和休耕相结合，在保护中利用，在利用中保护。只有这样，才能够维持良好的耕地质量，确保粮食安全和农业可持续发展。

为了满足农业增收、农民增效的需要，各地在传统农业种植结构的基础上，利用时间上与空间上农田"闲置"的特点，通过合理的轮作、间作或套作等形式，调整现有的农业种植结构，达到事半功倍的效果，不仅可以提高产量，增加产值，而且可以实现用养结合，培肥地力，防止土壤退化。合理轮作或间套作，是农田用地养地相结合，培肥土壤、提高产量的一项重要农业措施；也是改善农田生态环境效应、增加土壤生物多样性、防治病虫草害的一项重要举措。借鉴我国历史上"以粮代赈、退耕还林还草"政策经验，通过发放粮食或现金补助的办法，鼓励推进耕地轮作休耕制度试点和玉米非优势产区调减玉米种植，支持地下水漏斗区、重金属污染区、生态严重退化区开展综合治理。轮作休耕关键要集成一套用地和养地相结合的技术模式，让耕地休养生息，实现永续利用。

参 考 文 献

韩俊. 2014. 中国粮食安全与农业走出去战略研究. 北京: 中国发展出版社.
李智广, 曹炜, 刘秉正, 等. 2008. 我国水土流失状况与发展趋势研究. 中国水土保持科学, 6(1): 57-62.

农业部耕地质量监测保护中心. 2017. 国家耕地质量长期定位监测评价报告(2016 年度).

沈学年. 1984. 耕作学(南方本). 上海: 上海科学技术出版社.

赵其国. 2006. 我国南方当前水土流失与生态安全中值得重视问题. 水土保持通报, 26(2): 1-8.

翟虎渠. 2010. 科技进步:粮食增产的重要支撑. 求是, 5: 51-53.

第二章　我国农业资源承载力与环境容量

第一节　农业资源承载力和环境容量概述

农业资源包括农业自然资源和农业社会资源。农业资源可持续利用是实现中国可持续发展和农业可持续发展不可或缺的条件，而掌握农业资源承载力及其环境容量是制定农业可持续利用策略、确定可持续利用途径的重要基础。本节内容主要借鉴王海燕（2002）的博士论文中对农业资源承载力的研究，对农业资源承载力的研究理论与方法进行简要介绍。

一、农业资源承载力的构成

王海燕（2002）将农业资源承载力定义为：一定时间、范围内，农业资源利用系统所能维持的社会经济活动强度和所能供给具有一定生活质量的人口数量。根据这一定义，农业资源承载力一般由农业自然资源承载力、农业环境承载力和系统弹性力三者共同构成（王海燕，2002）。

（一）农业自然资源承载力

农业自然资源承载力是农业资源承载力的基础。人们对自然资源承载力进行了大量研究（王旭光等，2001；李娜，2016；王海燕，2002）。对农业自然资源承载力而言，自然资源丰富或供给能力并不能完全代表其大小，也并不能表明现有农业自然资源能否维持社会经济的高速发展。过于注重资源储量，而不注重资源需求量和质量，同时忽视人口数量、资源质量不均等因素，盲目发展，有可能损害生态系统，使农业资源利用不可持续。

人类对农业资源的数量和质量需求的不同，农业资源承载力有所不同。如对土壤质量要求不同，土地资源承载力就会不同。同样，人类对待自然资源的态度、利用方式和开发方式不同，产生的效果就会不同，即使是同一种资源，其承载力的大小和意义也会有所不同。所以，农业自然资源承载力大小直接取决于资源利用方式和手段。因此，王海燕（2002）将农业自然资源承载力定义为：一定时间、一定区域范围内，在满足农业资源可持续利用条件下的各种农业自然资源的供给能力及所能支持的经济规模和可持续供养具有一定生活质量的人口数量。它是农业自然资源系统各要素对农业资源利用系统的支持和保障。

（二）农业环境承载力

农业环境承载力是农业资源承载力的约束条件。根据农业资源承载力的概念和含义（刘年磊等，2017；王奎峰等，2014），王海燕（2002）将农业环境承载力定义为：在一定的生活水平和环境质量要求下，在不超出农业资源利用系统弹性限度条件下，农业环境子系统所能承纳的污染物数量和生态承受力及可以支撑的经济规模和相应的人口数量。它是对区域环境容量的动态识别,强调农业资源利用与经济发展的动态平衡。根据王海燕(2002)的研究,农业环境承载力主要包括三方面内容,分别为环境标准、环境容量、人类生产活动方式。

1. 环境标准

环境标准是指由政府有关部门制订的强制性环境保护技术法规,是环保政策的决策结果和环保立法的重要部分。其目的是为了保护人体健康、社会物质财富和维护生态平衡及保护土壤、水和大气等农业环境。环境保护标准体系是指:为了保护和改善环境质量、有效控制污染源排放,并为获得满意的经济和环境效益,由环境保护权力机构全面规划、统一协调、统一组织指定的一系列环境保护标准的总称。如大气环境保护标准体系、水环境(地下水、地表水和海洋)保护标准体系和土壤环境保护标准体系等。根据环保标准内容的不同,有环境质量标准、污染物排放标准、环境保护基础标准和环境保护方法标准等。

2. 环境容量

国内外关于环境容量的定义很多(张静,2010;王兰霞,2001),例如环境容量是污染物允许排放总量与相应的环境保护标准浓度的比值。考虑到农业资源利用过程中,在生态环境脆弱地区一些生态环境退化,如土壤侵蚀、沙漠化、石漠化等对农业环境承载力的约束也较为明显,环境容量可拓展为生态环境容量。

3. 人类生产活动方式

人类生产活动方式主要是指与污染物排放有关的生产工艺、环境保护措施、水土保持措施等。不同生产方式产生的污染物数量、水土流失状况等都会有所不同。采取什么样的环保和生态保护修复措施,也直接关系到污染物的排放量和土壤质量,也就关系着农业环境承载力的大小。

(三)系统弹性力

系统弹性力是农业资源承载力的支持条件。王海燕(2002)将系统弹性力定义为农业资源利用系统的可自我恢复、自我调节及其抵抗各种压力与扰动的能力大小。

系统弹性力包括弹性强度和弹性限度两方面内容。王海燕(2002)指出,农业资源弹性强度表示系统弹性力的高低,可判断一个区域自我维持能力、稳定性大小及区域发展方向;农业资源弹性强度变化可看作是同一状态或同一层次间的波动,这种变化是可逆的。农业资源弹性限度表示系统弹性范围,主要反映特定农业资源利用系统缓冲与调节能力的大小。农业资源弹性限度的改变标志着农业资源利用系统从一种状态转向另一种状态,而且转变往往不可逆转,其变化直接影响着农业资源可持续利用系统的弹性强度。

农业资源承载力系统效应原理包括系统整体效应原理和承载递阶原理等。农业资源利用系统持续承载调控机理主要采用 Logistic 模型实现。农业资源可持续利用的调控类型主要包括密度制约调控、环境制约调控、K 值调节等。农业资源利用可持续承载的调控模式包括减幅调控、非减幅调控等。农业资源承载力系统效应原理与调控机理的详细内容可参考王海燕（2002）。

二、农业资源承载力定量评价方法

（一）农业资源承载力的指数表达式

1. 农业自然资源承载力指数

王海燕（2002）指出，可通过耕地资源、水资源、气候资源、生物资源和农业环境质量等方面来计算和评价农业自然资源承载力水平，其指数可表达为

$$CSI^{res} = \sum_{i=1}^{n} S_i^{res} \cdot W_i^{res}$$

式中，CSI^{res} 为农业自然资源承载力水平；S_i^{res} 表示耕地资源、水资源、气候资源、生物资源和农业环境质量因素；W_i^{res} 是要素 i 相应的权重值。

2. 农业环境承载力指数

借鉴王海燕（2002）的方法，用区域环境水平、生态水平和抗逆水平来共同表征农业环境承载力指数，因此，农业环境承载力为

$$CSI^{env} = \sum_{i=1}^{n} S_i^{env} \cdot W_i^{env}$$

式中，CSI^{env} 为农业环境承载力指数；S_i^{env} 代表农业环境系统特征的区域环境水平、生态水平和抗逆水平；W_i^{env} 代表要素 i 所对应的权重值。

3. 系统弹性力指数

借鉴王海燕（2002）的方法，用地质地貌、气象、土壤、植被和人文发展因素等指标来求得系统弹性力指数，其表达式为

$$CSI^{resil} = \sum_{i=1}^{n} S_i^{resil} \cdot W_i^{resil}$$

式中，CSI^{resil} 为系统弹性力指数；S_i^{resil} 代表地质地貌、气象、土壤、植被、人文发展等要素；W_i^{resil} 代表要素 i 所对应的权重值。

4. 农业资源环境压力指数

农业资源环境压力是指农业资源利用过程中承受的来自自然资源和环境的各种限制因素的总和，压力越大，对农业资源利用限制越强。用资源环境因素的各个指标来求得农业资源环境压力指数，其表达式为

$$CPI = \sum_{i=1}^{n} P_i \cdot W_i$$

式中，CPI 为农业资源环境压力指数；P_i 代表农业利用系统各限制因子的压力分值；W_i 代表因子 i 所对应的权重值。

5. 农业资源承载压力度

承载压力度定义为农业资源环境压力与农业资源承载力的比值，其表达式为

$$CPS = \frac{CPI}{CSI}$$

式中，CPS 称为承压度或承载负荷度。当 CPS>1 时承载超负荷，CPS<1 时承载低负荷，CPS=1 时承载压力平衡。

（二）农业资源承载力评价指标体系

一级评价指标体系：以系统弹性力为评价指标，主要目的是衡量不同区域农业资源利用系统的自然潜在承载能力。结合王海燕（2002）的研究，影响农业资源利用系统弹性度的主要因素有地质地貌、气象、土壤、植被和人文发展水平等，因此，选择这五项因子作为系统弹性力的指标体系。还可根据不同区域特点和实际情况对有关因素指标进行取舍（图 2.1）。

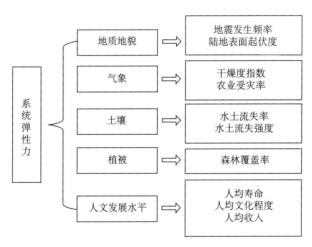

图 2.1　农业资源系统弹性力评价指标体系（王海燕，2002）

地质地貌用地震发生频率衡量地质的稳定与否，用陆地表面起伏度衡量地貌因素对系统弹性力的影响。对于气象因素，采用干燥度指数和农业受灾率作为衡量系统对气象因素的反映程度。干燥度指数和农业受灾率小，表明系统抵抗外界干扰能力强或是系统自身弹性限度较大，也就是表示系统弹性力强。

对于土壤因素，不同土壤对外界风蚀、水蚀的抵抗能力不同可通过水土流失的各因子来衡量系统弹性力。采用的因子指标为水土流失率和水土流失强度。对于植被因素，

一个区域的植被覆盖程度反映该区域农业生态环境的质量优劣,而森林资源系统对一个区域资源利用系统的抗干扰能力和调节缓冲能力有重大作用。因此,选森林覆盖率作为植被因子的代表指标来衡量系统弹性力。人文发展水平用人均寿命、人均文化程度和人均收入来反映一个区域经济发展状况和人口素质高低,因为它直接关系到区域农业资源开发利用模式选择和人类资源观。

二级评价指标体系:以农业自然资源和农业环境承载能力为评价指标,影响农业自然资源承载力的主要因素包括 5 大类,由 13 个指标构成评价指标体系。农业环境承载力的主要影响因素有 3 大类,由 13 个指标构成评价指标体系。

其中,农业自然资源承载力 5 大类因素包括耕地资源、水资源、生物资源、农业生态环境质量、气候资源(图 2.2)。依据反映这些因素表征指标的现有资料,结合资料的可获得性,耕地资源用单位面积耕地量、耕地动态变化和耕地质量等指标表征,表示耕地数量和质量变化对自然资源承载力的影响;水资源用人均水资源量和单位面积水资源量等表征;生物资源用生物丰度表征;农业生态环境质量用水土流失率、森林覆盖率和农业受灾率等表征;气候资源包括的指标有年均降水量、年均无霜日数、干燥度指数和光合有效辐射量等。

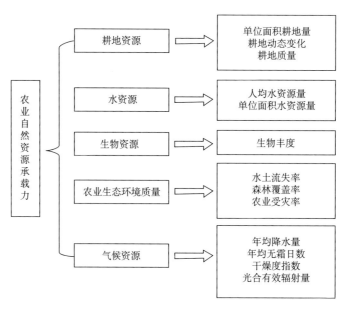

图 2.2　农业自然资源承载力评价指标体系

农业环境承载力 3 类影响因素包括区域环境水平、区域生态水平和区域抗逆水平(图 2.3)。区域环境水平主要考虑区域污染物的排放强度,量越大,环境承载力越小,由单位面积和人均废水排放量、废气排放量和固废排放量表征;区域生态水平反映农业资源对污染物影响的耐受程度,主要通过水土流失率、农业受灾率等表征;最后,区域抗逆水平是指人类对生态环境的治理能力,治理能力越强,环境承载力越大。这里通过工业废水治理率、工业废气治理率、固废综合治理率、水土流失治理率、环境投资率等指标表征。

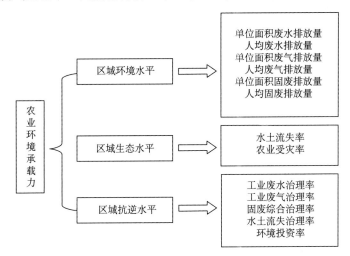

图 2.3　农业环境承载力评价指标体系

上述系统弹性力、农业自然资源承载力和农业环境承载力构成了农业资源承载力的实际承载水平（图 2.4）。

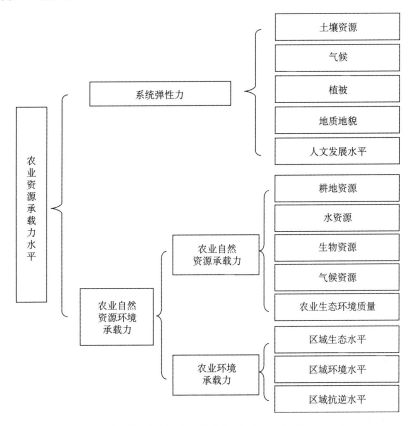

图 2.4　农业资源承载力评价指标体系（王海燕，2002）

三级评价指标体系：以农业资源环境压力为指标，其指标体系包括农业自然资源承载力和农业环境承载力中所有影响因素的各个指标，但指标定量化不同于承载力，以限制性指标对生态环境压力的大小进行定值，指标值越大，表示对生态环境的反作用力越大，即压力越大。

农业资源承载力的评价目的是通过对农业资源利用的现状分析，评价区域农业资源承载力水平，为农业资源可持续利用评价提供基础和参考依据。在农业资源承载力基础上，采用区域农业资源可持续利用的多级综合评价判定方法，按上述三级评价指标体系获得的指标值逐级进行评价，从而完成多级综合评价。结合王海燕（2002）农业资源承载力一级评价结果主要反映的是农业资源利用系统的自我抵抗能力和受干扰后系统自我恢复和更新能力，即系统弹性力，分值越高，表示农业资源利用系统的稳定性越好。二级评价结果是对自然资源承载力和环境承载力的反映，代表了农业资源和环境现实承载力水平的高低，分值越高，承载力水平越高。三级评价的分值由高到低反映农业资源利用系统承受的资源和环境压力大小，分值越高，表明系统所受压力越大，压力越大越应该引起重视。表 2.1 列出了各级评价指标的相对定量评价标准。通过表中的评价标准，可以获得某个区域农业资源在某种稳定状态下，自然资源和环境承载力的高低，以及承受的自然资源压力。

表 2.1　农业资源承载力分级评价标准（王海燕，2002）

评价标准	指标数值				
	<20	21～40	41～60	61～80	>80
一级评价	弱稳定	低稳定	中等稳定	较稳定	高稳定
二级评价	弱承载	低承载	中等承载	较高承载	高承载
三级评价	弱压力	低压力	中等压力	较高压力	高压力

为了解农业资源承载力承受资源环境压力的负荷状况，采用农业资源承载压力度来评价，如果出现超载的情况，则需要通过提高农业资源系统的自我恢复能力或减轻资源环境压力来减轻农业资源的过载状况。其方法则依据上述可持续调控机理进行调控。

第二节　我国农业资源承载力和环境容量现状

本节以省（区、市）为评价单元，评价我国 2015 年农业资源承载力和环境容量，为了反映其变化趋势，选择 1995 年的指标作为参考，运用上述理论和方法加以分析。

一、数据及方法

（一）数据来源及处理

本书所选用的数据主要来源于 1995 年与 2015 年的《中国农业年鉴》、《中国统计年鉴》、《中国林业年鉴》、《中国环境统计年鉴》、水土保持年鉴、水土保持规划及相关文献，详见表 2.2。

表 2.2 相关原始数据来源表

指标	原始数据来源
地震发生频率、农业受灾率、年均降水量、年均无霜日数	《中国统计年鉴》
陆地表面起伏度	封志明等，2007
水土流失率、水土流失强度	各地区水土保持公报或水土保持规划
森林覆盖率	《中国林业年鉴》
人均寿命、人均文化程度、人均收入	《中国统计年鉴》
人均水资源量、单位面积水资源量；单位面积废气排放量、单位面积固废排放量、人均废水排放量、人均废气排放量、人均固废排放量；工业废水治理率、工业废气治理率、固废综合治理率、水土流失治理率、环境投资率	《中国环境统计年鉴》
单位面积耕地量、耕地动态变化、耕地质量	《中国农业年鉴》
干燥度指数	王利平等，2016
生物丰度	郭春霞等，2017
光合有效辐射量	任小丽等，2014

（二）评估方法

1. 指标归一化

对上述与指标相关的原始数据进行计算，得到该指标的原始值，然后，再将部分有单位有量纲的指标值进行归一化处理，得到相关指标的指数。由于评价指标的有关原始数据有不同的量纲且数量级别大小差别很大，所以在进行综合评价之前，需对原始数据进行数值变换，以统一量纲和消除数量级的影响。为将综合评价指数控制在可比较的范围内，并具有最大最小值，本书将指标实际值与指标理论最大值进行比较，得到指标指数，其计算公式为

$$P_{ij} = \frac{x_{ij}}{x_i^{\max}} \times 100\%$$

式中，P_{ij} 为第 i 个要素在第 j 个区域的变换值；x_{ij} 为第 i 个要素在第 j 个区域的原始值；$x_i^{\max}$ 为第 i 个要素在各省（区、市）中的最大值或者理论上的最大值。例如，人口寿命理论上以 100 岁为基准，将各省（区、市）的实际人均寿命与 100 岁进行比较，得到相应的变换值作为该指标的指数。

2. 权重确定

通过因子分析方法（Qi et al, 2009），将与不同承载力相对应的指标进行公因子提取，并求得所有公因子之和，再计算各指标提取值占公因子总和的比例，将此比例确定为各指标在不同承载力中所占的权重。结合本章第一节评价指标的说明，分别确定系统弹性力 10 个因子权重、农业环境承载力 13 个因子权重、农业自然资源承载力 13 个因子权重，即农业自然资源环境承载力（综合农业自然资源承载力与农业环境承载力）共 26 个因子权重、农业资源承载力（综合农业自然资源环境承载力与系统弹性力）共 36 个因子权重，进而对各承载力进行综合评估。

3. 评价体系

一级评价为农业系统弹性力评价，即将系统弹性力的 10 个因子，根据其对农业系统弹性力的影响，分别乘以相应的权重再加和得到农业系统弹性力指数，并根据本章第一节所提到的评价标准进行评价。

二级评价为农业自然资源环境承载力评价，即将农业环境承载力与农业自然资源承载力共 26 个因子，根据其对农业自然资源环境承载力的影响，分别乘以相应的权重并加和得到农业自然资源环境承载力指数，再根据本章第一节所提到的评价标准进行评价。

三级评价为农业资源环境压力评价，即将影响农业自然资源环境承载力的 26 个因子，根据其对农业资源环境压力的关系，分别乘以相应的权重并加和得到农业自然资源环境压力度指数，再根据本章第一节所提到的评价标准进行评价。

农业资源环境压力度计算，首先将农业资源承载力的 36 个因子，分别乘以相应的权重并加和得到农业资源承载力指数。然后，将农业资源环境压力指数与农业资源承载力指数进行比较，得到农业资源环境压力度。该结果如果小于 1，则说明这些地区的农业发展是可持续的，环境友好的，农业发展对资源环境的压力在可控范围内；如果大于 1，则说明这些地区的农业发展是以牺牲资源环境为代价的基础发展的，是不可持续的。

二、农业系统弹性力评价

农业系统弹性力评价为一级评价。农业系统弹性力指标包括地质地貌、气象、土壤、植被、人文发展水平，主要目的是衡量不同区域农业资源利用系统的潜在承载能力。

（一）地质地貌

用地震发生频率衡量地质的稳定与否，用陆地表面起伏度（RDLS）（刘新华等，2001；张伟和李爱农，2012）衡量地貌因素对系统弹性力的影响。RDLS 值越大表明地形对生态环境的应力或胁迫越大，环境就越脆弱。算式如下：

$$RDLS = \{[Max(H) - Min(H)] \times [1 - P(A)/A]\}/500$$

式中，RDLS 为地形起伏度；$Max(H)$ 和 $Min(H)$ 分别为区域内的最高与最低海拔（m）；$P(A)$ 为区域内的平地面积（km^2）；A 为区域总面积。本研究直接采用已有的研究成果（封志明等，2007）作为陆地表面起伏度的指数。由于各地区的地形起伏度在短时间内的变化可忽略不计，因此，1995 年与 2015 年各地区的陆地表面起伏度指数相同。

（二）气象因素

采用干燥度指数和农业受灾率衡量系统对气象因素的反映程度。农业受灾率越小，表明系统抵抗外界干扰能力越强或是系统自身弹性限度越大，也就表示系统弹性力越强。本书的农业受灾率采用农业受灾面积与耕地面积的比值得到。

干燥度指数能够反映一个地区的干湿程度，同时也是反映区域气候变化的重要指标。潜在蒸散发和降水的比值是干燥度指数的主要表现形式，能够揭示一个地区降水和潜在蒸散发的变化，并且在干旱化、荒漠化和植被变化研究中得到广泛应用。中国的干燥度指数在空间格局上呈现出西北大、东南小的特征，与降水的空间分布相反。北方地区整体干燥度指数偏小，但中部区域降水相对减少，蒸发能力增强，导致干燥度指数相对偏大。南方地区气温较高，蒸发能力强，但雨量充沛，是我国干燥度指数最小的区域。西北地区较为干燥，降水少，蒸发强，是我国干燥度指数最大的区域。青藏地区由于青藏高原的阻挡作用及东部地区较为丰富的降水量，使得干燥度指数由东向西逐渐增加，呈现西干东湿的格局。

采用王利平等（2016）关于1961～2014年中国干燥度指数的时空变化研究，得出我国各省（区、市）干燥度指数的结果（表2.3）。干燥度指数与积温和多年平均降雨量关系密切，而不同地区的积温与多年平均降雨量数据在短期内变化较小。因此，1995年与2015年的干燥度指数相同。

表 2.3　各省市干燥度指数

地区	干燥度指数	地区	干燥度指数
北京	1.5	湖北	0.9
天津	1.5	湖南	0.9
河北	1.5	广东	0.9
山西	1.5	广西	0.9
内蒙古	1.0	海南	0.9
辽宁	1.0	重庆	0.9
吉林	1.0	四川	0.9
黑龙江	1.0	贵州	0.9
上海	0.9	云南	0.9
江苏	0.9	西藏	5.0
浙江	0.9	陕西	2.0
安徽	0.9	甘肃	4.0
福建	0.9	青海	4.0
江西	0.9	宁夏	4.0
山东	1.0	新疆	4.0
河南	1.0		

（三）土壤因素

地球地表组成物质不同，对外界风蚀、水蚀的抵抗能力不同，但各区域关于这方面的土壤数据资料不易得到。因此，利用其外在形式——水土流失率和水土流失强度来表征土壤因素对系统弹性力的作用。这里，水土流失强度指的是水土强烈侵蚀、极强烈侵蚀、剧烈侵蚀所占水土流失总面积的比重。从图2.5可以看出，多数省（区、市）2015年的水土流失率与水土流失强度较1995年的值均有所下降，说明农业利用系统对外界的风蚀、水蚀的抵抗能力在这些地区有所提高，系统弹性力增强。

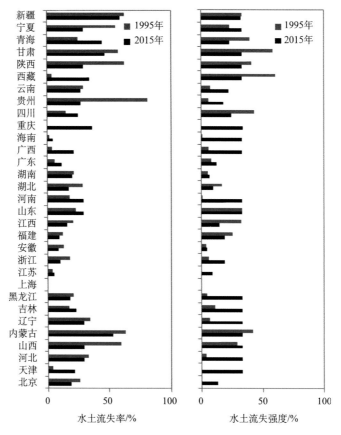

图 2.5　各地区水土流失率与水土流失强度

（四）植被因素

一个区域的植被覆盖程度反映该区域农业生态环境的质量优劣，而森林资源系统对一个区域资源利用系统的抗干扰能力和调节缓冲能力有重大作用。因此，选森林覆盖率作为植被因素的代表指标，来衡量植被因素对系统弹性力的作用。从图 2.6 可以看出，2015 年所有地区的森林覆盖率较 1995 年均有提高。

（五）人文发展水平因素

用人均寿命、人均文化程度和人均收入来反映一个区域经济发展状况和人口素质高低，因为它们直接关系到区域农业资源开发利用模式选择和人类资源观。其中，各地区的人均文化程度用高中以上人口占 6 岁以上总人口的比重来表征。从图 2.7 可以看出，2015 年与 1995 年相比，人均寿命有所提高，多数地区提高 5 岁以上；人均文化程度方面，高中以上人口占比显著增加，其中，北京最高，超过 60%；人均收入增幅显著，其中北京、上海的年人均收入均超过 5 万元。

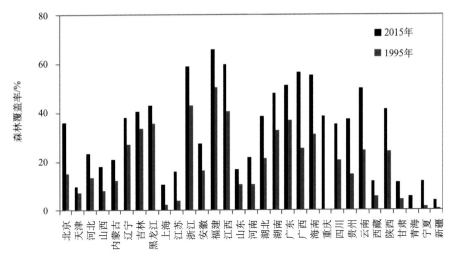

图 2.6 各地区森林覆盖率

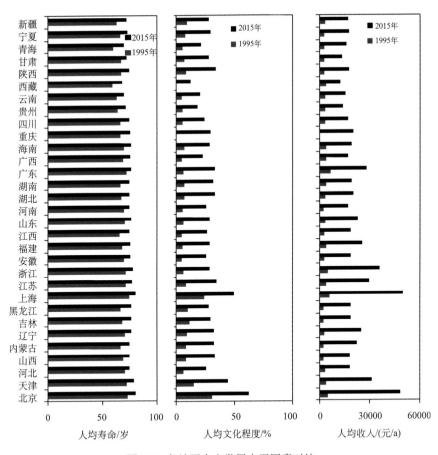

图 2.7 各地区人文发展水平因素对比

利用 1995 年、2015 年的相关数据，通过上述指标，对中国 31 个省（区、市）（未考虑香港、澳门、台湾）的农业资源可持续利用系统的系统弹性力进行计算，分别得到

1995 年、2015 年各省（区、市）系统弹性力（图 2.8）。2015 年，上海的系统弹性力指数最高，为 82，属于高稳定级别，其次为浙江、北京、福建、江苏、广东等地，其系统弹性力指数为 70～80。新疆、青海、西藏、甘肃、宁夏、贵州、陕西、山西、四川等省（区、市）系统弹性力指数小于 60，其中，新疆最低，为 43，属于中等稳定级别。

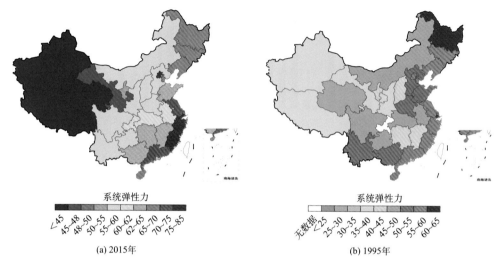

图 2.8　我国各省（区、市）的农业系统弹性力示意图

　　然而，1995 年仅上海、黑龙江的系统弹性力指数超过 60。青海、甘肃、西藏、新疆、陕西等地的系统弹性力指数均小于 40，属低稳定级别。1995～2015 年这二十年来，我国各省（区、市）的系统弹性力均有不同程度的提高（图 2.9）。其中，浙江、北京、湖南、江西、福建等东部、南部地区增长幅度高达约 20%；而云南、新疆、西藏等西部省（区、市）及东北地区的增长幅度较小，低于 10%。

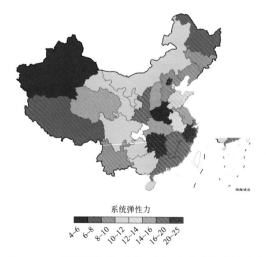

图 2.9　1995～2015 年我国各省（区、市）农业系统弹性力变化示意图

系统弹性力中，人文发展水平因素变化对系统弹性力的影响最大。人文发展指数的高低直接影响着农业资源可持续利用系统的系统弹性力变化。从图 2.10、图 2.11 可以看出，2015 年，上海、北京、浙江、天津、江苏等地区的人文发展水平因素占比较大，高达 30% 以上，其中，上海、北京等地高达 40% 以上，而 1995 年人文发展水平因素最大的北京、上海等地占比仅为 23% 左右。这说明系统弹性力和人类的能动作用是分不开的，人类可以利用自己的智慧和能力，根据人类需求对农业资源进行合理开发利用。而目前开发利用程度越高越成功的区域，其农业资源利用系统的弹性力也就越高。因此，系统弹性力大小和人文发展水平有关，劳动者素质越高，系统弹性度越大，人类活动余地就越大，可选择的机会就越多，可承受的自然灾害等冲击力就越高，所以，应努力提高人文发展指数，即提高人类文化程度、寿命和收入，以提高农业资源利用系统弹性力。

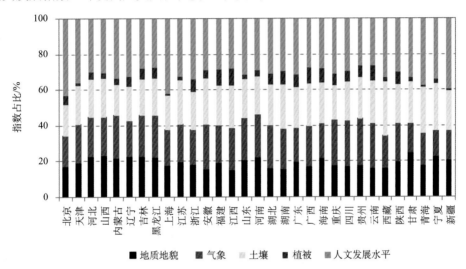

图 2.10　2015 年各指数对系统弹性力的作用占比

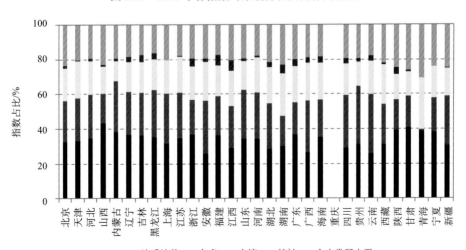

图 2.11　1995 年各指数对系统弹性力的作用占比

三、农业自然资源环境承载力评价

农业自然资源环境承载力评价为二级评价，主要从耕地资源、水资源、气候资源、生物资源和农业生态环境资源等方面来计算和评价农业自然资源承载力水平。

（一）农业自然资源承载力

1. 耕地资源

耕地是土地的精华，是人类生存之本，也是人类从事农业生产的物质基础和先决条件，其数量、质量、空间分布和动态变化是衡量区域农业资源可持续利用的主要标志之一。将单位面积耕地量、耕地数量动态变化及耕地质量作为衡量耕地资源的指标。

耕地动态变化即耕地变化率，是衡量耕地变化趋势的指标。由于人口增长对耕地的需求与日俱增，加上工业化、城镇化加速推进对耕地的掠夺，使人口与耕地资源之间的矛盾日益尖锐。1957 年后，除少数年份，中国耕地面积总量持续减少，全国耕地总面积从 1957 年的 111830 千 hm^2 减少为 1994 年的 94910 千 hm^2。为扭转由于耕地面积持续减少给粮食生产带来的压力，从中央到地方采取了一系列措施，使耕地面积持续减少的现象得到了遏制。

根据《中国农业年鉴》数据，1995 年我国耕地面积总量为 94974 千 hm^2，至 2001年，我国耕地面积基本实现了动态平衡。2015 年我国耕地面积总量为 135163 千 hm^2。从图 2.12 可见，我国各省（区、市）耕地面积在 1995～2015 年均有不同程度增加，尤其是云南、广西、黑龙江、吉林、内蒙古等地区的耕地面积增加更为显著。

然而，我国耕地空间分布不均匀，各省（区、市）的单位面积耕地资源总量差别较大。2015 年，山东、河南、江苏、安徽等地的单位耕地面积较大，超过 40 hm^2/km^2，而新疆、青海、西藏、内蒙古等地的单位耕地面积非常小，小于 10hm^2/km^2（图 2.13）。1995～2015 年，多数省（区、市）单位耕地面积增加，仅北京、上海的单位耕地面积大大减少。

耕地质量是衡量区域农业生产条件好坏的指标之一。耕地的土层厚度、地势平坦和土壤肥力等对于区域农业生产有着重要的影响。2012 年年底，农业部组织完成了全国耕地地力调查与质量评价工作，以全国 18.26 亿亩耕地（第二次全国土地调查前国土数据）为基数，以耕地土壤图、土地利用现状图、行政区划图叠加形成的图斑为评价单元，从立地条件、耕层理化性状、土壤管理、障碍因素和土壤剖面性状等方面综合评价耕地地力，在此基础上，对全国耕地质量进行了等级划分，形成了基于 2014 年度土地变更调查的最新耕地质量等级成果。

全国耕地评定为 15 个等级，1 等耕地质量最好，15 等最差。农业部对全国耕地划分的标准：1～4 等、5～8 等、9～12 等、13～15 等分别为优等地、高等地、中等地和低等地（程峰等，2014）。根据此标准，研究将小于 9 级的耕地（优等地+高等地）整合为好地，大于等于 9 级（中等地+低等地）的耕地整合为差地，由此得到全国各省（区、市）的耕地质量指数。由于没有 1995 年的相关统计资料，暂用 2014 年各地区的不同耕地质量等级占比替代 1995 年各地区的不同耕地质量等级。从图 2.12 可见，上海、江苏、广东、湖北、河南等省（区、市）的好地占比高达 85%以上，尤其是上海和江苏，其好地占比高达 100%。

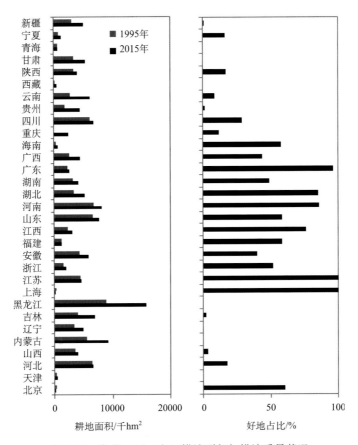

图 2.12 各省（区、市）耕地面积与耕地质量状况

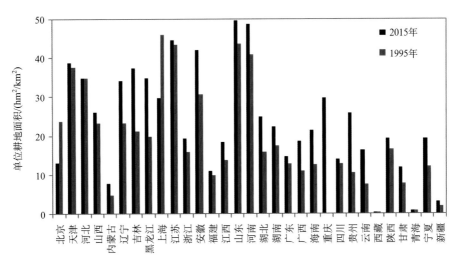

图 2.13 1995 年与 2015 年各省（区、市）单位耕地面积

2. 水资源

我国水资源的绝对量不大，人均水资源量只有世界平均水平的四分之一，属于世界上水资源严重不足的国家之一，而且水资源分布不均匀，南多北少，东多西少。全国水资源的 80% 分布在占全国面积 36% 的南方，而占地面积高达 64% 的北方地区的水资源却仅占 20%。农业水资源贫乏会直接威胁人口的生存。一般可用人均水资源量、单位面积水资源量来衡量区域水资源的多少。

值得注意的是，西藏的水资源总量最大，西藏流域面积大于 50km² 的河流有 6418 条，流域面积大于 1 万 km² 的河流有 28 条；水域面积大于 1km² 的湖泊共有 816 个，湖泊总面积占全国湖泊面积的 30%。西藏多年平均水资源总量占全国河川径流量的 16.5%，水资源量居全国第一。2015 年，西藏境内水资源达到 3853 亿 m³（图 2.14），水能资源理论蕴藏量约 2 亿 kW，开发利用率仅 1%。然而，2015 年较 1995 年西藏的水资源总量有所减少。由于其水资源时空分布极不均匀，全区还是存在很大范围的干旱区和半干旱

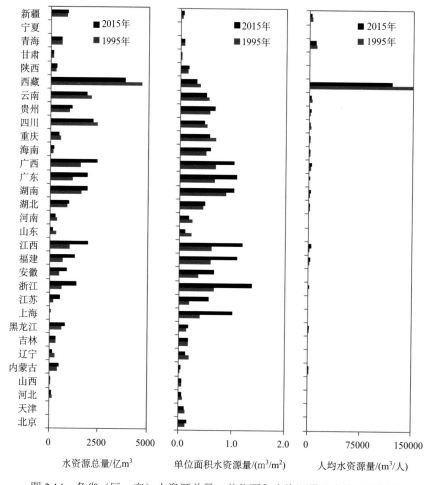

图 2.14　各省（区、市）水资源总量、单位面积水资源量及人均水资源量

区。西藏是国家重要的生态安全屏障，必须从战略和全局的高度，正确处理水资源开发利用与农业资源的关系。其他多数省（区、市），2015 年较 1995 年水资源总量均有所增加，尤其是广西、广东、江西、浙江等地区的水资源总量增加显著。

单位面积水资源是用于衡量水资源空间分布的指标，其值越大表明该区域的水资源越丰富。2015 年与 1995 年比较，多数省（区、市）的单位面积水资源量有所增加，其中，江西、福建、浙江、上海等省（区、市）的水资源量增加较快（图 2.14）。2015 年，浙江省的水资源量约为每平方千米 138 万 m^3，居全国首位。水资源量最低的是宁夏，每平方千米不足 2 万 m^3，两者相差超过 50 倍。

人均水资源量是用于衡量区域水资源丰度的指标。中国各地区人均水资源差异很大，如 2015 年，由于西藏的水资源总量丰富，人口稀少，西藏的人均水资源量高达 120121m^3/人，远远高于其他各省（区、市），而天津人均水资源量仅有不到 100 m^3/人，两者相差 3 个数量级。

3. 气候资源

气候资源为农业生产提供能量和物质，是农业生产得以顺利进行的保障条件。构成气候资源各要素的数量、组合和分布状况在一定程度上决定了一个地区的农业生产类型、农业生产率和生产潜力。选取年均降水量、年均无霜日数、光合有效辐射量、干燥度指数作为确定区域气候资源优劣的指标。从各指标来看，中国南方的水热组合较好，无霜期长，农业生产条件比较优越；而北方地区降水量较少，虽然光辐射量较大，但是温度较低、气候干燥不利于农业生产。

各省（区、市）年均降水量和单位面积降水量如图 2.15 所示，2015 年与 1995 年相比，年均降水量在西藏、四川、河南、山东等省（区、市）有不同程度降低，而广西、广东、江西、福建、浙江等省（区、市）有不同程度增加。相应的，单位面积降水量在这些省（区、市）也有相应的变化。

光合有效辐射量（PAR）是植物光合作用的主要能量来源，其散射组分能够增强植被冠层光能利用率，从而增加碳吸收（张广奇等，2015）。作为影响植物生长的主要生态因子，PAR 是陆地生态系统碳循环模型、植被生产力计算模型与生态系统-大气间 CO_2 交换模型等生态模型的关键变量（Chen et al.，2012）。PAR 在时间与空间上的变化直接影响着净初级生产力（NPP）的时空变异性。在全球气候变化的背景下，PAR 作为重要的气候要素，研究其时空变化特征对于分析 PAR 的变化如何影响生态系统光合作用过程具有重要意义。本书采用任小丽等（2014）针对 1981～2010 年中国散射光合有效辐射的估算及时空特征分析的研究结果来分别替代 1995 年与 2015 年的光合有效辐射指数。从表 2.4 可以看出，西藏、新疆、云南、广东、广西等省（区、市）的光合有效辐射较大，而黑龙江、吉林、辽宁等省（区、市）的光合有效辐射较小。

4. 生物资源

生物资源包括森林、草原和农作物等，能间接反映区域农业生态环境的优劣和人类可以利用的潜在程度。生物丰度指数是指单位面积上不同生态系统类型在生物物种数量

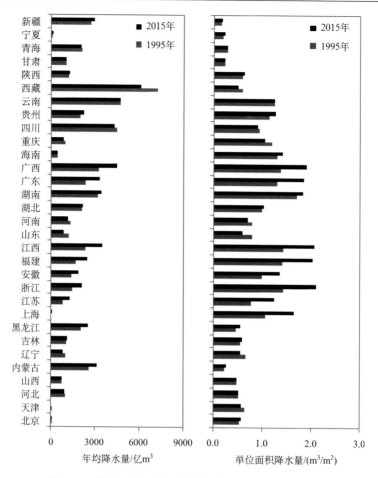

图 2.15　各省（区、市）年均降水量和单位面积降水量

表 2.4　1981～2010 年各省（区、市）光合有效辐射量　　　[单位：mol/（m²·d）]

地区	最小值	最大值	平均值	地区	最小值	最大值	平均值
全国	6.7	15.3	12.6	河南	13.0	13.5	13.3
北京	12.0	12.5	12.3	湖北	12.5	13.0	12.8
天津	12.0	12.5	12.3	湖南	13.0	13.5	13.3
河北	12.0	12.5	12.3	广东	13.5	14.0	13.8
山西	12.2	13.0	12.6	广西	13.5	14.0	13.8
内蒙古	11.5	12.5	12.0	海南	13.0	13.5	13.3
辽宁	11.5	11.5	11.5	重庆	12.0	12.5	12.3
吉林	10.0	10.5	10.3	四川	12.0	12.5	12.3
黑龙江	7.0	9.0	8.0	贵州	13.0	13.5	13.3
上海	13.0	13.5	13.3	云南	13.5	15.0	14.3
江苏	13.0	13.5	13.3	西藏	14.0	15.0	14.5
浙江	13.5	14.0	13.8	陕西	12.5	13.0	12.8
安徽	13.0	13.5	13.3	甘肃	12.0	13.0	12.5

续表

地区	最小值	最大值	平均值	地区	最小值	最大值	平均值
福建	13.0	13.5	13.3	青海	12.5	13.5	13.0
江西	13.0	13.5	13.3	宁夏	13.5	14.0	13.8
山东	13.0	13.5	13.3	新疆	14.0	15.0	14.5

上的差异，间接地反映被评价区域内生物的丰贫程度。郭春霞等（2017）基于全国 1∶25 万土地覆被数据，根据《生态环境状况评价技术规范（试行）》中的生物丰度指数计算模型，利用 ArcGIS 空间分析功能，计算了中国 1985 年前后、2005 年两期的生物丰度指数分布数据集。基于该数据集，以省（区、市）为单位统计了全国各地区两个时期的生物丰度指数。该数据集可以反映我国一段时间内生物丰贫程度的空间格局及变化规律，为生态环境质量评价提供基础数据参数。将 1985 年与 2005 年的生物丰度指数分别代表 1995 年与 2015 年的生物丰度指数，以表征生物资源的变化（表 2.5）。

表 2.5　各地区生物丰度指数表

地区	1995 年生物丰度指数	2015 年生物丰度指数	地区	1995 年生物丰度指数	2015 年生物丰度指数
北京	62.50	58.70	湖北	67.59	64.82
天津	38.04	33.53	湖南	75.02	71.61
河北	48.62	46.06	广东	74.27	70.90
山西	57.87	54.76	广西	77.95	74.38
内蒙古	46.56	42.58	海南	75.72	72.13
辽宁	59.85	57.17	重庆	59.78	58.33
吉林	61.16	57.36	四川	63.24	60.55
黑龙江	64.44	58.08	贵州	71.75	68.64
上海	30.59	26.84	云南	75.84	72.43
江苏	36.57	34.57	西藏	55.36	52.93
浙江	74.96	71.01	陕西	55.73	53.72
安徽	48.96	46.71	甘肃	36.30	34.64
福建	77.19	74.18	青海	39.36	37.77
江西	75.25	71.70	宁夏	45.70	42.60
山东	36.30	34.25	新疆	24.69	23.34
河南	42.70	40.59			

5. 农业生态环境资源

农业生态环境资源包括水土流失率、森林覆盖率、农业受灾率三个指标。水土流失、农业受灾越严重，说明农业自然资源的承载力越低，不利于农业发展。森林对区域环境生物量有很大的影响，一般来说森林覆盖率高的区域，它的生物资源也较多，农业自然资源的承载力越高。农业受灾率数据获得详见农业系统弹性力中对气象因素的介绍，水土流失率与森林覆盖率数据详见图 2.5 和图 2.6。

综合耕地资源、水资源、气候资源、生物资源和农业生态环境资源等指标得到农业自然资源承载力指数。1995 年、2015 年中国各省（区、市）农业自然资源承载力指数结果见图 2.16。

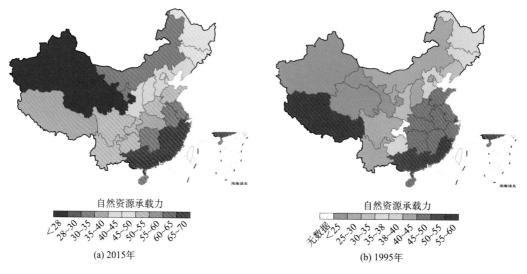

图 2.16　我国各省（区、市）农业自然资源承载力示意图

2015 年，福建、浙江、江西、广东、广西、湖南、上海、海南、安徽、江苏等东南部省（区、市）农业自然资源承载力指数较大，而新疆、青海、甘肃、宁夏、内蒙古、西藏、山西等中西部省（区、市）农业自然资源承载力指数较小。与 1995 年相比，除西藏外，其他省（区、市）均有不同程度增加，其中浙江、江西、福建、湖南等东南部省（区、市）增加较大，农业自然资源承载力指数变化超过 15（图 2.17）。

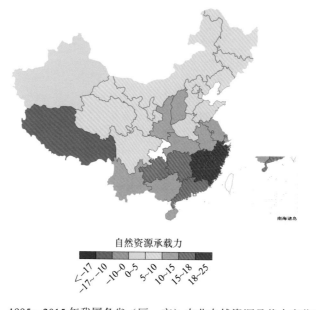

图 2.17　1995～2015 年我国各省（区、市）农业自然资源承载力变化示意图

为进一步考察耕地资源、水资源、气候资源、生物资源和农业生态环境质量对农业自然资源承载力的贡献，分别计算了 1995 年、2015 年各指标在农业自然资源中的占比。由图 2.18 和图 2.19 可见，气候资源与农业生态环境质量对农业自然资源承载力指数的贡献高于其他三类资源。

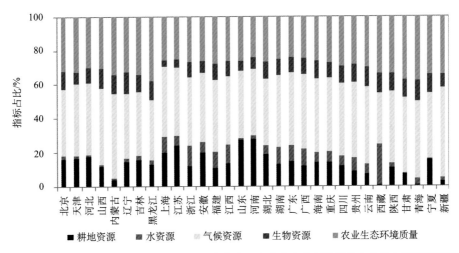

图 2.18　2015 年耕地资源、水资源、气候资源、生物资源和农业生态环境质量在农业自然资源指数的占比

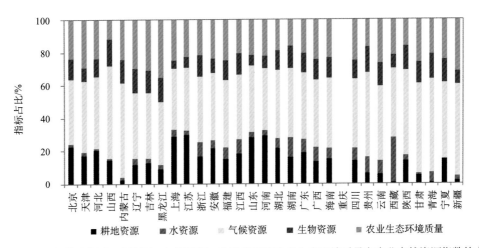

图 2.19　1995 年耕地资源、水资源、气候资源、生物资源和农业生态环境质量在农业自然资源指数的占比

（二）农业环境承载力

1. 区域环境水平

区域环境水平主要是指污染对大气、水、土壤等资源环境的危害程度。其特点是短期、人为、局部、相对快速和以外界影响为主。衡量区域环境水平的指标包括单位面积工业废水排放量、单位面积废气排放量、单位面积固废排放量、人均废水排放量、人均废气排放量、人均固废排放量。单位面积的污染物排放量、人均排放量越高，农业环境

承载力越小。

2015 年与 1995 年相比，各省（区、市）的单位面积废水排放量指标均具有较大幅度提高（表 2.6）。其中，单位面积废水排放量最大的区域为上海，高达 35 万 t/km²，较北京、天津、河北、辽宁、江苏、浙江等单位面积废水排放量较大的地区高出 1 个数量级；而内蒙古、西藏、青海、新疆等地区的单位排放量非常小，不足 1000 t/km²。

2015 年与 1995 年相比，除上海外，其他省（区、市）的人均废水排放量均有不同程度提高，尽管 2015 年上海的人均废水排放量有所降低，但仍然是人均废水排放量最高的省份，为 93t/人。而人均废水排放量较低的地区主要是贵州、云南、西藏、甘肃等，这些地区的人均废水排放量不足 40t/人。

表 2.6　各省（区、市）单位面积废水排放量与人均废水排放量

地区	单位面积废水排放量/(t/km²)		人均废水排放量/(t/人)		地区	单位面积废水排放量/(t/km²)		人均废水排放量/(t/人)	
	1995 年	2015 年	1995 年	2015 年		1995 年	2015 年	1995 年	2015 年
全国	4173	7651	34	53	河南	12908	25957	24	46
北京	48930	90317	76	70	湖北	11023	14815	41	54
天津	32349	82308	41	60	湖南	11550	16897	34	46
河北	8535	16546	25	42	广东	23820	50640	63	84
山西	5934	9293	31	40	广西	7028	9325	37	46
内蒙古	387	937	20	44	海南	6747	11507	33	43
辽宁	14550	17824	53	59	重庆	—	18202	—	50
吉林	4656	6772	34	46	四川	5356	6060	27	42
黑龙江	2456	3267	31	39	贵州	3400	6409	18	32
上海	321967	355789	156	93	云南	1735	4522	17	37
江苏	32752	60556	49	78	西藏	24	48	13	18
浙江	18842	42532	44	78	陕西	3256	8177	20	44
安徽	9664	20088	23	46	甘肃	1003	1476	19	26
福建	8373	21176	32	67	青海	157	328	25	40
江西	5706	13367	24	49	宁夏	1957	4823	25	48
山东	14573	36405	26	57	新疆	274	602	28	42

2015 年与 1995 年相比，各省（区、市）的单位面积废气排放量与人均废气排放量指标均具有较大幅度提高（表 2.7）。其中，单位面积废气排放量最大的区域仍为上海，高达 2 万 m³/km²，较天津、河北、江苏、浙江等单位面积废气排放量较大的地区也高出 1 个数量级；而内蒙古、黑龙江、四川、云南、甘肃、青海、新疆、西藏等地区的单位面积废气排放量非常小，不足 500 m³/km²。

表 2.7　各省（区、市）单位面积废气排放量与人均废气排放量

地区	单位面积废气排放量/(m³/km²)		人均废气排放量/(万 m³/人)		地区	单位面积废气排放量/(m³/km²)		人均废气排放量/(万 m³/人)	
	1995 年	2015 年	1995 年	2015 年		1995 年	2015 年	1995 年	2015 年
全国	132	722	1.1	5.1	河南	416	2373	0.8	4.2
北京	1835	2125	2.9	1.6	湖北	263	1025	1.0	3.7
天津	1389	7788	1.7	5.7	湖南	204	863	0.6	2.4

地区	单位面积废气排放量/（m³/km²）		人均废气排放量/（万 m³/人）		地区	单位面积废气排放量/（m³/km²）		人均废气排放量/（万 m³/人）	
	1995 年	2015 年	1995 年	2015 年		1995 年	2015 年	1995 年	2015 年
河北	481	3875	1.4	9.8	广东	398	1655	1.1	2.7
山西	402	2305	2.1	9.8	广西	186	789	1.0	3.9
内蒙古	42	305	2.2	14.4	海南	100	776	0.5	2.9
辽宁	609	2367	2.2	7.9	重庆	—	1129	—	3.1
吉林	161	504	1.2	3.4	四川	115	417	0.6	2.4
黑龙江	89	266	1.1	3.2	贵州	218	1319	1.1	6.6
上海	7852	20647	3.8	5.4	云南	59	435	0.6	3.5
江苏	813	5814	1.2	7.5	西藏	0	1	0.1	0.5
浙江	531	2643	1.2	4.9	陕西	114	805	0.7	4.4
安徽	264	2093	0.6	4.8	甘肃	59	270	1.1	4.7
福建	191	1516	0.7	4.8	青海	8	89	1.3	11.0
江西	116	935	0.5	3.4	宁夏	166	1614	2.2	16.0
山东	640	3387	1.1	5.3	新疆	11	133	1.1	9.4

2015 年与 1995 年相比，除北京外，其他省（区、市）的人均废气排放量均有不同程度提高。其中，山西、内蒙古、辽宁、贵州、青海、宁夏、新疆等能源型省（区、市）的人均废气排放量较高，宁夏最高，为 16.0 万 m³/人，河北、江苏、上海等经济发展较快、发展较好的省（区、市），人均废气排放量也较高。

2015 年与 1995 年相比，除北京外，其他省（区、市）的单位面积固废排放量与人均固废排放量指标均具有较大幅度提高（表 2.8）。其中，天津、河北、山西、辽宁、上海、山东等地区的单位面积固废排放量较高，上海最高，为 2965 t/km²。人均固废排放量较高的地区表现在内蒙古、青海、山西、辽宁等能源型省（区、市），其中，青海省高达 25.3 t/人。而北京、上海、浙江、广东、海南、重庆等经济发展较好的地区，人均固废排放量较少，仅为不到 1 t/人。

表 2.8　各省（区、市）单位面积固废排放量和人均固废排放量

地区	单位面积固废排放量/（t/km²）		人均固废排放量/（t/人）		地区	单位面积固废排放量/（t/km²）		人均固废排放量/（t/人）	
	1995 年	2015 年	1995 年	2015 年		1995 年	2015 年	1995 年	2015 年
全国	82	340	0.7	2.4	河南	208	882	0.4	1.6
北京	691	423	1.1	0.3	湖北	119	366	0.4	1.3
天津	360	1368	0.5	1.0	湖南	101	383	0.3	1.1
河北	381	1884	1.1	4.8	广东	104	312	0.3	0.5
山西	399	2034	2.1	8.7	广西	88	296	0.5	1.5
内蒙古	21	225	1.1	10.6	海南	20	124	0.1	0.5
辽宁	517	2223	1.9	7.4	重庆	—	344	—	0.9

地区	单位面积固废排放量/(t/km²)		人均固废排放量/(t/人)		地区	单位面积固废排放量/(t/km²)		人均固废排放量/(t/人)	
	1995 年	2015 年	1995 年	2015 年		1995 年	2015 年	1995 年	2015 年
吉林	95	287	0.7	2.0	四川	105	256	0.5	1.5
黑龙江	63	165	0.8	2.0	贵州	166	401	0.9	2.0
上海	1922	2965	0.9	0.8	云南	81	368	0.8	3.0
江苏	283	1043	0.4	1.3	西藏	0	3	0.0	1.2
浙江	133	440	0.3	0.8	陕西	128	454	0.8	2.5
安徽	213	935	0.5	2.1	甘肃	37	128	0.7	2.2
福建	131	409	0.5	1.3	青海	4.2	206	0.7	25.3
江西	239	645	1.0	2.4	宁夏	63.1	517	0.8	5.1
山东	336	1287	0.6	2.0	新疆	4.2	44	0.4	3.1

2. 区域生态水平

区域生态水平主要是指自然灾害和生态退化对农业环境系统的影响程度，它是自然与人类共同作用的结果。自然灾害和生态退化是指生态系统的异常变化给农业生产系统所造成的危害，主要表现为直接扰动和打击（如水灾、旱灾等），还有生态系统功能的衰退（如农业自然资源供给能力的减少）等。借鉴王海燕（2002），本节衡量区域生态水平的指标为水土流失指数和气候变化指数，水土流失指数用水土流失率来表征，气候变化指数用农业面积受灾率来表征。

3. 区域抗逆水平

区域抗逆水平是人类保护资源环境和环境自净能力对生态灾害的抗衡能力，对农业资源承载力起着培养和加强的作用。衡量区域抗逆水平的指标包括工业废水治理率、工业废气治理率、固废综合治理率、水土流失治理率、环境投资率。污染物治理率越高，区域抗逆水平越高，农业环境承载力越高；水土流失治理率与环境投资率越高，区域抗逆水平越高，农业环境承载力越高。

工业废水治理率、工业废气治理率这两个指标采用单位废水、废气治理投入费用来表征。从图 2.20 可以看出，2015 年所有省（区、市）的单位废水治理投入费用、废气治理投入费用与 1995 年的值相比，均有大幅提高。单位废水治理投入费用相对较高的地区有河北、内蒙古、黑龙江、宁夏、新疆等能源资源丰富的省（区、市），以及江苏、浙江等经济水平比较发达的地区，其中，黑龙江单位废水治理投入费用最高，为 1.92 元/t。单位废气治理投入费用相对较高的有天津、浙江、广东、上海、山东等，其中，浙江的单位废气治理投入费用最高，为 36.64 元/万 m³，仅有黑龙江、西藏、青海、广西、贵州等省（区、市）的单位废气投入费用小于 20 元/万 m³。

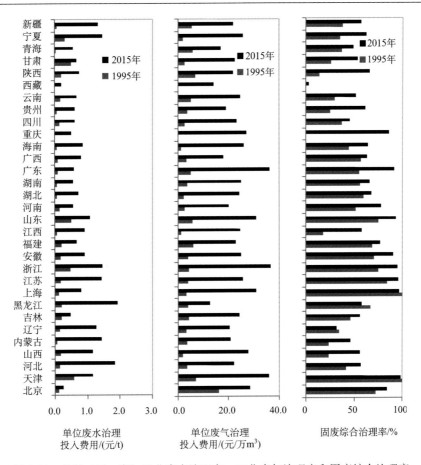

图 2.20　各省（区、市）工业废水治理率、工业废气治理率和固废综合治理率

固废综合治理率指标为一般工业固体废物综合利用量与一般工业固体废物产生量的比值。从图 2.20 可得，除黑龙江、辽宁等省份外，2015 年，其他省（区、市）的固废综合治理率均高于 1995 年。2015 年，仅有西藏、辽宁、四川、内蒙古、青海这几个地区的固废综合治理率小于 50%；天津、上海、江苏、浙江、山东、广东等沿海地区的固废综合治理率均超过 90%。

环境投资率指标用单位面积环境投资费来表征（表 2.9）。2015 年与 1995 年相比，各省（区、市）的单位面积环境投资费均大幅提高。例如，上海是单位面积环境投资费最高的地区，1995 年的单位面积环境投资费为 9.32 万元/km²，而 2015 年增长至 349.7 万元/ km²。其次是北京、天津、江苏、山东、浙江等地区，这些地区的单位面积环境投资费均超过 40 万元/km²，而单位面积环境投资费较低的地区为西藏、青海、新疆、甘肃、黑龙江、云南、四川、内蒙古等地区，其投资费用仍小于 5 万元/km²。

表 2.9　各省（区、市）单位面积环境投资费　　　　　（单位：万元/km²）

地区	1995 年	2015 年	地区	1995 年	2015 年
北京	8.19	245.5	湖北	0.15	11.7
天津	3.05	111.9	湖南	0.18	28.9

续表

地区	1995 年	2015 年	地区	1995 年	2015 年
河北	0.31	21.2	广东	0.44	16.3
山西	0.27	16.5	广西	0.16	11.1
内蒙古	0.02	4.5	海南	0.07	6.5
辽宁	0.46	20.0	重庆	—	16.9
吉林	0.18	5.9	四川	0.09	4.5
黑龙江	0.11	3.4	贵州	0.12	7.8
上海	9.32	349.7	云南	0.07	3.7
江苏	1.14	92.8	西藏	0.00	0.1
浙江	1.32	43.1	陕西	0.16	11.7
安徽	0.31	31.5	甘肃	0.10	2.7
福建	0.37	18.9	青海	0.01	0.5
江西	0.05	14.1	宁夏	0.16	13.1
山东	1.50	45.1	新疆	0.01	1.7
河南	0.35	17.7			

综合区域环境水平、区域生态水平、区域抗逆水平指标得到农业环境承载力指数。1995 年和 2015 年中国各省（区、市）农业环境承载力指数结果见图 2.21。2015 年，北京、浙江、黑龙江、海南、安徽、重庆、湖南、广东等地区农业环境承载力较大，而上海、青海、辽宁、内蒙古、山西、宁夏、河北、新疆等地农业环境承载力较小，2015 年与 1995 年相比，各地区农业环境承载力均有所提高。其中，变化较大的区域为湖南、广东、陕西、北京、江西、湖北等（图 2.22），这些地区农业环境承载力指数变化超过 15；而天津、青海、辽宁、河北等地区变化较小，农业环境承载力指数变化小于 5。

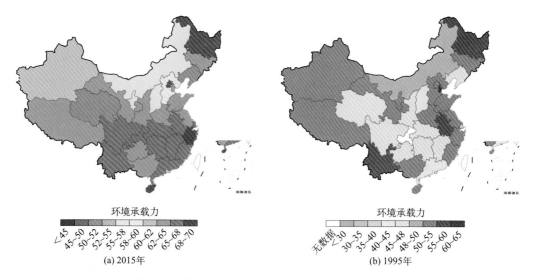

(a) 2015年　　　　　　　(b) 1995年

图 2.21　我国各省（区、市）农业环境承载力示意图

图 2.22　1995～2015 年我国各省（区、市）农业环境承载力变化示意图

　　与农业系统承载力、农业自然资源承载力相比，农业环境承载力的空间分布规律并不突出。这主要是因为农业环境承载力是由三部分组成的，不仅要考虑当地的污染物排放水平，还要考察其污染物治理水平以及当地的生态状况。为进一步了解各地区三部分的贡献大小，分析了区域环境水平、区域生态水平、区域抗逆水平与农业环境承载力的关系。由图 2.23 和图 2.24 可以看出，1995～2015 年，多数地区的区域抗逆水平增加，说明环境治理能力提升。部分地区区域环境水平提升，说明这些地区的污染物排放容量较 1995 年增大，同时也是治理水平提升的结果。

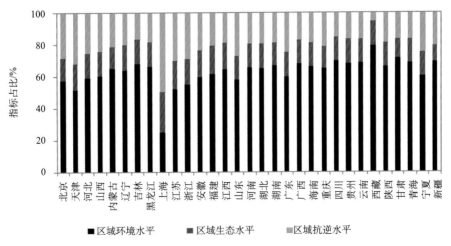

图 2.23　2015 年区域环境水平、区域生态水平、区域抗逆水平对农业环境承载力的贡献

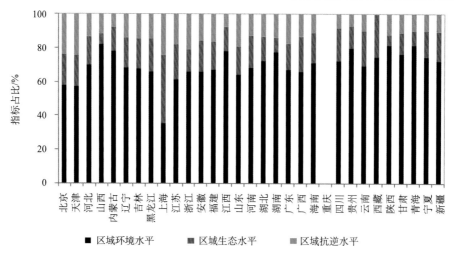

图 2.24　1995 年区域环境水平、区域生态水平、区域抗逆水平对农业环境承载力的贡献

（三）农业自然资源环境承载力评价

综合本章第二节中农业自然资源承载力与农业环境承载力的内容，得到 1995 年和 2015 年农业自然资源环境承载力指数（图 2.25）。2015 年，浙江、江西、福建、广东、广西、海南、湖南、安徽的农业自然资源环境承载力指数大于 60，最高为浙江，指数为 68，属于较高承载。仅青海的农业自然资源环境承载力指数小于 40，属于低承载，其他省（区、市）的承载力指数处于 41～60，为中等承载。分析 1995 年的数据，除西藏外，其他省（区、市）的农业自然资源环境承载力指数均小于 2015 年，而且，所有省市的农业自然资源环境承载力指数均小于 60，为中等承载。1995～2015 年，浙江、江西、湖南、上海、广东、贵州等地区的农业自然资源环境承载力指数变化大于 15，而青海、辽宁、天津、新疆、内蒙古、河北、山东、河南、宁夏等省（区、市）的农业自然资源环境承载力指数变化小于 5。

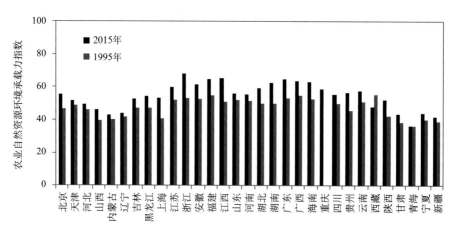

图 2.25　我国各省（区、市）农业自然资源环境承载力

四、农业资源环境压力度

农业资源环境压力度为评级体系中的三级评价。

（一）农业资源承载力

综合农业系统弹性力和农业自然资源环境承载力，得到 1995 年和 2015 年各省（区、市）农业资源承载力指数（图 2.26），整体上呈现从西到东农业资源承载力指数逐渐升高，从北到南，农业资源承载力指数逐渐升高，东南沿海地区最高。

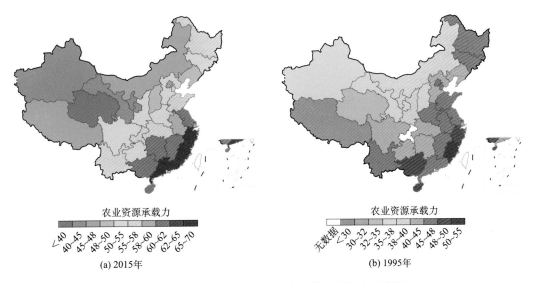

图 2.26　我国各省（区、市）农业资源承载力示意图

（二）农业资源环境压力指数

进一步计算 1995 年和 2015 年各省（区、市）的农业资源环境压力指数（图 2.27）。从图 2.31 中可以看出，1995 年和 2015 年从西到东，农业资源环境压力逐渐降低，西北地区的农业资源环境压力指数最大，而东南沿海地区的压力指数最小。1995～2015 年，各省（区、市）农业资源环境压力指数有所降低，其中，东南沿海地区的农业资源环境压力指数降低较多，而西北地区降低较少。

2015 年，仅青海省的压力指数超过 60，属于较高压力；浙江、江西、福建、广东、广西、海南、湖南、安徽等地区的压力指数在 30～40，属于低压力；剩余的地区压力指数均处于 41～60，属于中等压力。

（三）农业资源环境压力度评价

为进一步明确农业资源环境压力与目前农业资源承载力的关系，本节进一步计算了 1995 年和 2015 年各省（区、市）的农业资源环境压力度。由图 2.28 可见，1995～2015 年，各地区的农业资源环境压力度均有所降低。2015 年，东南沿海地区的农业资源环境

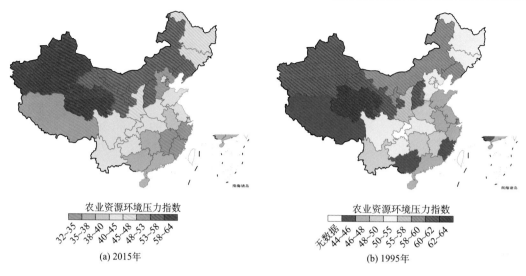

图 2.27　我国各省（区、市）农业资源环境压力指数

压力度远小于 1，说明这些地区的农业发展仍是可持续的、环境友好的，农业发展对资源环境的压力在可控范围内；而西北地区的压力度仍然远大于 1，说明这些地区的农业发展是以牺牲资源环境为代价发展的，是不可持续的。

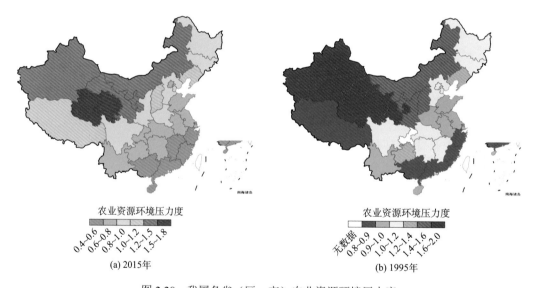

图 2.28　我国各省（区、市）农业资源环境压力度

五、农业资源环境容量现状

依据环境容量中基本环境容量和变动环境容量的定义，从各省（区、市）1995～2015年废气、废水和固废排放总量和人均排放量来看，都有不同程度的提高，而各地区废气、废水、固废处理率及环境投资率都有不同程度的提高，可以看出，目前我国大部分地区，废弃物向环境的排放量仍然处于高位状态，这与我国高的经济发展状况相一致，但这些

废弃物进入环境，明显减少了环境的基本容量，而环境废弃物处理水平和投资的增加，又增加了环境的抗逆水平，所以，近年来我国整体的环境容量处于增加的状态。从地域分布看，在经济较为发达的东部沿海地区，环境废弃物排放总量较高，而西部经济欠发达地区废弃物排放总量相对较低，由于西部地区国土面积大，所以单位面积废弃物排放量也较低，可见，前者基本环境容量较低，后者较高。相反，东部发达地区废弃物处理率和环境投资率较高，而西部欠发达地区废弃物处理率和环境投资率较低，所以，前者变动环境容量较高，后者则较低。

六、农业资源可持续利用评价分析

一般来讲，判断农业资源利用的可持续性主要是看农业利用系统是否具有大的弹性力，即资源环境在较大的弹性力范围内系统保持稳定。同时，资源的利用对资源环境的压力又要保持尽可能的小。所以，在上述农业资源承载力水平评价分析的基础上，对中国 30 个省（区、市）1995 年和 2015 年农业资源利用"可持续性"进行综合评价。通过象限图（图 2.29）来表示农业系统弹性力和农业资源环境压力度的评价结果，以系统弹性力的较稳定标准（60%）为 Y 轴原点，资源环境压力度标准 1 为 X 轴原点。这样将各省（区、市）农业资源利用可持续性分成四个区域（图 2.29），各个区域的特点如表 2.10所示。根据以上图表分析得到，就全国而言，1995 年的农业资源利用"可持续性"状况不佳，绝大多数中西部省（区、市）农业资源利用都处在不可持续状态，东部沿海大部分省（区、市）趋向于可持续性，但系统稳定性不够，属低稳定可持续，而上海虽趋向于可持续，但资源环境压力较大，属于高压力可持续。未出现可持续利用的情况。

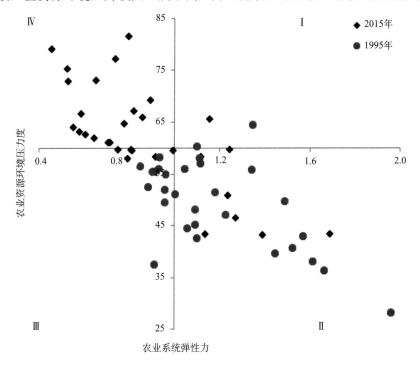

图 2.29　1995 年和 2015 年各省（区、市）农业资源利用的可持续评价图示

2015 年农业资源利用"可持续性"状况有了明显改观，总体来看，在向可持续的方向发展。东部所有省（区、市）和部分中部省（区、市），如湖北、安徽、重庆、江西、湖南均达到可持续的利用状况。中部的一些省（区、市），如陕西、河南、四川、云南、贵州、河北等省（区、市），也趋向于可持续，但稳定性不够，属于低稳定可持续。而西部的一些省（区、市），如新疆、甘肃、青海、宁夏、西藏、内蒙古、山西等仍然处于不可持续状态。

表 2.10 中国农业资源可持续利用评价结果

年份	象限	系统弹性力	资源环境压力度	代表省份	评价结果
1995	I	>60	>1	上海	高压力可持续
	II	<60	>1	北京、黑龙江、吉林、辽宁、天津、河北、内蒙古、新疆、甘肃、青海、宁夏、陕西、山西、四川、云南、贵州、湖北、湖南、江西	不可持续
	III	<60	<1	山东、河南、安徽、江苏、浙江、福建、广东、广西、海南、西藏	低稳定可持续
	IV	>60	<1		可持续
2015	I	>60	>1		高压力可持续
	II	<60	>1	新疆、甘肃、青海、宁夏、西藏、内蒙古、山西	不可持续
	III	<60	<1	陕西、河南、四川、云南、贵州、河北	低稳定可持续
	IV	>60	<1	北京、黑龙江、吉林、辽宁、天津、山东、江苏、浙江、福建、广东、广西、海南、上海、湖北、安徽、重庆、江西、湖南	可持续

第三节 我国农业资源环境承载力调控方向与途径

一、农业资源承载力水平分析

根据第二节的计算结果，中国各省（区、市）农业资源承载力水平在空间上呈现"东高西低，南高北低"分布格局。

从构成农业自然资源承载力的指标来看，农业自然资源基本呈现东南部地区高于中部地区、西北部地区最低的现象，说明中国东南部地区的生存条件优越，而优越的生存条件又和人口的高密度联系在一起。资源较少并不意味着人口的生存压力就大，而资源丰富并不代表生存压力低。所以，要在现有资源的基础上提高农业资源的承载力，还需要投入一定的社会资源和辅助因素，如劳动、水、肥、机械和科技等，以保证农业资源利用系统的正常运转。

对于耕地投入水平比较低的地区，增加单位投入的增产效果明显，这是增加土地投入、挖掘资源增产潜力的关键所在。如西北部地区投入水平较低，在某种程度上是以掠夺地力、牺牲资源和环境为代价来换取农业经济的发展。这些地区的农业资源可持续利用系统都处在不稳定状态，外界的些许变化都会引起系统急剧变动，使农业资源利用系统失去稳态而导致农业资源利用的不可持续。所以，在大力推行西部大开发时，不能单纯地追求经济发展，必须注意对农业资源利用系统的维护和保育，认真对待资源环境问题，否则，原本就十分脆弱的农业资源可持续利用系统就很可能会崩溃，甚至无法挽回。

相反，并不是说农业投入越大越好。如东部—东南部沿海地区，耕地投入水平较高，但随着投入水平的进一步提高，已经开始出现边际效应递减，反而对资源环境造成不良影响。如中国东部不少地区的化肥施用量超出化肥纯量氮施用的安全上限，尤其是土壤利用率非常高的设施农业生产，远远超过安全上限，造成水体的富营养化，既破坏了农业资源系统，也使大量化肥流失，加大了农业生产成本，削弱了农产品的市场竞争力。所以经济发达地区应该提高农业资源合理开发利用中的技术含量，努力提高农业资源的利用率和转化效率。

农业资源过度开发或不合理利用，在一定程度上都会导致农业资源退化或农业资源系统破坏，削弱农业资源承载力，对农业资源可持续发展构成最根本的威胁。因此，要实现农业可持续发展，就必须实现农业资源的可持续利用，农业资源开发或利用都不能超出农业资源承载能力，保护农业资源环境就是保护农业生产力。在发展农业经济的同时，必须加强农业资源环境保护，改善和恢复已经退化的生态系统，培育和增殖可更新的农业资源，形成持久的农业资源承载能力。要实现农业资源可持续利用，一方面需要政府大力支持，制定有利的农业政策，千方百计提高农民收入，调动农民的积极性；另一方面要依赖于农业劳动者素质的提高，增加人力成本，为农业资源可持续利用和农业可持续发展提供有力保障。

二、农业资源承载力水平的调控方向

从前述的农业资源承载力分析可看出，要保持我国农业资源承载力的可持续性，首先要保持农业资源系统高的弹性力，即保持系统高的稳定性，而这可从两个调控方向进行：一是通过保护农业资源，提高其利用过程中的抵抗能力，如通过保护植被，提高土壤抵抗侵蚀和涵养水源的能力。这在经济发达地区尤为重要。二是着力提高人文因素，随着人口素质的提高，人们对农业资源开发利用的可持续理念会不断提高，有利于可持续利用技术的应用和推广，同时，经济实力的提高，也促使人们增加对农业资源的投入。这在经济欠发达地区和落后地区需要加以重视。

其次，从农业自然资源承载力的角度也表明，保护农业自然资源也是一个重要的调控方向，通过提高土壤资源的质量、增加森林覆盖率，提升水土保持和抵抗自然灾害的能力，增加自然资源的承载力。另外，从农业环境承载力的角度，在目前经济发展的大趋势下，通过减少环境污染物的排放量来增加农业环境承载力，从而减少环境压力，似乎不太现实，但应该保持目前的排放水平，不再降低环境的基本容量，因为一旦基本容量丧失，将难以恢复。同时，通过提高环境抗逆水平来实现，即加大废弃物处理能力，尽可能减少污染物进入环境介质，使环境容量相对增加，以免污染物超过环境容量，造成农业环境系统的崩溃。同样地，不同的地区也应该有不同的调控方向，西北和西南部生态脆弱的地区，首先要注重农业自然资源的保护；在中部地区，既要注重自然资源的保护，也要设法提高废弃物处理率；而在经济发达地区，则在保持较高废弃物处理水平的基础上，应加强土壤资源的保护，在一定范围内提高农业环境的基本环境容量，保持农业资源在高压力下的可持续利用。

三、农业资源承载力水平的调控途径

（一）建立农业资源保育体系

农业资源是社会经济发展的基础。本研究表明，随着经济的发展及政府和公众环境意识的增强，通过加大投入，农业资源承载力得到明显提高。因此，农业资源系统的保育首先是保持人类与农业自然资源的和谐关系，其次是不断改善资源利用系统的功能和不断补偿资源的损耗，同时还要对子孙后代农业资源可持续利用担负起道义上的责任。合理的保育体系建设可以使农业资源系统在合理稳定的承载力水平周围小幅波动。

为建立我国农业资源的保育体系，首先要着力培养全社会农业资源保育意识。通过农业资源可持续利用思想的社会认同，形成社会的农业资源保育意识。可以通过国民教育、灾害教育、危机教育等方法，将农业资源保育意识融入国民自身行为之中。其次应开展国家级重大农业资源保育项目，如围绕土地资源，通过农田基本建设，开展水土保持、防止沙化、保水保肥等措施提高土地生产率。开展保持农业资源系统自身自然补偿能力的保育项目，如定期封山、休耕轮作，藏粮于土、藏粮于技。以土地质量的提高来满足农业生产对土地资源的需求。建立农业资源保育体系，还需要一定的保障措施，即政府需要建立中国特色的农业资源补偿机制。国家作为社会长期利益的代表，征收一部分农业资源利用下游的收益，对保持该资源效用可持续性而失去其他效用进行补偿，如流域上游的资源保护投入可由下游收益区域以转移支付的形式加以补偿。还可以发挥利益驱动机制，鼓励经营农业资源的企业与个人着眼于长期利益，加大对自身经营的农业资源基础进行补偿。另一个保障措施是需要建立国家农业资源安全预警系统，实时监测农业资源的安全状况，预测未来的发展方向，做出预警，提出应对措施。

（二）建立农业资源可持续利用科技体系

资源有限是相对的，随着科学技术的进步，人类不断地拓宽资源范围。新资源、新能源、新材料等将不断出现，解决不断出现的新问题。因此，应持谨慎乐观态度，最大限度地发展有关农业资源可持续利用的科学技术和教育，培养高素质的农业资源利用人才，应用先进理论和先进技术扩大农业资源可持续利用的科技增量，建立国家、科研、企业一体化的产学研农业资源技术创新体制，加强农业资源利用的综合研究。

（三）建立健全农业资源管理体系

加强农业资源管理，首先要明晰农业资源管理主体，确立以国家为主体的多层次农业资源管理体系。建议建立农业资源领导小组或相关职能部门，具体负责对农业资源的调查监测、区划、规划和保护开发利用，进行宏观调控和综合协调。其次，建立和完善农业资源调查监测体系，建立农业资源利用状况报告制度和公报制度，并定期发布农业资源状况公告，把农业资源开发利用、保护节约等工作置于全社会的监督之下。最后，建立和完善相关法律法规。农业资源法律法规的建立与完善有助于农业资源管理目标的实现和资源利用效率的提高。相关法律法规的建立与完善，能体现资源可持续利用和可持续发展战略要求的共同原则和制度，可为农业资源管理提供法律支持。

<h1 style="text-align:center">参 考 文 献</h1>

程锋, 王洪波, 郧文聚. 2014. 中国耕地质量等级调查与评定. 中国土地科学, 28(2): 75-82.

封志明, 唐焰, 杨艳昭, 等. 2007. 中国地形起伏度及其与人口分布的相关性. 地理学报, 62(10): 1073-1082.

郭春霞, 诸云强, 孙伟, 等. 2017. 中国1km生物丰度指数数据集. 全球变化数据学报, 1(1): 60-65.

李娜. 2016. 新常态下农业可持续发展的新问题及对策研究. 中国农业资源与区划, 1(37): 30-33.

刘年磊, 卢亚灵, 蒋洪强, 等. 2017. 基于环境质量标准的环境承载力评价方法及其应用. 地理科学发展, 36(3): 296-305.

刘新华, 杨勤科, 汤国安. 2001. 中国地形起伏度的提取及在水土流失定量评价中的应用. 水土保持通报, 21(1): 57-62.

任小丽, 何洪林, 张黎, 等. 2014. 1981—2010年中国散射光合有效辐射的估算及时空特征分析. 地理学报, 69(3): 323-333.

王海燕. 2002. 农业资源可持续利用研究——农业资源承载力和可持续性评价. 北京: 中国农业大学.

王奎峰, 李娜, 于学峰, 等. 2014. 山东半岛生态环境承载力评价指标体系构建及应用研究. 中国地质, 41(3): 1018-1027.

王兰霞. 2001. 农业自然资源开发与环境容量协调发展的研究. 沈阳: 东北农业大学.

王利平, 文明, 宋进喜, 等. 2016. 1961—2014年中国干燥度指数的时空变化研究. 自然资源学报, 31(9): 1488-1498.

王旭光, 高玉慧, 王英华, 等. 2001. 黑龙江省土地承载力与农业可持续发展. 国土与自然资源研究, 2: 30-32.

张广奇, 朱教君, 李荣平, 等. 2015. 基于日照时数的光合有效辐射(PAR)时数估算方法. 生态学杂志, 34(12): 3560-3567.

张静. 2010. 深圳湾水环境综合评价及环境容量研究. 大连: 大连海事大学.

张伟, 李爱农. 2012. 基于DEM的中国地形起伏度适宜计算尺度研究. 地理与地理信息科学, 28(4): 8-12.

Chen Z, Shao Q, Liu J, et al. 2012. Estimating photosynthetic active radiation using MODIS atmosphere products. Journal of Remote Sensing, 16(1): 25-30.

Qi Y, Darilek J L, Huang B, et al. 2009. Evaluating soil quality indices in an agricultural region of Jiangsu Province, China. Geoderma, 149(3-4): 325-334.

第三章　东西方国家轮作休耕制的发展及启示

从更长远的一个历史过程和更加广阔的全球视野理解农地利用的制度特点和存在问题，并借鉴各国轮作休耕的经验与教训，有利于更好构建中国的轮作休耕制度。

第一节　东西方传统农耕制度特点及形成的历史原因

亚欧大陆与非洲北端是人类文明最早的发源地。在西方，两河流域和北非埃及的文明，传播到南欧和希腊以至罗马，经过波斯文明和希腊文明的碰撞和融合，到罗马征服地中海，形成了古代的地中海文明区域。在东方，中国的多个文明，经过不断的碰撞与融合，形成了华夏文明。漫长的世界历史发展长河，孕育了欧亚大陆的农耕文明，形成了各具特色的农耕制度。

一、东西方耕作制度历史发展的不同特点

东西方耕作制度，既有其相同之处，也有其不同之点。其相同之处就是都经历过原始农业时期的撂荒制和轮荒制阶段。不同之处是在撂荒和轮荒耕作制之后，中国进入了传统农业阶段，逐步走上了养地用地相结合和采用轮间套作的精耕细作道路，西欧在中世纪却走上了草田轮作制为主的轮作休耕道路。

（一）西方的轮作休耕农业

西方的农牧结合，起初是一种松散的形式，耕地和牧场是分开的，或者说耕地以外的都是牧场。后来牧场被部分地开垦出来种植谷物，称为外田；原来的耕地，因其靠近村落，被称内田。内田是固定的，通常犁成长条。大部分有机肥料都施在内田。外田是半固定的，施以少量肥料，耕作到肥力下降到不能耕种而需要休闲时为止。一般是种 3 年燕麦，休闲 3 年，休闲期的土地会被用作牧场。这种做法属于自由休闲状态，而不是有计划地轮流把耕地变为放养牧场或牧草刈割地。谷物种植区在谷物收获后就放家畜去吃收割后的残茬，同时畜粪落在田里作为肥料。中世纪欧洲（如法国）的领主曾收取过畜粪税，规定在某些日子辖区农民必须把他们的畜群赶到领主的耕地上圈养一段时间，以便留下粪肥。

自由休闲进一步发展便是休闲制度。休闲制度就是每年按照计划，把一部分的土地用作牧场，过一段时间又重新把它开垦出来再种植作物，典型的例子就是二圃制和三圃制，即每年都有二分之一至三分之一的土地休闲，用作牧场。据《亨莱农书》记载，"每英亩的休闲地，在一年中至少可以维持两头羊的生存"。另外的二分之一或三分之一的土地在作物收获之后也暂用作牧场。一般庄园主还有专门用于畜牧的牧场和刈割地。后来随着豆科轮作制度的发展，原来部分或全部休闲地逐步用于种植豆科作物，以增进地

力。尽管豆科作物可以部分收获作为饲料，但总体来说用于放牧的面积相对减少。直到近代，豆科作物才大量作为人类食物或动物饲料。在英国的村落里，领主们用他们的一部分田种豆类，而他们的佃户仍旧采用休闲制度。就整个欧洲而言仅仅是少部分耕地有机会进行禾谷类与豆科轮作。具体的农田休闲制度述说如下。

1. 二圃制

为了恢复地力，中世纪欧洲的土地耕作制度大致有两种。一种是连耕连休制，即对一块地连续耕种几年后让其长期休耕。这种制度主要在居民点分散的山区实行。另一种是让一块地每二年或三年中休耕一年，习称为二圃制或三圃制（刘景华，2006）。

二圃制又称"两圃制"，就是把所有耕地分成两部分，轮流耕作。欧洲各国在9世纪前以二圃制轮作为主，即一年种植麦类作物，一年休闲。这样每年有一半的耕地处于休耕状态。这种制度比较好地保持了土壤的肥力，在增加土壤地力，合理地利用土壤氮肥方面有重要作用，防止了土地的连续利用出现的单产下降问题。休耕地在休耕期间，杂草丛生，用来放牧牲畜，牲畜的粪便撒落在土地上，杂草的根茎经翻耕腐烂在土地中，从而增加了土壤中的氮含量，增强了土壤肥力，能提高粮食产量（胡长江，2016）。13世纪后，二圃制主要保留在欧洲南部实行。在一些土地极为贫瘠的地区，甚至有三年中休耕两年的做法。据此推算，任何一年中整个欧洲有五分之二的耕地处在不生产状态（Maland et al., 1982）。二圃制的耕作制度相对过去的掠夺式粗放耕作来说，无疑是一种进步。但它作为一种轮作休耕方式，本身就体现着一种落后性，因为这种方式使现有耕地不能得到最大程度的利用（刘景华，2006）。生产技术进步后，二圃制被三圃制替代。但因某些地区土壤、气候等自然条件的内部差异，常会出现二圃制和三圃制同时存在的情况。农耕制度的多样性，一方面反映了自然环境对农业生产的影响，另一方面也反映了人们在从事农耕时因地制宜的安排。

2. 三圃制

三圃制亦称三田制、三区轮作制，即把土地分为三部分，一部分用于耕种冬作物，一部分用于耕作春作物，一部分用于休耕。三块地每年轮流替换，休耕地亦可用于放牧（胡长江，2016）。三圃制在8世纪之后逐步盛行于地势平坦、气候湿润、土质黏重的中欧和西欧等地，每年三分之一的耕地实行休闲。作物也在各区内实行轮作，春播作物区实行大麦、燕麦、豆类轮作，秋（冬）播作物区实行小麦与黑麦轮作等。西方农庄实行三圃制时把耕地划分为条形。封建主的土地和农民的土地互相交错。农民尽管拥有狭长条状地块，但并无权安排每年种植的作物。三圃制的耕地收割完毕后即被用作公共牧场。三圃制模式比二圃制的优越性在于可以在一年里的两个季节种植作物，因此更能够保障减少因为天气异常而可能造成的歉收及其引起的饥荒。三圃制比二圃制能使参与田间种植的劳动力在年内分布得更为均匀（波斯坦，2002）。随着重犁的普及和生产技术进步，三圃制更加普及，土地利用率得到了提高。

3. 四圃制

17 世纪与 18 世纪之交,在英国诺福克郡第一年种小麦,第二年种萝卜,第三年种大麦,第四年种三叶草、黑麦等牲畜饲料的四圃轮作制开始流行。这种不同作物与牧草构成的轮作制不仅避免了休耕地全休状态,又解决了以前需要休耕才能恢复土壤肥力的问题,还为牲畜提供了冬春两季的牧草。这种诺福克四圃轮作制实际上是一种不休耕的轮作制,是休耕制度的创新。这种创新的轮作制度一直延续至今。从二圃制转换为三圃制,每年种庄稼的土地面积要增加六分之一;从三圃制转换为四圃制,种植面积又要增加十二分之一。四圃制的实行推动了农业生产力进一步提高。耕作制度的变革与土地所有权的变革成为推动十八世纪英国工业革命的重要基础(约翰·赫斯特,2011)。

4. 草田轮作制

苏联土壤学家和农学家威廉斯(1863～1939)提出草田轮作制,主张通过草田轮作制方式实施农牧结合。在草田轮作农业里,各种土地(耕地、牧场、刈割地、荒地)都合在一起进行谷物和牧草的轮作,无论是豆科还是非豆科牧草都用来饲养动物。这就逐步打破了耕地与非耕地的界限,改变了过去把谷物栽培和动物饲养分别经营,农田和牧场分开的历史,真正地将农牧有机地结合起来。这是近代欧洲农业历史上的一次技术革命。

(二)中国精耕细作农业的形成

战国之前,我国北方农业尚处于撂荒制阶段。所谓撂荒,即在同一块土地上连种数年,待其地力耗尽,产出降低时,便抛弃不种另开辟新地。撂荒制存在的前提是有足够的土地供开垦者选择。被撂荒的土地则任其荒芜,通常经过一定时间,其表层植被可逐步得到恢复。撂荒土地再次达到开垦利用阶段的时候被称为熟荒。虽然自战国后,土地的休耕制度被逐步取消,但北方的耕作法中,代田法(垄沟互换)、区田法(深耕播种施肥)、亲田法(分区集中施肥养地)都有休耕的效果,南方稻田也有普遍的冬季休闲制。《氾胜之书》中记载的"田二岁不起稼,则一岁休之"就是描述这类休耕。战国以后,在中原粮食主产区以外,各地还有不同形式的休耕存在。唐宋时期南方山区盛行畲[shē]田制。在这种制度下,菑[zī]田为休耕的田,新田为休耕后的新耕田,畲田为休耕后连续耕作的田。在宋代南方圩田区被水淹没后,农民被迫休耕,客观上也恢复了地力。南宋时,南方稻区冬季沤田的耕作习惯与清代普遍存在于四川丘陵稻区的冬水田,其实质均是通过灌水的方式使土地得到休养和恢复。这种休耕方式一直到 20 世纪五六十年代还相当普遍存在。西南和海南等热带和亚热带区域少数民族地区实施的"刀耕火种"实际上也是一种休耕方式。在长期的实践过程中,人们发现,适当采取轮作、休耕的方式,以逸待劳,以退为进,以休为养,也可以达到维持地力,提高产量之目的。战乱引发的被动撂荒,也客观地起到了恢复地力的作用。在战乱之后或王朝建立之初所采用的奖励垦荒政策,实则可以收取休耕之利。

自战国(公元前 474～)始,北方农作制由熟荒制逐步过渡为连作制。在以商鞅变法为代表的各诸侯国的富国强兵运动中,农业备受重视。"垦荒""治莱"被政府提倡。

此后的历代政府在垦荒与利用闲置土地方面均持鼓励态度，逐步形成了精耕细作的历史传统。合理轮作、注重施有机肥及适当休耕的结合保证了土壤肥力的长久不衰。在轮作制度方面，东汉以后北方逐步形成了以豆谷轮作为主的轮作制，魏晋（公元 266～）之后南方逐步形成以粮肥、粮菜轮作为主的基本模式（陈桂权等，2016）。明清之后（公元 1368～）我国传统农业的精耕细作表现在作物栽培制度方面就是轮作复种、间作套种、耕耨结合、加强田间管理等（梁家勉，1989）。李杨（2016）的研究表明，中国在 1380 年至 1700 年间，复种指数从 120%增加到了 140%，而没有休耕。相反这个时期英国的休耕比例在 1380 年为 40%，1700 年为 20%（表 3.1）。

表 3.1 欧洲和中国耕作制度发展的历史

欧洲		
公元 9 世纪前	二圃制	作物区|休耕放牧区
公元 9 世纪后	三圃制	春种作物区|秋种作物区|休耕放牧区
公元 17 世纪末	四圃制	芜菁区|春种作物区|苜蓿区|秋种作物区
公元 20 世纪初	草田轮作	粮食作物->禾本科与豆科牧草混作
中国		
公元前 771 年（西周）	撂荒制	转移耕作，刀耕火种
公元前 474 年起（战国）	连作制	北方：一年一熟，两年三熟（谷子-小麦-谷子）
公元前 89 年（汉朝）	轮作制	代田法、区田法
公元 1 世纪前后（东汉）	多熟制	北方：豆-粮轮作
公元 2~4 世纪（魏晋）	多熟制	南方：双季稻，稻-麦-菜轮作复种
公元 7~13 世纪（唐宋）	畲田制	南方山区：葘田（休耕）->新田->畲田
公元 14~19 世纪（明清）	轮间套作	北方：棉-粮轮作
	精耕细作	南方：双季稻-冬季休闲，山地：玉米套作

中国传统农业用地养地相结合的完整体系由用地体系和养地体系构成。用地体系由土地连种制、轮作复种制和间作套种制等三个环节组成。传统的养地体系用现代的观点可以概括为生物养地、物理养地和化学养地三个环节。生物养地中主要是禾本科和豆科作物轮作，包括豆谷轮作和绿肥轮作。物理养地要开展适宜天时、地力、生物的三宜耕作，并进行深耕细作，创造出合理的耕层构造。化学养地主要指增施厩肥、堆肥、农家肥，并加以合理使用。

（三）日本稻田耕作制的发展过程与现状

水稻是日本历史上最重要的粮食作物，种植面积在 1969 年一度达到 317.3 万 hm²，占耕地面积的 61.4%（梁正伟，2007）。通过稻田耕作制的变化可一窥另一个东方国家耕作制的发展历史。日本的水稻是由中国古代吴越人渡海带到日本去的，从此日本便开始了弥生稻作农耕，在此之前日本的绳文时期还是采集和渔猎的时期。从弥生到明治维新的这两千多年中，日本的农业深受中国的影响。以农书为例，日本的《会津农书》（1684 年）和浙江地区的《补农书》（1658 年）相比，二者时间相近，其经营的水平也大体相当，折算的稻米产量彼此都在每亩 250kg 左右，每亩用工也都在 27 工左右。《会津农书》所讲雪水浸种、烤田、调节水温等农业技术，显然都受到中国《氾胜之书》以来的影响。此外，日本的另一部农书《农业全书》（1698 年），其"叙"全用中国文言文字，书前的"农事图"也是仿明《便民图纂》的"农务图"（游修龄，1993）。

近年来，日本稻田采用的有利于生态环境效益改善的主要耕作制度有三种。①水稻单作模式。与传统水稻单作相比，日本水稻单作从水田的灌溉、栽培、施肥、翻耕等农耕技术方面进行创新，将农耕技术与有机农业有效充分结合。目前在日本，水稻栽培利用稻糠发酵肥料成为一种除草和施肥新方法。日本学者发现施稻糠能防除杂草，并取代化学除草剂。目前日本常用的稻田管理措施有中期搁田、延期灌水和间歇灌溉，这种管理措施可避免稻田长期处于淹水环境，降低水稻根系受还原性物质的毒害作用。在耕作方面日本将免耕与有机堆肥、秸秆还田相结合（Koga，2013）。②稻田种养结合模式。1980 年后，日本积极发展有机型农业，充分利用资源和生物间养分互补性特点，推进稻田养鸭、养鱼、养蟹等模式，以提高经济产出。其中稻-鸭共作技术，起源于中国，但完善于日本，目前日本的稻-鸭共作模式主要有两种，即直播稻田实行的稻-鸭共作模式和稻-萍-鸭共作模式（马艳辉，2004；沈晓昆等，2006）。③稻田轮作模式。在日本，水稻种植的面积占据农业耕地的一半以上，但随着日本当地人民对于稻米需求数量的减少，日本已普遍采取水旱轮作模式，典型的稻田轮作模式有稻-麦、稻-豆（大豆）、稻-稻-豆、稻-稻-麦-豆、稻-麦-豆-麦等（Hokazono et al.，2015；Ito et al.，2015）。作为日本粮食生产主区的北海道，其农业的主要轮作模式为适应寒温带的 4 年制轮作模式，即"马铃薯-甜玉米-冬小麦-甜菜-豆"模式。马铃薯和甜玉米在第一年种植，冬小麦、甜菜和大豆分别于第二年、第三年和第四年种植（游修龄，1993；Koga，2008）。

二、东西方耕作制度差异的历史原因

中国与西欧在长期的历史发展过程中形成了不同的耕作制度，追其原因，主要受到游牧民族冲击、土地制度、耕作农具、种植结构等多种因素的影响。

（一）游牧民族冲击影响

在人类历史上，曾经长期存在过两种截然不同的生活方式或文化模式——农耕与游牧（图 3.1）。从新石器时期末叶一直到公元 15、16 世纪的漫长历史过程中，这两种生活方式曾经导致了农耕世界与游牧世界之间旷日持久的文化对峙和武力冲突，今天的世界历史在很大程度上就是这两个"世界"长期冲突与融合的结果。

从公元前 3000 年到公元 1500 年的 4500 年里，游牧民族对农耕世界发动过三次大的入侵行动。第一次在公元前 3000 年到公元前 600 年左右，由北方来的以战车为武装的各个部族对古代亚欧大陆整个农耕世界进行了入侵。第二次从公元 1 世纪左右开始，直到公元 7 世纪结束，具有骑兵优势的北方游牧或半游牧部族冲击农耕世界。第三次是在公元 13 世纪前后出现，主要是蒙古人及大量突厥人对东亚、中亚、南亚、西亚、东欧和中欧的范围最广的一轮入侵（吴于廑，1983）。

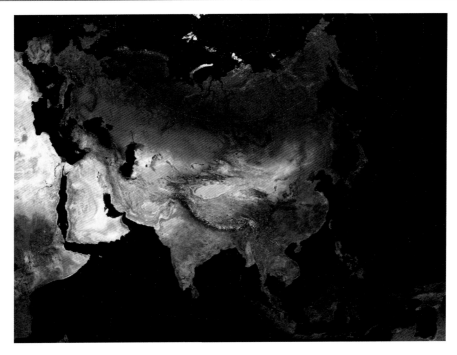

图 3.1　欧亚大草原位置（图中红色部分）

（来源：百度图片；网页：主题"欧亚大草原"）

　　游牧世界对欧亚大陆的冲击，直接影响了欧亚大陆农业耕作发展道路。相比较而言，游牧世界对欧亚大陆西部的冲击要远远大于其对欧亚大陆东部的冲击。欧洲被南北强大的游牧民族多次反复占领，并居于统治地位，致使欧洲的农业发展明显带有游牧民族的痕迹。古代西方农耕文明最早的中心区域，都抵挡不住以战车武装起来的来自北方的游牧、半游牧民族的冲击，美索不达米亚文明、希腊文明、埃及文明都相继偃旗息鼓。游牧文化的历史性影响一直延续至今。

　　然而，由于中原农业文明生存的区域广阔、体系早熟、深入民间，而且中国历代王朝发展的核心区域基本上是农耕世界，欧亚大陆东部农耕文明尽管经常遭遇来自北方游牧民族的冲击，但游牧文化最终都被农耕世界文化所融合。大举入侵之后在农耕环境下定居的游牧、半游牧民族，也都陆续走上了农耕化的道路，从以游牧为本的经济走向以农耕为本的经济。并且依据他们进入的那个农耕世界的社会发展阶段和水平，逐步采纳了定居地农业社会的生产技术、生产方式、社会阶级制度、道德规范、思想、学术、文艺等。他们还利用被征服地区原有的统治阶级，沿袭原有的制度，把农民的生产作为他们的税收与俸禄之源，从而把他们的统治建立在农本经济的基础之上。由游牧民族入侵后开创的北魏、元朝、清朝都经历了类似的过程。因此定居为基础的精耕细作、用地养地的农耕制度成为华夏文明的一个独特传统。

（二）土地制度影响

　　东西方耕作制度走上不同道路，受到封建时代东西方土地制度差异的影响。中世纪

（公元 476 年～公元 1453 年），西方实行庄园制（图 3.2），这是封建主凭借土地占有及经济强制等权力形成剥削农民的体制。庄园的所有者和统治者是领主。典型的庄园，在土地上一般包括两部分，一是领主的自营地或自领地，二是农奴的份地。农奴对份地只有使用权，而无所有权，其所有权仍归领主。庄园实行的轮耕制中，休耕的土地和已经收割的土地可作为共同的牧场，集体使用。中世纪的西欧庄园制规定土地不准买卖，并且实行长子继承，因此能够保持土地所有权的长期集中。庄园耕地由领主统一规划，做成固定的二圃制或三圃制，强制农奴进行耕种。在同期的中国封建时代，实行的是地主土地私有制，但土地准许买卖，实行的是多子继承制度。土地所有者不能保证土地所有权的长期持有。由于农耕相较放牧对劳动力有高度依赖，促进了我国人口增长。在人口压力和土地所有权存在变更可能性的双重影响下，用地养地相结合的精耕细作方式得到了优先发展的机会。

图 3.2　欧洲的典型农庄景观（摄影：骆世明）

（三）耕作农具影响

中国早在汉代就发明并使用了曲面壁，在铁犁铧上加上了曲面壁，增强了铁犁铧的翻土和碎土的能力（图 3.3）。这是农业工具的一次重要变革，有利于提高耕作水平。中国的畜力耕犁比较早就采用了曲辕、软套、挂钩技术，因而它具有能够左右摆动和快速犁耕的特性，这为实行土地连种制、轮作复种制和间作套种制奠定了坚实的基础。然而，西欧中世纪的耕犁还是比较笨重，并且多数带轮，没有摆动性能，虽然能深耕，但不能速耕，没有曲面壁，并且使用硬套，缺乏机动灵活性，耕作质量比较差。另外，西欧普遍实行撒播,播种质量不高。因而,不具备实行土地连种制和轮作复种制以及间作套种制的技术条件(郭文韬,1994)。

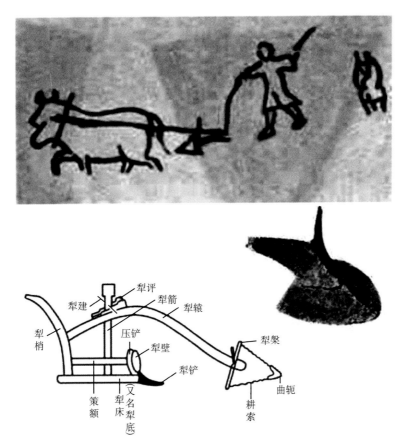

图3.3　1959年山西平陆枣园汉墓出土的《牛耕图》(上)、铁铧和铁犁壁(中)、犁的结构示意图(下)

(来源:马执斌,2011)

研究世界耕犁演变历史的权威学者 Paul Leser 在《犁的形成和分布》中指出:"构成近代犁的具有特征的部位,就是铧和犁结合在一起,呈曲面状的铁制犁壁。它是在东亚发明,十八世纪时才从远东传入欧洲。在这同时传来的农具,可能还有楼车(畜力条播机)……这些连同稍迟传进来的摇动犁的传播和推广,都在不同程度上影响了三圃制农法的废除。"荷兰瓦赫宁根大学著名农史学家 Slicher Bath 也认为,西欧中世纪后期,从两圃制向三圃制转变的原因之一,就是"从牛耕转为马耕,以及引进代替直轭的曲轭和耕盘的缘故"。

（四）农业种植结构影响

农桑结合是中国农业种植结构的主要特征,而农牧并举则是西方农业结构的主要特征。中国古代黄河流域的农业需要面对相当恶劣的自然条件,农业走上了以种植业为主的道路。欧洲早期农业就利用了驯养动物发展了畜牧业,后来为了满足牲畜对饲料的需要才逐步发展了种植业。由于畜牧业的发展对劳动力的需求远远没有以种植业为主的农业社会对劳动力需求那样迫切，因此没有因增加劳动力而产生对多子多孙的"渴求"，人口增殖速率和人口密度一直低于东亚。在较低的人口压力下，加上游牧传统的影响，欧洲逐渐走上一种农牧混合型的发展道路。这种农业种养结构的东西方差异也反映到日常生活当中，例如西方人的食物结构中肉、蛋、奶的比例较高，而中国人则以植物性的饮食结构为主。

第二节　发达国家耕作制度的发展与轮作休耕制的形成

一、现代欧盟的轮作休耕制

（一）欧盟轮作休耕制的发展过程

1967年7月，欧盟前身欧洲共同体会议通过并实施粮食价格支持政策，有效地刺激了农业生产者迅速扩大生产，从而导致农产品过剩。1986年一些农业经济学家借鉴美国的经验提出用休耕来控制粮食增产的设想，缓解粮食过剩危机。1988年，为了控制粮食过度增产和减少国家预算支出，鼓励农民进行多样化生产和大规模放牧，增加野生动物总量以及保护赖以生存的生态环境，欧洲共同体农业委员会通过为期五年的自愿休耕项目。1991年欧盟成立前开始了一项与自愿休耕项目平行的临时休耕项目，休耕期至少一年，休耕地上必须有植被，并根据一定的环境要求加以管理（刘璨，2010）。但由于各成员国高达100亿欧元的出口补贴额，加之农民休耕意识薄弱，休耕率较之前并无明显增加。对此美国等农产品主要出口国认为这是严重扭曲市场价格的行为，并提出强烈的批评。1992年，欧洲共同体成员国开始了强制休耕，颁布共同农业政策，启动麦克萨里（Ray MacSharry）改革，要求农场主每年必须将一定比例的土地闲置，不得耕种任何作物。与此同时，各成员国还推行长期休耕的项目，该项目规定年数达到20年以上的休耕田才可以获得补贴，并支持林业的发展。1999年，欧盟继续推行强制性休耕，并且大大降低了农产品补贴的标准，对现有的农业政策进行彻底的改革，作为构建欧洲农业发展的新模式写入欧盟"2000年议程"中。2000年，欧盟将强制性休耕比例规定为10%，休耕补贴由各成员国政府出资。当时欧盟每年强制性休耕的农田达到570万亩。2006年，由于国际粮食紧张，粮食价格上涨。在布鲁塞尔欧盟会议通过"在2007年秋季至2008年春季期间将欧盟境内土地休耕率由过去的10%降为零"的决议。不过，在短暂地缓解了粮食危机之后又恢复了土地休耕制度。为应对国际市场粮食价格上涨，欧盟委员会2008年再次调整休耕政策，将强制休耕的农田比例从过去的10%下降到5%，希望以此促进谷物生产（黄国勤等，2017）。2009年，欧盟实行自愿休耕计划，依据世界粮食的供应形势取消了强制性休耕的政策。但尽管如此，欧盟的平均休耕面积还继续占总耕地面积的10%左右（Antony et al.，2011）。

（二）欧盟轮作休耕制度建设

1988年欧洲共同体的自愿休耕项目中，参与休耕的农户其休耕面积达到总耕地面积

15%以上才可以得到补贴。补贴规模由各成员国决定，每年每公顷不得超过 732 欧元。自愿休耕推行面积较少。欧洲共同体在 1992 年开始进行的土地休耕制度的"麦克萨里改革"时，休耕补贴额度与当地每公顷作物面积补贴金额相当，并且通过直接补贴的形式来实施。如果休耕年限达 10 年以上，会额外获得多年性休耕补贴。欧盟允许多年性休耕土地上种植非粮食作物，包括油料作物和生物能源等。欧盟休耕采取自愿与强行相结合方式，强行规定粮食生产量超过 92 t 的农户，必须休耕 15%以上的耕地。而粮食产量低于 92 t 的小农户可以自愿休耕，休耕的最小地块面积为 0.3 hm²，自愿休耕的最大面积不限，但享受休耕补贴的最高不超过总面积的 33%，如果超过，超过的休耕地则不享受补贴。休耕补贴数额根据休耕面积，按照旱地谷物的平均产量乘以每吨的补贴价格，补贴价格每年根据粮食市场变化情况进行调整。休耕的方式有两种，一种是生产者在同一块地块上长期休耕，称为非轮换休耕；另一种是生产者在不同地块之间进行轮作休耕，称为轮换休耕。农户必须按照规定向当地农业局提交种植情况的申报以及申请补贴的金额。对于申报中不遵守规定的，实行惩罚措施。对于超报面积的，按超报面积的双倍削减补贴面积乃至取消补贴资格（刘璨，2009）。

　　为了维持休耕带来的环境效益，从 2003 年开始，欧盟补贴政策模式转变，从粮食控制转向环境保护，将环境保护与农业补贴相结合,提出强制性交叉承诺（cross compliance）机制。2013 年，欧盟通过了新一轮的共同农业政策改革，新增了强制性绿色补贴，即将农业补贴与环境保护的刚性要求挂钩。绿色休耕项目的要求是对地势较低地区的耕地至少停耕一个生长季度，除非自然植被已经达到要求，不然必须按照推荐的种子进行混播种植，并且不能施用化肥和化学药品，不能将其作为经济用途（刘璨等，2010）。总的来说，欧盟的轮作休耕制度是在财政补贴预算压力下和粮食贸易状况变化中不断调整，从开始的自愿休耕，到强制休耕，后来再回到自愿的过程。这过程中休耕面积也随之起伏。

（三）欧盟轮作休耕制实施效果

　　欧洲可耕地面积约为 3 亿 hm²，人均耕地面积 0.411hm²。工业革命以来，欧洲经济社会高速发展，同时也促进了农业高度的机械化、集约化、规模化、专业化。据统计，到 20 世纪 80 年代初期，欧共体国家共减少农业用地面积约占耕地总面积的 8%。2000年,欧盟将休耕面积比例固定为10%,实际休耕面积一度达到38 万 hm²（赵其国等,2017）。欧盟的这一休耕制度在一定时期内有效调控了粮食产量，平衡了供应市场，还降低了农业生产活动对自然环境的损害，对农田土壤和农村生态环境起到了很好的保护作用。

　　总体来看，欧盟土地休耕取得了积极的环境效益，但休耕政策的实行给各个国家带来的并非都是正面影响。例如在个别地区因奖励补贴机制不完善等因素，休耕后的补贴资金没有具体的部门机构核实和调控，导致出现大面积弃耕或者完全休耕的现象出现。这种现象在西班牙中部尤为明显，该现象引发水土流失等一系列的生态环境问题。因此，休耕过程中还应该注意环境生态以及生物多样性的保护，综合评判，规范体制，制定行之有效的休耕政策。同时，调查发现，愿意参加休耕的群体多是老年人、劳动力缺失的家庭，以及主要收入为非农收入的农户（饶静，2016），并且休耕地多为地力较差的地块。休耕参与者一方面节约了生产成本投入，另一方面减少了雇佣劳动力的费用，投入精力到更加灵活多变的市场（Bolobna，2008）。

二、现代美国的轮作休耕制

（一）美国轮作休耕制发展过程

美国立国只有 200 多年，曾拥有世界上最多的未经开发的处女地，但由于长期森林滥伐和草原滥垦以及粗放的、掠夺式的土地经营，致使自然灾害频发、土地荒漠化现象突出、农作物减产。特别是 20 世纪 30 年代发生大规模的"尘暴"事件及连续多年的特大干旱，使人们真正意识到了保护土地资源的重要性，成了美国土地资源保护的转折点。1933 年 8 月，美国在内政部成立的临时性的土壤侵蚀局，是世界上第一个政府创立的土壤保护机构。1935 年 3 月，土壤侵蚀局划归农业部，更名为土壤保护局，由临时性的机构变成了农业部的永久性机构，开创了美国建国以来，真正由政府专门机构进行的土壤保护工作。1935 年 4 月，美国国会通过《土壤保护法》，责成农业部长对一切有关控制土壤侵蚀等进行协调与指导，确立了土壤保护是一项国家政策。1936 年 2 月，美国国会通过《土壤保护和国内配额法》，该法把农作物分成"消耗地力的"和"增强地力的"两种。一般说来，小麦、棉花、玉米、烟草和甜菜等产品不仅经常出现市场过剩，而且作物生长过程消耗地力，被列入消耗地力作物名单。这些作物地如果改种牧草、豆科作物和其他饲料作物等被列入增强地力的作物之后，不仅可以减轻农产品过剩问题，而且有利于恢复和增强耕地肥力。根据这个法律，如果农场主把规定比例的消耗地力作物的土地转变成种植增强地力的作物，政府就会给他每英亩平均大约 10 美元的补贴。从此，美国把解决农产品过剩需要控制生产的政策与土壤保护的目标结合了起来，使土壤保护成为农业政策的一个重要组成部分（吴天马，1996）。

20 世纪 40 年代，第二次世界大战期间需要足够的粮食保障，美国一度暂停了休耕政策。战后，美国在 1956 年通过的农业法案（*Agricultural Act of 1956*）中提出了土壤储备（soil bank）计划（Benavidez，2016）。该计划是二战后美国最重要的土壤保护立法之一。它的目的是通过短期和长期两种休耕计划减少过剩农产品的生产，以达到保护和增加农场收入，保护土壤、水、森林以及野生动物等自然资源不被浪费和破坏的目的。参加土壤储备计划的农场主可以得到两种补贴：每年按合同得到按面积计算的租金和每年根据采取保护措施的成本分摊的费用。1967 年以后，特别是在 1973 年以后一段较长的时间内，由于世界性的粮荒，国际市场粮食需求猛增，虽然美国政府有权与农场主签订长期休耕合同，但实际上几乎没有新增合同。美国投入耕作的耕地面积也从 1970 年的 1.2 亿 hm^2 增加到了 1980 年的 1.44 亿 hm^2。

进入 80 年代以后，随着农业危机的加深以及水土流失等现象的加剧，美国农业部（USDA）在 1985 年正式实施土地休耕保护计划（conservation reserve program，CRP）。其主要目的是缓解农产品过剩，控制土壤侵蚀和保护生物多样性。《1990 年食品、农业、保护与贸易法案》（*Food, Agriculture, Conservation, and Trade Act of 1990*）中进一步强化了对水质的保护，并提出了环境效益指数（environmental benefits index，EBI）的第一版本。1996 年，《1996 年联邦农业促进与改革法案》（*Federal Agriculture Improvement and*

Reform Act of 1996）对 EBI 做了进一步的修正，形成第二版本。EBI 估算的主要指标有：野生动植物、水质、土壤侵蚀长期效益、空气质量和实施成本等，其中前 3 项指标的权重最高。环境效益指数量化了环境要素的相关性并明确了土地保护和治理的要求，健全了成本效益评估程序。自 1985 年实施以来，CRP 逐步发展成为最大的一项美国财政预算。至 2014 年，土地休耕计划每年耗资约 20 亿美元。美国 2014 年农业法案（*Agricultural Act of 2014*）再次授权实施 CRP，并做出了一些政策调整。根据新法案的要求，到 2018 年休耕土地登记数将降低至 971 万 hm^2（Benavidez，2016；Stubb，2017；卓乐等，2016）。

（二）美国土地休耕保护计划制度建设

作为一项全国性的农业环保项目，CRP 本着农民（包括农场主等土地所有者）自愿参与的原则，实施 10～15 年的休耕还林、还草等长期性植被恢复保护措施，并由政府实施补贴。CRP 的主要目标是针对那些土壤极易侵蚀的和其他环境敏感的作物用地进行休耕补贴，支持退耕还林、还草等长期性植被保护措施，最终达到改善水质、控制土壤侵蚀、改善野生动植物栖息地环境的目的。

CRP 由农业部农场服务局（Farm Service Agency，FSA）负责实施，全国范围的农民自愿参与。根据这项计划，农民可以自愿提出申请，与政府签订长期合同，将那些易发生水土流失或者具有其他生态敏感性的耕地转为草地或者林地。申请批准的程序为：首先由农民根据有关地区政府农场服务局的通告提出申请。农民在申请书中根据自己的意愿提出对休耕土地的补偿要价。然后，当地政府农场服务局在收到申请的 7～90 天内给予答复。各地农场服务局要告知农民当地每单位土地实行休耕保护计划所能够获得的补贴最高限额。当地农场服务局和国家农场服务局对所有投标申请进行研究，借助环境效益指数（EBI）和其他规定综合分析，研究其可行性和租金要价，对农民的退耕补贴申请进行分析和筛选。CRP 对申请者有严格的条件要求，只有满足计划所规定各种条件的农场主才能够得到补贴。列入 CRP 的土地一是要休耕，退出粮食种植；二是要采取绿化措施，种植多年生的草本植物，或者灌木、乔木。农场服务局每年向 CRP 参与者提供补贴。CRP 补贴主要由以下两部分构成：一是土地租金补贴，对于农民自愿退耕并纳入 CRP 的土地，农场服务局将根据这些土地所在地的土地相对生产率和当地的旱地租金价格，进行评估后确定一个年度土地租金补贴价格。农民获准加入 CRP 后，即可享受补贴。二是分担植被保护措施的实施成本。根据农民实施种草、植树等植被保护措施的成本，CRP 向农民提供不超过成本 50% 的现金补贴。另外还有可能提供每年 9.9 美元/hm^2 的补助作为一些特别维持责任的鼓励金。对于一些持续签约的项目，地方政府每年还提供不超过年租金 20% 的其他的经济资助作为激励。除负责实施该计划的农场服务局外，美国农业部自然资源保护局（Natural Resources Conservation Service，NRCS）和合作研究、教育与推广局，以及各州林业机构、地方水土保持机构和相关的私有机构等，也为 CRP 计划提供技术支持。根据环境的需要，参加 CPR 的土地在任何时间和地点均可进行 CRP 合同的续签。续签合同所要求的条款仍然需要遵守，但是不需再投标（刘嘉尧等，2009；邢祥娟，2008）。

美国 CRP 机制建设的成功经验可以概括如下（Benavidex，2016；卓乐等，2016；

刘嘉尧等，2009；邢祥娟，2008）。

1. 美国 CRP 对公民自然资源产权的尊重与保护

在美国，公民对自己的个人产权，尤其是在土地和自然资源产权方面享有清晰而深刻的界定与划分。任何对公民个人产权的限制都是对公民宪法权利的亵渎与违背。在这样的一个前提下，作为美国的生态补偿工程，必然要对公民的资源产权予以尊重和保护。在生态保护行政征用过程中，充分考虑公民的利益与想法，把补偿额度与方式确立在公民权益保障的基础之上，将对公民产权的限制所带来的损失降到最低。清晰的产权制度激励了自然生态资源价值的良性运转，使公民更加积极地投入生态保护工程中。

2. 美国 CRP 的补偿标准多样化

美国 CRP 工程的补偿主要包括土地租金补贴和植被保护的实施成本两部分。因为各地不同类型耕地的生产条件和土地特征各不相同，农业部根据当地土地的相对生产率和租金价格确定每一类耕地的单位年最高补偿金额。这样，实际的退耕耕地的租金补偿标准是多样性的，比如，2001 年全美国 CRP 工程的土地租金补偿标准平均为每英亩 44 美元，最高为每英亩 103 美元，最低为每英亩 27 美元。此外，CRP 还向农民提供工程的成本补偿，用于种草、植树和植被管护，补偿额度不超过农民总成本的 50%。因为退耕后恢复植被的措施各不相同，因此成本补偿也不尽一样。

3. 美国 CRP 的补偿期限较长，而且可以适当延长补偿期限

农民获准加入 CRP 工程后，按规定可以与农业部签订 10～15 年休耕合同，并按批准的面积和双方同意的补偿标准享受土地租金补贴，以及成本补贴。从 1996 年起，陆续有 CRP 合同到期，合同到期的农民可以自动延期一年享受补偿。一年后，农民还可以申请继续参与 CRP 工程。2001 年底的数据表明，当时有 55% 的项目土地是续签合同的土地。到 2002 年为止，实施 CRP 的农地面积有 1360 万 hm^2。对那些 CRP 合同期满的土地，有研究表明 49% 的土地会在一年内重新转成农地，但各地区的比例不尽相同。

4. 美国 CRP 的补偿机制是动态的

美国 CRP 的补偿机制一直在进行调整和完善，以符合不断变化的社会经济状况和不断增加的环保需求。在 CRP 实施初期，只要农民所申请补偿标准低于或等于农业部确定的最高标准，即被批准。但政府很快发现，一些环境敏感地带的耕地并没有纳入 CRP 工程，原因是那些地方的作物产量高，农民期望的补偿标准高于农业部的最高标准。为此，农业部在 1990 年开始采用环境效益指数，确定新的补偿标准，把那些产量高但环境脆弱区域的耕地也纳入了 CRP 工程。1996 年后，又对环境效益指数进行了调整，把野生动物的栖息地保护也纳入 CRP 工程。农业部还对实施防护林建设、湿地保护和抗盐碱植被带保持等措施的农民放宽了申请加入 CRP 工程的条件，他们可以在任何时候加入 CRP 工程，并获得最高的土地租金补偿和优惠的成本补偿。

5. 美国 CRP 充分利用了市场机制

美国 CRP 工程的成功主要取决于把政策推进和市场机制相结合。农业部根据不同耕地的具体情况及机会成本，在各地制定最高补偿标准，农民则根据耕地的条件和市场情况，提出愿意接受的最低补偿标准。农业部在申请加入 CRP 工程的众多项目中，选择那些成本效益最大化的项目。CRP 项目的申请审批程序类似于市场竞标机制，这种竞标机制隐含了自愿和竞争的原则。可见，虽然美国 CRP 工程的目的是提高土地生产力和改善生态环境，但工程实施过程一直注重政府和市场的有效结合，遵循成本收益最优原则。

（三）美国土地休耕制的实施效果

美国的土地休耕计划肇始于 20 世纪 30 年代中西部大平原严重的土壤侵蚀和水土流失时期，当时的土地环境状况糟糕，农作物单位产值低，土地所有者和经营者对农田获益的期望值也不高，对农业生产消极、漠视。无论是从环境保护的生态价值还是土地所有者和经营者的利益保障，甚至国家的农产品贸易优势来看，均处于极需改善的状态。美国实施 CRP，并选择政府补偿为主的模式，激励参与休耕的土地所有者和经营者，获得了良好的效果。在 CRP 实施的前十年，人们最关心的是能否通过休耕计划控制土壤侵蚀，提高农作物产量及其经济效益。但随着土地休耕计划的逐年实施，越来越多的人对其带来的环境效益和社会效益感到高兴。通过观察和研究表明，土壤侵蚀对农作物及其经济的影响远远低于土壤侵蚀所导致的对环境的负面影响。这些环境的负面影响包括对水质、鱼类和野生动物栖息地的影响，以及公共设施如大坝、沟渠、运河等的侵蚀和沉降的影响。CRP 的实施，生态环境效益显著，有效减少了水土流失，提升了水体和空气质量，保护了动植物资源，保障了地下水供应（Ribaudo，1990；Mark，2016）。CRP 的成效主要体现在以下几个方面：①每年减少 45 000 万 t 的土壤侵蚀。②280.8 万 hm^2 的湿地和缓冲带得到了保护。③每年减少 4 800 万 t CO_2 的排放。④2.736 万 km 的河流得到保护。⑤野生动物栖息地保护取得了良好效果，每年新增野鸭 230 万只，鹑鸟 75 万只。有研究表明，在纳入 CRP 的土地上，鸟类的总量、种群数量均有显著的增加。⑥农民收入多元化，繁荣了经济（邢祥娟，2008）。

三、日本轮作休耕制度

（一）现代日本的轮作休耕制

19 世纪 70 年代后，由于日本的粮食生产已经远远超出国内的需求，于是日本政府对粮食生产进行了调整和控制，其中一个典型的调控措施就是进行水旱轮作（paddy-upland rotation）模式。这种模式在日本的北部盛行，那里有将近 71% 的水稻田被改造成水旱轮作模式，即使在夏天也可把种植旱地作物大豆作为一种轮作选择（Nishida，2013；Shirato，2011）。据日本农业、林业和渔业部报道（2012），2011 年，日本北部水旱轮作模式面积已达 32 500 hm^2。采取这一模式的主要目的是：一方面减少粮食的供给，另一方面以提高日本旱地作物（如大豆等）的自给自足能力。目前日本在此方面所进行的调整已有 40 多年的历史（Nishida，2013）。

日本的休耕实践也同时开始于 20 世纪 70 年代。土壤观察编辑部报道（2017），早在 1971 年，日本政府对实施休耕的农民采取了较为灵活的补贴措施，补贴会根据农民能否保障土地的可持续利用而有所浮动，以此来鼓励当地农民自发注重保护土地的质量。日本休耕政策中包括轮作休耕、管理休耕和永久性休耕三种模式。农民或土地所有者只要参与休耕，均可以得到休耕补贴，但政府要求必须保障土地的可持续利用，并采取控制杂草等措施。日本的轮种休耕和管理休耕的补贴标准是每年每公顷 18.5 美元。如果农户能够应用更加有效的土地利用方式，该补贴标准还会提高。永久休耕地可得到每年每公顷高达 133 美元的补贴（刘沛源等，2016）。日本政府也不断根据农田和农产品现状调整政策内容。2001 年，停止了这个已经实施了 30 年的半强制分配休耕面积的一刀切做法，改为根据产地与品牌来分配休耕面积。

近年来，日本农业面临的一个重大问题就是无人耕作。秋耕土地变成荒地或工厂、仓库、停车场等。人们聚集到城市，一些农业用地无人继承或一块完整耕地因儿孙多人继承，所有权支离破碎，土地因无人照料成为荒地等情况。一些地方政府为了解决这个问题，由政府出资向所有者租地，再以优惠条件转租给愿意移居到农村的人，帮助他们实现与自然共生的梦想。为了解决这些问题，日本内阁于 2012 年 7 月 31 日通过了《重构日本战略》，其核心内容是重构日本食物及农业的基本方针与行动计划。该行动计划所实施的重点主要集中于 4 个方面，即人和农地计划、增加农业新就业人员、农地集中及六次产业化。该计划希望能够提高日本农业在整个亚洲农业中的竞争力（蔡鑫等，2016）。

（二）日本轮作休耕制的实施效果

1971 年，日本开始实施休耕项目之后，休耕的面积依年份波动较大，但大多数年份休耕农田的面积都超过 50 万 hm^2。日本实施农田休耕项目的最初目标是在粮食生产供大于求的情况下，减少粮食剩余，该项目作为供给控制的手段，并未确定环境目标。1993 年，在乌拉圭回合谈判的农业协定中才将农田休耕作为一项环境手段。在新产品调整促进计划中，生态环境效应开始正式作为休耕项目中的一项政策目标。随后，日本政府确定了能达到生态环境保护目标的农田休耕办法（刘璨等，2010）。农田休耕方式主要有三种，即轮种休耕、管理休耕和永久性休耕。其中，永久性休耕是把农田用于造林、造果园和建鱼塘等，永久性休耕的面积为 1.3 万 hm^2，仅占休耕总面积的 2.6%。1996 年，日本政府扩大水稻的休耕面积，将水稻总面积降为 78.7 万 hm^2。目前，日本农田休耕项目的主要目的已从以控制粮食生产为主转变为以保护生态环境为主（赵其国等，2017）。日本的轮作休耕制度的实施已经起到了三个方面的重要作用：第一，使粮食生产在供大于求的情况下，减少了粮食剩余和浪费，实现以粮食需求来调节农业生产；第二，使日本生产方式发生了改变，利用休耕的土地种植非粮食作物（如蔬菜、花卉等），增加了各类物种的多样性，实现了经济效益、社会效益和生态效益的相结合（刘璨等，2010）；第三，现今的轮作休耕制度以保护环境为目标，使一部分在陡坡上的农田在实施休耕后，能够降低水土流失。其他不在陡坡上的农田也可以通过耕地的休养生息，让地力得到回升，环境有机会自我修复，使资源环境得到保护。

第三节 发达国家经验对建立中国轮作休耕制的启示

了解国际上的轮作休耕制度的发展，比较不同国家的经验，可以为我国的轮作休耕提供借鉴。

一、国际主要发达国家的轮作休耕制度的主要经验

回看欧盟、美国和日本轮作休耕的共同特点包括以下几点。

（一）轮作休耕目标从供求平衡转向生态保护

现代发达国家的轮作休耕制度都开始于控制农产品产量，实现农产品的供需平衡。随着社会对农业生态系统服务功能认识的提高，轮作休耕的目标重点逐步转移到保护生态环境和恢复地力方面（表 3.2）。

表 3.2 发达国家从激励粮食生产到积极实施轮作休耕的转变时机

	激励粮食生产阶段	开始重视耕地质量保护	积极实施轮作休耕阶段
美国	二战缺粮期间，20 世纪 70 年代世界缺粮时期	19 世纪 30 年代大尘暴后建立土壤保护机构	1985 开始实施土地《休耕保护计划》
欧盟	1967 年实施粮食价格支持政策，直到 80 年代	1988 年开始自愿休耕	1992 年开始进行土地休耕制度的"麦克萨里改革"
日本	二战后到 20 世纪 60 年代	1971 年开始设立休耕补贴	1996 年扩大水田轮作休耕面积

（二）轮作休耕的方法根植于传统，并加以创新利用

欧美的轮作休耕有明显的放牧利用的特色，例如两圃制、三圃制、草田轮作制都受到传统的影响。日本稻田降低连作强度，改水稻连作为与大豆、蔬菜、花卉轮作也有自身的种植业传统特色。

（三）尊重农业经营者自愿选择和利用市场调节

现阶段欧美和日本的轮作休耕基本上放弃了强制性休耕措施，而是政府提出一个轮作休耕的适用区域和补贴标准，由农业经营者自愿申报。补贴标准一般都参考休耕地种植的利润水平，以及采取保护性措施的投入成本，随行就市，"因地制宜"逐个核实，"因事而异"确定补贴水平。在大家踊跃参加轮作休耕情况下，政府设立补偿最高限额，让农民自己提出一个合理的补偿要求，政府再根据地段的休耕的生态环境效益和休耕成本的高低，最终筛选确定。

（四）通过制度建设推动长期稳定的轮作休耕

欧盟通过《共同农业政策》确定农民的农业补贴需要与交叉承诺挂钩，近年还建立

了强制性和志愿性的绿色补贴制度，其中包括休耕制度。美国通过《农业法案》（2014）长期支持《土地休耕保护计划》，而且通过农业部农场服务局主管轮作休耕制度的落实。日本也通过有效的补贴制度推动轮作休耕的实践。

二、借鉴国际经验建立合适中国国情的轮作休耕制度

我国目前面临着发达国家在二三十年前遇到的农产品总体供大于求的问题，以及土壤退化问题。然而，在着手建立我国的轮作休耕制度的时候，不应当盲目照搬国外的经验，而应当首先了解我国土地利用不同于欧洲的一些特点，并据此建立起适合我国的轮作休耕制度。

（一）建立我国轮作休耕需要考虑的几个土地利用特点

（1）我国的人均耕地面积在世界上是属于最少的一类国家。2005 年我国人均耕地为 0.086hm^2，同期韩国为 0.03hm^2，日本为 0.03hm^2，印度为 0.14hm^2，德国为 0.14hm^2，法国为 0.29hm^2，英国为 0.33hm^2，美国为 0.56hm^2，俄罗斯为 0.85hm^2，澳大利亚为 2.42hm^2。2015 年我国人均耕地面积下降到只有 0.079hm^2。由于我国人口众多，不可能完全依赖国际市场养活中国人，因此耕地资源高效利用和实行用地养地结合是轮作休耕制度必须考虑的重要选项。

（2）我国农区的放养型畜牧业欠缺，传统上是家庭式的养猪、养禽，东部农区的现代化养殖场一般也是工厂化的圈养为主。如果实行欧洲的放牧型休耕方式，就很难实行像欧洲那样通过放牧加以利用。

（3）我国有精耕细作传统和用地养地结合传统。只要通过挖掘、提升、改造，就可以加以继承和发扬。

（4）目前我国耕地质量下降有不同的原因，除了养分含量为标志的地力下降以外，还有重金属污染、地下水下降、风蚀水蚀等，这些耕地质量下降就不是简单休耕能够解决的。

（5）我国的土地所有制与其他发达国家不一样。其他发达国家一般都是土地私有，因此国家的休耕补偿对象清晰。我国耕地实行集体所有，个人承包，经营者可能与承包者分离。如何界定轮作休耕政策受益者，值得重视。

（二）建设适合我国国情的轮作休耕制度

根据国际的经验和我国国情，建议我国的轮作休耕制度的建立应当作如下考虑。

1. 区分休耕、弃耕与退耕，制止盲目弃耕状况

退耕相当于永久性休耕，已经列入我国的退耕还林、退耕还草、退耕还湖计划。弃耕是不需要停止耕作的地段放弃耕地利用。在前一段时间我国耕地的复种指数很高，利用强度很大，目前由于农村青年劳动力的出走，不少地方的复种指数正在下降，甚至有些地方还出现 5%~20% 不等的弃耕地。弃耕是一种对耕地不负责任的行为，而不是一种积极的地力恢复主动行为。恶劣环境下的弃耕会因为缺乏植被而引起水土流失和风蚀。

自然条件比较好的条件下，如果弃耕地任其自然演替，必然会逐步出现草本和灌木、木本植物混杂的植被，增加了日后复耕的难度。我们目前讨论的休耕则是让耕地休养生息，通过不长的一段时间让地力得到恢复的一项行动。

2. 优先考虑降低土地利用强度，增加养地作物种植比例

轮作休耕制度首先应当根据国内农产品的供求关系和国际市场的价格，有计划地降低耕地的利用强度，降低复种指数。例如目前江西、福建一带，已经有不少地方从双季稻一年三熟改为单季稻两熟，或者单季稻加再生稻。华北平原玉米小麦一年两熟改为两年三熟制。在耕作制度安排之中，增加包括豆科作物在内的养地作物比例。这样不仅可以减少对耕地养分和水分的消耗强度，由于豆科养地作物在轮作制的比例增加，还可以积极改善地力。

3. 针对土地退化具体原因，因地制宜采用有效措施

我国耕地资源的问题除了利用强度高引起的养分耗竭和连作障碍以外，还有重金属污染、地下水位下降、干旱风蚀、土壤酸化、耕地盐碱化等问题。降低利用强度、种植养地作物、实行轮作一般不能够解决全部问题。因此各地应当因地制宜，提出能够解决当地土地资源衰退的关键性问题，对症下药。如果现成办法没有把握的情况下，则应优先开展研究和试点。

4. 放牧型休耕制度仅仅适合在有放牧条件的地方实施

盲目学习西方的草田轮作不适合中国国情。什么都不种又不放牧，任其自然长草的方法不是积极的地力恢复方法。即使是退耕还林和退耕还草区域也要有目的植树或者种草。

5. 加强种养结合的循环结构构建

我国传统农业的一个优良传统就是农业内部循环体系的建立和有机肥的使用。这也是目前已经被证实有效实现土壤培肥的科学方法。目前，一方面由于农业劳动力的转移，不愿意使用比较"笨重"的有机肥，另一方面是大型畜牧企业自身和附近没有稳定和足够的农业消纳有机肥的场所。应当通过政策法规建立惩罚和激励政策解决这种种养分离的状况。

6. 建立奖罚分明的政策，明确政策受益者，让政策起到促进作用

在实施轮作休耕制度中，按照休耕面积统一标准实施补偿是一种很粗放的政策取向。应当根据各地耕地质量恢复关键的措施需要的成本，以及休耕引起的实际经济损失的年际变化来确定补偿水平。在政府的指导意见下，还可以在适应轮作休耕区域尝试一个新的方法，在政府指导的休耕方法和最高补偿价基础上，让农户自己提出一个申请补偿金额，然后政府最终审批。政府对轮作休耕生态补偿的对象要定位准确。目前我国的耕地所有者是集体，承包者是农民，如果农民自己不耕作，将会出租给实际经营者。由于农民出租耕地的时候已经通过租金获得了利益，轮作休耕补偿一般情况下应当给予实际支

付轮作休耕成本的经营者。

7. 理顺政府、农业经营者、服务公司的关系，稳步发展农业的社会服务体系

目前我国有关政府-企业合作的 PPP（public-private-partnership）模式正在兴起。政府与企业合作能够为农业经营者提供有偿或无偿的服务。这个模式的好处在于提供社会服务的企业可以更加专业化，从而在整体上提高效率、降低成本。然而，这个模式的实施需要仔细衡量政府、合作企业和农业经营者之间的利益关系。如果处理不好，合作企业可能会既拿到了部分政府有关轮作休耕的补贴，又拿到土地在一定年限内的使用权收益，可能会让农业经营者吃亏。又比如，提供耕地修复服务的合作企业可能在技术条件不很成熟的情况下为了经济利益而盲目承包了政府的项目，结果达不到预定目标或者仅仅部分达到了预定目标，当农业经营者收回土地后，土地的状况还是不尽人意。因此必须建立起能够达到政府要求的轮作休耕和土地修复目标，能够平衡政府-企业-农民不同利益主体关系，促进形成高效、高质、技术成熟的社会化服务体系。

参 考 文 献

波斯坦. 2002. 剑桥欧洲经济史(第一卷). 北京: 经济科学出版社.

蔡鑫, 陈永福, 韩昕儒, 等. 2016. 日本农业支持政策的最新趋势及启示. 中国农业资源与区划, 37(7): 45-53.

陈桂权, 曾雄生. 2016. 我国农业轮作休耕制度的建立——来自农业发展历史的经验和启示. 地方财政研究,(7): 87-94.

郭文韬. 1994. 中西耕作制度发展史的比较研究. 古今农业, 3: 4-10.

胡长江. 2016. 论中世纪西欧的农业耕作制. 唐山师范学院学报, 38(1): 115-116.

黄国勤, 赵其国. 2017. 轮作休耕问题探讨. 生态环境学报, 26(2): 357-362.

李杨. 2016. 14～19 世纪中英耕地面积数据梳理分析. 长春: 东北师范大学.

梁家勉. 1989. 中国农业科学技术史稿. 北京: 农业出版社.

梁正伟. 2007. 日本水稻生产和消费现状、问题与启示. 北方水稻, 1: 70-77.

刘璨. 2009. 欧盟休耕计划保护了乡村的自然环境. 中国绿色时报,(3).

刘璨. 2010. 休耕项目成为欧洲农业重要政策. 中国绿色时报,(3).

刘璨, 贺胜年. 2010a. 认识瑞士土地休耕项目——控制生产增长保护生态环境. 中国绿色时报,(3).

刘璨, 贺胜年. 2010b. 日本农田休耕项目——从控制粮食到保护生态环境. 中国绿色时报,(3).

刘嘉尧, 吕志祥. 2009. 美国土地休耕保护计划及借鉴. 商业研究,(8): 134-136.

刘景华. 2006. 近代欧洲早期农业革命考察. 史学集刊,(2): 60-66.

刘沛源, 郑晓冬, 李姣媛, 等. 2016. 国外及中国台湾地区的休耕补贴政策. 世界农业,(6): 149-153.

马艳辉. 2004. 日本的稻鸭共作技术. 现代农业装备,(6): 73-74.

马执斌. 2011. 古代世界最先进的耕地农具是中国犁. 新浪博客.

饶静. 2016. 发达国家"耕地休养"综述及对中国的启示. 农业技术经济,(9): 118-128.

沈晓昆, 王志强, 戴网成, 等. 2006. 两种日本稻鸭共作的最新模式. 农业装备技术, 32(5): 25-26.

土壤观察编辑部. 2017. 各国轮作休耕制度有何借鉴.国土资源,(1): 58-59.

吴天马. 1996. 美国土地资源利用和保护的历史回顾. 中国农史, 15(2): 69-76.

吴于廑. 1983. 游牧世界对农耕世界的三次大冲击对历史成为世界史的作用及其历史限度. 中国社会科学, 3: 218-219.

邢祥娟. 2008. 美国生态修复政策及其对我国林业重点工程的借鉴. 林业经济,(7): 69-75.

游修龄. 1993. 传统农业向现代农业转化的历史启发——中国与日本的比较. 古今农业,(1): 1-7.

约翰·赫斯特. 2011. 极简欧洲史. 席玉苹, 译. 桂林: 广西师范大学出版社.

赵其国, 滕应, 黄国勤. 2017. 中国探索实行耕地轮作休耕制度试点问题的战略思考. 生态环境学报, 26(1): 1-5.

卓乐, 曾福生. 2016. 发达国家及中国台湾地区休耕制度对中国大陆实施休耕制度的启示. 世界农业,(9): 80-85.

Stubb M. 2017. 美国 2014 年农业法案对美国土地休耕保护储备计划的影响. 杨恺, 摘译.世界农业,(2): 162-163,195.

Antony J, Morris. 2011. Setting aside farmland in Europe: The wider context. Agriculture, Ecosystems and Environment, 143: 1-2.

Benavidez J R. 2016. The Conservation Reserve Program Choice. College Station, TX: Texas A&M University.

Bolobna. 2008. Evaluation of the aside measure 2000-2006 final report. EU publishing.

Hokazono S, Hayashi K. 2015. Life cycle assessment of organic paddy rotation systems using land- and product-based indicators: A case study in Japan. Int. J. Life Cycle Assess., 20: 1061-1075.

Ito T, Araki M, Komatsuzaki M. 2015. No-tillage cultivation reduces rice cyst nematode (Heteroderaelachista) in continuous upland rice (Oryza sativa) culture and after conversion to soybean (Glycine max) in Kanto, Japan. Field Crops Research, 179: 44-51.

Koga N. 2008. An energy balance under a conventional crop rotation system in northern Japan: Perspectives on fuel ethanol production from sugar beet. Agriculture, Ecosystems and Environment, 125: 101-110.

Koga N. 2013. Nitrous oxide emissions under a four-year crop rotation system in northern Japan: Impacts of reduced tillage, composted cattle manure application and increased plant residue input. Soil Science and Plant Nutrition, 59: 56-68.

Maland D. 1982. Europe in the Sixteenth Century. London: Macmillan Ltd.

Mark E. 2016. Conservation Reserve Program (CRP): Example of land retirement. The Wetland Book. New York: Springer.

Nishida M, Sekiya H, Yoshida K. 2013. Status of paddy soils as affected by paddy rice and upland soybean rotation in northeast Japan, with special reference to nitrogen fertility. Soil Science and Plant Nutrition, 59: 208-217.

Ribaudo M O. 1990. Natural resources and users benefit from the Conservation Reserve Program// Symposium on System Theory: 537-557.

Shirato Y, Yagasaki Y, Nishida M. 2011. Using different versions of the Rothamsted carbon model to simulate soil carbon in long-term experimental plots subjected to paddy—upland rotation in Japan. Soil Science and Plant Nutrition, 57: 597-606.

第四章　我国耕地轮作休耕制度发展现状

我国是世界上历史最悠久的农业大国，具有 5000 年的文明史，且绵延不断、稳步发展。在漫长的农业发展历史长河中，积累了丰富的农业生产技术和宝贵的农业生产经验，尤其是耕地轮作休耕制度及其技术体系，在世界上堪称首屈一指、独树一帜（刘巽浩等，1993）。概括而言，我国在耕地轮作休耕制度的理论与技术方面，至少具有以下四个特点：一是起源早、历史久；二是面积大、分布广；三是类型多种、模式多样；四是功能强、效益佳。正因为如此，耕地轮作休耕制度及其组成的技术体系深受我国各地群众的青睐和欢迎。

第一节　我国各地耕地轮作休耕制度的类型与模式

按照农业部《全国种植业结构调整规划（2016—2020 年）》，将全国分成六大区域——东北地区、黄淮海地区、长江中下游地区、华南地区、西南地区、西北地区。现对六大区域耕地轮作休耕制度的类型与模式进行简要论述。

一、东北地区耕地轮作休耕制度的类型与模式

东北地区，主要包括黑龙江、吉林、辽宁 3 省，地域辽阔，耕地面积大。松嫩平原、三江平原和辽河平原位于该区核心位置，耕地肥沃且集中连片，适宜农业机械耕作。雨量充沛，年降水量 500～700mm，无霜期 80～180d，初霜日在 9 月上中旬，≥10℃积温 1300～3700℃，日照时数 2300～3000h，雨热同季，适宜农作物生长。区内光温水热条件可以满足春小麦、玉米、大豆、粳稻、马铃薯、花生、向日葵、甜菜、杂粮、杂豆及温带瓜果蔬菜的种植需要（全国种植制度气候研究南方协作组，1982）。进入新世纪以来，该区种植业生产专业化程度迅速提高，成为我国重要的玉米和粳稻集中产区。与此同时，其他作物的面积不断减少，尤其是传统优势作物大豆的种植面积不断缩减。东北地区的人均耕地面积居全国之首，是我国条件最好的一熟制作物种植区和商品粮生产基地。

该地区轮作（亦称换茬）较为普遍，历史上就有轮作换茬的传统。其主要原因在于：一是作物比例均衡，过去多为"高粱→谷子→大豆或玉米→大豆→高粱"轮作方式，各约占1/3面积比重；二是大豆多线虫病，不宜连作（重茬）；三是过去施肥水平低。

目前，该地区在作物结构上，主要种植小麦、玉米、水稻等作物，且实行连作与轮作并行，即实行连作重茬几年之后，进行轮作换茬，或轮作换茬几年之后，又进行连作重茬。

当前，东北地区生产实践上采用的主要轮作或连作方式如下。

（一）水田

该地区水田占耕地面积的 13%，采用的种植方式为中稻连作，即中稻→中稻→中稻，一般占农作物总播种面积的 13% 左右。

（二）水浇地

该地区水浇地占耕地面积的 10%，采用的种植方式既有连作，也有轮作，如：
（1）蔬菜连作方式，即蔬菜→蔬菜→蔬菜，约占农作物总播种面积的 6%。
（2）春小麦→大豆→马铃薯（或甜菜），占农作物总播种面积的 3%，主要分布于北部。
（3）春小麦→春玉米→大豆，占农作物总播种面积的 1%。

（三）旱地

全区旱地面积占耕地总面积的 77%，是耕地的主体。该地区旱地的轮作或连作方式主要有以下几种：
（1）春小麦→大豆→大豆，占农作物总播种面积的 2%，分布于北部。
（2）春玉米→春玉米→春玉米，占农作物总播种面积的 2%。
（3）春玉米→春玉米→高粱（或谷子）→大豆（或花生），占农作物总播种面积的 30%，分布于中南部。
（4）春小麦→春小麦→春小麦→大豆，占农作物总播种面积的 5%。
（5）春油菜→春油菜→马铃薯，占农作物总播种面积的 4%。
（6）春玉米‖大豆→春油菜→大豆（或马铃薯、烟草），占农作物总播种面积的 13%。
（7）大豆→马铃薯→大豆→油菜（或向日葵）→豌豆，占农作物总播种面积的 4%。
（8）马铃薯→豌豆→向日葵，占农作物总播种面积的 2%。
（9）春小麦（或马铃薯）/玉米→春小麦，占农作物总播种面积的 3%。

二、黄淮海地区耕地轮作休耕制度的类型与模式

黄淮海地区位于秦岭—淮河线以北、长城以南的广大区域，主要包括北京、天津、河北、河南、山东等 5 省市（考虑到行政区域的完整性及资料的易得性，江苏、安徽纳入长江中下游地区讨论）。该区属温带大陆季风气候，农业生产条件较好，土地平整，光热资源丰富。年降水量 500～800mm，≥10℃积温 4000～4500℃，无霜期 175～220d，日照时数 2200～2800h，可以两年三熟到一年两熟，是我国冬小麦、玉米、花生和大豆的优势产区和传统棉区。

该地区范围内不同省市的典型轮作方式述说如下。

（一）北京

北京地区在 20 世纪 70 年代实行"小麦/玉米→小麦-水稻"轮作，80～90 年代进一步发展为"小麦-玉米→小麦-花生（大豆）→春玉米"轮作。

（二）天津

天津耕地实行的轮作方式有："小麦-玉米→小麦-水稻"水旱轮作，在城市郊区还有稻菜轮作、稻花（卉）轮作、稻苗（木）轮作等。

（三）河北

河北省在20世纪70~80年代，即扩种绿肥、豆类、油菜等，并把这些养地作物纳入耕作制度体系之中，作为轮作制度中的一种作物来种植。在河北省黑龙港区域部分旱薄洼碱地上，实行"一肥（绿肥）一麦（小麦）"轮作，即前茬种植小麦，收麦后播种田菁或豆类，在收麦前一个月左右将绿肥青体翻压，或是早春在麦垄顶凌播种草木栖，收麦后草木栖继续生长，在种麦前翻压。

目前，河北省分布有"小麦-粟（或高粱‖大豆）→春玉米‖大豆""小麦-玉米（‖大豆）→高粱（‖大豆）→小麦"等轮作方式，在河北保定还有"棉花→棉花→粟谷→小麦-玉米"轮作，河北石门有"棉花→棉花→小麦/玉米→小麦-甘薯"等轮作方式，河北冀东县还有在种4~5年苜蓿之后倒茬，即"苜蓿→谷子→玉米→棉花"或"苜蓿→谷子→小麦→玉米→棉花"等。

（四）河南

河南典型的轮作方式有"小麦-甘薯→油菜-夏谷→春烟"等，河南中部有"春烟→大麦-玉米（或芝麻）→小麦-甘薯""春烟→小麦-甘薯→油菜-夏粟"等。

（五）山东

山东省早在明末清初就有"作物轮作"之记载。据山东省科技发展战略研究所王保宁研究，在明末清初，山东农民就通过轮作复种豆类作物来增加土壤肥效。在所有豆科作物中，因为具有生产期短、固氮能力强和用工少等特点，绿豆等小豆类作物成为农民的轮作复种的首选。在这种背景下，山东农民提倡使用轮作复种的办法恢复地力，因而绿豆等小豆类作物成为麦后复种作物。且当地农民当肥料和劳动力缺乏的时候，就会采用轮作复种绿豆等作物的办法维持农业生态平衡，从而提高了耕地复种指数。

当前，山东省主要轮作方式有小麦-玉米→小麦/玉米‖大豆→小麦‖越冬菜/玉米‖大豆及小麦‖大蒜/棉花→小麦‖芥菜/棉花→小麦/西瓜/花生‖玉米等。

三、长江中下游地区耕地轮作休耕制度的类型与模式

长江中下游地区，主要包括沪、苏、浙、皖、赣、湘、鄂等7省市，属亚热带季风气候，水热资源丰富，河网密布，水系发达，是我国传统的鱼米之乡。年降水量800~1600mm，无霜期210~300d，≥10℃积温4500~5600℃，日照时数2000~2300h，耕作制度以一年两熟或三熟为主，大部分地区可以发展双季稻，实施一年三熟制。耕地以水田为主，占耕地总面积的60%左右，旱地约占耕地总面积的40%。种植业以水稻、小麦、油菜、棉花等作物为主，是我国重要的粮、棉、油生产基地（黄国勤等，1997）。

（一）水田轮作制度

从新中国成立至今,该地区水田轮作制度发展大致可分为 3 个阶段(亦属 3 种类型):定区式轮作、换茬式轮作和高效化轮作。

1. 定区式轮作

从 1949 年至 1978 年(属计划经济时代),长江中下游地区各省(市)在耕作制度方面,年间主要是实行"定区式轮作",即有计划地确定轮作田区数、轮作周期(即轮作年限,一般为 3 至 5 年),且一般根据轮作田区数与轮作周期(年数)相等的原则建立水田轮作制度。生产上多为由 3 个田区 3 年组成的三熟复种轮作,如"绿肥(紫云英)-早稻-晚稻→小麦-早稻-晚稻→油菜-早稻-晚稻",当时在江西、湖南、湖北等省广泛分布。亦有二熟制定区轮作方式,如江苏练湖农场第十四耕作队从 1959 年始,尤其是 1962 年水利条件改善和土壤肥力得到提高后,实行"小麦-晚稻→绿肥-晚稻→油菜(大麦、元麦)-中稻""小麦-甘薯(绿豆)→绿肥-晚稻→大、元麦(或胡萝卜、早熟苕子)-中稻"定区轮作,均收到良好效果。

2. 换茬式轮作

1978 年开始,我国实行改革开放,农村实行家庭联产承包责任制,1992 年开始实行社会主义市场经济,这对长江中下游地区水田耕作制度改革,特别是水田轮作制度的发展带来了生机和活力。农民可以自主设计水田作物组成及轮作方式,于是自由式、换茬式的水田轮作制度在该地区得到空前发展。在这一时期,上海郊区设计了"肥(油、麦)-稻-稻→麦/青饲玉米-稻"轮作,以增加青饲料供应,发展畜牧业;江苏沿江稻区发展"麦-稻→麦/玉米-水稻""冬闲-稻-荞麦→冬菜-稻-秋玉米"轮作方式,既保证了粮食(水稻)生产,又增加了饲料生产,实现粮饲兼顾;浙江省实行"大(小)麦-早稻-晚稻→油菜-西瓜-稻""绿肥-早稻-晚稻→大(小)麦-西瓜-晚稻"等稻田水旱轮作;湖南邵东县发展"油菜-早稻-晚稻→蔬菜-早稻-晚稻""麦类-西瓜-晚稻→蔬菜-秧田-晚稻"等轮作方式;江西省将常年种植的"绿肥-双季稻"换茬为"油菜-早稻-玉米‖甘薯"或"油菜-早稻-玉米‖大豆",实行换茬式的水旱复种、水旱轮作,既优化种植结构,又改善稻田环境。

3. 高效化轮作

进入新世纪,长江中下游地区耕作制度发展呈现"高效化"趋势,尤其是高效化轮作方式在生产上广泛推广。如果将定区式轮作、换茬式轮作认为以增加粮食生产、确保粮食安全为中心,那么,高效化轮作则着重以提高效益,特别是提高经济效益为核心。

从 2000 年至今,该区水田涌现的多样化、高效化轮作方式或类型有稻棉轮作、稻菜轮作、稻烟轮作、稻瓜轮作、稻果(树)轮作、稻花(卉)轮作、稻苗(木)轮作、稻药(中药材)轮作、稻草(牧草)轮作、稻蛙(青蛙)轮作、稻鱼轮作、稻螺轮作、稻萍鱼螺轮作、稻萍鱼泥鳅轮作、稻虾轮作、稻鸭轮作、稻鸡轮作(即在特定时期如冬闲期利用一定面积稻田养鸡产蛋积肥）、稻菌（食用菌）轮作等。实行上述高效化轮作方式，不仅提高了稻田经济效益，还改善了稻田生态系统环境，而且有利于发展资源节约型、环境友好型农业。

（二）旱地轮作制度

与水田种植制度相比，长江中下游地区旱地具有作物种类多、复种方式多、轮作方式多的特点。如适合该地区旱地种植的冬播作物（头茬）有紫云英、油菜、大麦、小麦、蚕豆、豌豆、马铃薯等；春播作物（第二茬，套中茬）有棉花、花生、大豆、绿豆、玉米、甘薯、高粱、西瓜、番茄、辣椒等；夏播作物（第三茬）有甘薯、大豆、玉米、芝麻、绿豆、荞麦、粟等，其作物种类远多于水田，由此形成的间混套作复种方式，以及轮作方式则更多于水田，即旱地种植制度的多样性、复杂性远高于水田。

就轮作制度而言，旱地的轮作制度类型、方式也同样要比水田多且复杂。根据调查及有关研究，该地区旱地轮作制度主要包括以下几种类型。

1. 换茬式轮作

该地区旱地换茬式轮作比较普遍，浙江省有"小麦/春大豆/甘薯→小麦/春大豆/夏玉米""麦类/玉米/甘薯→小麦(大麦)‖蔬菜/春马铃薯‖春玉米/甘薯‖秋杂粮"轮作；江西九江旱地棉田实行"油菜/棉花→豌豆/棉花‖辣椒"两年轮作；江西进贤红壤旱地推行"小麦/大豆/芝麻→油菜/玉米‖大豆-荞麦"轮作方式；湖北省发展"洋芋/玉米→小麦/玉米""小麦-玉米‖大豆→洋芋/玉米/大豆"等轮作方式。

2. 分带式轮作

中国耕作制度研究会南方旱地学组于1991年7月12日至15日，对浙江省金华市的义乌市杭畴乡、东阳市虎鹿镇和磐安县的万苍乡、岭口乡进行旱地高产、高效现场考察，参加这次考察的有上海、浙江、湖南、湖北等省（市）的农技推广、农业院校、农业科研部门的专家、教授，以及中国耕作制度研究会、浙江省农学会的负责人等。考察结果表明，浙江省历经7年（1984～1990年）努力，到1990年旱粮三熟制粮肥分带式轮作面积达到28.54万亩（1.90万 hm^2），占旱地三熟制面积的31.31%，比1984年扩大了1倍。浙江省温州市于20世纪80年代初期就创造了亩产"吨粮千元"的旱地分带轮作典型，到1985年该省推广旱三熟分带轮作50万亩（3.33万 hm^2），实现旱地"一带用地，一带养地，用养结合"，并取得大面积每亩增产75kg的效果。

湖南省已将分带式轮作从试验、示范，推广到31个县市，面积近200万亩。1986年湖南慈利县已将旱地多熟分带轮作制种植模式化，制定模式图，进行推广。其结构基本为旱地冬种6尺开带（厢），一半种冬麦（或油菜、马铃薯），另一半作预留行种冬菜或绿肥，次年3月中下旬在预留行内套种两行玉米，玉米两边还可间插红薯种黄豆，冬种收割后，起垄套插两行红薯或种黄豆、绿豆等。由原来耗地力较多、用养不太平衡、经济效益低的粮粮间作发展成粮经、粮肥、粮菜、粮药等多种形式，出现旱粮亩产1000多公斤，产值1000多元的"双千田"，成了典型。

3. 高效化轮作

进入新世纪，农业发展进入新阶段，长江中下游地区旱地轮作制度的发展进入"高效化"时期。安徽省铜陵县为实现旱地资源的高效利用，将长期实行"油菜-棉花"复种连作的旱地，改种"小麦-玉米"，即进行"油菜-棉花→小麦-玉米"复种轮作，结果作物增产、农田生态环境改善、病虫草害减轻、化肥农药用量降低（甚至不用农药），生产成本大大下降，真正实现了轮作方式的"高效化"。

浙江省在旱地分带轮作体系中，不仅把高效经济作物如棉花、西瓜、生姜等引入旱地轮作种植，还将白术、元胡、无参、贝母等"浙八味"中药材纳入旱地分带轮作系统，极大地提升了旱地分带轮作的经济效益、生态效益和社会效益，不仅发展了旱地主体种植，改善了田间结构，中药材还可以出口创汇，还增加了市场副食的花色品种，调剂了市场供应，活跃了农村商品经济，可谓一地多收，一举多得。

四、华南地区耕地轮作休耕制度的类型与模式

华南地区，主要包括广东、广西、福建、海南 4 省（区），大部分属于南亚热带湿润气候，是我国水热资源最丰富的地区，年降水量 1300～2000mm，无霜期 235～340d，≥10℃积温 6500～9300℃，日照时数 1500～2600h。南部属热带气候，终年无霜，可一年三熟。本区人口密集，人均耕地少。耕地以水田为主。地形复杂多样，河谷、平原、山间盆地、中低山交错分布，是我国重要的热带水果、甘蔗和反季节蔬菜产区，产品销往港澳地区。传统粮食作物以水稻为主，兼有鲜食玉米，近年马铃薯发展较快。油料作物以花生为主。

该地区的耕地作物轮作制度，可从传统轮作制度和新型轮作制度两方面进行分析。

（一）传统轮作制度

在 1978 年改革开放之前，华南地区各省（区）实行的是传统轮作制度，其代表性轮作方式如下。

1. 双季稻区冬作轮作方式

冬闲-稻-稻→冬绿肥（紫云英、三叶草、肥田萝卜、蚕豆等）-稻-稻→冬喜凉作物（小麦、大麦、油菜、蔬菜等"温三熟"）-稻-稻→冬喜温作物（大豆、玉米、甘薯、花生、烟草等"热三熟"）-稻-稻。这种轮作方式主要分布在≥10℃积温 7500℃以上冬季无霜的地区。冬甘薯亩产可达 1100～1500kg，尚有大量茎蔓喂猪，是较好的种植方式。冬烟草主要在福建尤溪、广西南部地区种植，收益较高，且往往通过实行轮作防病。

2. 单季稻区轮作方式

在华南地区的坡地稻田和沿海地区稻田，发展以单季稻为主体的轮方式，具有防秋旱、抗台风，以及协调粮经、粮饲、粮菜争地之功效。其常见的轮作方式有水稻-甘薯→水稻-大豆→水稻-玉米；水稻-花生→水稻-甘蔗；冬小麦-稻→玉米-稻等。

3. 旱田（旱地）轮作方式

华南地区各省（区）均有一定面积的无灌溉条件的农田——旱田（亦称旱地），可实行一年一熟制或一年二熟制的轮作，有的还将间、套作纳入其中，方式繁多、结构复杂、效益显著。如甘蔗→宿根蔗→豆类（大豆、花生）-甘薯及小麦-花生→蚕豆-玉米→木薯‖豆类。

（二）新型轮作制度

自实行家庭联产承包责任制后，特别是进入新世纪，华南地区耕地作物轮作制度呈现新型化、多样化、高效化的发展特点与趋势。

1. 粮菜轮作

广东省从 2006 年开始，在珠江三角洲发展由"123 种植模式"组成的粮菜轮作制（即一个中心，以提高稻田轮作制效益为中心；两个结合，实现经济效益与社会效益相结合、用地与养地相结合；三季复种，实行全年种植三季作物），如冬季蔬菜-早稻-晚稻→冬季蔬菜-早稻-秋季蔬菜→马铃薯-早稻-晚稻，这种粮菜轮作方式，现在华南地区各城市郊区均有广泛分布，效益良好，深受群众青睐。

20 世纪 90 年代以来，广西、福建、海南等省区均大力发展"薯-稻-稻→瓜菜-稻-稻"和"薯-稻-稻→瓜菜-稻"等稻田粮菜轮作制度，提高了稻田生态经济效益。

2. 稻鱼轮作

将传统"冬作-早稻-晚稻"一年三熟复种与稻田养鱼结合起来，组成稻鱼轮作方式，在华南地区各省，尤其是在珠江三角洲各地，既有历史传统，更有现实需要。广东、广西实行稻鱼轮作或间作。一季水稻收割后，放水养鱼，形成"菜-稻-鱼→麦-稻-鱼→鱼-稻-鱼"轮作体系或间作方式。

福建省实行"稻-萍-鱼"及稻田人工生物圈轮作模式。田面种稻、水面养萍，沟、坑中养鱼，辅以综合配套技术，在鱼沟、鱼坑占地 10%～12% 的情况下，水稻不减产，可亩增收鲜鱼 150～300kg。

3. 稻鸭轮作

将传统的"稻田放鸭"，发展为今天广泛推广的"稻田养鸭""稻鸭轮作"，大大提升了稻田生态系统的功能与价值。

（1）稻鸭轮作起源于华南地区福建省。据有关资料，稻田养鸭的功能是"养鸭治虫"，非今日始。据文献考查，此法首创者为福建库生陈经纶。公元 1597 年（即明万历丁酉年），闽中发生了蝗灾，他在鹭鸟啄食蝗虫的启发下，试验养鸭治虫，获得了显著成效。

至今，稻田养鸭在中国已有 400 多年的历史。稻田养鸭、稻鸭轮作，就是将雏鸭放入稻田，利用雏鸭旺盛的杂食性，吃掉稻田内的杂草和害虫；利用鸭不间断的活动刺激水稻生长，产生中耕浑水效果；同时鸭的粪便作为肥料，最后连鸭本身也可以食用。在稻田有限的空间里生产无公害、安全的大米和鸭肉，所以稻鸭轮作技术是一种集种养为一体的复合型、生态型、高效型的综合耕作制度技术体系。

（2）稻鸭轮作优点多。稻鸭轮作的突出优点在于：一是除草。根据鸭的特性，它喜欢吃禾本科以外的植物和水面浮生杂草，但有时也吃幼嫩的禾本科植物。同时，鸭在稻田里的活动过程中，它的嘴和脚还能起到除草的作用。鸭能够比较干净地除去稻田中的杂草。二是除虫。鸭非常喜欢吃昆虫类和水生小动物，能基本消灭掉稻田里的稻飞虱、稻蝽象、稻象甲、稻纵卷叶螟等害虫。这种除虫效果与使用杀虫剂有相同的功效。三是增肥。稻鸭轮作时期内，一只鸭排泄在稻田里的粪便约 10kg，相当于氮 47g、磷 70g、钾 31g。每 50m^2 放养 1 只鸭，所排泄的粪便足够稻田的追肥了。四是中耕。浑水鸭在稻田里不停地活动和游泳，产生中耕浑水效果。水的搅拌使空气中的氧更容易溶解于水中，促进水稻的生长；泥土的搅拌产生浑水效果，会抑制杂草的发芽。五是促进稻株发育，实现水稻增产。鸭在稻株间不停地活动，鸭嘴不断地在水稻植株上寻找食物，这种刺激能促进植株开张和分蘖，促使水稻植株发育成矮而壮的扇形健康株型，增加抵御强风的能力，从而促进稻株发育，实现水稻增产。

（3）稻鸭轮作在华南地区广泛实践。广西钦州自 2005 年开始推广稻鸭轮作，将"稻+灯（频振式诱虫灯）+鸭"引入双季稻田轮作系统，取得了良好的增产增收效果。据统计，平均每亩增收节支 201.8 元，连片示范点共增收节支 12108 元，经济效益十分显著。目前，稻鸭轮作已在华南地区各省（区）蓬勃发展，效益良好，前景广阔。

五、西南地区耕地轮作休耕制度的类型与模式

西南地区，包括云南、贵州、四川、重庆等 4 省（区），地处我国长江、珠江等大江大河的上游生态屏障地区，地形复杂，山地、丘陵、盆地交错分布，垂直气候特征明显，生态类型多样，冬季温和，生长季长，雨热同季，适宜多种作物生长，有利于生态农业、立体农业的发展。年降水量 800～1600mm，无霜期 210～340d，≥10℃积温 3500～6500℃，日照时数 1200～2600h，主要种植玉米、水稻、小麦、大豆、马铃薯、甘薯、油菜、甘蔗、烟叶、苎麻等作物，是我国重要的农业生产区域。

（一）水田轮作制度

1. 二熟制轮作

西南地区水田多以一年二熟制轮作为主，如绿肥（苕子）-中稻→油菜-中稻→冬作物（冬小麦、蚕豆等）-中稻；小麦-水稻→油菜-水稻→榨菜-水稻；小麦-水稻→蚕豆-水稻→大蒜-水稻。

云贵高原水田，特别是瘠薄水田，盛行"绿肥-中稻→冬闲-中稻""油菜（小麦、蚕豆）-中稻→冬闲-中稻"等轮作方式。

2. "双三制"轮作

在西南地区各省（市），也有少数水田应用"双三制"轮作，如绿肥-早稻-晚稻→冬

作物（冬小麦、蚕豆等）-中稻等。

3. 半旱式轮作

重庆市从 1982 年开始，以蓄水再生稻为突破口，推广稻田半旱式免耕轮作耕作制度，取得显著成效。即在只种植一季中稻的冬水田，通过开沟起垄，改为"大、小麦-中稻-再生稻"一年三熟，或"麦-稻"一年二熟，实行"冬闲-中稻→大、小麦-中稻-再生稻""冬闲-中稻→麦-稻"轮作制度，使无霜期的利用达到 170～300d，复种指数达到 250%，每亩冬水田增产粮食 250～300kg，大幅度提高了单位面积粮食产量。同时开展稻田多层次综合利用，垄上种稻，沟中养鱼、养萍、养鸭、种高笋（即茭笋或茭白）、养菇。1989 年，半旱式免耕水旱轮作面积已达 70 万亩（4.67 万 hm²），稻鱼萍鸭综合利用面积达 41 万亩（2.73 万 hm²），昔日的冬闲田已变为"双千田"（1000kg 粮食，1000 元收入，国家增产了粮食，农民增加了收入。

（二）旱地轮作制度

西南地区旱地分布广泛、结构复杂，轮作方式多样。

1. 旱地多熟轮作

该地区旱地多行二熟或三熟复种轮作。贵州省旱地轮作方式有小麦-玉米→油菜-玉米→小麦-甘薯及小麦/玉米/甘薯→油菜/玉米/甘薯→小麦/玉米/甘薯。四川甘孜州南部渚县旱地轮作制度为：①低热河谷地带（海拔 1400～2000m），冬麦→玉米→冬小麦-荞麦→冬小麦-夏玉米（大豆）；②高山峡谷地带（海拔 2600～3200m），冬小麦→荞麦→玉米；③山原谷地带（海拔 2900～3800m），冬闲→春作（玉米、大豆）→冬作（油菜、豌豆、蚕豆、洋芋、芜菁）→休闲（3 年 1 轮）；④康北平原地带（海拔 3300～4500m），青稞→青稞→春小麦→豌豆；青稞→春小麦→豌豆；青稞→轮歇；青稞→芜菁等。

2. 旱地带状轮作

从 20 世纪 80 年代开始，四川省在旱地水热资源"一熟有余，二熟不足"或"二熟有余，三熟不足"的地区，通过实行间作套种，推行带状轮作，提高旱地复种指数，提升旱地生产力。如由甲带和乙带组成的轮作方式：甲带，种植"小麦/甘薯→冬绿肥/早玉米‖大豆—秋绿肥→小麦/甘薯"；乙带，种植"冬绿肥/早玉米‖大豆-秋绿肥→小麦/甘薯冬绿肥/早玉米‖大豆-秋绿肥"，甲带与乙带进行年间轮换种植。目前，旱地带状轮作已广泛分布于四川、贵州、云南、重庆各地旱地。

六、西北地区耕地轮作休耕制度的类型与模式

西北地区，包括陕西、甘肃、宁夏、青海、西藏、山西、内蒙古、新疆等 8 省（区），大部分位于我国干旱、半干旱地带，土地广袤，光热资源丰富，耕地充足，人口稀少，增产潜力较大。但干旱少雨，水土流失和土壤沙化现象严重。年降水量小于 400mm，无

霜期100～250d，初霜日在10月底，≥10℃积温2000～4500℃，日照时数2600～3400h。农业生产方式包括雨养农业、灌溉农业和绿洲农业，是我国传统的春小麦、马铃薯、杂粮、春油菜、甜菜、向日葵、温带水果产区，是重要的优质棉花产区。

（一）轮作

由于光、温、水等气候资源所限，西北地区主要以实行一年一熟制轮作或二年三熟制轮作的旱地农业为主。主要轮作方式如下：

（1）歇地→小麦→谷子、糜（陇北、宁南、陕北干旱区）。

（2）豌（扁）豆→小麦（1～3年）→谷、糜（莜麦、马铃薯）→胡麻（陕北地区、宁南半干旱区）。

（3）冬小麦-谷、糜→冬小麦-谷、糜→春玉米（水地）。

（4）冬小麦（1～3年）→谷、糜（河西走廊）。

（5）水稻→春小麦（大豆）‖苜蓿（银川灌区、河套地区）。

（6）冬小麦/一年生豆科牧草→玉米→冬小麦‖草木樨→草木樨/冬小麦（甘肃庆阳）。

（7）苜蓿（6～8年）→谷子或胡麻→冬小麦（3～4年）→苜蓿（3～5年）→玉米/大豆→冬小麦（陇东）。

（8）小麦（2年）→苜蓿‖油菜→苜蓿→苜蓿→苜蓿→苜蓿→小麦→青饲麦（内蒙古乌拉盖地区）。

（9）冬小麦-夏作物（玉米、高粱）→玉米→棉花→油料（南疆）。

（10）小麦‖苜蓿→苜蓿→苜蓿→玉米→玉米→玉米→水稻→小麦‖草木樨（新疆生产建设兵团阿克苏农垦四团）。

据调查，当前新疆乌鲁木齐市耕地轮作模式类型有菜菜轮作、菜薯轮作、草薯轮作、饲草油料轮作、水旱轮作、小麦玉米轮作、青贮与玉米、油料、饲草、豆类、耐旱耐瘠薄的杂粮轮作、复播、倒茬等。乌鲁木齐市适宜轮作面积达23346.47hm²，占总耕地面积的44.99%。其中乌鲁木齐县8273.8hm²、米东区4940hm²、高新区5022.94hm²、达坂城区3109.73hm²、天山区2000hm²，分别约占总耕地面积的15.94%、9.52%、9.68%、6%、3.85%。已开展轮作面积19714.53hm²，占总耕地面积的37.99%。其中乌鲁木齐县8273.8hm²、米东区3243.33hm²、高新区3922.07hm²、达坂城区2275.33hm²、天山区2000hm²，分别约占总耕地面积的15.94%、6.25%、7.56%、4.38%、3.85%。

（二）休耕

1. 休耕方式多

西北地区耕地不仅有多种轮作方式，还有多种休耕方式，特别是重视将休耕与轮作、养地结合起来，寓休耕于轮作、养地之中。其典型方式和措施主要有：一是利用种植豆科作物豌豆、扁豆等来达到养地、休耕的目的；二是利用歇地（休闲）以实现耕地休耕、恢复地力的目的，有所谓的"你有万石粮，我有歇茬地"之说，说明歇茬地（休耕地）之重要；三是利用耕地种植牧草苜蓿等，通过草田轮作，增加饲料生产，发展畜牧业，增施有机肥，实行农牧结合，促进农业生态系统良性循环——这是一种综合性、循环型耕地休耕方式。

2. 季节性休耕

据调查，目前新疆乌鲁木齐市耕地季节性休耕 17196.73hm²，占总耕地面积的33.14%，其中乌鲁木齐县 8273.8hm²、米东区 3900hm²、高新区 5022.93hm²，分别约占总耕地面积的 15.94%、7.52%、9.68%；适宜休耕面积 17196.73hm²，占总耕地面积的33.14%，其中乌鲁木齐县 8273.8hm²、米东区 3900hm²、高新区 5022.93hm²，分别约占总耕地面积的 15.94%、7.52%、9.68%；已开展休耕面积 17196.73hm²，占总耕地面积的33.14%，其中乌鲁木齐县 8273.8hm²、米东区 3900hm²、高新区 5022.93hm²，分别约占总耕地面积的 15.94%、7.52%、9.68%（李艳霞等，2017）。

3. 年度休耕

目前新疆乌鲁木齐市耕地年度休耕（全年性休耕）1210.01hm²，占总耕地面积的2.33%。其中乌鲁木齐县 986.67hm²、达坂城区 16.67hm²、天山区 206.67hm²，分别约占总耕地面积的 1.9%、0.03%、0.4%；适宜年度休耕的耕地面积 2890.27hm²，占总耕地面积的 5.57%，其中乌鲁木齐县 2683.6hm²、天山区 206.67hm²，分别约占总耕地面积的 5.17%、0.04%；已开展面积 2906.93hm²，占总耕地面积的 5.6%。其中乌鲁木齐县 2683.6hm²、达坂城区 16.67hm²，天山区 206.67hm²；分别约占总耕地面积的 5.17%、0.03%、0.4%。

4. 多年休耕

乌鲁木齐市耕地多年休耕面积为 6166.02hm²，占总耕地面积的 11.88%，其中乌鲁木齐县 4596.02hm²、达坂城区 1283.4hm²、天山区 286.6hm²，分别约占总耕地面积的 8.86%、2.47%、0.55%。适宜多年休耕面积 5779.36hm²，占总耕地面积的 11.14%，其中乌鲁木齐县 4596.02hm²、达坂城区 50 hm²、水磨沟区 933.33hm²、天山区 200hm²，分别约占耕地面积的 8.86%、1.8%、0.1%、0.39%。已开展多年休耕面积 5759.36hm²，占总耕地面积的 11.1%，其中乌鲁木齐县 4596.02hm²、达坂城区 30hm²、水磨沟区 933.33hm²、天山区 200hm²，分别约占总耕地面积的 8.86%、0.06%、1.8%、0.39%。

第二节　我国耕地轮作休耕制度试点进展与成效

自 2015 年 10 月 29 日通过的《中共中央关于制定国民经济和社会发展第十三个五年规划的建议》明确提出在我国"探索实行耕地轮作休耕制度试点"以来，在党中央、国务院的正确领导下，在农业部等国家有关部门的具体主持和直接推动下，我国耕地轮作休耕制度试点取得积极进展和显著成效（赵其国等，2017）。

一、制定耕地轮作休耕制度试点方案

（一）全国耕地轮作休耕制度试点方案

2016 年 6 月 24 日，农业部、中央农办、发展改革委、财政部、国土资源部、环境保护部、水利部、食品药品监管总局、林业局、粮食局等 10 部门联合印发《探索实行耕地轮作休耕制度试点方案》，提出开展轮作休耕试点，要"坚持生态优先、综合治理，轮作为主、休耕为辅，以保障国家粮食安全和不影响农民收入为前提，突出重点区域、加大政策扶持、强化科技支撑，加快构建耕地轮作休耕制度，促进生态环境改善和资源永续利用"。

1. 耕地轮作休耕试点目标

力争用 3～5 年时间，初步建立耕地轮作休耕组织方式和政策体系，集成推广种地养地和综合治理相结合的生产技术模式，探索形成轮作休耕与调节粮食等主要农产品供求余缺的互动关系。

2. 耕地轮作休耕试点区域

（1）轮作试点区域。重点在"镰刀弯"地区（包括东北冷凉区、北方农牧交错区、西北风沙干旱区、太行山沿线区及西南石漠化区）开展轮作试点，探索建立粮豆、粮油、粮饲等轮作制度。

（2）休耕试点区域。选择地下水漏斗区、重金属污染区、生态严重退化地区，探索建立季节性、年度性休耕模式，促进资源永续利用和农业持续发展。

3. 耕地轮作休耕试点面积

（1）轮作。试点面积 500 万亩，其中，黑龙江省 250 万亩、内蒙古自治区 100 万亩、吉林省 100 万亩、辽宁省 50 万亩。

（2）休耕。试点面积 116 万亩，其中，河北省黑龙港地下水漏斗区季节性休耕 100 万亩、湖南省长株潭重金属污染区连年休耕 10 万亩、贵州省和云南省石漠化区连年休耕 4 万亩、甘肃省生态严重退化地区连年休耕 2 万亩。

4. 耕地轮作休耕试点技术模式

（1）轮作。重点推广"一主四辅"种植模式。"一主"，即实行玉米与大豆轮作；"四辅"，即实行玉米与马铃薯等薯类轮作，实行籽粒玉米与青贮玉米、苜蓿、草木樨、黑麦草、饲用油菜等饲草作物轮作，实行玉米与谷子、高粱、燕麦、红小豆等耐旱耐瘠薄的杂粮杂豆轮作，实行玉米与花生、向日葵、油用牡丹等油料作物轮作。

（2）休耕。在地下水漏斗区连续多年季节性休耕，实行"一季休耕、一季雨养"，将需抽水灌溉的冬小麦休耕，只种植雨热同季的春玉米、马铃薯和耐旱耐瘠薄的杂粮杂豆；在重金属污染区连续多年休耕，采取施用石灰、翻耕、种植绿肥等农艺措施，以及生物移除、土壤重金属钝化等措施，修复治理污染耕地；在生态严重退化地区连续休耕 3 年，改种防风固沙、涵养水分、保护耕作层的植物，同时减少农事活动，促进生态环境改善。

（二）各省市轮作休耕制度试点方案

上海市。据《中国国土资源报》2017 年 12 月 14 日（第 002 版）报道，近日，上海市农委发布《上海市农业委员会关于推进本市粮田季节性轮作休耕养地工作的通知》，要求加大种植业结构调整力度，推进季节性轮作休耕养地工作。上海市提出，要加强宣传普及，增强耕地和环境保护意识。近年来，上海市农产品生产基本稳定，农田基础设施装备持续改善，生产集约程度不断提高。但面源污染还没有得到有效遏制，绿色优质农产品供给还不能满足市场需求，耕地使用强度较高，耕地质量不高。要利用各种途径，引导农民主动调整种植结构，淘汰落后产能，自觉保护耕地和生态环境。上海市明确，要强化政策引导，鼓励农民开展轮作休耕。要进一步强化农业补贴政策指向性和精准性，围绕推进农业供给侧结构性改革和绿色生态发展，将补贴政策向保护耕地和农业生态保护倾斜。进一步加大政策支持力度，引导农民种植冬作绿肥，开展深耕晒垡，使用绿色生产技术，保护耕地和农业生产资源，实施农业生态修复。上海市强调，要提高轮作休耕生态效益，实现种植业提质增效。按照集中连片、科学养地的要求，扩大绿肥种植和深翻面积，努力压缩小麦种植面积，提高耕地质量。落实适时播栽施肥、开沟排水等相关技术措施，提高绿肥生物学产量，达到养地效果。绿肥种植要与优质水稻种植结合，完善配套栽培技术，减少化肥农药使用，提高稻米品质，推进稻米产业化发展，促进农业增效和农民增收。

陕西省。2016 年 1 月 14 日，陕西省人民政府办公厅印发《关于推进耕地轮作休耕实行化肥农药使用减量化的意见》（陕政办发〔2016〕4 号），指出：推进耕地轮作休耕、减少化肥农药使用是确保粮食安全、生态安全、公共安全，促进农业可持续发展的重要举措。提出工作目标：开展耕地轮作休耕、绿肥种植试点，年均试点面积达到全省耕地面积的 2%（陕西省人民政府办公厅，2016）。

黑龙江省。为保证耕地轮作休耕制度试点工作顺利推进，2016 年 8 月下旬，黑龙江省农委联合十二个部门下发了《关于印发黑龙江省探索实行耕地轮作制度试点方案的通知》明确了试点区域、技术路径、操作程序等，重点在黑龙江省北部第四、五积温区冷凉区县（市、区）和农场等传统大豆主产区开展耕地轮作试点，探索建立玉米豆麦、玉米豆薯、玉米豆杂（杂粮）、玉米豆饲（饲草）等多种轮作种植模式。各试点县场结合实际，分别制定了实施方案和技术指导方案。

二、推行耕地轮作休耕试点

（一）试点面积

2016 年是我国开展耕地轮作休耕制度试点的第一年，试点面积为 616 万亩（包括轮作试点 500 万亩、休耕试点 116 万亩）。2017 年是开展耕地轮作休耕制度试点的第二年，试点面积达到 1200 万亩（其中轮作面积 1000 万亩，休耕面积 200 万亩），比 2016 年增加了 584 万亩，共涉及 9 个省区（贵州、云南、湖北、河北、甘肃、辽宁、吉林、黑龙江和内蒙古）的 192 个县（市），其中轮作区涉及的试点省份是：河北（沧州、衡水、邢台等地）、湖南（长沙、株洲、湘潭）、贵州、云南、甘肃；休耕区的试点省份是：辽宁、吉林、黑龙江、内蒙古。国家给予试点区的补助标准为：轮作区试点省份补助标准为每年 150 元/亩；休耕区补助标准，一熟区和两熟区的一季休耕补贴标准为每年 500 元/亩，两熟区全年休耕补贴标准为每年 800 元/亩左右。　试点区域原则上保持相对稳定，承担试点任务的地块一经确定，则三年不变。2017 年，中央财政安排资金 25.6 亿元支持试点（常欣，2017）。

黑龙江 250 万亩耕地采取"三区轮作"。黑龙江省按照国家关于探索实行耕地轮作休耕制度试点的要求，及早谋划部署，采取有力措施，耕地轮作制度试点各项工作有序进行，得到基层干部群众普遍欢迎。全省结合种植结构调整，整合财政部对玉米种植大户等新型经营主体补助资金 6 亿元和国家探索实行耕地轮作制度试点补贴资金 3.75 亿元，共实施米（玉米）改豆轮作试点面积 650 万亩，每亩每年补助 150 元。同时，在米（玉米）改豆轮作试点范围内，选择处于四、五积温带的黑河、伊春和农垦九三、北安管理局开展探索耕地轮作制度试点 250 万亩，均采用"玉米-大豆-麦、薯、杂粮、饲草"等"三区"轮作模式。

（二）技术模式

近三年来，各地积极开展实践和探索，集成了多种适宜各地实际的轮作休耕技术模式。

1. 轮作区技术模式

实行"一主"与"多辅"结合。"一主"，就是玉米与大豆轮作为主，发挥大豆根瘤固氮养地作用。"多辅"，就是实行玉米与薯类、杂粮杂豆、油料作物、蔬菜及饲草等作物轮作。

2. 休耕区技术模式

实行保护与治理并重。河北地下水漏斗区实行"一季雨养、一季休耕"，休耕季种植绿肥。防止地表裸露。湖南重金属污染区大力开展治理式休耕，休耕、治理、培肥同步推进，形成了"休治培三融合"休耕模式。

（三）配套制度

1. 探索建立有效的工作机制

省级统筹、责任到县。9 个试点省、区由省级政府统筹安排，把试点任务和要求落实到县（市），分级负责、压实责任。各试点县（市）由政府负责同志亲自挂帅，协调人力、物资、资金等措施落实。试点乡（镇）将任务落实到户到田。集中连片、整体推进。轮作休耕都选择集中连片的地块，便于指导监督。黑龙江省把轮作任务集中安排在第三、四、五积温带的规模种植区域；甘肃省以村社为单元整建制推进休耕试点，集中连片面积都在 1000 亩以上。新型主体示范带动。内蒙古阿荣旗将 30 万亩轮作任务集中在 18 个新型经营主体实施，并与粮食加工企业签订了 20 万亩的轮作高粱订单种植。

2. 探索建立轮作休耕的政策体系

在轮作上，注重比较效益。从现有的单产水平和种植效益看，轮作模式中的玉米大豆轮作，可按照 1∶3 的效益平衡点来测算。其他的轮作模式，可根据上一年的收益情况，结合市场变化动态调整。在休耕上，注重收入保障。目前的休耕试点，补助的标准都以收入不减为前提。大体上，一熟区的休耕和两熟区的一季休耕，每亩补助 500 元左右；两熟区的全年休耕，每亩补助 800 元左右，略高于土地流转费用。

三、试点取得显著的经济效益、生态效益和社会效益

开展耕地轮作休耕试点，尤其是实行粮豆轮作、休耕区压采、重金属污染修复治理等，有力地推动了种植结构调整、资源高效利用和农业环境治理。

（一）缩减种植面积，优化种植结构

2016 年全国籽粒玉米面积调减 3000 多万亩，大豆增加 1000 多万亩。2017 年玉米面积调减 2000 万亩以上，缓解了玉米库存压力，达到了"去库存"的目的，优化了种植结构，促进了农业供给侧结构性改革。

（二）减少投入，节约资源

实行耕地轮作休耕，不仅可以减少一季（或多季）化肥、农药等购买性资源投入，还可通过改进生产技术，提高资源利用率。河北省地下水漏斗区小麦休耕试点，平均每亩减少用水 180m^3，共压减地下水开采 3.2 亿 m^3。吉林省在东部冷凉区推行玉米大豆轮作，每亩节肥 30%、节药（节省农药）50%左右；在西部易旱区推行玉米杂粮轮作，每亩节水 1/3 左右。

（三）修复生态，改善环境

湖南省将重金属污染的稻田进行轮作休耕，改种非食用作物能源高粱，同时利用冬季种植混播绿肥（由紫云英、油菜肥田、萝卜三者混播）改善土壤理、化、生物学性状。在东北地区实行玉米与大豆轮作，改善土壤理化性状，提高耕地地力水平；休耕季种植绿肥等作物，在防风固沙、涵养水分、保护耕作层等方面起到了积极作用。

（四）提升农产品质量，确保农产品质量安全

通过推行耕地轮作休耕，修复了污染的土壤，改善了土壤水肥条件，对生产无公害产品、绿色产品、有机产品起到了重要作用，有力地维护了农产品质量安全，提高了农产品的出口竞争能力，从而提高了农业的质量和效益。

（五）实现"五大创新"

在全国各地开展耕地轮作休耕试点，实现了以下"五大创新"：一是农业理念创新。通过轮作休耕试点，树立了农业绿色、可持续发展的理念，转变了生产方式和耕作方式。二是技术模式创新。通过优化品种搭配、优化茬口衔接、优化技术集成、优化机具配套，实现了资源与技术、生产与生态相协调。三是投入产出效益模式创新。推行耕地轮作休耕试点，集成推广节水、节肥、节药（节省农药）技术，实现节本增效；推行标准化生产，提高产品品质，实现提质增效；开展土壤改良、地力培肥、治理修复，实现土壤质量提升增效。四是补贴机制创新。通过开展耕地轮作休耕试点，给予试点农户经济补贴，有效地保证了农民收益，保障了农产品供给，保护了基层干部积极性，且在实践中将进一步总结、完善轮作休耕补贴机制。五是实现了以遥感技术为基础的农业经营管理机制创新。充分发挥遥感技术优势，加强耕地质量变化、作物结构变化和土地确权边界的动态监测，逐步构建"天空地"数字农业监测管理系统，探索农业经营管理机制创新的新路子。

第三节　当前我国耕地轮作休耕制度存在的主要问题

一、轮作制度发展存在的主要问题

根据实地调查及有关资料分析当前我国轮作制度存在的突出问题（黄国勤和赵其国，2017）。

（一）轮作面积小

现在，我国大部分大宗作物，如水稻、小麦、玉米、棉花等，均实行长期连作，短的连作几年、十几年，长的连作几十年，甚至几百年（如南方双季稻），只有极少数是轮作或暂时轮作。即使近年反复提倡、强调轮作，但真正实行轮作的作物（特别是大宗作物）和实行轮作的农田都是极为有限。

从理论上讲，作物对连作的反应有3种类型：①较耐连作的作物，如稻、麦类、玉米、棉花、甘蔗等，这些作物是国民经济中具有重大意义的作物，具有一定的耐连作的生物学特性，只要采取适当措施，长期实行连作，受害不明显（但肯定不如实行轮作好）；②耐短期连作的作物，如甘薯、紫云英、苕子等，这些作物对连作的反应属于中等类型，连作2～3年，受害较轻；③不耐连作（忌连作）的作物，如茄科中的烟草、马铃薯、番茄、辣椒、茄子；葫芦科中的西瓜；豆科中的豌豆、蚕豆、大豆；菊科中的向日葵；一年生的麻类作物（亚麻、黄麻、红麻）和甜菜等。这类作物，对连作的反应十分敏感，如实行连作则迅速出现生长受阻、植株矮小、发育不正常，特别是迅速蔓延某些专有的毁灭性病虫害，导致严重死苗减产。显然，在生产实践上，应根据作物种类不同，区别采取实行作物轮作或连作。但从农业可持续发展角度，应多一些轮作，少一些连作，甚至尽量避免实行连作特别是长期连作。

正是由于全国耕地轮作面积小，而恰恰相反，连作面积反而大，这也是造成全国存在许多"连作障碍区"的原因所在，如东北地区就存在"大豆连作障碍区"。

从江西全省来看，稻田只有15%～20%实行轮作，旱地也只有30%～50%实行轮作，轮作面积总体偏小。如能将稻田轮作面积扩大到30%～40%，甚至60%～70%，旱地轮作增至60%～70%，甚至80%以上，则江西耕地作物轮作的效益就能充分显现出来，对农业生态系统的可持续发展有利。

（二）轮作分布散

我国各地的耕地轮作，不仅面积小，而且分布"散"且"零星"，不成"片"，不利于集中管理，尤其对实行规模化管理和机械化操作不利。由于不能进行规模化管理和机械化操作，"轮作"的效益就不能充分展现出来。这在一定程度上又影响了轮作的进一步发展。

（三）轮作时间短

从全国各地作物连作与轮作情况来看，我国能长久坚持轮作的地方不多。总体上，在实行轮作的地方（或区域），轮作时间普遍偏短，一般多为2～3年或3～5年，生产上轮作能坚持10年以上不间断，实则不易，也不多。这方面，也亟须国家政策扶持。

（四）轮作方式杂

从以上全国各区域推行的轮作方式来看，很难找到一种或几种特别"优"，效益特别好，且生产上推广面积又特别大的"主导性"轮作方式。轮作方式"多"而"杂"，是当前各地普遍存在的现象。

（五）管理不规范

全国各地现有轮作方式中，多数都存在着"管理粗放"的问题，致使作物生产潜力、模式增效潜力、农田增收潜力均难以充分发挥出来，特别是轮作面积小、不成规模，从而出现"实行轮作容易，提高效益就难"的现象。

为改变这种现象，必须下决心加强农业生产管理，尤其是在现代农业生产条件下，要将机械化、科学化管理措施与方法，特别是最新的农业科技成果，尤其是农业高新技术应用于作物轮作生产中，以最大限度地发挥轮作的增产、增收、增效潜力，服务于全国各地农业现代化建设。

（六）轮作效益低

正如前所述，本来轮作效益是好的，是明显的，且主要体现在增产、节本、改土、减害（减少病、虫、杂草危害，消除土壤有毒、有害物质的危害等）、增收、增效（经济效益、生态效益和社会效益）等多方面。但在生产实践上，往往由于轮作方式的选择不当或模式不优，加之管理没有跟上去，管理过于粗放，轮作本来所具有的效益往往很难显现出来——这正是当前生产实践上轮作效益不高、不显著的主要原因。

（七）发展不平衡

从全国各区域来看，北方与南方轮作发展不平衡，南方的作物轮作，无论是作物种类数，还是作物种植面积，可能比北方要多一些；就北方各区域来看，黄淮海地区的轮作比东北地区要好一些，东北地区的轮作可能比西北地区又要好一些；就南方各区域而言，水田轮作华南地区要好于长江中下游地区，长江中下游地区又要好于西南地区；旱地轮作则西南地区好于长江中下游地区，长江中下游地区好于华南地区。造成这一现象的主要原因在于各地的自然条件、生产条件和生产管理水平等。

（八）政策不配套

从全国各地来看，轮作发展不好、不快，甚至可以说轮作"还没有发展起来"，距离农业可持续发展的要求相差甚远。造成这种状况的原因是多方面的，但缺乏相应政策的支持、扶植是其中重要原因，即没有建立相应的配套政策、措施来支持、鼓励农民实行轮作，农民觉得实行轮作"多花工""无利可图""划不来""不合算"。

要彻底改变这种状况，必须采取措施，制定相应配套政策，以切实推进轮作制度在生产实践中发展。当前，各地要根据农业部等 10 部门 2016 年 6 月 24 日制定的《探索实行耕地轮作休耕制度试点方案》精神和要求，制定各地的"具体措施和细则"，以更好地促进各地推行轮作制度"落地""生根"。

二、耕地休耕制度发展存在的问题

（一）多为被动式休耕

耕地休耕，指在可种可耕的耕地上，为了恢复地力、保护耕地可持续生产能力而采取的"积极"的、"主动"的"养地"方法和措施，让耕地休养生息，以便"来年再战"。然而，现在各地耕地休耕，多是"被动式"，是不得已的，或是因缺乏劳动力而不耕不种，或是因"没有"经济效益（实为经济效益不高）而不耕不种，或是由于耕地"质量"太差（如受到污染）而不耕不种，等等，且往往是"一丢了之"，不管、不闻、不问，一切听之任之。这种"休耕"，实为"弃耕""撂荒"（李升发和李秀彬，2016）。

（二）休耕面积不合理

全国各地休耕面积不合理主要表现在："冬休"面积（冬闲田）过大，而"秋休""夏休"面积太小，不协调。今后可以考虑降低"冬休"面积，适当提高"秋休""夏休"面积。或者实行"321"休耕制，即"冬休"面积占耕地面积的 30%、"秋休"面积占 20%、"夏休"面积占 10%。

（三）休耕农田"不合适"

据作者调查，全国各地现有休耕农田中，大多是因为当地农民（农户）外出，农田没人种而"休耕""休闲"，且这类农田往往还是水肥条件好、"不值得"休耕的农田。而恰恰相反，有许多水肥条件差、"值得"休耕的农田反而没有"休耕""休闲"。真可谓"该休耕的没有休耕，不该休耕的却偏偏又休耕了！"

（四）休耕模式"太单一"

各地现有耕地的休耕模式"太单一"，不切实际，达不到"养地""恢复地力""保护生态"的目的。据作者实地考察，我国现有所谓的耕地"休耕"，实际上都是耕地"休闲""不耕不种""听之任之"，这样必然造成耕地在"休耕"期间，肥力下降、地力衰退、质量变劣、耕性变差，到了下一季或下一年真正要耕种的时候，往往"耕作困难、作物难长、产量难以提高"。如在耕地"休耕"期间，采取积极的、多样化的休耕模式，如松土（改变土壤耕性）、覆盖（秸秆覆盖保持水土）、种植养地作物（可种绿肥、豆类作物等）等，必将有利于提高耕地质量，有利于来季（或来年）的农业生产。

（五）休耕周期"无规律"

农业生产上的耕地"休耕"，一般是短期的，一季或一年。如休耕时间超过1年，达到2年、3年，甚至更长，或者说休耕周期不定、无规律，则对农业生产的可持续发展不利。实际上，各地目前实行的农民"自发式"的耕地"休耕"，多是上述"无规律"的，而且往往是长期的，不利于农业稳定发展。

（六）休耕补偿"未到位"

目前，江西各地实行的多是农民"自发式"的耕地"休耕"，没有纳入耕地"休耕"规划，没有得到当地政府和部门的支持，因此就没有所谓的"休耕补偿""生态补偿"。但从今后可持续发展角度考虑，应尽快制定规划，并给予农民休耕的经济补偿。

第四节　我国耕地轮作休耕制度发展建议

针对上述问题，为推进全国耕地轮作休耕制度的建立和发展，特提出如下发展建议，供有关方面参考。

一、遵循四项原则

要扎实推进我国耕地轮作休耕制度的建立和发展，必须遵循以下四项原则。

（一）因"地"制宜原则

即实施耕地轮作休耕，建立各地耕地轮作休耕制度，要根据各地的具体情况，特别是耕地本身的性质和要求，来确定是否要进行轮作休耕？如何进行轮作休耕？何时进行轮作休耕？轮作休耕持续多久？只有因"地"（耕地）制定具体的轮作休耕方案，才有可能取得预期成效。

（二）主动作为原则

要建立符合各地区实际的耕地轮作休耕制度，必须充分依靠各地干部、群众的主动参与，充分发挥和调动各地干部、群众的积极性和创造性，耕地轮作休耕才能得以实施，得以落实、得以"落地"，得以见成效。否则，只能是一句空话。

（三）循序渐进原则

各地干部、群众要学习领会中央精神，在具体实施轮作休耕制度试点时，也有一个"从小到大、由少到多"的发展过程。这就要求在实际推动该项工作时，各地不能操之过急，应做一些耐心细致的工作，让"轮作休耕"这一新战略、新思路能逐步被广大干部和群众接受，并在生产实践中逐步推行，使成效逐步显现出来。

（四）综合协调原则

首先，应考虑当地自然、社会经济条件，是否具备轮作休耕的"条件"和"要求"；其次，要看当地农业传统和农民种植习惯，如实行耕地轮作休耕，到底应选择何种技术模式比较"合适"；第三，根据耕地肥力和土壤质量状况，以及受污染程度，是决定耕地轮作休耕与否最重要的"因素"，如已存在严重的耕地土壤污染，特别是重金属污染，则必须实行耕地轮作休耕。因此，实施耕地轮作休耕，要综合考虑各种因素，要采取综合协调的方法推动各项工作。

二、实现四个统一

实施耕地轮作休耕，不仅要遵循上述"四项原则"，还要做到以下"四个统一"。

（一）粮食安全、食品安全、生态安全的统一

首先，粮食安全是基础，不能因为实施耕地轮作休耕而减少粮食生产量，影响粮食安全，要在确保"吃饭有保障""粮食有安全"的前提下实行轮作休耕；其次，食品安全是关键，在耕地遭受严重污染，特别是重金属污染的情况下，生产出来的农产品危及人民身体健康——这类耕地就必须毫不犹豫地坚决进行轮作休耕；第三，生态安全是根本，轮作休耕不是目的，轮作休耕是维护生态安全、食品安全的手段和方法，确保生态安全才是根本目的，有了生态安全作保障，食品安全才有希望。

（二）经济效益、生态效益、社会效益的统一

推进耕地轮作休耕，必须正确处理经济效益、生态效益、社会效益三者之间的关系，做到"三效"（经济效益、生态效益、社会效益）统一。首先，实施耕地轮作休耕，往往要牺牲部分经济效益，但就生态效益而言，则是明显的、正面的；而从社会效益来看，轮作休耕维护了食品安全，显然社会效益也是正面积极的。其次，为了弥补农户（农民）因实施耕地轮作休耕而造成的经济损失，国家和集体给农民应有的补偿和补贴，有利于推进耕地轮作休耕向前发展。

（三）耕地"休""养""用"的统一

实行耕地轮作休耕，"休"是积极的"休"，在"休"的过程要尽量地"养"——通过种植养地作物（绿肥、豆类作物等）、采取养地措施（土壤耕翻晒垡、秸秆还田、施用有机肥等）以达到"养"地的目的。耕地不论是"休"，还是"养"，其目的均是为了恢复、培育、提高土壤肥力，提升耕地生产力，以便更好地"用"。耕地"休""养"的目的，是为了"用"。"用"是目的，"休""养"是手段。在生产实践中，要尽量做到"寓休于养""寓养于用"，"休、养、用相结合"。

（四）国家利益、集体利益、农民利益的统一

从国家利益、集体利益而言，就是要实施轮作休耕，以维护生态安全、食品安全。但从农民利益而言，实行轮作休耕，减少农作物种植面积，影响农民经济收入，如没有"适当"的、"必要"的经济补偿，农民是肯定不愿意的，但从"大局""大道理"而言，又必须实行轮作休耕。显然，给农民发放轮作休耕的经济补偿和补贴是必不可少的。只有这样，才能使轮作休耕持续健康地向前发展，才能实现国家利益、集体利益、农民利益的统一。

三、采取八大措施

为又好又快地推进全国各地耕地轮作休耕制度的建立和发展，还应采取以下 8 项具体措施。

（一）提高认识

各级领导干部和各地群众，要深入学习、领会中央关于探索实行耕地轮作休耕制度试点重大战略决策的意义及其必要性和紧迫性。要通过各种媒体和宣传工具，反复宣传耕地轮作休耕制度的相关方针、政策，要让广大干部、群众人人知轮作休耕、个个懂轮作休耕、处处会轮作休耕。

（二）制定规划

2016 年 6 月 24 日，农业部等 10 部门联合印发了《探索实行耕地轮作休耕制度试点方案》（农发〔2016〕6 号），这对全国推进耕地轮作休耕制度试点起到了积极作用，可以说，这是全国各地探索实行耕地轮作休耕制度试点的"总方案""总规划""总蓝图"。为更有针对性地推进各地耕地轮作休耕制度的建立和发展，各地还必须制定各自具体的耕地轮作休耕制度试点规划方案，这样才能更好地推进全国各地的耕地轮作休耕制度试点的向前发展，并最终建立耕地轮作休耕制度体系。

（三）划定区域

各地可按照连作障碍区、重金属污染区、地下水漏斗区、生态严重退化地区等类型，选定"适合"轮作休耕的耕地范围。对该轮作休耕的区域，就要坚决实行轮作休耕；对

不适合、不适宜的耕地，则没有必要划入轮作休耕的范围。

（四）优化模式

不同类型耕地应该选择不同的轮作休耕模式，即使同一类型的耕地，由于地处不同区域其轮作休耕模式也是不同的。究竟选择何种模式是"最适"的、"最优"的，往往要进行田间试验和调查研究才能确定。

（五）规范管理

在确定了耕地轮作休耕的区域、模式之后，规范管理就显得格外重要。因为只有管理规范、到位，轮作休耕的"效益"才能体现出来。要做到对耕地轮作休耕的规范管理，首先要建立健全相关的规章制度，做到"有章可依"。在此基础上，则要强调分类指导、分区管理、分段（时段）检查。

（六）加大补贴

目前，按照农业部等 10 部门联合印发的《探索实行耕地轮作休耕制度试点方案》，实行经济补偿。

1. 轮作补助标准

结合实施东北冷凉区、北方农牧交错区等地玉米结构调整，按照每年 2250 元/hm^2 的标准安排补助资金，支持开展轮作试点。

2. 休耕补助标准

河北省黑龙港地下水漏斗区季节性休耕试点每年补助 7500 元/hm^2；湖南省长株潭重金属污染区全年休耕试点每年补助 19500 元/hm^2（含治理费用），所需资金从现有项目中统筹解决；贵州省和云南省两季作物区全年休耕试点每年 15000 元/hm^2；甘肃省一季作物区全年休耕试点每年补助 12000 元/hm^2。但从鼓励农民主要参与耕地轮作休耕，以更有效地推进耕地轮作休耕试点工作来看，各地还可适当增加"补贴"，尤其是对一些贫困地区而言，更应加大补贴力度，让农民尝到主动参与轮作休耕的"甜头"，让农民尽快脱贫，尽快富裕起来。

（七）建立样板

在全国各典型区域，建立耕地轮作休耕试点的示范样板，对于推动耕地轮作休耕制度的建立和发展必将起到积极作用。如可在大城市郊区建立蔬菜连作障碍区的耕地轮作休耕示范样板；在河北沧州建立地下水漏斗区的耕地轮作休耕示范样板；在湖南长株潭地区建立重金属污染区的耕地轮作休耕示范样板；在贵州、云南的石漠化选择 25°以下坡耕地和瘠薄地区建立耕地轮作休耕示范样板；在生态严重退化地区的甘肃，选择干旱缺水、土壤沙化、盐渍化严重的耕地建立耕地轮作休耕示范样板。通过建立样板，带动全国各地耕地轮作休耕制度试点的向前推进。

（八）加强研发

长远而言，要通过开展深入、广泛的耕地轮作休耕制度的科学研究，进一步回答在中国或中国不同地区为什么要实行耕地轮作休耕？在哪些地方或区域实行耕地轮作休耕？耕地轮作休耕的"利""弊"到底有哪些？如何做到趋"利"避"弊"？不同区域耕地轮作休耕的"最佳""最优"模式有哪些？健康、有序地推进耕地轮作休耕向前发展的配套政策和措施是什么？……如通过加强对耕地轮作休耕的研发，科学地、准确地回答了上述问题，建立中国耕地轮作休耕制度体系则指日可待。

第五节　结　　语

党的十九大报告在第九部分"加快生态文明体制改革，建设美丽中国"第（三）条"加大生态系统保护力度"中，明确提出："……严格保护耕地，扩大轮作休耕试点，健全耕地草原森林河流湖泊休养生息制度，建立市场化、多元化生态补偿机制"（习近平，2017）。全国各地必须按照党的十九大精神的要求，进一步扩大耕地轮作休耕试点。要根据各地实际情况和具体要求，采取积极而稳妥的对策和措施，推进耕地轮作休耕试点向"广度"和"深度"进军（赵其国等，2017）。

只要按照党中央、国务院的战略部署，扎实推进我国耕地轮作休耕工作，落实"藏粮于地""藏粮于技"战略，我国农业就大有希望！农业农村现代化就将如期实现！

参 考 文 献

常欣. 2017. 全国试点规模扩大一千二百万亩耕地轮作休耕. 人民日报,(13).

黄国勤, 张桃林, 赵其国. 1997. 中国南方耕作制度. 北京: 中国农业出版社.

黄国勤, 赵其国. 2017. 江西省耕地轮作休耕现状、问题及对策. 中国生态农业学报, 25(7): 1002-1007.

李升发, 李秀彬. 2016. 耕地撂荒研究进展与展望. 地理学报, 71(3): 373-389.

李艳霞, 段金荣, 王雅俊. 2017. 对乌鲁木齐市耕地轮作休耕的思考. 新疆农业科技,(1): 14-15.

刘巽浩, 等. 1993. 中国耕作制度. 北京: 农业出版社.

全国种植制度气候研究南方协作组. 1982. 我国南方稻区种植制度气候区划. 中国农业科学,(4): 35-42.

陕西省人民政府办公厅. 2016. 关于推进耕地轮作休耕实行化肥农药使用减量化的意见(陕政办发〔2016〕4 号). 陕西省人民政府公报,(5): 34-37.

习近平. 2017. 决胜全面建成小康社会,夺取新时代中国特色社会主义伟大胜利——在中国共产党第十九次全国代表大会上的报告. 北京: 人民出版社.

赵其国, 等. 2017a. 赵其国文集·农业发展卷. 北京: 科学出版社.

赵其国, 滕应, 黄国勤. 2017b. 中国探索实行耕地轮作休耕制度试点问题的战略思考. 生态环境学报, 26(1): 1-5.

第五章 我国轮作休耕的耕地资源现状与区划

我国耕地资源数量少，利用较为粗放，耕地质量差异大，全国耕地从优等地到低等地级差达到 15 级，且区域分布极不平衡，东部和中部平均质量高，西北较低。因此，合理的农业区划将有助于我国农业资源的合理利用，有助于农业生产的合理布局，对于我国农业发展和生态环境保护具有重要意义。

虽然农业自然条件相对稳定，但是农业生产力和生产关系不断发生变化，人类对农业需求也经常提出新的要求，因而，随着农业区划关注对象的变化，区划方案一般也会随之调整。我国农业正面临新的发展时期，国际粮食供应形势发生了深刻的变化，如何守住粮食安全底线，确保国家粮食安全，把中国人的饭碗牢牢端在自己手中，同时顺应国际粮食供应变化，实时适度调整我国农业生产政策，让部分耕地轮换休养，让优美环境造福人民，需要国家层面整体的规划。本章在分析我国轮作休耕试点区域耕地资源特点的基础上，重点讨论轮作休耕的区划原则和方法，为国家层面制定轮作休耕制度和实施战略提供参考。

第一节 我国轮作休耕区划的必要性

我国已经提出很多针对不同对象的全国性区划，包括气候区划、水文区划、植被区划、生态功能区划等（郑度等，2005）。农业区划是区划中的一种，目前我国广泛采用的是中国综合农业区划，该区划方案形成于 20 世纪 80 年代早中期，对于指导我国农业生产布局起到了积极的指导意义。但是时过境迁，经过 30 年的农业发展，实际农业生产形势已经发生了很大的变化，因此，适时提出针对新问题的补充性区划方案显得很有必要。

我国自 2016 年实行耕地轮作休耕制度试点，自此由农业部统一部署在全国耕地轮作休耕试点面积已达 80 万 hm^2（1200 万亩），涉及黑龙江、辽宁、吉林、内蒙古、河北、湖南、云南、贵州和甘肃等 9 省（自治区）的 192 个县（市），其他部分省（区、市）也自主开展了轮作休耕试点。据报道，2016 年以来，江苏省财政累计安排 1 亿元，选择 20 个县（市、区）先行轮作休耕试点，重点部署在夏熟生产效益低的苏南地区、土壤贫瘠化的丘陵地区、盐碱重的沿海地区及生态退化明显地区，总面积达到 1.67 万 hm^2（25 万亩）。从国家层面上来说，必须通过这些试点，最终形成一套可复制、可推广的组织方式、政策体系和技术模式，在更大范围、更高层次上推广应用，然而，究竟在哪些区域适合推广哪些模式还需要进一步探索。

从区划的必要性考虑，区划的对象必须同时具备两个前提：具有比较稳定的地域差异，且这种差异有规律可循。在农业领域内，符合上述两个前提的大致可归纳为四大类：①各种农业自然条件和自然资源；②农、林、牧、渔各个部门和各种主要农作物的布局；③发展农业的各种重要技术改革途径和措施，比如，一个优良品种或一种耕作制度、增产措施的推广范围，或者农业机械化、水利化、土壤改良、化肥结构、农村能源等，需要因地制宜地按不同地区采取不同的方式或途径；④农业生产涉及自然、技术和经济的各种条件和因素，包括农林牧副渔各部门和各作物，需要采取各种农业技术改革措施（邓静中，1984）。

目前国家实施的轮作休耕试点属于上述第④种，由于自然、技术和经济的各种条件和因素发生了变化，农业生产布局也有必要进行改变，尤其是考虑自然与人类综合效益，以及生态环境成本和效益时，更需要针对不同的区域采用不同的方法。轮作休耕作为一种强烈的干预农业措施，有必要考虑我国不同区域的特点和实施方式，从而开展轮作休耕区划研究。

2016～2017年，我国实施的轮作休耕试点的分布范围较广，区域涉及东北、西北、华北、中部及西南等区域。由于不同的区域自然资源和耕地资源的禀赋差异很大，轮作休耕原因多种多样，情况比较复杂，因此，需要首先分析我国试点区轮作休耕的耕地资源现状及分布特点，然后在对我国耕地资源全面分析的基础上，提出轮作休耕的区划方案，便于进一步推广。

第二节　我国轮作休耕的耕地资源现状

一、我国耕地资源现状

按照国土资源部和国家统计局第二次全国土地调查主要数据成果的公报显示，我国全国耕地面积截至2009年年底为13538.5万hm^2（相当于203077万亩）。其中，有564.9万hm^2耕地位于东北、西北地区的林区、草原以及河流湖泊最高洪水位控制线范围内，还有431.4万hm^2耕地位于25°以上陡坡。而全国每年因建设占用、灾毁、生态退耕等原因减少的耕地面积约40.0万hm^2，而且多是优质耕地（郧文聚，2015），据此估计，结合考虑近几年城市扩展占用耕地速度减缓，截至2017年年底，我国实际耕地面积接近1.33亿hm^2（20亿亩）。

从省级耕地面积占比来看（表5.1），黑龙江耕地面积占比最大，占全国11.77%，其次是内蒙古、河南、山东、吉林，比例均超过5%，四川、河北、云南、安徽、甘肃、湖北、新疆、辽宁、江苏、贵州、广西、湖南和山西，耕地占全国超过3%，上海、北京、西藏、天津、青海、海南、宁夏和福建占比均小于1%，其他省（区、市）耕地面积占比介于1%～3%。

表5.1　我国各省（区、市）耕地资源及灌溉比例现状

省（区、市）	耕地/万hm^2	耕地占比/%
安徽	590.71	4.36
北京	22.72	0.17
福建	134.18	0.99
甘肃	541.02	3.99
广东	253.22	1.87

省（区、市）	耕地/万 hm²	耕地占比/%
广西	443.10	3.27
贵州	456.25	3.37
海南	72.98	0.54
河北	656.14	4.84
河南	819.20	6.05
黑龙江	1594.40	11.77
湖北	532.30	3.93
湖南	413.50	3.05
吉林	703.00	5.19
江苏	462.17	3.41
江西	308.91	2.28
辽宁	504.19	3.72
内蒙古	918.93	6.78
宁夏	129.14	0.95
青海	58.80	0.43
山东	766.83	5.66
山西	406.84	3.00
陕西	399.73	2.95
上海	18.98	0.14
四川	672.00	4.96
天津	44.72	0.33
西藏	44.30	0.33
新疆	512.35	3.78
云南	624.39	4.61
浙江	198.67	1.47
重庆	243.80	1.80

注：累加结果与正文中总量数字稍有出入，可能由于少量数据来源不同。

将全国划分为 4 大区域，根据第二次全国土地调查主要数据成果的公报，东部地区耕地 2629.7 万 hm²，中部地区耕地 3071.5 万 hm²，西部地区耕地 5043.5 万 hm²，东北地区耕地 2793.8 万 hm²，占各自区域面积的比例分别为 28.53%、29.91%、7.32% 和 35.40%，占全国耕地面积的比例则分别为 19.42%、22.69%、37.25% 和 20.64%（表 5.2）。

表 5.2 分区域面积统计

区域	包含省（区、市）	区域面积/万 hm²	耕地面积/万 hm²	耕地占区域面积比例/%	占全国耕地比例/%
东部地区	北京市、天津市、河北省、上海市、江苏省、浙江省、福建省、山东省、广东省、海南省	9216.39	2629.70	28.53	19.42

续表

区域	包含省（区、市）	区域面积/万 hm²	耕地面积/万 hm²	耕地占区域面积比例/%	占全国耕地比例/%
中部地区	山西省、安徽省、江西省、河南省、湖北省、湖南省	10269.71	3071.50	29.91	22.69
西部地区	内蒙古自治区、广西壮族自治区、重庆市、四川省、贵州省、云南省、西藏自治区、陕西省、甘肃省、青海省、宁夏回族自治区、新疆维吾尔自治区	68872.73	5043.50	7.32	37.25
东北地区	辽宁省、吉林省、黑龙江省	7891.00	2793.80	35.40	20.64

由表 5.2 可知，我国西部地区耕地虽然占区域面积比例最低，但是总量较大，耕地面积占比最大，而其他区域面积占比较为接近。东北地区耕地占区域面积 35.40%，占比最高，值得注意。而东部地区无论耕地总面积，还是占全国耕地面比例均为最低。这与我国东部地区城市化水平很高有关。据 2015 年年底城市化率统计资料，东部地区平均达到 68.38%，而西部地区平均城市化率仅 48.25%，在各区域中最低。

二、我国轮作休耕试点县分布

（一）2016 年轮作休耕试点范围

我国 2016 年耕地轮作休耕试点面积共 41.1 万 hm²，其中轮作 33.33 万 hm²、休耕 7.73 万 hm²，共 9 个省（区、市）参与，各省（区、市）部署面积如表 5.3 所示。

表 5.3　耕地轮作休耕试点范围及面积

所属区域	模式	试点地区	试点面积/万 hm² 2016 年	2017 年
东北冷凉、北方农牧交错区	粮豆轮作、粮油轮作、粮饲轮作、水旱轮作等轮作方式	内蒙古	6.67	13.33
		辽宁	3.33	0.67
		吉林	6.67	13.33
		黑龙江	16.67	33.33
地下水漏斗区	"一季休耕、一季雨养"季节性休耕	河北	6.67	8.00
重金属污染区	全年休耕（3 年）、隔年休耕、季节休耕和修复治理	湖南	0.67	1.33
西南石漠化区	休耕 3 年	贵州	0.13	1.33
	休耕 3 年	云南	0.13	1.33
西北生态严重退化区	休耕 3 年	甘肃	0.13	1.33

轮作试点主要选取在东北冷凉区和北方农牧交错区，位于内蒙古自治区、黑龙江省、辽宁省和吉林省，为了不影响粮食产量，部署在非玉米优势产区。其中，黑龙江省试点

面积最大，为 16.67 万 hm²，内蒙古自治区和吉林省各计划试点 6.67 万 hm²，辽宁省试点 3.33 万 hm²。这些区域在过去有轮作倒茬习惯，然而近年来受玉米大豆比较效益影响，农民大规模弃豆弃麦，连作现象严重，造成病虫害加重和土壤养分失衡，需要恢复粮豆轮作模式。

　　而休耕试点主要选取在水资源环境压力较大的河北省黑龙港地下水漏斗区、土壤重金属污染较为严重的湖南省长株潭重度污染区、西南贵州省和云南省石漠化区，而西北生态严重退化地区，以甘肃省为试点省。

　　由于 2016 年是试点第一年，国家相关部委的相关信息系统还没有建立，完整的资料很难获取，在实际工作中，通过大量的文献和网络检索，基本上获取了各省轮作休耕试点所在县，部分可以精确到乡镇（图 5.1）。

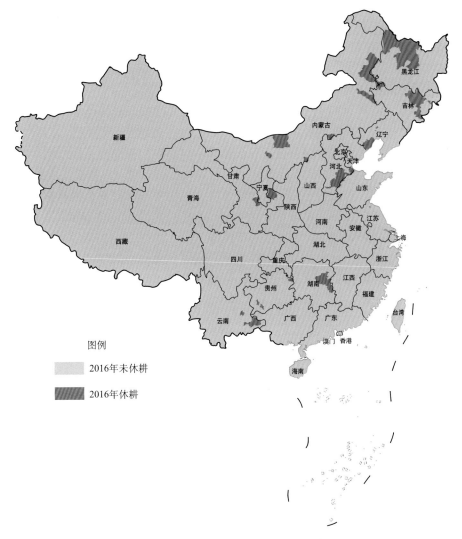

图 5.1　2016 年轮作休耕试点县分布

根据资料统计，2016 年实施轮作休耕试点的共 9 个省和自治区。内蒙古自治区主要集中在呼伦贝尔市、兴安盟、锡林郭勒盟、呼和浩特市及巴彦淖尔市等；黑龙江省主要分布在该省北部第四、五积温区的黑河、伊春市等 14 个县（市、区）和农垦九三、北安 2 个管理局，其中，伊春市 0.27 万 hm², 黑河市 12.4 万 hm², 省农垦总局 4 万 hm²; 吉林省分布在四平市、延边朝鲜族自治州、吉林市、白山市等，选择 6 个县落实"一主四辅"的种植模式，其中"一主"即以玉米-大豆轮作为主，"四辅"是玉米与马铃薯、饲草、杂粮杂豆、油料作物轮作，并开展"米改豆"等；辽宁省则主要在沈阳、锦州、阜新、铁岭、朝阳、葫芦岛等 6 个市 21 个试点县实行轮作试点。

河北省地下水漏斗区面积最大，季节性休耕主要位于黑龙港地下水漏斗区，包括廊坊、保定、沧州、衡水、邢台、邯郸等，覆盖冀枣衡、沧州、南宫三大深层地下水漏斗区，该区域计划试点面积 6.67 万 hm², 加上此前 2 年的休耕，实际到 2016 年秋季执行了 13.33 万 hm² 季节性休耕，其中，纯休耕面积 11.73 万 hm², 旱作模式 0.97 万 hm², 种植苜蓿 0.3 万 hm², 种植绿肥 0.33 万 hm², 主要在非小麦优势产区采用季节性休耕模式，及"一季休耕、一季雨养"，将需抽水灌溉的冬小麦休耕，而种植雨热同季的春玉米、马铃薯和耐旱耐瘠薄的杂粮杂豆，从而减少地下水的使用。

实行多年休耕的耕地主要分布在南方，其中湖南主要在长株潭土壤重金属污染严重区实行休耕和治理，尤其在湘乡市、长沙县、醴陵市、岳麓区、雨湖区、茶陵县、宁乡县、攸县等重点部署。贵州休耕主要在石漠化区，包括铜仁市的万山区、松桃苗族自治县，黔西南布依族苗族自治州的晴隆县和贞丰县，六盘水市的六枝特区 5 个县（区）等，采用种植绿肥等模式。云南省石漠化区休耕落实在昆明市石林彝族自治县和文山壮族苗族自治州砚山县，其中砚山县休耕 0.07 万 hm², 石林县休耕 0.07 万 hm²。此外，位于北方的甘肃处于西北生态脆弱区，也实行全年休耕，庆阳市环县木钵镇、甜水镇、南湫乡、洪德镇，以及白银市会宁县中川镇、丁家沟镇、汉家岔镇等，采用调整种植结构，改种防风固沙、涵养水分、保护耕作层的植物，同时减少农事活动，促进生态环境改善。

从 2016 年试点来看，轮作休耕落实了具体范围，空间分布上已大致确定下来，但是由于是首次大规模轮作试点，在空间数据管理方面仍有改进余地。

（二）2017 年轮作休耕试点范围

2017 年农业部明确要求扩大轮作休耕试点范围（图 5.2），除了原有的试点县外，各试点省在县市选择上都有较大幅度提升，有的扩大了范围，有的扩大了试点面积；有些经济发达地区，比如江苏省自主实行轮作休耕试点，这也是 2016 年轮作休耕试点带来的好的效应。

由农业部部署的轮作休耕县（区）达到 192 个，分布在原来的 9 省和自治区中，此外，仍有江苏、江西、新疆和四川等的少量县（区）自主实行轮作休耕试点，据不完全统计达到 28 个县（区），其中江苏省比重最大，涵盖南京市、苏州市、无锡市、常州市、镇江市、扬州市、宿迁市及盐城市等的部分县（区），总数达到 19 个。

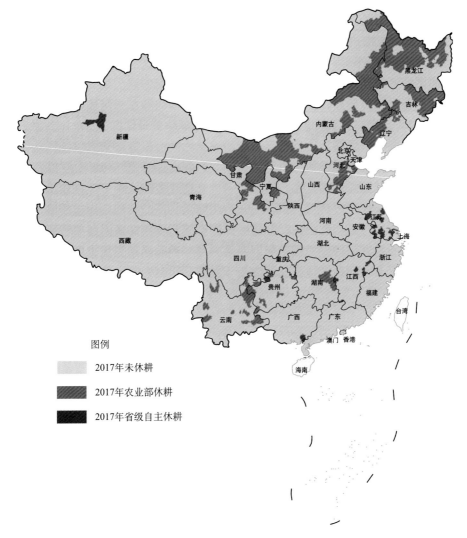

图 5.2　2017 年轮作休耕县市范围

位于东北冷凉、北方农牧交错区的内蒙古自治区，2017 年有 11 个市（盟）共 35 个县（区、旗）参与了轮作，主要是调整玉米面积 13.33 万 hm^2（表 5.4）。

表 5.4　内蒙古自治区参与轮作休耕市（盟）

市（盟）名	面积/万 hm^2
呼伦贝尔市	4.33
兴安盟	1.67
通辽市	2.67
赤峰市	0.67
锡林郭勒盟	0.67
乌兰察布市	1.00
呼和浩特市	5

续表

市（盟）名	面积/万 hm²
包头市	5
鄂尔多斯市	10
巴彦淖尔市	10
阿拉善盟	5

黑龙江省扩大到第三积温带，涵盖从第三到第五带的范围，包括黑河市、伊春市、齐齐哈尔市、绥化市及佳木斯市等地共 33 个县，轮作试点面积扩大到 33.33 万 hm²，比 2016 年翻了一番。2017 年吉林省在长春市、吉林市、四平市、白山市、白城市及延边州的 14 个县（市）试点，面积也翻了一番，达到 13.33 万 hm²。辽宁省则在沈阳市、锦州市、阜新市、铁岭市、朝阳市和葫芦岛市的 21 个县（区）进行轮作试点，面积也扩大了 1 倍，达到 6.67 万 hm²。

河北省 2016 年即实际达到 13.33 万 hm²，2017 年继续实行季节性休耕，实行范围扩大到邯郸市、邢台市、沧州市、衡水市、保定市、廊坊市的几乎所有县（区），涵盖 50 个县（区）。河北省相关部门进行了信息公开，根据网上数据整理，结果如表 5.5 所示。

表 5.5　河北省 2017 年试点范围及面积

市	县（区、市）	面积/万 hm²	市	县（区、市）	面积/万 hm²
保定市	容城县	0.07	衡水市	景县	0.67
	安新县	0.11		饶阳县	0.27
	雄县	0.2		枣强县	0.46
	蠡县	0.13		安平县	0.9
	高阳县	0.2		故城县	0.6
沧州市	河间市	0.57	邢台市	柏乡县	0.08
	黄骅市	0.21		南和县	0.09
	肃宁县	0.32		隆尧县	0.07
	献县	0.28		任县	0.03
	海兴县	0.15		宁晋县	0.18
	泊头市	0.17		平乡县	0.34
	南皮县	0.13		巨鹿县	0.29
	吴桥县	0.13		广宗县	0.43
	盐山县	0.44		威县	0.41
	中捷产业园	0.17		南宫市	0.31
衡水市	桃城区	0.13		清河县	0.24
	冀州区	0.21		临西县	0.37
	深州市	0.34		新和县	0.22
	武强县	0.27		大曹庄	0.03
	阜城县	0.29	邯郸市	肥乡县	0.17
	武邑县	0.47		成安县	0.27

续表

市	县（区、市）	面积/万 hm²	市	县（区、市）	面积/万 hm²
	临漳县	0.24	邯郸市	广平县	0.05
	邱县	0.15		霸州市	0.13
邯郸市	馆陶县	0.25	廊坊市	文安县	0.29
	魏县	0.17		大城县	0.46
	曲周县	0.23			

以全年休耕为主的南方重金属污染区、石漠化区以及北方生态脆弱区休耕范围也有较大变化。湖南省仍然部署在长株潭区土壤重金属污染严重地区，县市范围扩大到 13 个，包括望城、韶山等相继加入进来。云南省扩大到昆明市、昭通市、曲靖市、玉溪市、红河州、文山州、保山市、丽江市和临沧市 9 个州（市）的 19 个县，面积扩大到 1.33 万 hm²。贵州省扩大到六盘水市、遵义市、铜仁市、黔西南州、毕节市、安顺市、黔东南州等的 12 个县区，面积达到 1.33 万 hm²。甘肃省则由原来的 2 个县扩大到 10 个县，包括环县、会宁、安定、通渭、秦州、静宁、永靖、永登、古浪、景泰等，面积扩大到 1.33 万 hm²。

（三）轮作休耕区域的农业条件

1. 各试点类型区地形状况

位于东北冷凉、北方农牧交错区的内蒙古自治区、黑龙江省、吉林省和辽宁省轮作休耕试点县的平均海拔分别是 1054m、317m、522m 和 260m，平均坡度是 3.5°、3.6°、6.9°和 5.0°。内蒙古处于我国四大高原中的第二大高原，为蒙古高原的一部分，地势较高，但是高原地面坦荡完整，起伏和缓，适宜于牧业。黑龙江省虽然地势复杂多样，但是轮作休耕试点县较为平坦，海拔总体较低，只是个别山区县拉高了平均海拔。吉林省 2017 年轮作休耕试点县主要位于东北部，地形有较大起伏，但是试点耕地主要位于山间谷地和西部松辽平原，地形平坦。辽宁试点县主要位于西部，以西部丘陵山区为主，跨少量辽河平原，因而坡度并不大。与吉林一样，试点耕地地势较为平坦，起伏不大。

地下水漏斗区试点区域主要位于河北东南部黑龙港流域，是华北平原北部，平均海拔仅 53m，平均坡度 1.0°。试点县位于太行山和燕山山前的大规模浅层地下水漏斗区，其中黑龙港流域出现深层地下水漏斗，这是因为自 20 世纪 80 年代以来，该区域地下水一直超采，地下水位快速下降，引发了地面沉降、地裂缝和海水入侵等一系列生态环境问题。

重金属污染区休耕试点县位于湖南省东部区域湘江水系的长株潭，属于丘陵区，平均海拔 153m，平均坡度 6.0°，试点耕地主要位于山间谷地及下游的平原区，地势低平，原本适宜种植水稻。由于重金属土壤背景值较高，加上上游长期发展工业导致土壤重金属污染比较严重，近年更多采用多种方法综合治理，或者直接休耕，种植高积累植物以去除重金属。

西南石漠化区主要包括贵州和云南两省，试点县位于山区，属于石漠化区，海拔分别是 1335m、1923m，坡度分别是 14.7°、15.5°。这两个省各试点县坡度高于 25°的耕地比重很大，土壤质量很低，农业利用条件很差。

西北生态严重退化区轮作休耕试点县平均海拔较高，达到 1867m，坡度 11.1°，地形起伏较大，这是因为试点县主要位于甘肃东南部黄土高原地区，海拔较高，地形破碎，沟壑纵横。试点耕地区主要位于高塬面，地形变化较为平缓。由于处于生态脆弱带，土地利用应以保护为主，不适宜开发利用。

2. 各试点类型区土壤类型

东北冷凉区 4 个省（自治区）轮作休耕试点县土壤类型比较丰富，涵盖了东北地区主要的土壤类型，其中面积超过 4 省试点县总面积 1%的土壤类型有暗棕壤、风沙土、草甸土、栗钙土和黑土等（表 5.6）。其中，前三种类型的土壤占比都超过 10%，其他类型中除了栗钙土占 8.67%，均低于 5%。黑土、黑钙土作为主要的耕作土壤，面积比例仅 4%～5%。

表 5.6 东北冷凉区土壤类型

土壤类型	面积/万 hm²	占比/%
暗棕壤	1595.86	18.84
风沙土	1326.59	15.66
草甸土	1139.24	13.45
栗钙土	734.13	8.67
黑土	387.75	4.58
黑钙土	368.36	4.35
沼泽土	353.00	4.17
棕钙土	351.88	4.15
灰漠土	271.52	3.21
粗骨土	257.04	3.03
灰棕漠土	252.92	2.99
棕壤	165.89	1.96
白浆土	163.03	1.92
潮土	161.58	1.91
棕色针叶林土	156.36	1.85
褐土	132.14	1.56
石质土	94.90	1.12
灰色森林土	93.45	1.10
盐土	91.74	1.08

河北试点县主要土壤类型分两大类，首先的是潮土，占比 81.96%，其次是褐土，占比 10.89%，其他类型土壤面积较小。潮土主要分布在我国黄淮海平原地区，是黄河、淮河和海河河流沉积物受地下水运动和耕作活动影响而形成的土壤。由于所在区域地势平坦，绝大多数潮土已垦殖为农田，人类通过耕作、施肥、灌排等农业措施，改良培肥土

壤的过程中腐殖质得到积累，但是，耕作表土层腐殖质总体含量较低，颜色浅淡。由于所处区域地势低平，易生旱涝灾害，更有盐碱危害，土壤养分低或缺乏，大部分属中低产土壤，作物产量低而不稳，必须加强潮土的合理利用与改良。潮土区广泛种植小麦和玉米等作物。

湖南轮作休耕试点县土壤类型主要是红壤和水稻土，部分是紫色土，前两者占比分别是 50.96%和 37.69%。试点县耕地主要是水稻土，系红壤母质土壤在长期水耕作用下发育而来。由于污水灌溉、大气沉降等原因，土壤重金属污染总体比较严重，尤其是长株潭区域。对从湖南湘江中下游衡阳—长沙段沿岸采集的 219 个农田土壤样品和 48 个蔬菜样品进行分析，结果表明，农田土壤中 As、Cd、Cu、Ni、Pb 和 Zn 含量均大于湖南相应土壤重金属含量背景值，且菜地土壤中 As、Cd、Cu、Pb 和 Zn 的含量（几何均值）分别高于水稻土中相应元素的含量（郭朝晖等，2008）。据研究，湖南大多数有色金属和稀有金属矿藏的开采、冶炼集中分布在湘江流域，加上大气沉降等其他因素，造成水稻土重金属污染比较严重。

云南和贵州两省试点县土壤以红壤和黄壤为主，而试点耕地位于石漠化区，石灰土是主要的土壤类型，在这两省中试点县的石灰土面积排第 3 位（表 5.7）。石灰性土壤属于盐基高度饱和性土壤，呈中性至碱性反应。由于石灰性土壤对磷有强烈的固定作用，因而土壤溶液中的磷浓度很低，且移动性很小，土壤容易缺磷。而且这些土壤往往位于坡度较大的地区，更容易淋失，不适宜种植作物。

表 5.7　云南与贵州的试点县土壤类型

土壤类型	面积/万 hm²	占比/%
红壤	289.69	33.92
黄壤	116.40	13.63
石灰土	105.95	12.40
黄棕壤	98.87	11.58
紫色土	64.85	7.59
棕壤	57.18	6.69

甘肃试点县主要土壤类型为黄绵土，占 40.84%，其次是灰钙土、黑垆土和栗钙土，分别占 16.54%、9.26%、8.55%，其他土壤类型占比较低。黄绵土是由黄土母质经直接耕种而形成的一种幼年土壤，土体疏松、软绵，土色浅淡，是该区域主要的利用土壤，由于土体疏松，非常容易侵蚀，土壤肥力不高。

3. 各试点类型区作物轮作情况

东北地区农区成土母质大多为黄土状黏土，地形多为平原台地、漫岗地与河谷阶地，海拔 100～300m，地面较平缓。年降水量 400～700mm，≥10℃的积温 2300～3000℃，无霜期 110～165d，是典型的一年一熟制地区。种植制度有多种，比较典型的有玉米连作、水稻连作和玉米与大豆轮作三种形式，其中，以连作玉米产量最高，平均产量达到

$8466.6\ kg/hm^2$（王蓉芳等，2000），但是近年来，玉米连作造成了很多问题，如一些土传病害、虫害的大量发生；单一种植玉米造成土壤元素供应不平衡，缺失某一种或几种元素，导致土壤肥力不均等（赵英男等，2016）。

在华北地区等冬小麦-夏玉米轮作是该地区最主要的种植方式之一，由于受季风性气候影响，年内降雨量主要集中在 7、8 月份，冬小麦季干旱少雨，降雨量远不能满足其生长发育的需要，在冬小麦高产栽培中，传统栽培灌水多达 4～5 次，水分利用效率低，水资源浪费严重（秦欣等，2012）。

湖南是我国重要的水稻产区，稻田种植制度在 2000 年以前主要特征是：稻田的复种指数在波动中徘徊上升，稻田利用率提高；复种类型增加，轮作面积减少，连作面积增加；养地方式从有机养地转化为以化肥养地为主，绿肥种植面积大幅度下降，化肥用量增加（周贤君和邹东升，2004）。目前，湖南稻田的主体种植模式以粮、油、肥生产为主，以双季稻为主体的格局，但一季稻的比例增加，绿肥面积下降，冬闲田面积比例上升；稻田多熟种植模式主要有马铃薯-双季稻、黑麦草-双季稻、紫云英-双季稻、小黑麦-双季稻、油菜-双季稻和蔬菜-双季稻等（唐海明等，2016）。

我国西南石漠化地区旱地种植模式可分为禾谷类、豆类和薯类，采用以秋粮为主的一年一熟或两年三熟的旱作轮作制和以夏粮为主的不稳定的一年一熟的旱作轮作制，粮食总产的增加主要靠扩大播种面积、提高复种指数来实现（李坤峰，2009）。这不可避免会造成耕地的过度开发和利用，对于这些脆弱的生态系统来说更是雪上加霜。此外，陡坡种植虽然近年来有所下降，但是面积依然较大，以旱地为主，也容易带来生态环境问题。采用休耕模式可以恢复生态环境。

西北地区甘肃跨越黄土高原区和内蒙古及长城沿线区，也属于一年一熟制地区，复种指数较小，小于 50%，耕地质量较差，以雨养为主（丁明军等，2015）。甘肃地区耕地不稳定性高，主要受土地荒漠化、沙化及其他因素影响，尤其是试点县陇东地区位于黄土高原，沟壑发达，不稳定耕地分布偏远，道路网络不完善，甚至无法通行，农业生产受制于天然降雨，干旱发生较为频繁，导致农民种地积极性不高，耕地撂荒现象较为明显（赵爱栋等，2016）。采用休耕模式，恢复生态环境是比较明智的做法。

4. 各试点类型区农田灌溉

根据第二次全国土地调查结果（表 5.8），东北冷凉、北方农牧交错区除了内蒙古自治区和辽宁省灌溉率达到 30%，其他两省小于 15%，占比较低。而南方石漠化地区云南省和贵州省灌溉率也较低，这些区域虽然全年降水量较高，但由于地下河流发达，容易造成季节性缺水，农业条件很差，总体上应该实施休耕保护。湖南省总体的灌溉率最高，具有较为完善的灌溉条件。试点县所在的长株潭本身经济实力很强，农业发展在全省也最好。灌溉条件好，需水量大对于处于鄱阳湖及湘江流域的试点县来说，不会成为限制因子。但是对于河北省来说，灌溉率达到 61.17%，农业需水量很大，尤其是小麦在种植期间耗水很高。地下水成为非常好的补充，但是长期开采形成了地下水漏斗区，已经成为农业发展的限制因子，而且对于地下水资源形成了很大的压力。甘肃省试点县灌溉率也较低，基础设施可能较差，缺水也是一个很大的问题。

表 5.8　不同类型区灌溉情况

省（区、市）	有灌溉耕地面积/万 hm²	有灌溉比重/%
内蒙古	287.72	31.31
黑龙江	249.50	15.60
吉林	87.50	12.40
辽宁	151.26	30.00
河北	401.37	61.17
湖南	293.34	70.94
贵州	129.73	28.43
云南	150.49	24.10
甘肃	41.32	32.00

5. 各试点类型区土壤污染状况

试点县的土壤重金属污染主要分布在湖南长株潭区域。相关研究资料表明，该区域某些地区农田存在 Pb、Cr、Cd 等的超标问题。根据丁琼等（2012）的研究（表 5.9），长株潭采样区域内，锰粉厂附近菜地土壤中 Pb 和 Zn 全量严重超标，表明受到炼锰行业的影响很大；在金源化工公司附近的菜地和清水塘附近的菜地土壤中 Cu、Pb 和 Zn 全量都有超标，特别是 Zn 全量超标严重，表明该区域农田受工业污染影响已经对当地农业生产造成潜在的危害。

表 5.9　湖南部分地区土壤重金属污染情况

样品编号	样品地点	全量/（mg/kg）			
		Cr	Cu	Pb	Zn
样品 1	锰粉厂附近菜地	49.39	92.66	500.34	618.02
样品 2	锰矿郊区水稻田	39.66	31.49	82.56	134.74
样品 3	九华经济区附近水稻田	47.76	41.08	43.98	99.08
样品 4	湘潭株洲交界处菜地	36.41	54.81	50.72	134.78
样品 5	湘潭株洲交界处水稻田	52.29	59.13	43.82	127.95
样品 6	长沙市生态苗圃菜地	49.56	24.02	29.43	77.04
样品 7	长沙高新开发区附近菜地	90.97	39.39	20.24	54.43
样品 8	长沙高新开发区附近水稻田	90.55	36.51	28.41	67.96
样品 9	星沙工业园附近菜地	39.73	34.44	33.76	111.76
样品 10	隆平科技园附近菜地	48.74	33.08	27.58	97.31
样品 11	隆平科技园附近水稻田	49.67	80.46	33.29	177.95
样品 12	环保科技园附近菜地	50.66	37.11	38.83	118.49
样品 13	暮云镇工业园附近菜地	40.5	30.27	36.25	89.11
样品 14	天心区工业园附近菜地	46.07	47.87	41.97	110.47
样品 15	金源化工公司附近菜地	62.26	164.26	758.78	1429.21
样品 16	320 国道边菜地	51.75	72.9	210.78	410.31

样品编号	样品地点	全量/（mg/kg）			
		Cr	Cu	Pb	Zn
样品 17	清水塘附近菜地	100.25	136.45	348.45	1187.54
样品 18	清水塘附近水稻田	122.51	108.69	262.88	772.39
样品 19	南车集团附近菜地	73.15	64.08	52.71	148.35
样品 20	南车集团附近水稻田	55.68	51.21	57.08	168.97
样品 21	荷塘公园菜地	92.2	62.06	29.76	99.76
样品 22	荷塘公园水稻田	98.14	67.67	36.31	107.77
样品 23	董家段高科园菜地	88.42	62.59	86.21	177.9

注：引自论文（丁琮等，2012）。

虽然湖南长株潭区域重金属污染比较典型，但是不表示其他区域其他试点县没有重金属污染发生，有的省（区、市）某些地区土壤重金属含量也较高。贵州省贵阳市地质累积指数分析结果显示，虽然贵阳市 19.2%的表层土壤未受镍的污染，63.7%的表层土壤在无污染到中度污染之间，但仍有 16.8%的中度污染，且 0.30%的表层土壤介于中度污染到重度污染之间（王济等，2007）。甘肃兰州西固区菜地土壤中所有重金属含量均高于兰州市土壤背景值，但大部分低于土壤环境二级标准，只有部分土壤的 Cd、Pb 含量超过了二级标准，说明重金属污染总体轻微，但有风险（蔡锐，2017）。辽宁是老工业区，也存在重金属污染问题。其中部某地两个化工企业周边的土壤均不同程度地出现重金属累积情况（邢树威，2017），盘锦市 2004~2009 年土壤中重金属元素 Cd 含量呈现明显增加趋势，净平均累积率达到 31.28%，局部地区呈现 As、Zn 等元素的累积，Cu、Hg 呈明显的贫化趋势，Pb 则具有富集和贫化的双重性质，Cr、Ni 等在此期间变化不明显（李玉超等，2016）。由于试点县有关资料不全，还不能得出所有试点县土壤重金属污染的总体情况。

第三节　我国耕地轮作休耕区划原则与方法

一、我国农业区划概述

（一）农业区划发展的历史回顾

农业区划是农业区域划分的简称，通俗地说是对农业的分区划片，目前"农业区划"已经形成包含资源调查、区域划分、区域规划与开发等一系列工作的一门新的学科。农业区划对于农业布局、促进资源及经济技术条件的合理利用、提高农产品数量与质量、提高劳动生产率和农产品商品率具有重要意义。

欧美一些国家农业发达，除了一些地区自然条件优越、经济基础雄厚和科技先进等因素外，很大程度上是由于农产品生产实现了区域专业化，经历了从自然区位布局、商品性农业产生与发展、以育种技术为代表的农业科技应用推广，到以种植业为基础的现代意义上的农牧结合阶段，以及以农产品加工业为龙头的产业一体化发展等阶段（张小川等，2003）。我国虽然 20 世纪 30 年代就开始有少数学者进行农业区划研究，但是由于农业生产基础一直比较薄弱,农业区划并没有发挥很好的作用。中华人民共和国成立以来,我国先后开展了3次大规模的全国农业区划工作,初见成效(陶红军和陈体珠,2014)。特别是20世纪70年代后期至80年代初制订了《中国综合农业区划》,绝大多数省、市、县完成了区划工作,包括各种农业区划报告或方案的编写,并发展了"调查—区划—规划—实施"的一整套工作程序,标志着中国农业区划进入一个新的阶段。

(二)我国综合农业区划的依据和内容

我国农业区划经过数十年的发展,形成了比较完整的体系。按照不同对象可以分为农业自然区划、农业部门区划、农业技术改革区划及综合农业区划。其中,农业自然区划主要包括农业气候、地貌、水分(水文/水利)、地质、土壤、植被、景观及农业综合自然区划;农业部门区划包括种植业、畜牧业、林业、渔业、热带作物区划;农业技术改革区划指农业机械化、水利、施肥、植保防疫、土壤改良、农作物品种改良、畜禽品种改良、农产品安全卫生品质区划;综合农业区划则是在综合分析前面三种区划的基础上,立足于总体与全局,统筹考虑农、林、牧、副、渔等各业,划分综合农业区。

农业区划着重研究农业生产力布局,至少包括农业地域分异规律的理论、农业生产力配置理论、人地关系理论、农业生态经济理论以及农业发展预测理论等(沈煜清,1994)。中国综合农业区划主要基于农业地域分异基本规律,考虑东西部巨大差别及其内部的自然、经济条件和农业生产的基本特征。

1. 中国农业综合区划的依据

中国农业综合区划的依据有四条(邓静中,1982)。第一,发展农业的自然条件和社会经济条件的相对一致性;第二,农业生产基本特征与进一步发展方向的相对一致性;第三,农业生产关键问题与建设途径的相对一致性;第四,基本保持县级行政区界的完整。

除了第四条主要考虑统计数据特点及方便区划实际应用外,前三条涉及面非常广,指标非常多。

2. 中国农业综合区划设计的内容

邓静中(1982)将大量指标归纳为5个方面:条件、特点、潜力、方向、途径。

(1)条件:联系农业发展要求对各种自然条件和资源(气候资源、土地资源、水资源、生物资源、各种自然灾害等)及社会经济条件(人口劳力、技术装备程度、交通运输条件、地区经济发展水平等)进行评价,特别是着重从各种条件的协调性方面(如气、热、水、土条件的配合)进行综合评价。

(2)特点:广义上指农、林、牧、副、渔现有生产基础,主要包括各部门和作物的布局现状(现有布局的自然适合性和经济合理性评价)、部门结构(各部门比例及相互关系)、生产水平(产量高低及稳定程度)、商品化程度等方面。

(3)潜力:从生产发展中的薄弱环节和关键问题(如产量稳定性、生态平衡失调等)中找出障碍因素和主要矛盾,从高低产的对比中发掘生产潜力。

(4)方向:进一步考虑每个地区未来的生产发展方向,发展的主次轻重,扬长避短,发挥地区优势。

（5）途径：要实现生产发展方向，需要解决哪些关键问题，采取哪些重要措施，对于长远方向更要求明确由近及远的过渡步骤。

不管内容多少，其中心内容是生产方向和建设途径。

（三）我国综合农业区划的方法和步骤

全国综合农业区划制定了一些区划的原则，主要是从全国范围着眼，界线上考虑地域分异大势，不考虑省界，着眼区域性问题，单纯省内问题留给省级区划去探讨，全国性区划只分至二级区。方案拟定的大概步骤如下：

（1）通过编制各种分布图和分析研究实地调查资料，揭示农业生产地域分异现象；

（2）分析地域分异的形成因素，抓住主要矛盾和稳定性因素来考虑划区的轮廓；

（3）从全局对比分析区域特点，以特点和发展方向为标志，并参考有关资料拟定区划系统；

（4）分析论证各区发展方向和建设途径，并在讨论比较中订正分区界线。

农业区划方法包括定性、定量或定性加定量的方法。其中，定量区划方法主要是依据一定的原则构建相应的指标体系，并运用一定的数学方法来进行区域划分。这些方法包括主成分分析、因子分析、聚类分析、模糊综合评判、判别分析等传统方法和计算模拟、数据库、系统工程及空间信息技术等（陶红军和陈体珠，2014）。

综合农业区划包括专业区划界线套叠法和经验区划法，并结合实地考察验证和指标归纳验证。选择的自然方面包括：地貌类型、海拔、地表坡度、切割程度、土壤类型、土壤物理性质、土壤肥力、洪涝地、盐碱地、雨量、热量、积温、无霜期、生长期、光照率、灾害性气候、地表水、地下水、动物资源、植物资源等。社会经济条件及农业生产的基本特征包括：人口、劳力、畜力、农机化水平、水利化水平、化肥农药使用水平、垦殖指数、复种指数、农林牧副渔部门结构、作物组合、生产水平及产品商品率等（杨安泉，1982）。

（四）中国综合农业区划方案

根据《中国综合农业区划》（表5.10），我国陆地部分含9个一级农业区38个二级农业区。首先考虑东西部的气候等方面的巨大差异。东部地区气候温润，水、热、土条件适配性高，农业利用历史悠久，是我国种植业、林业、畜禽饲养业、渔业和副业的集中产区。西部地区气候干旱，水、热、土条件适配性较差，农区小而分散，是以放牧业为主的地区。

表5.10　中国综合农业区划

一级区	二级区	一级区	二级区
东部北方　Ⅰ.东北区	Ⅰ1. 兴安岭林农区 Ⅰ2. 松嫩三江平原农业区 Ⅰ3. 长白山地林农区 Ⅰ4. 辽宁平原丘陵农林区	东部北方　Ⅱ.内蒙古及长城沿线区	Ⅱ1. 内蒙古北部牧区 Ⅱ2. 内蒙古中南部牧农区 Ⅱ3. 长城沿线农林牧区

续表

一级区	二级区	一级区	二级区
东部北方	**III 1. 燕山太行山山麓平原农业区** **III 2. 冀鲁豫低洼平原农业区** III 3. 黄淮平原农业区 III 4. 山东丘陵农林区	东部南方	VI 1. 秦岭大巴山林农区 VI 2. 四川盆地农林区 **VI 3. 川鄂湘黔边境山地林农区** **VI 4. 黔桂高原山地农林牧区** **VI 5. 川滇高原山地农林牧区**
	IV 1. 晋东豫西丘陵山地农林牧区 IV 2. 汾渭谷地农业区 **IV 3. 晋陕甘黄土丘陵沟谷牧林农区** **IV 4. 陇中青东丘陵农牧区**		VII 1. 闽南粤中农林水产区 VII 2. 粤西湘南农林区 **VII 3. 滇南农林区** VII 4. 琼雷及南海诸岛农林区 VII 5. 台湾农林区
东部南方	V 1. 长江下游平原丘陵农林水产区 V 2. 豫鄂皖平原山地农林区 V 3. 长江中游平原农业水产区 **V 4. 江南丘陵山地林农区** V 5. 浙闽丘陵山地林农区 V 6. 南岭丘陵山地林农区	西部	**VIII 1. 蒙宁甘农牧区** VIII 2. 北疆农牧林区 VIII 3. 南疆农牧区 IX 1. 藏南农牧区 IX 2. 川藏林农牧区 IX 3. 青甘农区 IX 4. 青藏高寒牧区

一级区栏目：III. 黄淮海区，IV. 黄土高原区，V. 长江中下游区，VI. 西南区，VII. 华南区，VIII. 甘新区，IX. 青藏区

注：根据全国农业区划委员会《中国综合农业区划》编写组，《中国综合农业区划》。

在东部，以秦岭、淮河一线又可以划分北方和南方地区，北方以旱地为主，是旱粮作物主产区；南方以水田为耕地基本形态，是水稻及各种亚热带、热带经济作物的主产区。在西部，以祁连山划分，祁连山以北的甘新地区，气候干旱，农业完全依靠灌溉，荒漠及山地放牧业发达；祁连山以南的青藏高原，是以放牧业为主的地区，牲畜、农作物和林牧都带有高寒地区的特点。由于东部分布我国 90% 的耕地，又按照自然、经济条件和农业生产的基本特征进一步细分。北方地区可以明显地分为东北区、内蒙古及长城沿线区、黄淮海区和黄土高原区四个大农业区，南方地区可明显地分为长江中下游区、西南区和华南区三个大农业区。

因此，我国农业综合区划共分为九个一级农业区，概括地揭示了我国农业最基本的地域差异，反映了我国农业资源和社会经济条件及农业生产的基本地域特点，可以作为今后区域开发的大的地域单元（沈煜清，1994）。

二、我国耕地轮作休耕区划原则和技术路线

耕地轮作休耕区划可以作为农业区划中的一种。耕地轮作休耕涉及农业自然条件和自然资源的利用和调配，各种作物的重新布局，并且需要考虑耕作制度的改变，是对农业生产方式的综合考虑，区划时要兼顾所有条件，它们之间的相互关系、相互依存和合

理结合。按照邓静中（1984）指出的，农业区划分为农业自然区划、农业部门区划、农业技术改革区划、综合农业区划四大类，由此可以看出，轮作休耕区划应该属于综合农业区划类。

由于自然、技术和经济的各种条件和因素发生了变化，农业生产布局也有必要进行改变，尤其是考虑自然与人类综合效益，以及生态环境成本和效益时，更需要针对不同的区域采用不同的方法。轮作休耕作为一种强烈的干预农业措施，有必要考虑我国不同区域特点和实施方式，从而开展轮作休耕区划研究。

理论上讲，耕地轮作休耕区划应该不囿于行政界线，但从我国耕地轮作休耕政策实施的有效性和可操作性方面看，分区仍要依托现有的行政区划，应以县域为基本分区单元。

（一）我国耕地轮作休耕区划基本原则

由于我国综合农业区划以县为单位，已经将全国的农业分区划分为二级，共 9 个一级农业区，细化为 38 个二级农业区（表 5.10），考虑了自然资源地域分异性、农业部门等。而耕地轮作休耕区划含有两个限制性关键词：耕地类型和轮作休耕措施。

农业部部署的试点县覆盖中国综合农业区划中除青藏区外的 8 个一级区，共 17 个二级区，其中一级区中东北区和内蒙古及长城沿线区各个二级区都有涉及，华南区、甘新区及长江中下游区均只有一个二级区涉及，黄淮海地区、黄土高原区及西南区均有 2～3 个二级区涉及（表 5.10 中黑体字部分）。

由于目前国家轮作休耕主要考虑两个方面：对农业自身的影响因素和农业导致的生态环境效应因素，均与耕地有关，前者是直接关系，后者是间接关系。农业中主要考虑不合理种植制度、土壤重金属污染、农业水资源匮乏，生态方面主要考虑地下水、石漠化、生态脆弱化等不良效应。其中，不合理种植制度容易引起连作障碍，地力消耗快，土壤肥力不均衡，产量下降，以及粮食政策影响，最典型的是北方冷凉区大量玉米连作带来的一系列农业问题。土壤重金属污染的直接结果就是土壤环境质量下降，农作物重金属含量超标，影响人类健康。在华北平原这些农业地表水资源匮乏区，长期抽取地下水进行灌溉，容易造成地下水超采，形成地下水漏斗区，引起地表沉降和地下水资源匮乏等一系列资源环境效应。而石漠化区域耕作和生态脆弱区的作物种植，由于生态系统结构稳定性较差，对人类作用的反应更为敏感，造成很多生态退化现象，如水土流失、风蚀、沙化及土壤退化等问题。因此，考虑轮作休耕区划必须考虑长期不合理耕作对农业生产的影响及其对生态环境的效应。

当然，造成农业生态系统稳定性和功能下降的因素还有很多。过量施入化肥等于给土壤加入过量元素，土壤不能充分利用，其会向环境迁移，容易造成面源污染等问题。坡地不合理垦殖同样会带来水土流失，造成养分流失，土壤肥沃层减薄，甚至造成水体富营养化等问题。耕地抛荒还会导致土壤肥力下降，生态功能退化。这是进行轮作休耕时必须考虑的问题。目前国家实行轮作休耕试点重点针对当前农业及生态环境中比较急迫的问题，在北方地区实行轮作和季节休耕以及全年休耕等措施，并希望通过耕作措施来减少农业和生态环境的负面影响。因此，本区划主要考虑不合理种植制度、土壤重金属污染、农业水资源匮乏和地下水超采、石漠化、生态脆弱化等限制性因子，进行分片划区，分别提出解决措施。

因此，耕地轮作休耕区划在考虑自然条件和社会经济条件的相对一致性、农业生产基本特征与进一步发展方向的相对一致性、农业生产关键问题与建设途径的相对一致性的基础上，进一步考虑农业发展及生态环境建设中迫切需要解决的耕作制度问题、土壤污染问题、生态退化问题、地下水超采问题的区域差异性，并以县级行政区界为单元，进行区域划分。这些限制因子之间并不完全一致，在某些区域可能会出现叠加现象，因此，还需要考虑区域主导性原则。

（二）耕地轮作休耕区划的技术路线

由于以县级为评价单元，首先必须收集我国县域资料。然后以此为基础，对 2017年所有试点县进行数据分析，根据各指标与试点县的相关程度确定评价指标。通过主成分分析确定各评价指标的权重，再计算综合指标值。由于需要考虑不同的轮作休耕类型，还要从地下水综合因子、耕作综合因子及污染综合因子三个方面分别计算综合指标值。最后，按照一定的准则对我国轮作休耕进行区域划分。技术路线图如图 5.3 所示。

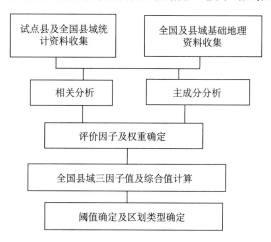

图 5.3　轮作休耕区划的技术路线图

三、我国耕地轮作休耕区划方法

轮作休耕区划是在新的历史时期——我国农业转型期，农业生产条件和需求都发生了变化的情况下的一种综合农业区划的补充方案。

（一）我国耕地轮作休耕区划初步的指标体系

指标体系构建是轮作休耕区划研究过程的重要理论依据和基础环节，它关系到最终区划结果的科学性与合理性。在确定分区目标和原则的基础上，考虑分区目的和尺度不同，在分区指标的选择上也应各有侧重，按照选取原则和分区等级，选取定性和定量指标。

本区划目标是针对我国耕地轮作休耕的，其中耕作、农业用水和土壤污染是 3 个关键要素，且皆因受迫导致区域农业生产和生态环境问题，因此，本书主要从受迫因子出发对轮作休耕进行区划。如果基础资料等条件允许,可以考虑更多的受迫因素,使得轮作休耕区划更加合理。

根据轮作休耕试点县的数据分析,我们选择了对农业耕作中较为敏感的一些指标,包括复种指数、单位面积耕地施肥量、设施农业面积、≥25°坡度的耕地面积占比、灌溉面积比、耕地面积、粮食产量,以及涉及生态问题的地下水超采面积、缺水指数和与土壤污染环境问题有关的重金属污染源数据及抗生素强度,作为初步的指标集。

1. 耕作因素指标

耕作措施不当对土壤和农业生产带来很大的影响。比如,复种指数过高、陡坡种植等不仅造成农业耕作本身的问题,还带来大量的环境问题。

(1)复种指数。高强度利用,复种指数高会导致肥料利用增加,引起更大的环境风险。该指标通过各县的种植面积和耕地面积之比可以计算出来。

(2)陡坡种植。导致耕作困难,耕层土壤侵蚀,肥力下降等问题。通过遥感解译,将各县≥25°坡耕地所占该县耕地的比例进行计算可得到。

(3)设施农业面积。设施农业面积大,除了带来大水大肥造成的土壤肥力过剩,还造成地下水污染及地表水污染等。直接采用各县的统计面积进行计算。

(4)单位面积耕地施肥。过多的施肥造成土壤养分过剩和一系列的环境问题。可以通过施肥量和耕地面积估算。

(5)耕地面积。可以反映区域耕地利用的强度,统计年鉴基本都包含该数据。

(6)粮食总产量。也反映区域土壤利用的强度,与耕地面积相关性较大。可以通过统计年鉴获得该数据。

2. 农业用水因素指标

农业用水短缺问题带来一系列资源环境方面的问题。在我国北方缺水地区,降水量不大,但是用水量很大,尤其是华北地区,必须大量利用地下水,其中农业用水一般占地下水开采量的60%以上,长期开采造成地下水严重超采和漏斗区,严重影响区域生态环境健康。表征水不合理利用的指标从以下几个方面考虑:

(1)地下水超采量。反映长期以来不合理开采地下水资源形成的一系列地下水问题,主要存在于北方地区,长江流域部分地区也存在此类问题。通过历史图件和资料进行数字化得到。

(2)缺水指数。反映农业用水与降水之间的差额,采用农业虚拟用水反映农业用水量,可以从各县的不同作物产量,以及各区域不同作物虚拟耗水系数进行推算求和得到。

(3)灌溉面积比。能够反映区域农业设施条件,以及对地下水的依赖程度。可以利用统计数据计算获得。

3. 土壤污染因素指标

环境污染风险由于数据很难获取,目前主要考虑抗生素排放强度和重金属污染风险。前者主要依据中国科学院广州地球化学研究所的中国抗生素使用量和排放量清单图,而重金属污染风险图则主要转化于中国 2016 年国家重点监控企业分布图,采用核密度分析方法,将点位数据转换为密度,代表土壤重金属风险。

此外,初步指标集还包含了年均温及积温等指标,反映农业生产的自然条件。这些指标有的与以上指标之间存在较大的相关性,在数据分析后,基本上都剔除了。没有采纳的另外一个原因是在我国农业综合规划中已经包含了这些指标,作为下一级区划的轮作休耕区划不需再考虑。

(二)轮作休耕的分级方法

由于轮作休耕区划是在中国农业综合区划基础上的进一步划分,将重点考虑种植问题、土壤污染风险、地下水超采等迫切问题,找出区域障碍因素和主要矛盾,从而完成障碍因子的区域划分,并提出解决的措施布局方案。

轮作休耕区域划分为三级,主要是从耕地受迫程度上加以区分,一级表示受迫程度最为严重,需要优先实施轮作休耕;二级代表受迫程度严重,需要实施轮作休耕;三级表示受迫程度最小,可以暂缓实施轮作休耕。

(三)数据分析方法

1. 数据预处理

轮作休耕区划涉及多指标评价,由于不同指标往往具有不同的量纲和数量级,尤其在各指标间的水平相差很大时,如果直接采用原始指标值进行分析,就会夸大具有较高数值的指标在综合分析中的作用,而相对削弱数值水平较低指标的作用。因此,为了保证结果的可靠性,需要对原始指标数据进行标准化处理。数据标准化处理方法很多,本研究主要采用 z-score 标准化(zero-mean normalization),该方法也叫标准差标准化,经过处理的数据符合标准正态分布,即均值为 0,标准差为 1:

$$z = (x - \mu)/\sigma$$

式中,x 为某一具体分数;μ 为平均数;σ 为标准差。

2. 加权综合评价法

加权综合评价法(WCA)是一种综合评分的方法,主要依据评价指标对被评价对象影响的重要程度,采取科学的方法预先分配各指标的权重系数,再与各指标的量化值相乘后逐项相加得到。计算公式为

$$P = \sum_{i=1}^{n}(A_i W_i)$$

式中,P 为某评价对象所得总分;A_i 为某系统第 i 项指标的量化值;W_i 为某系统第 i 项指标的权重系数;n 为某系统评价指标个数。

3. 具体指标集的确定

首先分析了 2017 年轮作休耕不同县市年均温、年降水量、地下水超采量、≥25°耕

地比例、复种指数、灌溉耕地面积比、单位耕地施肥量、设施用地面积、缺水指数、抗生素强度、重金属污染风险、耕地面积及粮食产量等初选指标的均值（表 5.11）。从东北试点区来看，耕地面积指标值最高，年均温指标值最低，灌溉耕地面积比较低，年降水量指标值低。河北试点区域在 6 大类区域中灌溉耕地面积比比较大，年降水量指标值低，缺水指数最大，地下水超采量也最大。这些是该区域的真实情况，常年的地下水开采和使用，对区域地下水环境已经造成很大问题。该区域抗生素问题也比较严重，但是目前还没有引起足够重视。湖南试点区重金属污染风险在各个区域中是最高的，在复种指数和灌溉耕地面积比上也都很高，反映了该区域水资源利用及土壤污染风险高的实际情况。云贵试点区复种指数、单位耕地施肥量等指标值都高，尤其是≥25°坡地占耕地比例指标值在所有区域中最高，说明该地区大量耕地仍然处于陡坡种植，对脆弱带生态环境影响不可小觑。甘肃试点区年均温指标值和年降水量低，灌溉耕地面积比最低，单位耕地施肥量偏低，与该区域经济发展有关。江苏试点区是江苏省自主设置的轮作休耕试点范围，该区显然设施用地面积较高，抗生素强度指标值也较大，符合总体的情况。从大量未实施试点区域各项指标均值来看，基本位于 0 值附近，说明这些区域总体来看比较均衡，没有出现严重问题。

从各项指标来看，重金属污染风险最高位于湖南试点区，地下水超采和缺水指标值最高位于河北试点区，设施用地面积指标最高位于江苏试点区，陡坡种植指标值最高位于云贵试点区，反映了区域的实际情况，也说明这几项指标可以作为全国轮作休耕区划的指标，后续的进一步分析即在此基础上展开。

表 5.11　不同轮作休耕类型区域各指标均值

指标	未实施区	东北试点区	河北试点区	湖南试点区	云贵试点区	甘肃试点区	江苏试点区
年均温	0.05	**-1.29**	0.11	0.85	0.38	**-0.90**	0.49
年降水量	0.05	**-0.88**	**-0.89**	**1.11**	0.37	**-1.07**	0.19
地下水超采量	-0.02	-0.34	**2.82**	-0.56	-0.56	0.23	-0.56
≥25°耕地比例	0.02	-0.34	-0.36	-0.35	**0.69**	-0.17	-0.36
复种指数	0.03	-0.99	-0.06	**1.22**	**1.13**	-0.68	-0.31
灌溉耕地面积比	0.02	**-1.02**	0.89	1.29	-0.17	**-1.09**	0.59
单位耕地施肥量	0.03	-0.79	-0.08	0.57	**0.72**	**-0.84**	-0.29
设施用地面积	-0.02	0.05	0.49	0.71	-0.20	0.07	**0.91**
缺水指数	-0.04	0.06	**2.05**	0.34	-0.46	0.27	0.36
耕地面积	-0.04	**0.94**	-0.12	0.14	-0.41	-0.82	-0.27
粮食产量	-0.04	0.47	0.47	0.13	0.11	0.38	**0.91**
抗生素强度	0.00	-0.51	**1.30**	0.25	-0.13	-0.49	**0.81**
重金属污染风险	0.01	-0.40	0.28	**0.39**	-0.09	-0.40	0.00

注：加粗的数字表示各试点区域的主要问题，与正文中描述的内容对应；参数值是根据加权综合评价法得出的数值，无单位。

第四节　我国耕地轮作休耕区划

一、所有县数据分析结果

（一）各指标之间相关性分析

通过相关性分析，剔除相关性与其他指标很高的一些指标，我们又进一步筛选出 7 项评价指标，它们的相关性如表 5.12 所示。可以看出反映土壤污染的两项指标中，重金属污染风险除了与地下水超采、缺水指数之间不相关外，与其他指标之间均有显著或极显著相关性，但是相关性除了与复种指数较高外，与其他指标并不很高。抗生素强度指标与其他指标之间相关性都达到极显著相关，说明该指标不独立。

表 5.12　不同指标之间相关性表

指标	地下水超采	≥25°比例	复种指数	设施面积	缺水指数	抗生素强度	重金属污染风险
地下水超采	1						
≥25°比例	-0.167^{**}	1					
复种指数	-0.169^{**}	0.096^{**}	1				
设施面积	0.124^{**}	-0.128^{**}	0.175^{**}	1			
缺水指数	0.462^{**}	-0.235^{**}	0.057^{**}	0.507^{**}	1		
抗生素强度	0.202^{**}	-0.165^{**}	0.088^{**}	0.088^{**}	0.122^{**}	1	
重金属污染风险	0.025	-0.076^{**}	0.157^{**}	-0.044^{*}	0.011^{**}	0.188^{**}	1

注：*表示显著相关（$p<0.05$），**表示极显著相关（$p<0.01$）。

从缺水指数来看，除了与重金属污染风险之间相关性达不到显著水平外，与其他指标复种指数之间都达到显著水平，且与地下水超采、≥25°耕地面积占比、设施农业面积及复种指数之间相关性都很高，说明这个指数能够反映农业用水紧张程度。

虽然设施面积与其他指标之间相关性都达到显著相关，但是除了与缺水指数之间相关性很高外，与其他指标之间并不是很高，这说明农业缺水可能与设施农业之间存在较大的关联性。

复种指数与其他指标之间虽然也都达到了极显著相关性，但是相关系数并不高。

地下水超采数据主要来自于北方一些区域，南方数据较为缺乏，数据并不全。但是结果也能说明一些规律。地下水超采量与缺水指数之间相关性非常高，也说明农业缺水较大的地区，地下水开采量也越大。

本研究还特别探讨了陡坡地开发与其他指标之间的关系。≥25°陡坡耕地占比与其他指标之间都达到极显著相关性，可能说明了陡坡耕地利用带来的问题是多方位的，可能与缺水及地下水超采、抗生素污染风险较高都有关联，但是与重金属污染风险之间关联性最弱。

（二）指标权重确定

由于选择的 7 项指标之间具有共线性，通过主成分分析进行数据的进一步分析。样本选择 2017 年所有的试点县。从方差（表 5.13）来看，前 5 个成分可以解释总方差 86.183%。从成分矩阵（表 5.14）可以看出，成分 1 的主要贡献者是缺水指数、地下水超采等水分指标，成分 2 的主要贡献者是复种指数，成分 3 主要是设施面积，成分 4 主要是≥25°陡坡地面积比例指标，成分 5 主要是抗生素强度、重金属污染风险等污染指标。各成分中除了最后成分解释方差较小，前三个解释较大外，其他的差异并不大，说明这些因子之间独立性比较大。因此，确定各指标权重值如表 5.15 所示。

表 5.13　解释的总方差

成分	初始特征值			提取平方和载入		
	合计	方差占比/%	累积/%	合计	方差占比/%	累积/%
1	1.953	27.893	27.893	1.953	27.893	27.893
2	1.272	18.172	46.065	1.272	18.172	46.065
3	1.178	16.822	62.887	1.178	16.822	62.887
4	0.853	12.189	75.076	0.853	12.189	75.076
5	0.777	11.107	86.183	0.777	11.107	86.183
6	0.605	8.649	94.832			
7	0.362	5.168	100.000			

表 5.14　成分矩阵

指标	成分 1	成分 2	成分 3	成分 4	成分 5
地下水超采	0.652	−0.344	0.242	0.460	−0.125
≥25°陡坡地面积比例指数	−0.482	0.123	−0.349	0.764	−0.011
复种指数	0.063	0.789	−0.370	0.006	0.075
设施面积	0.637	0.136	−0.558	−0.135	0.035
缺水指数	−0.833	0.091	0.257	−0.091	0.173
抗生素强度	0.418	0.349	0.487	0.173	0.636
重金属污染风险	0.128	0.606	0.495	0.043	−0.566

表 5.15　权重系数表

指标	提取值	权重
地下水超采	0.830	0.138
≥25°陡坡地面积比例指数	0.953	0.158
复种指数	0.768	0.127
设施面积	0.755	0.125
缺水指数	0.806	0.134
抗生素强度	0.968	0.161
重金属污染风险	0.952	0.158

二、评价指标总值计算

按照不同权重重新计算评价总值，统计如表 5.16 所示。由表 5.16 可以看出，所有未实施试点县得分值非常低，与所有县的得分值非常接近，而不同区域试点县的均值偏离未实施县都比较大，尤其是东北、湖南及江苏等比较高。该结果进一步说明，选用的这些指标能够反映区域实际情况，可以作为轮作休耕的依据。

表 5.16　不同区域评价指标总值统计结果

轮休类型	极小值	极大值	均值	标准差
未实施区	−1.092	1.656	−0.003	0.422
东北试点区	−0.826	1.417	−0.359	0.369
河北试点区	0.476	1.537	0.914	0.214
湖南试点区	−0.030	0.561	0.260	0.172
云贵试点区	−0.367	0.678	0.053	0.260
甘肃试点区	−0.434	0.148	−0.179	0.230
江苏试点区	−0.207	0.594	0.120	0.202
所有试点区	0.826	1.537	0.026	0.569
全国所有县	−1.092	1.656	0.000	0.437

三、轮作休耕区划的结果

本研究按照单项因子和多项因子分别进行区域划分。单项因子，按照前述 7 项选择的因子进行划分，它们分别是地下水超采指标、缺水指数指标、复种指数指标、设施面积指标、≥25°耕地面积占比指标、抗生素强度指标及重金属污染风险指标。

（一）按水资源因子的轮作休耕区划

与水分利用相关的指标包括缺水指数和地下水超采量两项。缺水指数与地下水超采量之间相关系数为 0.462，达到极显著水平，表明两者之间相关性很高。但是两者之间并不完全一致。其中一个主要问题是，地下水超采量数据不全，南方数据尚缺乏。因此，本研究将主要按照缺水指数进行区域划分。

将该指标划分分为两级，一级区主要依据 2017 年试点区缺水指数总值来划分。经过统计发现，2017 年河北所有试点县缺水指数均值为 2.047，最大和最小值分别为 2.844 和 0.078，很显然不能以 0.078 作为划分界线的依据。经过研究，发现 1.5 可以作为界线，能够较好反映实际情况。二级区的分级界线为 0.8，按照面积和分布来看较为合理。虽然划分区间值较为主观，但是由于处于两个划分界线的县并不是很多，界线数值的微小变化，不会带来全国大面积的变化。由此，按照水资源因子进行划分的区划分布图如图 5.4 所示。

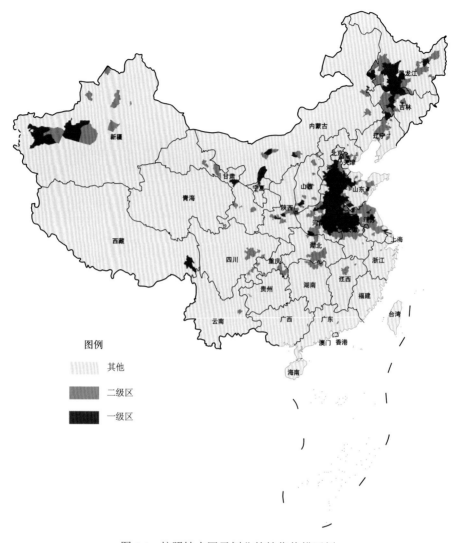

图 5.4　按照缺水因子划分的轮作休耕区划

由图 5.4 可以看出，根据缺水指数划分急需考虑轮作休耕的区域（一级区）处于黄淮海区域、东北区域及新疆少量县市，需要引起重视的区域位于一级区的周边地区（二级区），包括苏北、安徽长江以北、河南、东北三省的一级区周边，部分内蒙古、甘肃区域及南方的湖北等少部分区域。

（二）按耕作因子的轮作休耕区划

从全国范围来说，由于不合理的耕作措施带来的问题也是不可忽视的。本研究选择了复种指数、≥25°坡度面积占比及设施农业面积 3 个指标，反映了耕地利用的强度、耕种合理性等，由于分别反映了耕地利用的不同方面，3 个指标相互之间的相关性并不强，且≥25°面积占比与设施面积之间呈现负相关，说明坡度越大的地方设施农业面积越小。这是容易理解的，因为≥25°区域本身就难以利用，当然更不容易用于设施农业。

　　利用主成分分析方法可以获得耕作综合指数，分别获得≥25°耕地占比、复种指数和设施农业面积三个指标的权重分别为0.307、0.298和0.394，得到耕作综合指数。表5.17列出了耕作综合指数的统计结果。

　　从表5.17中可以看出，湖南试点县综合指数最高，其次为云贵，再次为江苏。这些区域位于我国南方，水热等自然条件较好，复种指数高，同时湖南和云贵等陡坡耕地比例较大，造成耕作强度大，人为影响大。

　　按照耕作综合指数0.25和0.5分别进行分级，可以看出，长江沿线、北到东北，西到云贵川是我国耕地综合指数最高的地方，种植强度很大（图5.5）。这与我国实际情况比较接近。

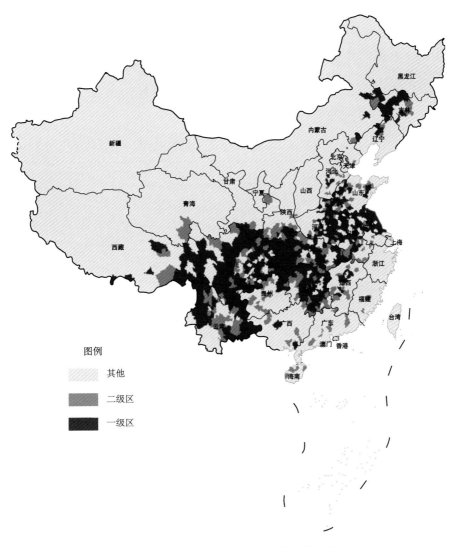

图5.5　按照耕作因子划分的轮作休耕区划

表 5.17　不同区域耕作因子统计

类型	耕作综合均值
未实施区	0.01
东北试点区	−0.38
河北试点区	0.07
湖南试点区	0.54
云贵试点区	0.47
甘肃试点区	−0.23
江苏试点区	0.16

（三）按土壤污染因子的轮作休耕区划分

本研究主要涉及抗生素强度和重金属污染风险两个指标。由于 2017 年主要考虑重金属污染风险，各区统计如表 5.18。

表 5.18　不同区域土壤污染统计结果

类型	耕作因子均值
未实施区	0.022
东北试点区	−0.405
河北试点区	0.277
湖南试点区	0.389
云贵试点区	−0.085
甘肃试点区	−0.401
江苏试点区	0.003

从表 5.18 中可以看出，湖南重金属污染指数最高，与 2017 年试点范围非常吻合，污染指数次高的为河北，可能与河北及周边区域分布大量污染企业有关。从重金属污染风险图也可以看出，广东、广西、云贵、河南、河北等地重金属污染风险较大（图 5.6）。

（四）综合的轮作休耕区划结果

由于不同区域可能存在耕作、地下水和污染的复杂情况，因此，轮作休耕区域划分不仅仅考虑单因子，更要考虑多指标的综合特点。按照本章第四节第二部分的综合指数值，将轮作休耕分为三级，考虑数据的分布及 2017 年轮作休耕情况，确定了两个界限值分别为 0 和 0.35。

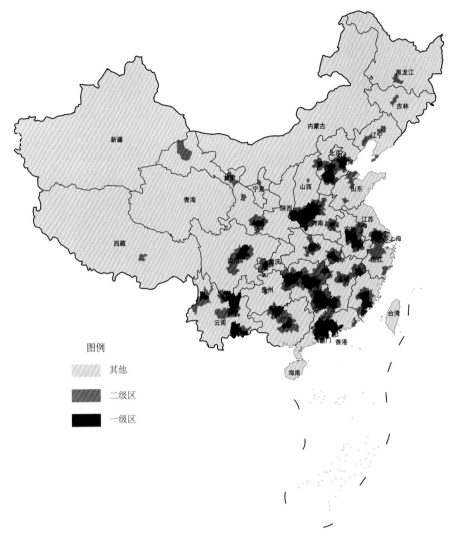

图 5.6　按照土壤污染因子划分的轮作休耕区划

　　由图 5.7 可知，优先实施轮作休耕的区域主要在黄淮海区域、四川、甘肃和陕西交界处、湖南、西南云贵地区、广东部分地区及东北部分地区。二级区代表未来可能需要实施轮作休耕的区域，主要位于江苏、安徽、湖南、湖北、陕西、甘肃、四川、云贵、广东和广西等地区。此外，还要考虑东北冷凉区大量的轮作区，也应作为优先实施轮作休耕区域。由于该地区地域特殊，连作太多，本次规划可以作为优先区进行规划。

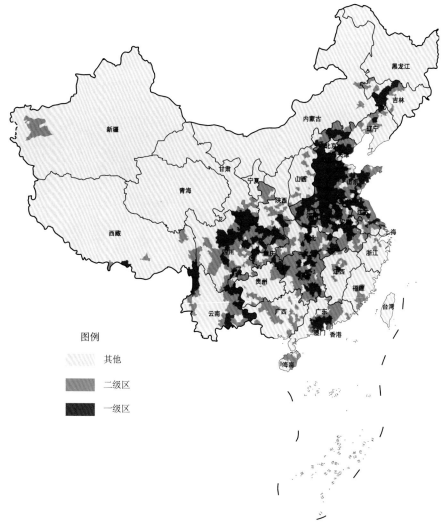

图 5.7　按照综合因子划分的轮作休耕区划

参 考 文 献

蔡锐. 2017. 兰州石化工业园区土壤-蔬菜系统重金属污染风险评价. 兰州: 兰州大学.

邓静中. 1982. 全国综合农业区划的若干问题. 地理研究, 1(1): 9-18.

邓静中. 1984. 农业区划的性质、任务和进一步深入问题. 农业区划, (1): 7-68.

丁明军, 陈倩, 辛良杰, 等. 2015. 1999~2013 年中国耕地复种指数的时空演变格局. 地理学报, 70(7): 1080-1090.

丁琮, 陈志良, 李核, 等. 2012. 长株潭地区农业土壤重金属全量与有效态含量的相关分析. 生态环境学报, 21(12): 2002-2006.

郭朝晖, 肖细元, 陈同斌, 等. 2008. 湘江中下游农田土壤和蔬菜的重金属污染. 地理学报, 63(1): 3-11.

李坤峰. 2009. 石漠化地区植被生态需水量研究及种植模式探讨. 重庆: 西南大学.

李玉超, 余涛, 杨忠芳, 等. 2016. 辽宁盘锦市农田土壤重金属元素时空变化研究. 现代地质, 30(06): 1294-1302.

秦欣, 刘克, 周丽丽, 等. 2012. 华北地区冬小麦-夏玉米轮作节水体系周年水分利用特征. 中国农业科学, 45(19): 4014-4024.

全国农业区划委员会《中国综合农业区划》编写组. 1981. 中国综合农业区划. 北京: 农业出版社.

沈煜清. 1994. 农业自然资源利用与农业区划. 北京: 农业出版社.

唐海明, 肖小平, 汤文光, 等. 2016. 湖南稻田现代农作制特征及发展对策. 农业现代化研究, 37(4): 627-634.

陶红军, 陈体珠. 2014. 农业区划理论和实践研究文献综述. 中国农业资源与区划, 35(2): 59-66.

王济, 王世杰, 欧阳自远. 2007. 贵阳市表层土壤中镍的基线及污染研究. 西南大学学报(自然科学版), 29(3): 115-120.

王蓉芳, 黄德明, 崔勇. 2000. 我国不同地区土壤肥力监测报告(1988~1997)——东北区土壤肥力变化趋势及原因分析. 土壤肥料, (6): 8-14.

邢树威. 2017. 辽宁某地化工企业土壤重金属污染状况研究. 绿色科技, (12): 118-119.

杨安泉. 1982. 试论综合农业区划的分区方法及验证. 经济地理, 2(3): 167-170.

郧文聚. 2015. 我国耕地资源开发利用的问题与整治对策. 中国科学院院刊, 30(4): 484-491.

张小川, 贾善刚, 聂凤英. 2003. 国外农业区域专业化发展进程及其政策措施. 中国农业资源与区划, 24(6): 1-7.

赵爱栋, 许实, 曾薇, 等. 2016. 干旱半干旱区不稳定耕地分析及退耕可行性评估. 农业工程学报, 32(17): 215-224.

赵英男, 黄珊珊, 郑宝香. 2016. 黑龙江省玉米连作潜在危害及应对措施. 现代化农业, (4): 25-26.

郑度, 葛全胜, 张雪芹, 等. 2005. 中国区划工作的回顾与展望. 地理研究, 24(3): 331-344.

周贤君, 邹东升. 2004. 湖南省稻田种植制度的改革与发展. 耕作与栽培, (2): 1-2,12.

第六章 地下水漏斗区耕地轮作休耕制度试点研究

第一节 我国地下水漏斗区的形成与分布

地下水的大量开采,不仅会引起区域地下水位大幅度持续下降,同时会导致规模不等的地下水位降落漏斗。据不完全统计(张宗祜等,2004a),目前全国已形成地下水区域性降落(漏斗)区 100 余个(图 6.1)。有的地区,漏斗中心水位已低于海平面几十米,有些城市还出现了地面沉降,造成严重后果。

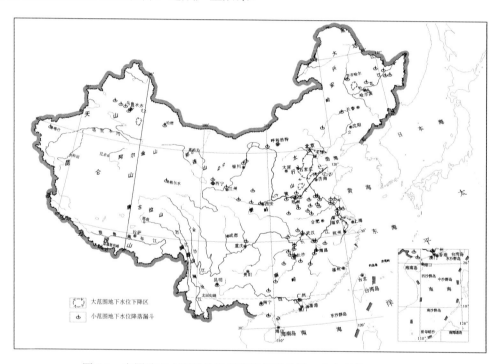

图 6.1 中国地下水环境地质问题降落漏斗图(张宗祜等,2004b)

据调查资料统计,我国发生区域地下水水位持续下降(漏斗)的省(区、市)主要有河北、山西、山东、北京、天津、上海、黑龙江等地,其中最为严重的是华北平原,在山前倾斜平原各城市均不同程度地出现浅层地下水水位下降漏斗。

浅层水下降幅度较大的地区主要集中在全淡水区,累计降幅大于 25m 的区域主要分布在石家庄市、保定市、辛集市、宁晋县、邢台市、永年县和唐山市区。降幅 15~25m 的区域主要集中于滹沱河冲洪积扇与大沙河冲洪积扇前的高阳县、蠡县、安国市、深泽县、邯郸市的广大平原地区及唐山市外围,其余地区地下水位普遍下降 6~7m。深层地下水下降漏斗主要集中在中东部平原,如大城县、沧州市、衡水市等地,降幅大于 70m

的区域主要集中于有咸水区的沧州、衡水两地；降幅 50～70m 的区域主要分布在中部平原，降幅 25～50m 的区域主要分布在山前冲洪积扇前缘的永清县、霸州市、肃宁县、饶阳县、辛集市、宁晋县、隆尧县、鸡泽县、广平县一线。深层水已形成了跨冀、京、津、鲁四省（市）的华北平原环渤海区域地下水水位复合降落漏斗。自 1985 年起对地下水开采进行控制，1985～1999 年，地下水水位的下降呈明显的减缓趋势。深层地下水水位下降速率减少到 2m/a（以衡水深层地下水漏斗为例），地下水水位降落漏斗的发展趋势有所减缓（表 6.1）（张宗祜等，2004c；石建省等，2014）。

表 6.1　河北省第四系地下水降落漏斗发展状况一览表

地下水类型	漏斗名称	1975 年		1985 年		1995 年		2000 年	
		中心水位埋深/m	影响区面积/km²	中心水位埋深/m	影响区面积/km²	中心水位埋深/m	影响区面积/km²	中心水位埋深/m	影响区面积/km²
浅层地下水	石家庄漏斗	15.29	187	31.32	259	43.47	371	42.28	340.50
	高里清漏斗	12.10	555	15.79	384	14.45	956	46.73	1090.80
	保定漏斗	14.42	44	30.51	173	32.65	210	31.79	240.10
	邯郸漏斗	26.62	220	37.40	81	27.56	49	27.20	36.35
	宁柏隆漏斗	11.78	846	22.97	1072	41.01	2431	65.37	3702
深层地下水	冀枣衡漏斗	32.68	3252	56.10	4698	76.18	5668	101.00	6363
	沧州漏斗	50.28	880	75.65		90.41	957	95.17	
	宁河—唐海	20.85	1629	24.85	1739	73.15	3175	82.54	3145.80
	霸州漏斗	17.04	140			31.60	107		
	青县漏斗	19.14	38	63.27		76.90	476	87.50	
	廊坊漏斗	8.88	18	45.05	233	68.61	326	78.30	362

第二节　河北平原地下水漏斗形成变化解析

地下水是地质流体中分布最为广泛、数量最多，也是十分活跃的一种地质作用营力。在地质历史进程中，地下水积极地传输能量、搬运和转换物质，储存了大量环境变化和地质作用信息。在生态学中，将地下水作为生态环境的基本支撑要素和关键因子；在成矿作用研究中，把地下水作为成矿作用的关键条件；在水文地质研究中，将地下水与环境演化的互为因果关系，以及在全球气候变化进程中气候变化在地下水中的响应作为重要的基础理论问题开始了探索。在国家经济建设中，地下水资源是不可替代的战略资源，是国家社会经济可持续发展和生态环境建设的基本条件之一。

在对盆地地下水迁移的驱动力研究上，存在两种学术观点，一种认为地下水来自山区和盆地周边的补给，在重力驱动下，入渗水流可深达数公里，流经距离可长达数百，甚至数千公里，最终流向区域性排泄基准面；另一种认为盆地周围入渗水对深层水运动影响的范围有限，其流动主要取决于上覆地层的静压力。在地层静压力作用下，不同岩性沉积层产生差异性压实，进而影响水的循环交替过程。

地下水特别是深层水研究历来是水文地质研究中的一个难题，又是水文地质理论的生长点。深层水形成过程漫长，所经历的作用极为复杂。研究中不仅涉及地下水的更新与演化，而且涉及岩相古地理、构造变化和发展历史及古水动力场问题等。正是由于其形成演化的复杂性和研究者认识的局限性，使它成为有待长期研究的命题。

以往我国水文地质界更多地重视浅层水研究，对于深层水研究相对滞后。对深层水的循环交替、成因类型转化、化学场形成演化及其分布等的研究比较薄弱。探索地下水在各个时期的循环活动的过程，可促进深层水动力学理论、研究方法的进步，推动地下水研究的创新和发展。

自 20 世纪 80 年代以来，地下水的环境同位素研究为深层水形成和循环过程的分析提供了新的证据。河北平原第四系深层地下水的年龄分布及环境稳定同位素组成特征研究表明，水的更新循环是与区域环境的变化相适应的，且随区域排泄基准面的变化而变化。受历史时期气候变化影响明显，而且在一定程度上"记录"了区域气候变化信息。采用多种技术方法展开深层地下水的研究并与地质环境变化研究相结合是深层水形成变化研究的新动态和新方向。

深层水的更新与变化受控于所储存、运移的地下水系统结构及环境。近几十年的人类活动影响，特别是大型工程、矿产开发，尤其是石油、天然气等的开发正在成为深层水演化的重要影响因素。深层承压水的开发利用正在改变其形成、储存及更新过程。随开发利用产生的各种环境地质问题是地下水系统结构调整的外在表现（效应），正确认识这些变化，并进行客观评价，是当前深层承压水研究的重要任务。

在深层承压水水资源评价方面，通常认为它是由侧向补给、越流补给、弹性释水、压密释水等部分所构成的。但是，在对深层承压水不同组成量的分割上却困难重重，有时甚至是不可能的，应如何合理地确定不至于引起环境变化的水头降深已成为深层水资源开发利用及评价的重要问题。

在此，希望通过对我国几个大型沉积盆地中深层地下水系统的分析，对深层水形成的复杂性有更深入的了解。

一、河北平原区地下水形成条件

新生代以来，在以沉降为主的河北平原，堆积了厚层、巨厚层的陆相、海陆交互相的松散沉积物，储存运移在其中的地下水为地区发展供水提供了优质水源，同时也是未来区域生态环境保护和建设的重要条件。以往的勘查表明，盆地中的沉积物成因类型多样、沉积层叠置组合关系复杂，系统结构在空间分布上，既是非均质的又是各向异性的，更有沉积间断发生；在时间上往往是非同步沉积物的集合体，表现为地下水涌水量及水化学组成都存在较大的地区差异。在河北平原等地区，由于近 50 年来对地下水的开发利用，已引起大范围的区域水位下降，甚至在一些地区诱发了地面沉降等环境地质问题，显示了地下水特别是深层承压水资源的脆弱性及其形成更新的复杂性。

河北平原地处华北地区的北部，总面积大于 5 万 km^2。围绕渤海湾堆积了厚达 1000～3500m 的松散沉积物，仅第四系就往往厚达 200～600m。山前地带以冲洪积物为主，中东部平原为冲积、湖积组成，滨海平原主要为海积、湖积及冲积叠积而成，含水层组往往由单层变为多层。

多年的地质、水文地质勘查表明，平原地下水系统结构的复杂性表现为地层结构在空间上的不均匀，时空上的叠积交错，反映了多种水流作用及其变化改造的过程，直接影响了含水岩组及其富水性、水化学类型等的空间分布及变化。

从山前到滨海和在山前从南到北的第四系地层对比剖面（图6.2～图6.6）与水文地质示意剖面（图6.7～图6.9）到简化的深、浅层结构（图6.10～图6.13）下的分析，水文地质概念模型已离地质实体模型越来越远。将深层水的复杂性结构人为地处理成了简单结构。

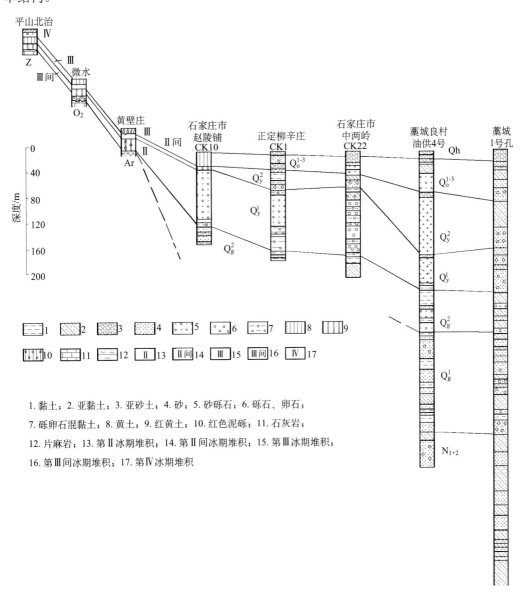

1. 黏土；2. 亚黏土；3. 亚砂土；4. 砂；5. 砂砾石；6. 砾石、卵石；

7. 砾卵石混黏土；8. 黄土；9. 红黄土；10. 红色泥砾；11. 石灰岩；

12. 片麻岩；13. 第Ⅱ冰期堆积；14. 第Ⅱ间冰期堆积；15. 第Ⅲ冰期堆积；

16. 第Ⅲ间冰期堆积；17. 第Ⅳ冰期堆积

图6.2 河北平原山前冲洪积区平山北冶乡—藁城区第四系对比剖面（陈望和等，1987）

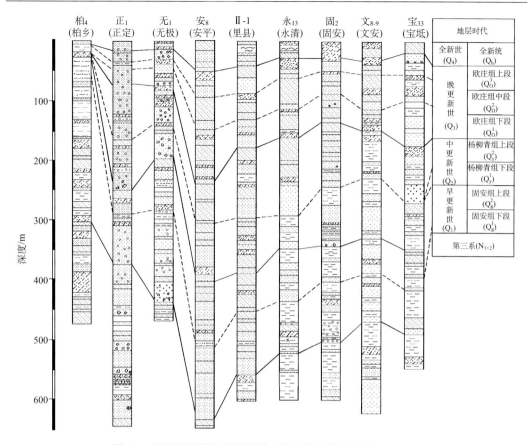

图 6.3　河北平原冀中区第四系对比剖面（陈望和等，1987）

以往为了便于研究，在第四系地下水系统含水岩组的划分中，大体按对应 $Q_1 \sim Q_4$ 时代，自下而上分为四个含水层组。在平原的不同部位各含水层组分布、厚度、物质组成、层数及构成等都存在极大差异，见典型剖面示意对比图（图 6.7～图 6.9）。虽然经过了大量简化处理，实际研究中限于资料等原因，往往按上、下两层进行分析。河北平原第四系 1959 年、1975 年和 1995 年的深层水流场对比图展示了近几十年来人类活动对深层水运动的影响及其所呈现出的变化差异性。

据 1959 年深层水水位观测资料绘制的流场图（图 6.10），主流向从山前至渤海湾，表现了地下水流系统的统一性。近 20 年来，由于对深层水的开发利用，承压水头发生较大变化，逐渐形成多处承压水头降落（漏斗）区（图 6.11～图 6.13）。事实上多层结构中的漏斗是多形态且相互套合叠置的，深层地下水流系统流场仅仅表示出复杂性的一种概化状态。

随着地下水开发利用程度的提高，降落漏斗进一步扩大，往往产生地下水系统结构的变化，进而引发地面沉降、地裂缝等一系列环境地质问题。过量的"索取"以巨大的"付出"为代价。地下水系统的强影响得到的是系统的巨反馈。这种状况与可持续发展战略要求是不相容的，更不利于应对未来全球变化的极端情况。

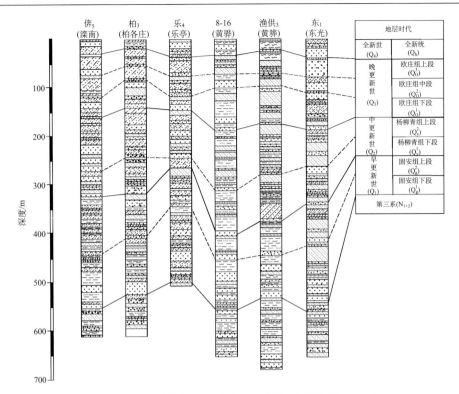

图6.4　河北平原黄骅区第四系对比剖面（陈望和等，1987）

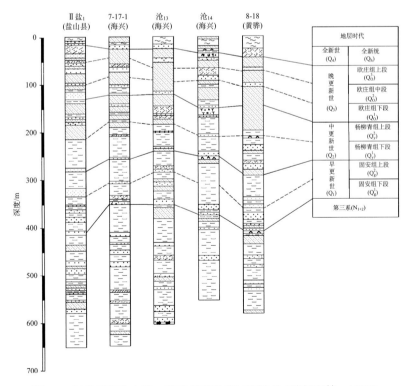

图6.5　河北平原盐山县—黄骅市第四系对比剖面（陈望和等，1987）

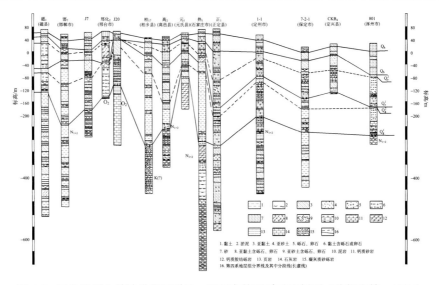

图6.6　河北平原山前冲洪积区磁县—涿州市第四系对比剖面（陈望和等，1987）

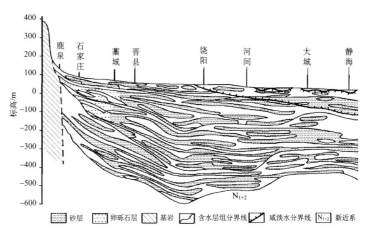

图6.7　石家庄市—静海县水文地质剖面示意图（陈望和等，1999）

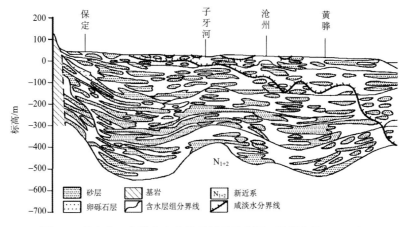

图6.8　保定市—黄骅市水文地质剖面示意图（陈望和等，1999）

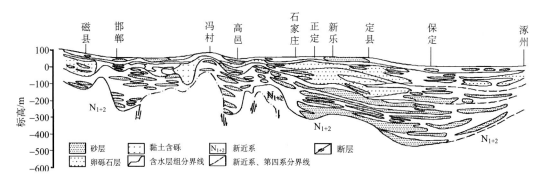

图 6.9　磁县—涿州市水文地质剖面示意图（陈望和等，1999）

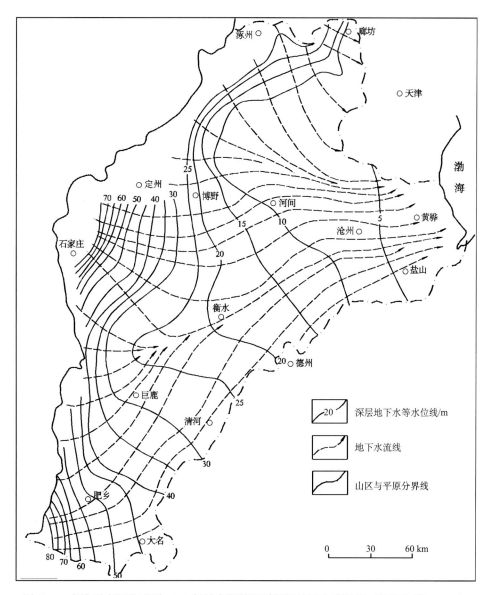

图 6.10　京津以南河北平原 1959 年枯水期第四系深层地下水流场图（陈望和等，1999）

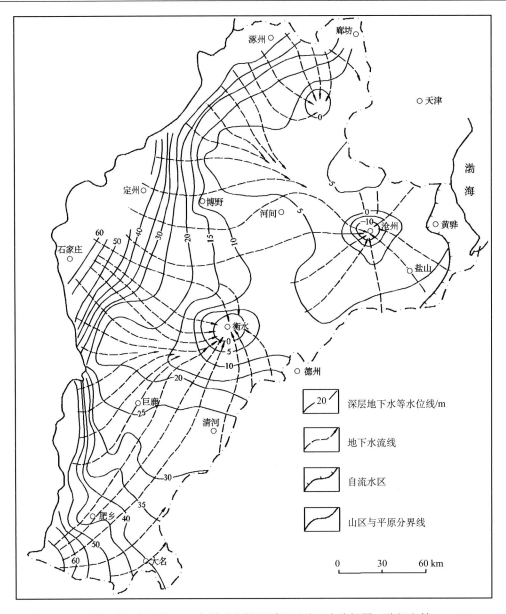

图 6.11　京津以南河北平原 1975 年枯水期第四系深层地下水流场图（陈望和等，1999）

　　深层地下水环境同位素研究为认识地下水更新过程提供了新信息。在河北平原石家庄—沧州—渤海湾剖面上，采集第四系不同含水岩组地下水 ^{14}C 分析样品 32 组，测定结果显示：由浅到深，由西而东地下水年龄不断增大，深层水年龄多介于 10～20ka，最大年龄不超 30ka，这种分布一方面说明第四系地下水系统具有整体性，另一方面说明地下水运移形式以活塞式为主。这种分布还表明在地下水中储存了 30ka 以来的古气候变化信息（图 6.13 和图 6.14）。

图 6.12　京津以南河北平原 1992 年枯水期第四系深层地下水流场图（陈望和等，1999）

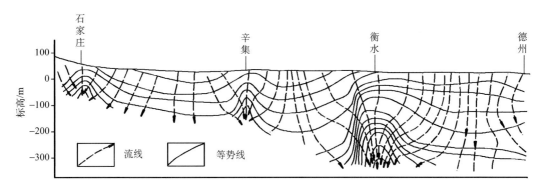

图 6.13　京津以南河北平原开采条件下的地下水区域流网剖面示意图（陈望和等，1999）

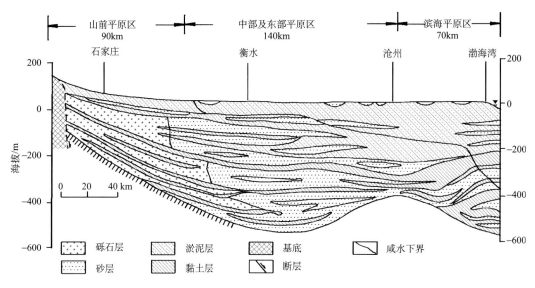

图 6.14　石家庄—渤海湾第四系水文地质剖面示意图

地下水的 $\delta^{18}O$ 含量往往能反映地下水的形成条件，$\delta^{18}O$ 沿地下水流向的变化是由其形成条件的变化引起的，在第四系地下水系统中，特别是深层水中，地下水的 $\delta^{18}O$ 含量存在明显的偏低现象（图 6.15），从地下水 ^{14}C 年龄与 $\delta^{18}O$ 关系图（图 6.16）上可看出年龄大于 10ka 地下水的 $\delta^{18}O$ 有一突然降低，这与全球晚更新世以来的古气候变化是一致的，说明地下水具有古气候变化信息储存功能。从图上还可看出，在 12.5～13.5ka 和 18～20ka 两个时段，无 ^{14}C 样品，特别是后者明显与盛冰期相对应，它可能表明该阶段无地下水补给产生。散点分布的不均匀、不连续特征，表明古地下水补给过程是非等速的，或者说现赋存于含水层中的地下水对不同年龄的分布是非正态的，受古气候、古排泄基准面（海平面）变化影响，存在一定的地下水形成期，这有待获取更多数据加以验证。

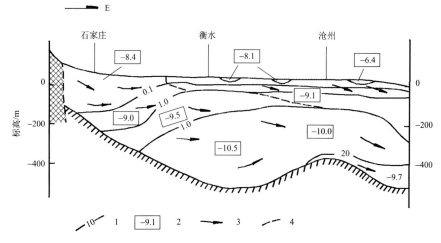

图 6.15　华北平原第四系地下水同位素水文地质剖面图（1992 年资料绘制）
1. 地下水年龄（ka）；2. 平均 $\delta^{18}O$ 值；3. 地下水流向；4. 咸淡水界面

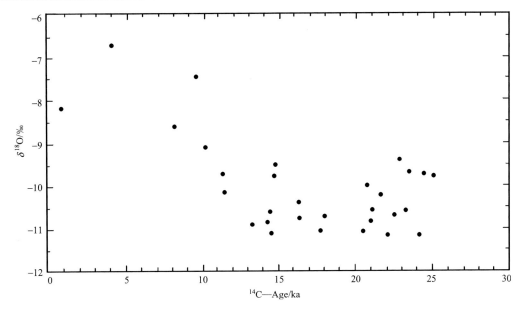

图 6.16 河北平原第四系地下水 $\delta^{18}O-^{14}C$ 关系图（1992 年资料绘制）

在综合因素影响下的地下水在迁移过程中形成的水化学组分的垂向分带和水平分带，一直被用来阐述和说明水岩作用。在河北平原第四系地下水研究中，沿石家庄—渤海湾剖面，将地下水矿化度分析结果绘制成图（图 6.17），发现地下水矿化度并不完全遵循简单的分带规律，而在中部深层水中存在一低矿化水带，这一结果与环境同位素研究成果相吻合（图 6.15），从而再次表明古气候变化对地下水化学成分形成的作用仍可分辨。由此看来，水化学的垂向分带和水平分带理论及水化学模拟计算都应充分重视古补给作用（古气候变化）对地下水化学成分形成的影响。另外，所测东部平原较深层咸水的 ^{14}C 年龄大都小于 15ka，证明晚更新世以来的干旱化过程对本区咸水的形成影响很大。根据以上分析概化了河北平原第四系地下水水流系统框架剖面示意图（图 6.18）。

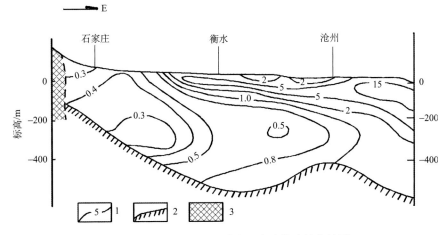

图 6.17 华北平原第四系地下水矿化度等值线图

1. 矿化度等值线/（g/L）；2. 第四系底板；3. 基岩

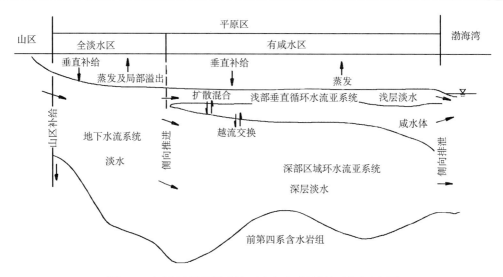

图 6.18　河北平原第四系地下水水流系统框架剖面示意图

为了更好地确认地下水的古气候储存功能,将地下水 $\delta^{18}O$-^{14}C 变化曲线与公认的古气候变化曲线进行综合分析对比(图 6.19),发现不同曲线的"颤动"吻合良好,证明地下水不仅是环境的重要组成部分,还是重要的信息载体,全新世变暖对应于地下水 $\delta^{18}O$ 高值区,冰期对应 $\delta^{18}O$ 的低值区,这种吻合从另一侧面证明了 ^{14}C 测年与 ^{18}O 测年结果

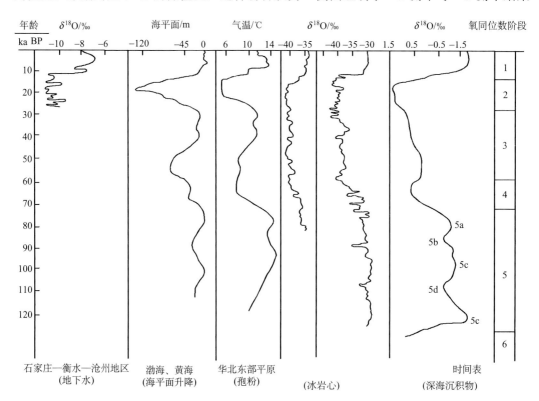

图 6.19　华北平原古气候变化曲线综合分析对比

的可靠性。这一地下水年代学剖面的建立为全球变化对比提供了新的信息源，同时也拓宽了水文地质的研究范畴。测年方法的引入使我们看到，实际的地下水补给过程要复杂得多。如果说地下水的年龄或地下水的更新周期大于万年的话，那么，在古气候变化的影响下，地下水的系统结构本身就是随时间变化的，因此应充分考虑地下水的形成变化过程，对深层地下水的评价（理论）需要在认识地下水形成和更新的机理基础上来进行。

就万年以上形成的深层地下水而言，是在 0～50m 顶层沉积物还未沉积时形成的。对这部分地下水天然更新的分析需要与古排泄基准面变化的分析相结合。深井开采等影响改变了地下水的排泄方式和补径条件。例如，在山前地带和天津的深层水开发区都明显发现地下水有"氚含量升高效应"，说明有较年轻水补给（混入）。地下水系统是一个相互关联的整体，深层水与浅层水存在变化条件下的水量转换。在衡水等地发现局部深层水矿化度升高迹象，表明咸水下移。这从水动力变化上来理解是很正常的一种现象。当然，也不排除大量机井沟通了含水系统内各含水岩组，破坏了彼此之间的相对独立性，特别是机井密度如此之大，质量又往往较差，使上下含水层组咸淡水导通在所难免。随着监测资料的增多和系统综合研究，对深层水形成演化及开发后的可恢复性会有更客观的认识，以指导深层水的开发利用。

二、河北平原地下水漏斗

（一）地下水漏斗现状

依据统测的地下水位资料，河北平原区浅层地下水降落总面积已近 7 万 km^2。漏斗分布见图 6.20 和图 6.21，大部分漏斗形成于 20 世纪 70 年代初。

（二）地下水漏斗分布演变特征分析

河北平原浅层含水层包括第 I 和第 II 含水层组，深层含水层包括第 III 和第 IV 含水层组。由于含水层结构不同，河北平原地下水漏斗分为浅层潜水–微承压漏斗和深层承压水漏斗。

20 世纪 70 年代以来，形成的分布面积较大的常年性浅层地下水漏斗区域主要有 4 个，分别位于石家庄市、廊坊市、保定市和邢台市（图 6.22）。形成的分布面积较大的常年性深层地下水漏斗区域主要有 2 个，分别位于沧州市和衡水市（图 6.23）。深层地下水漏斗多分布在开采量较大的中部、东部平原。

1. 石家庄浅层地下水漏斗分布与演变特征

石家庄漏斗区于 1965 年形成，于 1974 年封闭成形（图 6.24）（石建省等，2014）。主要开采埋深 30～90m 的太行山前全淡水资源，混合开采第 I、II、III 含水层组的地下水。1965 年之前，地下水基本处于天然状态，水位埋深 3～5m。1965 年之后，石家庄西郊农灌区由渠灌改为井灌，加上工业生产和城市居民生活用水量增加，区内地下水开采量大增，石家庄地下水降落漏斗迅速发展。1972～1990 年，石家庄市地下水多年平均开采量约 2.44×10^{8}m^3，其中浅层地下水开采量占 91.8%，深层占 8.2%；年均单位面积开采强度约 35×10^{4}m^3/(km^2·a)，其中浅层年均开采强度 32.1×10^{4}m^3/(km^2·a)，深层 2×10^{4}m^3/(km^2·a)，

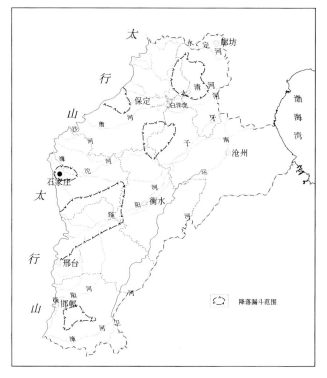

图 6.20 河北平原浅层地下水漏斗分布图

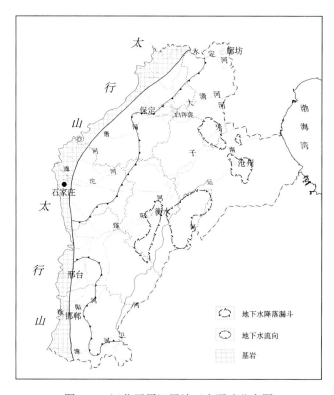

图 6.21 河北平原深层地下水漏斗分布图

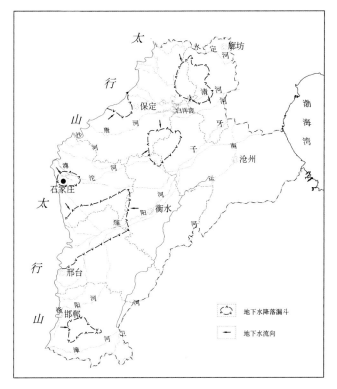

图 6.22 河北平原浅层常年性漏斗分布示意图

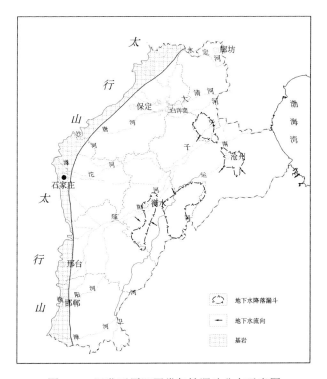

图 6.23 河北平原深层常年性漏斗分布示意图

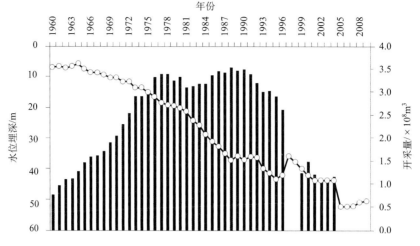

图 6.24　石家庄市区地下水漏斗水位埋深与市区开采量变化特征

对应浅层地下水位以 0.6 m/a 的速率下降，深层地下水位以 0.7m/a 的速率下降。

石家庄地下水降落漏斗形成初期，漏斗中心位于华北制药厂，并以石供 027 观测孔水位记作漏斗中心水位。1973 年，石家庄漏斗中心转移至石家庄印染厂，之后以石供 053 观测孔水位记作漏斗中心水位。图 6.24 和表 6.1 反映了石家庄地下水降落漏斗区形成前后，漏斗中心水位及埋深动态变化特征。1965 年，漏斗区形成伊始，漏斗中心水位埋深约 7.6m。之后，漏斗中心水位逐年下降。20 世纪 60 年代后期至 70 年代，平均降速为 0.9m/a。20 世纪 80 年代是下降速度最快的时期，年均下降 1.6m。1995 年和 1996 年为丰水年份，并发生 "96.8" 流域性大洪水，因此漏斗中心水位埋深回升至 35.59m。进入 21 世纪后，漏斗中心水位埋深在波动中下降，近几年略有回升。但是早在 1993 年前后，石家庄地下水降落漏斗区的大部分地区浅层含水层已经出现不同程度的疏干，城市大部分地区地下水位埋深已降至 30m 左右，第 I 含水组已全部干涸，第 II 含水组也部分被疏干。石家庄地下水降落漏斗不断向纵深发展的同时，漏斗在平面区域上波及的范围也逐年扩大，到 2005 年，影响面积几乎是形成初期的 10 倍，而且 21 世纪以来蔓延速度最快。

地下水开采量增大，且持续维持在较高水平，这是石家庄漏斗长期难以恢复的主要原因。石家庄市是一个以开采浅层地下水为主要供水水源的城市，主要环境地质问题是由过量开采地下水引起的。石家庄市的地下水开发利用程度较高，开采强度较大，开采模数达到 $31 \times 10^8 m^3/(km^2 \cdot a)$，多年平均地下水位下降速率为 1.36m/a。石家庄地下水位降落漏斗属于工业型地下水位降落漏斗。从总的趋势看，近期黄壁庄水库副坝加固工程将使地下水位降落漏斗向西北扩展，东部的市高新技术开发区、良村开发区和炼油厂水源地的建设将使东部外界外移，这些因素将使地下水位漏斗面积进一步扩展，漏斗区水位将继续下降。

由此可见，石家庄浅层地下水降落漏斗的形成与人类的密集开发密不可分。这在华北平原浅层地下漏斗的形成机制中具有典型意义，人类活动在华北平原其他浅层地下水降落漏斗的形成中也是主要因素。

2. 深层地下水漏斗分布与演变特征

（1）沧州。沧州市漏斗形成于 1967 年，并于 1971 年初具规模。在 1967～1971 年地下水勘探时期，沧州大部分地区的深层淡水多为自流状态或水头接近地表。由于浅层含水层分布有近百米的咸水体，沧州主要开采深层（第Ⅲ含水层组）的地下淡水资源。漏斗中心位于沧州市石油勘探二部（614）观测孔附近。图 6.25 和表 6.2 反映了沧州市地下水降落漏斗中心水位埋深及地下水开采量动态变化特征。由图 6.25 可见，沧州市深层地下水漏斗的发展与开采量密不可分。这在华北平原深层地下漏斗的形成机制中具有典型意义。

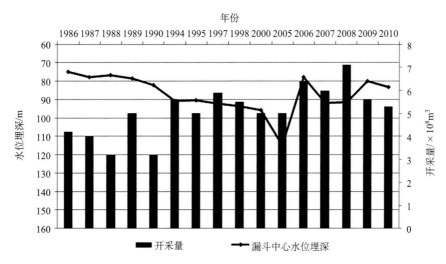

图 6.25　沧州市地下水降落漏斗中心水位埋深动态变化特征

表 6.2　沧州市地下水降落漏斗中心水位埋深动态信息统计表

年份	漏斗中心水位埋深/m	年份	漏斗中心水位埋深/m	开采量/×10^8m³
1971	22.47	1986	75.06	4.2
1972	24	1987	77.78	4.0
1973	32.65	1988	76.75	3.2
1974	41.6	1989	78.43	5.0
1975	50.28	1990	82.08	3.2
1976	53.69	1994	90.81	5.6
1977	59.88	1995	90.41	5.0
1978	58.07	1997	92.06	5.9
1979	65.02	1998	93.74	5.5
1980	69.99	2000	95.7	5.0
1981	74.48	2005	114.95	5.0

续表

年份	漏斗中心水位埋深/m	年份	漏斗中心水位埋深/m	开采量/×10^{8}m^3
1982	70.58	2006	77.95	6.4
1983	75	2007	92	6.0
1984	74.58	2008	91.63	7.1
1985	75.65	2009	80.04	5.6
—	—	2010	83.28	5.3

1971 年,漏斗区年开采量约360×10^{4}m^3,漏斗中心水位埋深22.47m,影响面积9.8km^2。之后,随着地下水开采量增大,漏斗范围及深度迅速增加。1980 年,漏斗区开采量 940×10^{4}m^3,漏斗中心水位埋深70m,分别是 1971 年的 2.6 倍和 3 倍。1979 年,–30m 等水位线圈闭面积为 50km^2。1980 年迅速扩大至 325km^2。1984 年,发展至 1158km^2。1979~1984 年,–30m 等水位线圈闭漏斗面积共增加了 22 倍多。1972~1990 年,沧州市地下水多年平均开采量约 7.3×10^{8}m^3,其中浅层地下水开采量占57.4%,深层占42.6%;年均单位面积开采强度约 5.19×10^{4}m^3/(km^2·a),其中浅层年均开采强度 2.98×10^{4}m^3/(km^2·a),深层 2.21×10^{4}m^3/(km^2·a),对应浅层地下水位以 0.1m/a 的速率下降,深层地下水位以 2m/a 的速率下降。漏斗中心区年均开采量 0.2×10^{8}m^3,开采强度 77.9×10^{4}m^3/(km^2·a),中心水位下降速率 3.3m/a。1989 年,–50m 等水位线圈闭面积 440km^2;1990 年,–40m 等水位线圈闭面积 1415km^2,–60m 等水位线圈闭面积 70.6km^2;1995 年,–50m 等水位线圈闭面积 996km^2,是 1989 年的 2.2 倍。1995 年,沧州市地下水降落漏斗中心转移至 641 厂。2005 年,漏斗中心水位降至历史最低值 115m,之后漏斗中心水位震荡中略有回升。2006年漏斗中心又转移至沧县东关。2010 年漏斗中心水位为 83.3m,与 1971 年相比,下降了 60 多 m。

（2）衡水。冀枣衡地下水降落漏斗位于衡水地区,开采深度 150~160m,开采层位为第III含水层组。1968 年,衡水市附近深层地下水位埋深约 2.9m,冀枣衡地区附近地下水位埋深约 9.3m。随着开采量不断增加,第III含水层组承压水漏斗于 1974 年形成,漏斗中心位于衡水市衡 62 观测孔。之后,水位逐年持续下降,到 1989 年时,漏斗中心水位埋深约 59.1m（水位–28m）,–30m 等水位线圈闭面积约 60km^2。1990 年,冀枣衡地下水漏斗区影响面积约为衡水地区面积的一半。1972~1990 年,衡水市地下水多年平均开采量约 7.3×10^{8}m^3,其中浅层地下水开采量占 53.8%,深层占 46.2%;年均单位面积开采强度约 9.3×10^{4}m^3/(km^2·a),其中浅层年均开采强度 4.5×10^4 m^3/(km^2·a),深层 3.9×10^{4}m^3/(km^2·a)。对应浅层地下水位以 0.2m/a 的速率下降,深层地下水位以 1.4m/a 的速率下降。漏斗中心区年均开采量 0.3×10^{8}m^3,开采强度为 200×10^4 m^3/(km^2·a),中心水位下降速率 2.1m/a。1995 年,漏斗中心位置转移至水文三队附近,漏斗中心水位埋深达到 76.2m,–37m 等水位线圈闭面积达到 2644.8km^2。2007 年,漏斗中心位置又转移至衡水市东滏阳附近。

表 6.3 和图 6.26 反映了冀枣衡地下水降落漏斗自形成至今,漏斗中心水位埋深及影响面积动态变化特征。可知,经历 40 多年的变迁,冀枣衡地下水降落漏斗在纵深与平面

两个方面均发生较大变化。漏斗中心水位不断下降,同时漏斗蔓延面积不断扩展。到2000年,漏斗中心水位降至历史性最低点,为101m,影响范围几乎达到1971年的4倍。

表6.3　冀枣衡地下水降落漏斗动态变化信息统计表

年份	漏斗中心水位埋深/m	面积/km²
1968	9.27	—
1969	10.55	—
1970	12.06	—
1971	15.1	1672
1972	20.98	3173
1973	26.9	4300
1974	28.46	3376
1975	32.68	3476
1976	37.85	3544
1977	30.99	3408
1978	40.74	3578
1979	39.34	3592
1980	50.31	3588
1981	47.74	3623
1982	52.25	3844
1983	54.15	4447
1984	57.28	4284
1985	56.1	4698
1986	52.15	4780
1987	55.71	4858
1988	56.5	5023
1989	59.08	5220
1990	56.84	4023
1991	59.97	—
1995	76.18	5668
1997	76.61	—
1998	76.21	—
2000	101	6363
2001	70.37	—
2005	96.12	—
2006	79.72	—
2007	80.58	—
2008	88.02	—
2009	75.58	—
2010	81.29	—

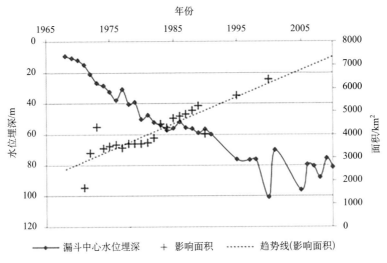

图6.26 冀枣衡地下水降落漏斗中心水位埋深及影响面积动态变化特征

三、漏斗成因及影响因素分析

开采地下水和地下水补给减少是漏斗形成最主要的影响因素，其中地下水补给减少既有自然因素也有人为因素。

（一）人类活动

自20世纪50年代末期开始，大力兴建水利工程，以取水和用水为目的的人类活动十分活跃。拦蓄山区地表水、疏浚平原河道，使河川径流线状补给地下水的自然方式和河道滚动的局面，变为灌溉面状补给和洼淀蓄水点状补给，取代了自然条件下洪水泛滥，依地层岩性自由补给地下水的状况。

1. 拦蓄地表水工程

该区的水利工程包括两个方面：第一，出山河道兴建水库，拦蓄入境地表径流；第二，平原河道疏浚工程，减少平原滞水，增加泄洪能力。

（1）水利工程的建设。中华人民共和国成立至1963年，初步治理了大清河、永定河、潮白河和漳卫河，使入海泄洪能力达到4620m³/s。在"大跃进"和"以蓄为主"的思想推动下，开始了兴建水库的大规模水利建设高潮，这个时期同时开工了23座大型水库和47座中型水库，在1963年海河南系大水中发挥了巨大的拦洪、削峰作用。

1963年海河南系大水后，掀起了继兴建水库之后，以"一定要根治海河"为目标的第二次大规模水利建设高潮，主要整治平原河道，施行疏通和滞蓄等工程，使各河的防洪能力都有所提高，尾闾不畅的局面有所改善，入海泄洪能力提高，初步形成了"上蓄、中疏、下排、适当地滞"的防洪体系。这一时期，完成了子牙新河、滏阳新河、四女寺减河及中游洼淀治理。

20世纪70年代中期，为缓解京、津、唐供水紧张局面，兴建引滦工程，在滦河出山口建成两座大型蓄水控制工程——潘家水和大黑汀串联水库，拦蓄了滦河的山区径流，大大减少了滦河入海水量。

进入 21 世纪，跨流域调水工程已施工并建成，开始了小范围的引水，如岗黄等四库联调向北京应急供水、引黄济津等。2000 年 10 月至 2012 年引黄河水 8.706 亿 m³，天津市收水 4.0825 亿 m³，向河北省沧州市大浪淀补水 0.576 亿 m³，损失 3.9331 亿 m³，其中渗漏损失 1.5887 亿 m³。

（2）水库的分布。海河流域出山口水库的分布如图 6.27 所示。各水库拦蓄地表径流量按水库集水面积与水库以上流域面积之比计算，也称拦蓄率。22 座入平原河道的大中型水库拦蓄率为 83.5%。

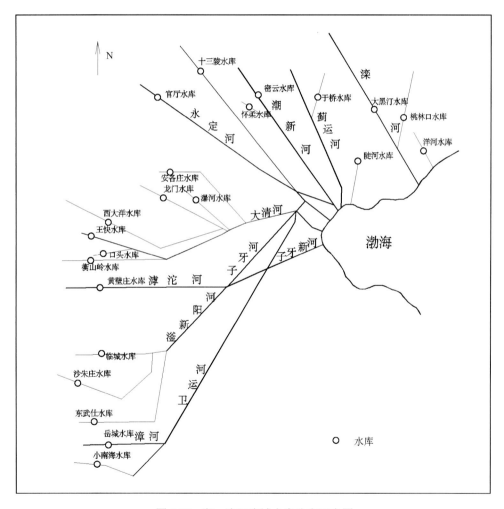

图 6.27 海、滦河流域水库分布示意图

滦河水系的出山口拦蓄地表水的水库有洋河水库、桃林口水库、大黑汀水库和陡河水库，控制面积为 41645km²，拦蓄山区 47120km² 88.4%的地表径流。

海河北系出山口拦蓄地表水的水库有于桥水库、密云水库、怀柔水库、十三陵水库和官厅水库，控制面积为 62076km²，拦蓄山区 66809km² 92.9%的地表径流。

海河南系出山口拦蓄地表水的水库有安各庄水库、瀑河水库、龙门水库、西大洋水库、王快水库、口头水库、横山岭水库、黄壁庄水库、临城水库、沙朱庄水库、东武仕水库、岳城水库和小南海水库，控制面积为 54276km²，拦蓄山区 75076km² 72.3%的地表径流。大清河水系的拒马河没有山前水库拦蓄，如仅计算大清河，水库控制面积为 9982km²，山区面积为 18807km²，地表水拦蓄率为 53.1%。子牙河水系的地表水拦蓄率为 81.9%、漳运河为 74.8%。

（3）水库的拦洪作用。兴建于山区与平原交接带的大型水库，通过水库防洪调度，在协调入库洪水、出库泄量和库水位的关系的基础上，起到了拦蓄洪水和削减洪峰的功能，让汹涌的洪水缓慢沿河道穿过平原，保护了下游人民群众的安全。

如 1963 年海河南系大洪水，8 座水库拦蓄洪水 $37.72 \times 10^8 m^3$，削减了 47.2%的洪水水量，调节了 67.2%的洪峰水量（表 6.4）。1988 年海河南系山区洪水，统计四个大型水库的削减洪水量为 66.5%（表 6.5）。

表 6.4 1963 年大型水库拦蓄洪水情况

水库名称	洪水总量 /$10^8 m^3$	拦蓄水量 /$10^8 m^3$	削减 /%	最大入库流量 /(m³/s)	最大出库流量 /(m³/s)	削减 /%
岳城水库	18.80	6.59	35	7450	3500	53
临城水库	5.34	1.48	28	5560	2450	56
岗南水库	9.65	8.63	89	4390	812	82
黄壁庄水库	22.03	7.12	32	9850	6150	38
口头水库	0.62	0.48	77	672	32	95
王快水库	11.48	5.42	47	9520	1790	81
西大洋水库	8.71	5.87	67	7580	1610	78
安各庄水库	3.22	2.13	66	6320	499	92

表 6.5 1988 年水库削减洪水情况表

水库名称	入库水量/(m³/s)	出库水量/(m³/s)	削减/%
王快水库	2370	752	68
西大洋水库	804	341	58
横山岭水库	543	135	75
安各庄水库	544	200	63

注：引自海河水利委员会.1993. 中国江河防洪丛书：海河卷，213～214。

2. 地下水开采与利用

凿井取水在河北平原历史悠久，考古发现邯郸涧沟距今 4000 多年的深达 7m 的水井。取用深层地下水源于 20 世纪 20 年代，40 年代石家庄的供水井仅 2 眼，保定仅有 1 眼供官方使用的机井。

据统计，1949 年河北省共有砖石井 60.8 万眼，井灌面积 58 万 hm²；1950 年各地多打砖石井，1958 年首次钻成井管机井，随着大锅锥、冲击式和回转式钻机的应用与推广，至 50 年代末，全省共有配套机井 4.4 万眼，砖石井 109.7 万眼，井灌面积 93.33 万 hm²；60 年代末期农田灌溉机井建设开始兴起，全省共建成配套机井 18.6 万眼，井灌面积达 171.07 万 hm²；70 年代，受气候干旱的影响，华北平原掀起了打机井的热潮，据统计，河北省 1972 年打浅深层水井超过 6 万眼，至 1979 年全省共有机井 56.7 万眼，较 1969 年增加 38.1 万眼，井灌面积达 263.07 万 hm²，较 1969 年增加 92 万 hm²；80 年代，除继续打机井外，还采取了一系列节水措施，如建设地下输水管道、垄沟防渗等，至 90 年代初，全省共有配套机井 73.4 万眼，砖石井 11.3 万眼，井灌面积达 307.33 万 hm²。

1949 年，中华人民共和国成立后，工业、农业生产开始迅猛发展，水资源需求量日渐增加。然而，大规模开采地下水还是在 20 世纪 70~80 年代，当时华北平原遭受连年干旱，在人们对含水层储存能力认识的提高和打井技术的成熟的带动下，区内掀起了大打机井的热潮。地下水开发利用由初期供水水源井点状开采，发展至形成供水水源井集中的供水水源地、工业生活自备井、面状分布的农业井、深浅层地下水的大范围、高强度立体开采的格局。井的形式也由机井代替了初期的土井、砖井、压水井等。

据"七五"国家科技攻关项目第 57 项"华北地区及山西能源基地水资源研究"显示，华北平原浅层地下水的实际开采量为 $162.31 \times 10^8 \mathrm{m}^3/\mathrm{a}$，其中农业用水 $133.30 \times 10^8 \mathrm{m}^3/\mathrm{a}$，工业用水 $29.01 \times 10^8 \mathrm{m}^3$。华北平原 20 世纪 70 年代平均地下水开采量为 $156.57 \times 10^8 \mathrm{m}^3/\mathrm{a}$，开采强度为 $11.13 \times 10^4 \mathrm{m}^3/(\mathrm{km}^2 \cdot \mathrm{a})$，80 年代则增为 $211.09 \times 10^8 \mathrm{m}^3/\mathrm{a}$，开采强度为 $15 \times 10^4 \mathrm{m}^3/(\mathrm{km}^2 \cdot \mathrm{a})$。河北平原开采强度较大，为 $16.89 \times 10^4 \mathrm{m}^3/(\mathrm{km}^2 \cdot \mathrm{a})$（表 6.6）。

表 6.6　河北平原地下水平均开采量变化状况

研究区	20 世纪 70 年代		20 世纪 80 年代		20 世纪 90 年代		2000 年	
	开采量/	开采强度/	开采量/	开采强度/	开采量/	开采强度/	开采量/	开采强度/
	$(10^8 \mathrm{m}^3/\mathrm{a})$	$[10^4 \mathrm{m}^3/(\mathrm{km}^2 \cdot \mathrm{a})]$	$(10^8 \mathrm{m}^3/\mathrm{a})$	$[10^4 \mathrm{m}^3/(\mathrm{km}^2 \cdot \mathrm{a})]$	$(10^8 \mathrm{m}^3/\mathrm{a})$	$[10^4 \mathrm{m}^3/(\mathrm{km}^2 \cdot \mathrm{a})]$	$(10^8 \mathrm{m}^3/\mathrm{a})$	$[10^4 \mathrm{m}^3/(\mathrm{km}^2 \cdot \mathrm{a})]$
河北平原	88.04	12.04	123.5	16.89	122.26	16.72	128.62	17.59

20 世纪 60 年代以前，河北平原地下水开采量仅在 $20 \times 10^8 \sim 30 \times 10^8 \mathrm{m}^3/\mathrm{a}$，地下水开采量从 70 年代的 $88.04 \times 10^8 \mathrm{m}^3$ 左右发展到 80 年代的 $123.5 \times 10^8 \mathrm{m}^3$，1990 年为 $122.26 \times 10^8 \mathrm{m}^3$，2000 年达到 $128.62 \times 10^8 \mathrm{m}^3$。地下水开采井数量在 20 世纪 70 年代初仅有 35×10^4 眼左右，到 2003 年达到 86.2×10^4 眼。在人们认识到开采地下水对环境的危害后，地下水的开采已开始逐步遏制，2003 年以来沧州市已基本停采深层承压水，邯郸市的生活用水也改为开采黑龙洞泉岩溶水为主，唐山也开采区内岩溶水补充本地水资源。80 年代以来的开采量变化见图 6.28。

3. 地表水灌溉工程

地表水灌溉是将河道线状补给地下水方式人工改变为灌区的面状补给，从某种意义

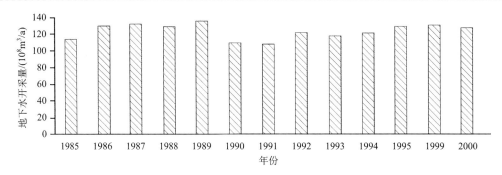

图 6.28　河北平原地下水开采量变化图

上说增加了地下水的补给强度。因此，地表水灌溉也是人类改变地下水资源的途径。为发展华北平原的农业灌排事业，地表水拦蓄工程都具备灌溉的任务。至 20 世纪 60 年代初，河北省万亩以上灌区有 72 处，有效灌溉面积为 740.4 万亩；70 年代万亩以上灌区达 104 处，有效灌溉面积为 68.9 万 hm^2，这一时期严重干旱在河北省拉开了序幕，为抗旱，以建成的水库为水源，大力发展灌溉工程；至 80 年代初，河北省万亩以上灌区有 157 处，有效灌溉面积为 106.6 万 hm^2，河北省严重干旱已达极限，水资源明显供需不足，灌渠老化失修严重，影响了地表水灌溉面积的发展，提高渠道有效利用率成为当务之急，在保证原有灌区的情况下，积极发展地表水灌溉工程；90 年代初，河北省万亩以上灌区有 176 处，有效灌溉面积 109.6 万 hm^2，渠系水利用率由 0.46 提高到 0.5。

根据 2010 年统计数据，华北平原 41 个大型灌区中，设计灌溉面积大于 6.7 万 hm^2 的大型灌区有 13 个，其中 7 个位于鲁北平原，4 个位于豫北平原，2 个位于河北平原。设计灌溉面积最大的 3 个灌区分别是位山灌区（36 万 hm^2）、潘庄引黄灌区（33.3 万 hm^2）和李家岸引黄灌区（21.4 万 hm^2），均位于鲁北平原。2010 年，华北平原大型灌区的农业灌溉用水总量达 80.206×10^8m^3，其中鲁北平原为 44.159×10^8m^3，占全部农灌用水量的 55.06%；其次是河北平原和豫北平原，分别为 16.060×10^8m^3 和 15.595×10^8m^3，天津平原和北京平原分别为 3.415×10^8m^3、0.977×10^8m^3。41 个大型灌区中，农业灌溉用水量超过 1.0×10^8m^3 的有 24 个，包括鲁北平原的潘庄引黄灌区（12.170×10^8m^3）、位山灌区（7.163×10^8m^3）、河北平原的滦河下游灌区（4.297×10^8m^3）、豫北平原的渠村引黄灌区（3.491×10^8m^3）及天津平原的里自沽灌区（2.470×10^8m^3）等。

（二）自然因素

天然条件下，华北平原地下水的补给最主要的来源是大气降水入渗补给。1960～2009 年共 50 年的平均降水量为 543.5mm，近 50 年来降水量呈递减趋势。降水量最枯竭的 80 年代较丰富的 60 年代减少 17%（图 6.29）。

综上所述，拦蓄降低了地表来水量，开采主导了水位下降，灌溉入渗成了地下水的重要补给源。从山前到滨海地下水位普遍下降，山前潜水下降 30～40m，东部承压水下降近百米，形成了山前的串珠状地下水漏斗和中东部的"河北平原环渤海复合大漏斗"。

（三）典型区地下水位下降的主导因子分析

以石家庄为例，分析研究地下水位下降的主导因子。20 世纪 50 年代，石家庄市地下水开采量为 26.36 万方/d，之后开采量日趋上升，1970 年达 43.36 万方/d，1980 年达到 90.62 万方/d。

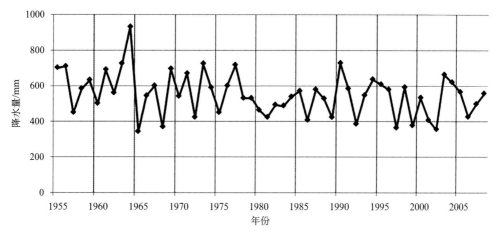

图 6.29　华北平原历年降水

据计算，区内多年平均地下水开采量为 204mm，补给量为 189.7mm。超量开采地下水，使地下水资源的年内均衡遭到破坏，地下水位持续下降，区域性地下水漏斗产生并逐年扩大。漏斗中心水位埋深由 1975 年的 15.3m 降至 1985 年的 31.3m，2003 年达 52.4m，已造成含水层疏干，疏干厚度最大在石家庄市第一印染厂附近，疏干厚度为 32.98 m。

简而言之，人类活动起主导作用，气候变化加剧地下水位的下降趋势。

第三节　漏斗区耕地轮作休耕试点技术

党中央、国务院着眼生态文明建设和农业可持续发展的重大决策部署，将河北省黑龙港地下水漏斗区列为季节性休耕试点区。按照国家实行轮作休耕制度试点方案有关要求，河北省认真落实试点任务，积极探索季节性休耕制度，试点工作取得阶段性成效。

一、试点情况及成效

（一）试点情况

按照农业部、中央农办等 10 部门《探索实行耕地轮作休耕制度试点方案》要求，河北省将休耕与地下水超采综合治理试点相结合，及时下发河北省季节性休耕实施方案，2016 年在衡水、沧州、邯郸、邢台、保定、廊坊 6 个市的 55 个县落实季节性休耕面积 12 万 hm^2，超额完成国家下达河北 6.67 万 hm^2 的休耕任务，项目市级验收和省级考核已全部完成。2017 年农业部分配河北省休耕任务 8 万 hm^2，及时下发省级实施方案分解休耕任务，全部落实到农户和地块。

（二）取得的成效

从实施情况看，季节性休耕项目取得显著成效。

1. 节水意识普遍提高

通过试点工作，各级政府对水资源有限性、紧缺性的认识得到进一步深化，因水制宜、适水发展的理念得到进一步强化，特别是市县在招商引资、引进项目时，更加注重对本地水资源承载能力的评估论证，对高耗水的项目不立项、不引进。同时，通过积极有效的思想发动、舆论引导、典型示范，广大农民群众节水意识明显增强。清华大学中国农村研究院的调研报告指出，农民休耕意愿很高，在298户受访农户中，有休耕意向的为218户，占受访农户的73%。

2. 促进农田节水

自2014年开展地下水超采综合治理试点以来，三年累计实施休耕面积24万hm^2，亩均节水180m^3，共减少农田用水6.48亿m^3。通过实施季节性休耕，实现了一季（小麦）休耕，一季（玉米、花生、杂粮杂豆）基本雨养，把传统的对抗性种植变为适应性种植，节省了地下水开采，保护了水资源。

3. 利于生态环保

小麦休耕后，不仅减少了农业用水，还能减少化肥、农药等化学品的投入，减轻对土壤的污染。长期以来，为获得小麦高产，在小麦全生育期内每亩需要投入化肥26kg（折纯）、农药0.5kg，小麦休耕后，这些化肥和农药不再使用，减少了面源污染，保护了生态环境和地下水。

4. 后茬增产明显

河北省处于一年两熟至一年一熟的过渡带，大部分地区热量资源种植一季作物有余、两季不足。小麦休耕后，为下茬作物生长提供了充足的热量资源，利于实现高产。以播种玉米为例，5月中旬至6月中旬可以等墒播种，播种期比项目实施前提早10～15天，加之玉米收获期可大幅延迟，对玉米高产潜力发挥和实现籽粒直收较为有利，既增加了玉米产量，又降低了劳动强度。

5. 加速土地流转

项目要求集中连片或整村推进实施，激发了新型经营主体的参与热情，加速了土地流转，土地规模化经营面积不断扩大。

二、主要举措

为完成好这项重大改革任务，积极探索可复制、可推广的休耕模式，重点采取了以下措施。

（一）加强组织领导

健全机制，协同配合，形成合力。河北省政府成立了地下水超采综合治理试点工作领导小组，省长亲自任组长，省政府办公厅和省财政厅、省水利厅、省农业厅、省国土厅等10个省直部门为成员单位，统一推动包括开展季节性休耕在内的地下水超采综合治理试点工作。同时，省农业厅会同省发改委、省财政厅等部门，建立了季节性休耕制度试点协调机制，明确工作职责、加强指导、强化管理、协同推进试点工作落实。省农业厅成立了休耕试点专家指导组，及时研究工作中遇到的技术问题，有关市、县也成立了相应组织机构。

（二）强化责任落实

经省政府同意，省农业厅会同省发改委、省财政厅等九个部门联合印发了《河北省2016年度耕地季节性休耕制度试点实施方案》，将12万 hm^2 季节性休耕任务分解到6个市55个县。有关市、县也制定了试点方案，将休耕任务分解到了乡、村、农户，确定到了地块。为便于管理和发挥规模效益，坚持以种粮大户、家庭农场、农民合作社等新型经营主体为单元，成方连片，集中实施，并鼓励有条件的地方整村推进。层层签订责任状，明确各级任务和责任。村委会与休耕农户签订休耕协议，农户负责落实休耕任务、管护好休耕耕地，村委会负责监督农户落实任务，核实休耕面积和发放补助资金数额，并进行公示。为推动工作落实，省、市、县、乡分别成立了包县、包乡（镇）、包村责任制，组织机关干部和技术人员进村入户，蹲点包片，指导农民开展休耕试点，协调解决工作推动中遇到的困难和问题，对蹲点干部和技术人员登记造册，报上一级农业部门备案。

（三）合理划定区域

河北省是小麦主产省，休耕要统筹考虑节水与稳粮的关系。一方面，把生产条件好、水资源相对较丰富的太行山山前平原区划定为小麦生产优势区，建档立卡，上图入册，严格保护，加大投入，提高生产能力，稳定粮食产能。另一方面，把地下水超采严重的黑龙港漏斗区定为小麦生产非优势区，适当压减小麦面积，实行季节性休耕。

（四）科学确定模式

为了达到休耕目的，积极探索休耕养地的方式方法，丰富休耕模式，针对黑龙港地区一年两熟农时紧张的实际，经组织专家科学论证，在休耕区重点实施了两种休耕方式：一是自然休耕，即在小麦休耕期间不种任何作物，不进行任何田间耕作，让耕地在自然状态下休养生息；二是休养结合，在小麦休耕期间种植一茬"二月兰""冬油菜"等绿肥养地作物，秋季播种，第二年下茬作物播种前翻压入田作为绿肥，这样既能解决冬春季节农田地表裸露问题，又能培肥土壤、提高地力，去年在沧州、衡水等市8个县进行了示范试验，效果很好。

（五）严格规范管理

季节性休耕试点季节性强，涉及农户多，资金投入大，社会关注度高。为了确保试点工作稳步推进，省级制定了项目管理办法，项目县绘制了实施区域示意图，稳步推进休耕地块四至信息提取工作，将休耕地块落实到农户和地块，逐步将休耕任务纳入数字化管理。村委会负责填报休耕清册，对承担项目的农户、实施面积、补贴金额等信息进行详细登记造册。休耕清册经乡镇政府、村委会和农户三方签字盖章后，存档备查，并将相关信息在村务公开栏张榜公示，留有影像资料，接受群众监督，防止弄虚作假、套取或冒领补贴等行为的发生。

（六）认真督导检查

省、市、县农业部门对季节性休耕试点进行不定期督促检查。为确保休耕面积真实可靠，采取县级自验、市级验收、省级考核的办法进行严格把关。县级政府组织农业、财政、审计等部门抽调人员联合自查，利用 GPS 等测量工具，对每一个项目单元进行全覆盖自验，确认休耕面积。市级组织人员对县级自验结果进行抽查核实和验收。省级组织人员对市级验收结果进行抽查和考核。

（七）开展宣传培训

实施季节性休耕制度试点涉及农户多，共涉及 314 个乡（镇）、1570 个行政村、14.7 万个农户，又是一件新生事物，过去国家鼓励农民多种粮、种好粮，现在让农民休耕养地，基层干部和农民对此心存疑惑。为此，把加强宣传、搞好培训作为推动休耕落实的重要措施，在电台、电视台、报刊、网络等新闻媒体，广泛宣传开展季节性休耕的重大意义、政策背景、实施范围、操作办法和补贴标准，主动将项目实施方案、管理办法等文件上网公开公示，有关市县通过举办培训班和印制明白纸等方式，组织技术人员深入乡村农户面对面进行讲解。通过宣传发动和技术培训，提高了广大干部和农民群众的思想认识，增强了既不放松粮食生产，又要适当开展休耕养地的信心，充分激发了各级自觉参与休耕的积极性。

三、问题与建议

（一）积极探索新的监测技术与应用

休耕项目试点范围大，涉及农户和地块多，面积核实难度大。目前多为市县面积抽查验收，客观存在项目区面积不实的风险。建议国家尽快将土地确权数据应用到休耕面积核查，利用卫星遥感实时监测地块休耕动态，探索利用监测数据替代人工抽查验收，逐步实现休耕地块卫星遥感全覆盖，建立识别准确、服务高效的"天空地"数字农业监测管理系统。

（二）统筹协调粮食生产与水资源安全的关系

根据国务院印发的《国务院关于建立粮食生产功能区和重要农产品生产保护区的指

导意见》，河北省已列入粮食生产功能区和重要农产品生产保护区。建议国家进一步对河北省粮食安全和水资源安全问题进行统筹考虑，减轻河北省粮食生产压力，做到藏粮于地，降低地下水开发强度。

（三）稳定及适时调整补贴标准

据调查，2015 年和 2016 年，休耕区周边种植小麦亩均纯收益 530 元，休耕项目每亩补助 500 元，农民基本接受。2017 年，小麦价格持续上涨，单产水平稳步提高，农民种麦预期收益增长较快，为了更好地推动试点工作，建议将休耕补贴标准及时提高，以确保休耕农户收益不受影响。据调查，2017 年部分农户种麦纯收益亩均已达 700 元，对休耕项目不积极，有的要求退出休耕项目。

（四）设立休耕制度研究科研专项

休耕补偿制度属于生态补偿，补偿机制的动态性和补偿标准多样化是对参与休耕农民利益的保护，休耕耕地质量和面源污染等生态效应评价也是一个长期的过程。建议国家设立科研专项，重点在休耕规模、生态效应、补偿机制、休耕模式和休耕与粮食安全的影响等方面进行研究，逐步建立完善的休耕制度体系。

（五）重点加强监测和调研

将各地的典型经验、休耕试点模式和工作成效认真归纳总结。一是总结推广休耕模式。针对种植制度和土壤肥力，认真总结适合地下水漏斗区的休耕、节水、养地模式，强化宣传，强力推进。二是做好耕地季节性休耕耕地质量监测，完善监测方案，规范监测程序，完成监测报告，为科学休耕打好基础。三是按计划完成休耕试点地块信息填报工作，为实施休耕地块遥感监测和数字化管理打下基础。四是完成年度休耕任务，做好休耕试点总结，按时向国家报送进展情况。

（六）恢复水环境，加大地下水补给研究

建议充分利用好山区雨洪资源，加大水库放水，充分利用南水北调水资源，加大地下水补给研究。恢复水循环，提升水环境容量才是解决该区水问题的根本出路。需要多部门联动和法律法规建设，科学治水，促进该区农业可持续发展。

参 考 文 献

陈望和, 等. 1999. 河北地下水. 北京: 地震出版社.
陈望和, 倪明云, 等. 1987. 河北第四纪地质. 北京: 地质出版社.
河北省人民政府关于报送 2016 年度耕地轮作休耕制度试点工作进展情况的报告. 2017.
石建省, 等. 2014. 华北平原地下水演变机制与调控. 石家庄:中国地质科学院水文地质环境地质研究所.
张宗祜, 李烈荣, 等. 2004a. 中国地下水资源(河北卷). 北京: 中国地图出版社.
张宗祜, 李烈荣, 等. 2004b. 中国地下水资源. 北京: 中国地图出版社.
张宗祜, 李烈荣, 等. 2004c. 中国地下水资源与环境图集. 北京: 中国地图出版社.

第七章　重金属污染区耕地的轮作休耕技术

第一节　我国耕地重金属污染现状与防治

一、我国耕地土壤重金属污染现状

根据环境保护部和国土资源部 2014 年发布的《全国土壤污染状况调查公报》，我国耕地土壤存在比较严重的污染，土壤污染的主要原因是工矿业、农业等人为活动及土壤环境背景值高。全国土壤总超标率为 16.1%，无机污染物超标点位数占全部超标点位的 82.8%。就不同区域而言，南方土壤污染重于北方，长江三角洲、珠江三角洲、东北老工业基地等部分区域土壤污染问题较为突出，西南、中南地区土壤重金属超标范围较大；Cd、Hg、As、Pb 4 种重金属含量分布呈现从西北到东南、从东北到西南方向逐渐升高的态势。土壤中 Cd、Hg、As、Cu、Pb、Cr、Zn、Ni 的点位超标率分别为 7.0%、1.6%、2.7%、2.1%、1.5%、1.1%、0.9%、4.8%。耕地土壤主要污染物为镉、镍、铜、砷、汞、铅、滴滴涕和多环芳烃，其点位超标率为 19.4%，其超标率远高于林地、草地和未利用土地（环境保护部和国土资源部，2014）。换言之，我国受污染的耕地约占耕地总量的五分之一，重金属污染是我国耕地土壤污染的主要问题。

不同区域农业土壤的重金属污染状况调查显示，我国不同区域农业土壤存在不同程度的重金属污染，有些地区（如工矿企业周边、大中城市郊区、污灌区、高背景区等）土壤重金属的污染比较严重。贵州省（高背景区）1820 个农业土壤样品中，Cd 超标率可达 32%；46 个县（市、区）土壤中，有 28 个县（市、区）样品的 Cd 平均含量超标，超标率 61%；在黔南、六盘水、毕节、遵义、贵阳、黔西南、铜仁、安顺和黔东南等 10 个地州市中，所有地州市的农业土壤中 Hg 的平均单因子污染指数均≥1，最高的是 6.0；有 4 个地州市农业土壤 Cr 的平均单因子污染指数大于 1，最高的是 1.5；5 个地州市农业土壤中 As 的平均单因子污染指数大于 1；3 个地州市农业土壤中 Pb 的平均单因子污染指数大于 1（吉玉碧，2006）。杨国义等（2007）调查了广东汕头、湛江、东莞、惠州、中山和顺德等典型区域农业土壤中重金属（Cu、Zn、Ni、Cr、Pb、Cd、As 和 Hg）的污染状况，结果表明，578 个农业表层土样中，出现重金属超标的样品有 230 个，Pb 没有超标，Ni 超标最严重；果园土壤重金属污染比水稻土和菜园土严重。霍霄妮等（2009）的调查表明，北京市郊区农业土壤中，Cr 处于轻度或中度污染状态，As、Cu、Zn、Cd 有 50%以上的样点处于轻度污染状态，而 Ni、Pb、Hg 有 60%以上的样点处于清洁或尚清洁状态，污染较轻；综合评价结果表明几乎所有的样点都处于轻度污染状态。王英英等（2012）调查了成都平原西部 6 个县（市）表层土壤中重金属污染的状况，结果表明耕地土壤中 Cd 的点位超标率为 37.5%，V 和 Ni 的点位超标率分别约为 27.5%和 22.5%，Hg、Cr 和 Cu 的点位超标率低于 10%。喻鹏等（2015）对江汉-洞庭平原农业土壤重金属（Cu，Pb，Zn，Cr，Cd，Hg，As）污染状况的调查结果表明，在 109 个土样中，Cd 的超标率为 3%，Pb 的超标率为 16%，Zn 的超标率为 21%，As 的超标率为 23.7%，Hg 超标率达 58%。关卉等（2008）调查了湛江市农业土壤表层样品和农作物样品中 Cr 的含量，结果表明，土壤 Cr 的超标率为 20.75%。在福建省部分工矿企业和城市郊区土壤中，蔬菜地土壤全 Cd 含量大于 0.3mg/kg 的点位占 39%，水田土壤全 Cd 含量大于 0.3mg/kg 的点位占 37%；蔬菜地土壤中全 Pb 高于 250mg/kg 的点位占 9.1%，水田土壤中全 Pb 高于 250mg/kg 的点位占 2.8%，矿区附近耕地土壤的 Cd 和 Pb 的污染程度显著高于其他耕地土壤（王果未发表资料）。

土壤重金属污染导致农产品中重金属不同程度超标。蔬菜基地中蔬菜的重金属污染程度普遍较低。广东省 516 个蔬菜基地 18 种蔬菜品种 1465 个样品中，Pb 合格率为 97.0%，Cd 合格率为 98.9%（王佛娇等，2014），这是因为蔬菜基地的土壤条件比较好、土壤重金属污染少见所致。广州主要蔬菜市场上的 36 个蔬菜样品的分析结果则表明，蔬菜中 Pb、Cr、Cd 的超标率分别为 22.2%、38.9%和 13.9%，但以轻度污染为主（秦文淑等，2008），进入市场的蔬菜来源复杂，因此其重金属污染程度远高于蔬菜基地生产的蔬菜。孙美侠等（2009）分析了徐州市市场上 240 个蔬菜和水果样品中 Pb、Cu、Cd、Cr、Zn 的含量，Cd 超标率分别为菠菜 33.3%，猕猴桃 16.7%，芹菜 10.0%，苹果 25.0%，豇豆 5.0%，葡萄 10.0%，大白菜 16.7%，梨 15.0%；水果中 Zn 的超标率分别为葡萄 30.0%，梨 25.0%。汤惠华等（2007）于 2004～2005 年分析了厦门市各超市和市场上采集的 46 个品种 532 份蔬菜样品中重金属的含量，结果表明样品中 Pb、Cd、As、Hg 的平均值分别为 0.010mg/kg、0.083mg/kg、0.056mg/kg、0.003mg/kg，仅部分品种的 Pb 超标，大部分蔬菜中 As、Hg、Cd 三种重金属的含量都较低。李其林和黄昀（2000）对重庆市近郊菜地的蔬菜中重金属含量的分析结果表明，蔬菜中存在 Pb、Cd、Hg 含量超标的情况，其他重金属未超标。土壤污染程度轻的区域蔬菜重金属的超标率较低，而污染较严重的区域则不同。杨胜香等（2012）调查了湘西花垣锰矿、铅锌矿区蔬菜重金属的污染状况，发现两矿区所有蔬菜 Pb 和 Cd 的含量均超标，分别超标 2.0～10.75 倍和 2.2～19.8 倍。豆长明等（2014）调查了安徽铜陵矿区周边的土壤和蔬菜，结果显示萝卜 Pb 超标率达 88%，Cd 超标率达 50%。马往校等（2010）分析了西安市城区 10 种蔬菜 80 个样品中 Hg、As、Pb、Cr、Cd 的含量，结果表明蔬菜中 As 和 Cd 的含量较低；Hg 和 Cr 的超标率均为 2.5%，Pb 的超标率为 61.2%。福建城市郊区和部分工矿企业附近的调查结果表明，470 个蔬菜样品（23 个蔬菜种类）中 Pb 的超标率为 9%（谢团辉，2012）。

一般认为水稻对土壤 Cd 有较强的富集能力。Norton 等（2014）比较了不同国家从农田收获的稻米（糙米）中 Pb 的含量（mg/kg）：加纳 0.007±0.007（n=138），法国 0.011±0.005（n=24），菲律宾 0.012±0.019（n=22），美国 0.021±0.031（n=31），孟加拉国 0.032±0.043（n=400），斯里兰卡 0.048±0.018（n=41），中国 0.096±0.064（n=47），中国（矿区附近）0.676±0.804（n=125），可见我国稻米 Pb 含量高于其他国家，矿区附近农田生产的稻米 Pb 含量更高。国内的调查研究也显示稻米重金属的污染比较严重。从华东、东北、华中、西南、华南、华北地区县级以上市场随机采购的 91 份大米样品中，Cd 超标率为 13%（甄燕红等，2008）。湖北、湖南和江西的 101 份稻米中，Cd、Hg、Pb 和 Cr 的超标率分别为 37%、16%、60% 和 70%（刘周萍，2016）。曲建平等（2015）对湖南省市售的 100 份大米样品进行了检测，Cd 超标率为 24%，Pb、Cr、Hg、As 均未超标。重庆市所有大米产区县的 1020 份大米样品中，大米 Cd 超标率仅 0.69%（黄文捷，2015）。宁波市的 168 个晚稻稻米中，Cd 超标率为 8.3%，Pb、As、Cr、Hg 均未超标（王明湖等，2016）。福建城市郊区和部分工矿企业附近的调查结果表明，345 个糙米样品中 Cd 的超标率为 14.5%（王果未发表资料），328 份糙米样品中 Pb 的超标率为 4.2%（王果未发表资料）。福建省 283 个籼稻糙米 Hg 的超标率为 3.2%（田甜，2016）。杨冰等（2015）在贵州 9 个地区的粮食批发市场上随机采集的 103 份大米样品中，Hg 超标率为 4.85%。显然，不同区域、不同土壤环境条件下生产的稻米中，有的出现很严重的重金属污染，有的仅有轻微的重金属污染。

不少调查和研究均发现，农产品重金属的超标率往往低于土壤的超标率。许华杰（2008）调查了遵义县农业土壤和蔬菜（红辣椒、西红柿、白菜、菠菜、黄瓜、茄子、豇豆、四季豆）中 Cd 污染状况，发现土壤 Cd 超标率为 67.3%，但是蔬菜中 Cd 均未超标，这是由于贵州土壤性质特殊，土壤中重金属的有效性较低所致。不同作物对土壤重金属的富集能力不同，因而在相同的土壤污染条件下，不同农产品中重金属的超标情况也不同。邹素敏等（2017）研究了 17 种不同的蔬菜品种对重金属的富集特征，对 Cr、Cd、Pb 的富集系数最小的是萝卜，对 As 富集系数最小的是芥菜，对 Hg 富集系数最小的有荷兰豆和毛豆、南畔迟萝卜和短叶 13 号白萝卜。苏苗育等（2006）的研究表明，福建省主要蔬菜对土壤 Cd 的富集能力可以分为 4 组：富集能力很强的蔬菜，包括空心菜和芹菜等；富集能力较强的蔬菜，包括芥菜、蒜、大白菜和葱；富集能力中等的蔬菜，包括白菜、春菜、萝卜和莲藕；富集能力弱的蔬菜，包括豇豆、丝瓜、花椰菜和葫芦。不同作物富集能力的差异是重金属污染土壤安全利用的主要依据。

综上可见，我国耕地土壤和农产品中重金属的污染比较严重，这已经引起社会的广泛关注。2016 年 5 月，国务院下发了《国务院关于印发土壤污染防治行动计划的通知》（国发〔2016〕31 号）。2017 年 3 月，农业部印发《关于贯彻落实〈土壤污染防治行动计划〉的实施意见》。2017 年 9 月，环境保护部和农业部联合下发了《农用地土壤环境管理办法（试行）》。这些行动计划、实施意见和管理办法对农用地土壤环境的监测、评价、安全利用、修复和管理等方面都提出了明确的要求，有效推动了我国农用地土壤环境质量的管理和保护工作，也将有效地提高我国农产品质量安全的水平。2016 年 6 月，国务院又提出了《探索实行耕地轮作休耕制度试点方案》，启动了我国耕地轮作休耕的试点工作，其中重金属污染耕地是国家指定的轮作休耕试点对象之一，这也开启了轮作休耕与重金属污染耕地修复相结合的序幕。

二、耕地土壤重金属污染的防治对策

对于重金属污染的耕地，目前采取的对策主要包括安全利用、修复和管制三大类。安全利用具有成本低、易操作、见效快等优点，目前已经成为我国轻中度重金属污染耕地上降低农产品重金属污染的主要对策；土壤修复可以去除部分土壤重金属，效果持久，在重金属污染较严重的耕地上可以采用；在重金属污染十分严重且暂时无法实施修复的条件下，必须禁止种植可食用农作物。休耕与禁种有相似之处，但后者的强制意味较浓，而前者以促进和引导为主。

（一）安全利用技术

污染耕地土壤的安全利用指采用农艺综合措施使农产品中污染物超标率降低的农业利用模式。安全利用模式一般包括土壤重金属污染程度的分级、重金属土壤钝化、重金属低富集作物选择与种植和水肥调控等农艺措施。通过安全利用模式，可以降低土壤重金属的有效性、抑制农作物对土壤重金属的吸收，从而降低农产品中重金属的含量。

1. 重金属污染程度的分类（分级）

土壤重金属污染程度的分类（或分级）是开展后续安全利用或修复的必要前提，合理的分类（分级）有利于采取针对性的后续措施，从而达致更好的效果。国家《土壤污染防治行动计划》要求，要根据土壤环境质量将土壤分为优先保护类、安全利用类和严格管控类，其中安全利用类耕地实施农业安全利用。分类和分级可以采用土壤重金属总量和有效量作为依据。重金属污染农用地土壤的分类（分级）可以采用如下方法。

（1）依据土壤重金属总量的分类。土壤重金属污染程度的分类可以采用国家《土壤环境质量　农用地土壤污染风险管控标准（试行）》（GB 15618—2018）进行分类。若土壤重金属总量低于筛选值，农产品超标的风险可以忽略，该土壤可以安全种植大部分农作物，其产品重金属基本不超标，可以划为优先保护类。若土壤重金属含量高于管控值，则对于大多数农作物而言是不安全的，其产品中重金属超标的风险很大，难以通过农艺措施使其达标，因此不宜直接种植农作物，应划为严格管控类。介于两者之间的就是安全利用类，此类耕地通过实施安全利用措施可以保障农产品的质量安全。需要指出的是，农用地土壤重金属筛选值的功能在于警示风险，并不意味着一旦土壤重金属含量超过筛选值就一定存在风险，使用者必须通过当地的土壤和农产品协同监测才能确认是否存在风险。

（2）依据土壤重金属有效量的分级。一般而言，土壤重金属的有效量比总量能够更好地反映其有效性，能更好地指示其风险，因此可以采用土壤重金属的有效量作为依据对土壤环境质量进行分级。目前国家尚未发布关于土壤重金属有效量的标准，各地可以根据当地土壤-农作物协同监测的结果，在国家筛选值和管制值的基础上，制定适合于地方情况的分级标准，也可以参照环境条件相似的其他省份的效果标准。福建省是我国首先制定省级耕地土壤重金属污染程度分级标准的省份，于2016年颁布了《农产品产地土壤重金属污染程度的分级》（DB35/T 859—2016）地方标准，该标准规定了 Cd、Pb、Cr、As、Hg、Ni、Cu、Zn 和 Mo 的安全值、限制值和高危值（表7.1）。据此标准可以将土壤分为安全级、警戒级、限制级和高危级。

安全级：土壤重金属有效态含量均低于（或等于）安全值。在安全级土壤上，绝大多数作物产品中重金属含量不会超过国家食品污染物限量标准，可以安全生产。安全级可以视同为优先保护区。

表7.1　**《农产品产地土壤重金属污染程度的分级》（DB35/T 859—2016）指标**（福建省质量技术监督局，2016）

项目	镉	铅	砷	铬	汞	镍	钼	铜	锌
安全值	0.14	15	1.4	0.5	0.04	0.8	0.8	12	20
限制值	0.30	35	3.2	1.2	0.08	2.0	1.4	25	60
高危值	0.65	80	6.0	2.0	0.16	4.0	2.0	50	90

注：表中数字为有效量（mg/kg）。

高危级：土壤重金属有效态含量高于高危值。在高危级土壤上，大多数农作物产品中的重金属含量会超出食品中污染物限量标准。因此高危级可以视同为严格管控区，可以划为优先休耕区或禁种区。

警戒级：土壤重金属有效态含量低于（或等于）限制值但高于安全值。在警戒级土壤上，多数农作物的农产品中重金属含量不会超标，但部分对土壤重金属富集能力强的农作物产品中重金属会超标。在农业利用上，不宜直接种植对土壤重金属富集能力强的农作物。警戒级属于安全利用类。

限制级：土壤重金属有效态含量低于（或等于）高危值但高于限制值。在限制级土壤上，对土壤重金属富集能力中等或较强的农作物产品中重金属含量会超标，其余农作物产品中重金属不会超标。因此不宜直接种植对土壤重金属吸收富集能力中等或较强的农作物。限制区依然属于安全利用区。

2. 重金属污染土壤的钝化（稳定化）

土壤的钝化（稳定化）指通过施用钝化剂而降低土壤重金属有效性的技术。通常的钝化剂包括钙质钝化剂（石灰石粉、熟石灰、白云石粉等）、磷质钝化剂（磷灰石、羟基磷灰石、可溶性磷酸盐等）、硅质钝化剂（硅酸钠、偏硅酸钠、硅酸钙等）、有机物（生物炭、堆肥、有机肥等）、含铁钝化剂（硫酸亚铁、零价铁等）、含硫钝化剂（硫化钠、硫粉等）、各种矿物质（海泡石、沸石等）、复合钝化剂等。不同的钝化剂适用于不同的重金属污染，且具有不同的效果。

钝化剂可以在一段时期内降低土壤重金属的有效性，但这种钝化效果会随着时间的推移而减弱，不会永久存在。因此土壤经过钝化以后，要定期监测土壤重金属的有效性，一旦发现钝化效果显著减弱，就要补施钝化剂。钝化作用不会降低土壤重金属的含量，因此不会从根本上消除土壤重金属的风险，这是这类技术的主要不足。

3. 低富集作物的选择与种植

低富集作物指对土壤重金属的富集能力较弱的作物。不同作物对土壤重金属的吸收富集能力是不同的，有的相差十几倍、甚至几十倍（图7.1）。在重金属污染的土壤上选种低富集作物，其产品中的重金属含量低于一般农作物，产品的质量安全性比其他农作物更高。因此，在污染不是太严重的土壤上，通过种植低富集作物，就有可能显著降低农产品超标的风险。稻米 Cd 超标是当前我国社会十分关注的热点问题。已有的研究表明，粳稻稻米中 Cd 的累积浓度一般低于籼稻。常规稻的稻米中镉的浓度可能低于杂交稻，但是变异较大。不同的蔬菜种类对土壤重金属的富集能力也不一样，例如芹菜、茄子、芋头、蕹菜、苋菜等对土壤镉的富集能力较强，而豆类、瓜果类对土壤镉的富集能力较弱；豆科蔬菜对土壤钼的富集能力远高于其他蔬菜（图 7.1）。

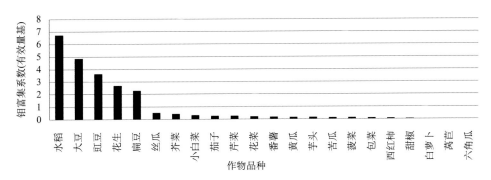

图 7.1　不同农作物可食用部分对土壤钼的富集系数（以有效钼为基数，王果未发表资料）

4. 水肥调控

（1）水分调控技术。土壤水分状况的改变可以影响土壤中若干重金属的形态和有效性，是调控土壤中若干重金属有效性的有效而简便的方式。种植水稻过程中长期淹水，会增强土壤的还原性、促进 H_2S 的形成，从而可以降低土壤 Cd 的有效性。因此水稻田可以采用全程淹水的方式来降低稻米中 Cd 的含量。淹水还会促进土壤 As 还原成为 As^{3+}，亚砷酸盐的水溶性高于砷酸盐，有效性较高。因此 As 污染的土壤上不宜种植需要长期淹水的水稻，而应改为旱地，种植旱作，以减少农产品中 As 的含量。较强烈的还原条件有利于土壤 Cr 转化为三价铬，三价铬的毒性和有效性都低于六价铬。因此 Cr 污染的土壤最好不种旱作，宜改种水稻，以降低土壤 Cr 的有效性和农产品中 Cr 的浓度。

虽然水分管理可以有效地改变土壤部分重金属的有效性，但同时也要考虑水分管理在其他方面的效应。Cd 污染的水稻田上，长期淹水可以抑制土壤 Cd 的有效性，但淹水不利于病虫害的控制，因此长期淹水的稻田中可能出现病虫害增多的现象，此时要综合考虑各方面的因素，酌情调整水分管理方式。

（2）施肥辅助技术。硅肥喷施和土施、硒肥喷施、铁肥喷施都有可能降低农产品中 Cd 的浓度。万亚男等（2015）的研究表明，供铁明显降低了黄瓜根、茎、叶对 Cd 的吸收，降低 Cd 在黄瓜地上部的分配及由根向茎转运 Cd 的能力。杨芸等（2015）的研究表明喷 Fe 降低了番茄叶、根、茎、果实的 Cd 含量，但喷施高浓度 Fe（400 μmol/L）比低浓度 Fe（200 μmol/L）时的番茄各部位 Cd 含量有所增加。张海英等（2011）的研究表明 Se 可通过清除膜脂过氧化产物丙二醛（MDA），保护细胞膜的完整性，降低重金属离子的含量，有效抑制草莓叶片和果实对重金属 Cd 和 Pb 的吸收。郭锋等（2014）的研究表明土施 Se 可以有效抑制菠菜根部对 Cd 的吸收、富集和向地上部的转运，使菠菜地上部和根部 Cd 含量显著降低。需要指出的是，通过使用 Si、Se、Fe 等肥料来影响植物对重金属的吸收和累积，其效果的变异较大，会出现无效甚至相反的效果。一些肥料可以改变土壤的 pH，从而影响一些重金属的有效性，例如钙镁磷肥的 pH 较高，施入酸性土壤中会提高土壤 pH，从而降低 Cd、Pb 等重金属的有效性。

（二）土壤修复技术

1. 植物提取技术

在重金属污染土壤上种植重金属超累积植物，可以从土壤中提取重金属，从而逐步降低土壤重金属含量。由于植物提取不但不会对土壤肥力造成危害，反而有利于土壤肥力的提升，因此植物提取技术被认为是"绿色的"重金属污染土壤的修复技术。可以用作植物提取的植物包括超累积植物和高累积植物。超累积植物指其地上部某种重金属含量超过临界浓度的植物，一般重金属的临界浓度为 1000mg/kg（干重），而 Cd 的临界浓度为 100mg/kg（干重）。高累积植物指其地上部重金属浓度低于临界浓度、但高于一般植物的植物（如巨菌草）。

在进行植物提取时，为了增加植物对土壤重金属的吸收量，可以使用增强剂以提高土壤重金属有效性。增强剂包括 EDTA、表面活性剂、茶皂素等。EDTA 虽然具有显著的增强效果，但其在土壤中的残留对土壤的影响尚不明确，因此在耕地土壤上应慎用。茶皂素是一种可降解的生物表面活性剂，必要时可以使用。用于植物提取的植物在收割后，其地上部不能随意处置，以免造成新的污染。地上部可以通过焚烧或堆肥等措施减量化，而后作为危废集中处置或提取其中的重金属作为新的资源。

2. 客土技术

（1）换土，指将污染的耕作层土壤去除，移到别处填埋，再从异地运来清洁土壤回填，再造一个清洁的耕作层。通过换土，可以彻底去除原来土壤中的重金属污染，是一种可以彻底消除土壤重金属污染的治理方法。换土技术的实施条件是具备清洁土源和污染土壤的填埋场所。在过去的几十年中，日本对重金属污染耕地土壤进行了大规模的换土改造，取得了良好的效果。

（2）覆土，指在原来的受污染的耕作层上覆盖一层清洁土壤。覆盖的土层应足够厚，保证一般作物的根系不会伸入污染土层。覆盖清洁土层可以保证一般农作物产品质量的安全，但由于污染土层依然存在，当种植根系较深的作物时，作物根系仍然可能从污染土层吸收重金属而导致产品重金属超标。当缺乏污染土壤填埋场所时，可以采用覆土的方法。该方法适用于所有重金属污染的土壤，是一种可以降低土壤重金属进入农产品的措施。

（3）稀释，指将清洁土壤与原来的污染表土层混合，降低表土层土壤中重金属浓度，从而达到降低作物对重金属吸收的效果。该方法适用于污染程度不严重的各种重金属污染的土壤。用于稀释的清洁土壤的数量要足以将土壤重金属稀释到允许的浓度之下。稀释后要试种当地对土壤重金属吸收能力较强的农作物，并分析农产品中重金属的含量，确认农产品中重金属含量达标后方可作为安全的耕地使用。

清洁土壤一般从异地运来。如果表层土壤重金属含量比较高，而表层以下的土壤重金属含量较低，也可以通过深耕以稀释表层土壤的重金属。深耕稀释只适用于重金属污染程度不严重的土壤。由于深耕稀释的效果变化较大，因此经过稀释后，要监测农产品中的重金属含量，以保证农产品的质量安全。

3. 化学淋洗技术

化学淋洗指向土壤中添加淋洗剂溶液（酸、螯合剂、中性盐、表面活性剂等），对土壤进行淋洗，促使原来吸附在土壤颗粒表面的重金属解吸进入土壤溶液，再分离土壤颗粒与土壤溶液，从而达到降低土壤重金属的目标。在淋洗去除土壤重金属的同时，也会对土壤肥力造成不同程度的破坏，不同淋洗剂对土壤肥力的破坏程度不同。为了尽量减轻化学淋洗对土壤肥力的破坏，应该选择性质温和的淋洗剂来淋洗耕地土壤。化学淋洗的成本较高，因此只能在资金比较充足的条件下才能采用。

在现有的各类淋洗剂中，中性盐属于对土壤肥力的破坏作用较小的且具有一定重金属去除能力的淋洗剂。氯化钙（$CaCl_2$）是一种对土壤 Cd 具有一定去除能力且性质比较温和的淋洗剂，可以用于以 Cd 污染为主的土壤的淋洗。磷酸盐（如 Na_2HPO_4）可以部分去除土壤中的 As 或 Mo，可以用于 As 或 Mo 污染的土壤。

不论何种淋洗剂，都会不同程度地去除土壤中的养分和有机质、降低土壤微生物的数量与活性、破坏土壤结构性。因此，淋洗后的土壤必须根据土壤肥力的变化情况进行培肥，具体做法包括增施有机肥、补充土壤养分、施用石灰或其他调理剂以调节土壤 pH，必要时可以施用微生物菌剂，土壤培肥可以与农作物种植同步进行，也可以在不种农作物的时期进行。

4. 电动力学修复技术

向土壤施加直流电场，在电迁移、扩散、电渗透、电泳等的共同作用下，使土壤溶液中的离子向电极附近富集从而被去除的过程，称为电动力学技术。该技术要求土壤应具有如下特征：水力传导度较低、污染物水溶性较高、水中的离子化物质浓度相对较低。黏质土在正常条件下，离子的迁移很弱，但在电场或水压的作用下会得到增强。在实验室条件下，电动力学技术对低透性土壤（如高岭土等）中的砷、镉、铬、钴、汞、镍、锰、钼、锌、铅的去除效率可以达到 85%~95%。电动力学修复技术适用于黏质土，对饱和及不饱和的土壤都可能有效。但该技术的使用成本较高，且技术要求也较高，因此在大面积应用中受到限制，但可以在污染较严重的局部进行。

（三）休耕或禁种

休耕是指在一段时间内完全不种植农作物的一种农业耕作模式。休耕对生态环境的恢复、减少地下水的采用、土壤肥力的保育和污染土壤的修复有重要意义。在不同的条件下，休耕的目标和意义不同。对于地下水漏斗区，休耕可以减少地下水的采用量，保护地下水资源。对于土壤肥力而言，休耕可以使土壤休养生息，恢复地力。对于重金属污染的耕地而言，休耕除了有利于地力恢复以外，最重要的目的在于腾出时间进行污染土壤的修复，从源头上切断污染农产品的生产，是重金属污染耕地土壤修复不可或缺的辅助措施。

第二节　湖南试点区耕地重金属污染与风险防控

湖南省地处我国中部、长江中游，总面积 21.18 万 km²，占全国国土面积的 2.2%。辖 13 个市 1 个自治州、122 个县（市、区）。湖南地貌类型多样，以山地、丘陵为主，大体上是"七山二水一分田"，其中山地面积占全省总面积的 51.2%，丘陵及岗地占29.3%，平原占 13.1%，水面占 6.4%。湖南矿产丰富，矿种齐全，是驰名中外的"有色金属之乡"和"非金属矿产之乡"，世界已知的 160 多种矿藏中，湖南有 143 种，其中37 种储量居全国前 5 位，62 种储量居全国前 10 位，钨、锡、铋、锑等储量居全国之首，钒、重晶石、隐晶质石墨、陶粒页岩等矿种储量居全国第 2 位。湖南有色金属采选开发已有数百年历史，重金属污染历史包袱沉重，土壤重金属背景值历来偏高。根据湖南省对农业环境多年定位监测结果，目前污染农田的重金属主要是 Cd、Pb、Hg、As、Cr，其中以 Cd 污染尤为突出。洞庭湖区 Cd 含量平均值是全国平均水平的 2 倍，特别是紫色砂页岩土壤中 Cd 含量最高，一般为 0.403mg/kg，最高达 4.113mg/kg，而紫色砂页岩土壤约占全省耕地面积的 34%，使土壤 Cd 含量背景值普遍偏高。湖南是全国的农业大省，水稻播种面积和产量一直稳定在 6500 万亩和 530 亿斤左右，位居全国前列。"镉米风波"对湖南乃至整个南方稻米产业造成了极大冲击，同时也对目前农业生产安全和生态环境保护敲响了警钟，引起了社会普遍关注和政府的高度重视。另外，农业投入品无管制使用、大气沉降等外源性污染、养殖业废水污灌等因素造成的耕地污染也日渐凸显。

一、湖南省农田和农产品重金属污染现状

（一）农田重金属污染现状

调研资料表明，湖南省 Cd 污染点位超标率约 25%，并存在少数 As、Pb、Ni、Cu等的污染。耕地土壤 Cd 污染主要为轻度污染，占 88.2%，中度和重度污染仅分别占超标点位的 6.3% 和 5.5%。

（二）农产品重金属污染现状

2012～2013 年全省 14 个市州 4105 份稻谷的 Cd 监测平均值为 0.24mg/kg，稻米合格率为 53.8%；介于 0.2～0.4mg/kg 的占 24.3%，超过或等于 0.4mg/kg 的占 21.9%。特别是长株潭地区，稻米 Cd 超标率（≥0.2mg/kg）达 68.6%，其中稻米 Cd≥0.4mg/kg 的占 37.5%（雷鸣等，2010）。

湖南省农产品重金属污染主要分布在湘江流域至洞庭湖平原，湘南、湘西山区农产品重金属超标面积较小。2014 年湖南省农业、环保、国土和科研部门调查的湖南省稻米重金属含量（n=21384）表明：

（1）稻米 Cd 含量为 0～4.6mg/kg，平均为 0.30mg/kg；

（2）稻米 As 含量为 0~2.1mg/kg，平均为 0.13mg/kg；

（3）稻米 Pb 含量为 0~12.2mg/kg，平均为 0.11mg/kg；

（4）稻米 Cr 含量为 0~27.3mg/kg，平均为 0.29mg/kg；

（5）稻米 Hg 含量为 0~0.2mg/kg，平均为 0.003mg/kg。

可见，稻米中 Cd、Pb、Cr、As、Hg 皆存在不同程度的超标现象，其中以 Cd 超标较为严重，但 Pb、Cr、As、Hg 最大超标倍数达 6~30 倍，也存在较大的污染风险。

二、湖南农田重金属污染源特征分析

（一）湖南省土壤重金属污染分布特征

对农田土壤 1945 个样本（图 7.2）的单因子污染指数如表 7.2 所示，通过内梅罗综合污染指数分析而得出的污染程度（轻微污染、轻度污染、中度污染、重度污染）见图 7.3。

表 7.2　湖南农田土壤重金属单项污染指数分析表

监测项目	单因子污染指数（P_i）						
	最小值	最大值	平均值	≤1%	1%~2%	2%~3%	3%~5%	>5%
Cd	0.003	110	0.791	80.3	14.9	2.7	1.34	0.8
As	0.005	5.43	0.479	91.3	7.4	0.9	0.41	0.1
Cr	0.010	1.45	0.241	99.8	0.2	0.0	0.00	0.0
Hg	0.000	16.4	0.326	95.5	3.5	0.4	0.41	0.2
Pb	0.020	7.58	0.473	96.0	3.3	0.3	0.21	0.1

全省农田土壤主要受到 5 种重金属污染（表 7.3），Cd 的最大超标倍数达到 109 倍，点位超标率为 19.7%；Pb 的点位超标率为 4.0%，最大超标倍数为 6.6 倍；As 的点位超标率为 8.7%，最大超标倍数为 5.4 倍；Cr 的点位超标率为 0.2%，最大超标倍数为 0.5 倍，均为轻微污染；Hg 的点位超标率为 4.5%，最大超标倍数为 15.4 倍。全省农田土壤主要重金属污染物是 Cd、Pb、As、Cr 和 Hg。

农田土壤中 Cd 含量范围为 0.006~6.353mg/kg，均值为 0.190mg/kg。Cd 超标的土壤分布较广，主要在株洲、衡阳、娄底、永州等市。经插值理论估算，全省 Cd 超标的土壤面积为 136.94 万 hm²，占全省总面积的 6.46%。其中，重度污染面积 7.18 万 hm²，中度污染面积 6.28 万 hm²，轻度污染面积 14.08 万 hm²，轻微污染面积 109.40 万 hm²。

农田土壤中 Pb 的含量范围为 5.9~197.0mg/kg，均值为 33.0mg/kg。总体来看，省内中南部和中部地区土壤中 Pb 的含量相对较高，特别是衡南县和常宁市交界处、郴州市南部及宜章县、道县和宁远县交界处等局部地区土壤中 Pb 的含量高于 80mg/kg。经插值理论估算，全省受 Pb 污染的面积为 31.75 万 hm²，占全省总面积的 1.50%。其中，中度污染面积 0.53 万 hm²，轻度污染面积为 2.97 万 hm²，轻微污染面积为 28.25 万 hm²。

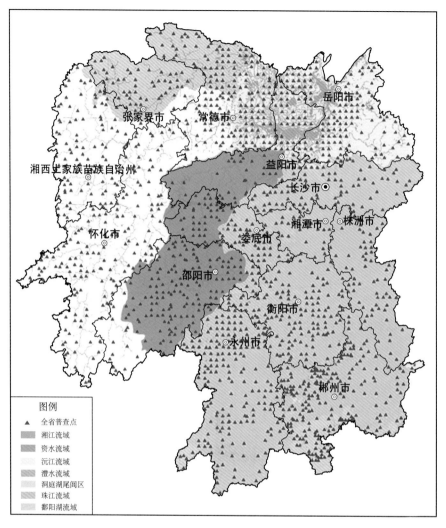

图 7.2　湖南省污染土壤调查样点分布图（$n=1945$）

　　农田土壤中 As 的含量范围为 0.82～175.55mg/kg，均值为 11.74mg/kg。As 超标倍数较高的是衡阳和郴州，其次是永州和邵阳，而岳阳、常德、益阳和湘潭 As 超标的倍数最低。经插值理论估算，全省 As 超标的土壤为 81.29 万 hm²，占全省总面积的 3.84%。其中，中度污染土壤面积 1.19 万 hm²，轻度污染土壤面积 8.40 万 hm²，轻微污染土壤面积 71.70 万 hm²。

　　农田土壤 Cr 含量范围为 10.0～218.4mg/kg，平均为 57.2mg/kg。总体来看，土壤中 Cr 的含量分布较均匀，局部地区，如平江东部、浏阳、嘉禾与蓝山、宁远交界处、洞口与隆回、武冈交界处、辰溪东部等土壤中 Cr 的含量相对较高。

　　农田土壤 Hg 含量范围为 0.001～4.930mg/kg，均值为 0.101mg/kg。全省土壤 Hg 污染呈零星状分布，省域西南部地区土壤中 Hg 含量较低，湘中和湘东南土壤中 Hg 含量较高。经插值理论估算，全省土壤 Hg 超标的面积为 25.10 万 hm²，占全省总面积的 1.18%，重度污染、中度污染、轻度污染、轻微污染面积分别为 0.72、1.68、3.49 和 19.21 万 hm²。

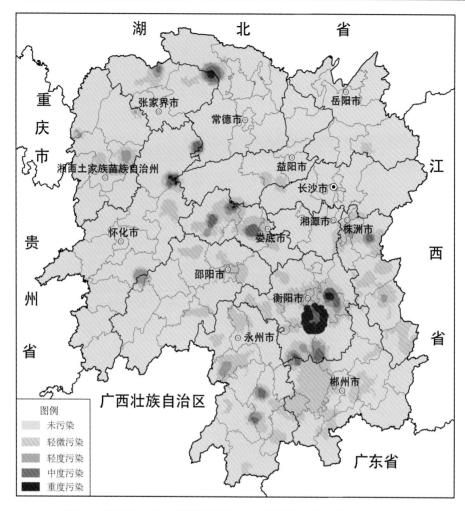

图 7.3　湖南省农田土壤污染程度（内梅罗指数）分布图（$n=1945$）

表 7.3　湖南省土壤受重金属污染情况

元素	最大超标倍数/倍	点位超标率/%	重度污染/%	中度污染/%	轻度污染/%	轻微污染/%
Cd	109	19.7	0.8	1.3	2.7	14.9
Pb	6.6	4.0	0.1	0.4	0.3	3.3
As	5.4	8.7	7.4	0.9	0.4	0.1
Cr	0.5	0.2	—	—	—	0.2
Hg	15.4	4.5	0.2	0.4	0.4	3.6

（二）土壤重金属污染特征分析

1. 土壤重金属污染时间分析

20 世纪 80 年代至 21 世纪初，重金属的高含量区主要分布于城市区和湖区，在此 20

年间逐步沿湘江干流形成一个重金属高含量带。处于湘江干流两岸的长株潭城市区重金属含量普遍较高，其 20 年间含量变化亦显著。从流域上看，20 年间流经工矿或生态环境变化较大的小流域及流经城市区的湘江干流区土壤重金属元素含量增加幅度较大。尤其是表层土壤的 Cd、Hg、As 含量，显著高于全国平均值，而 As 含量也略高于全国平均值，详见表 7.4。

表 7.4　湖南省土壤重金属元素背景值　　　　　　　　（单位：mg/kg）

区域	表层土壤背景值				深层土壤背景值			
	Cd	Hg	As	Pb	Cd	Hg	As	Pb
湘江流域上游山区	0.29	0.11	12.67	32.17	0.09	0.05	12.18	25.29
湘江流域上游平原	0.37	0.10	12.03	31.51	0.25	0.06	11.64	27.56
湘江流域下游平原	0.31	0.10	12.40	32.00	0.12	0.06	12.00	26.00
合计	0.30	0.09	11.93	31.64	0.08	0.05	11.42	25.60
全国平均值	0.088	0.038	10.018	23.063				

注：数据来源于 2015 年湘江流域下游区地理国情监测；表层土壤：0～20cm，深层土壤：150～200cm。

从 20 世纪 80 年代到 21 世纪初，土壤重金属含量增加 0.4～5.2 倍，其中，Cd 增加倍数最高，其次为 Hg 和 Pb。不同行政区以长株潭城市区较高，相对 20 年前的变化亦较显著（表 7.5）。

表 7.5　湖南省土壤重金属元素不同年份间比较

行政区	21 世纪初/（mg/kg）				相对 20 年前的倍数			
	Cd	Hg	As	Pb	Cd	Hg	As	Pb
长沙市区	0.71	0.19	17.34	45.84	3.15	1.44	1.19	1.64
长沙县	0.44	0.12	11.18	44.08	2.36	1.60	1.26	1.66
望城区	0.55	0.14	15.51	42.71	2.64	1.66	1.15	1.42
浏阳市	0.43	0.13	10.77	38.90	2.21	1.70	1.05	1.46
宁乡县	0.39	0.14	14.04	34.20	2.16	1.57	1.16	1.40
株洲市区	1.55	0.24	18.09	83.13	2.91	1.89	1.20	1.44
株洲县	0.58	0.14	19.84	56.19	1.56	1.74	1.31	1.40
湘潭市区	0.97	0.23	19.20	58.67	2.91	1.43	1.04	1.59
湘潭县	0.52	0.16	15.94	40.61	2.81	1.47	0.98	1.56
韶山市	0.34	0.15	18.97	35.45	1.79	1.76	0.99	1.76
汨罗市	0.28	0.12	11.63	43.21	1.87	1.67	1.47	1.47
湘阴县	0.59	0.15	16.98	45.71	2.01	1.84	1.26	1.37
全区	0.55	0.15	14.79	45.09	2.40	1.61	1.17	1.50

2. 土壤重金属污染空间分析

由表 7.6 可见，重金属元素在养殖区显著富集，农村养殖周边区与农村养殖区呈显著相关，说明养殖场通过畜禽粪等方式使周边土壤的重金属含量升高，表明集约化养殖的猪粪有机肥中的重金属作为土壤中重金属的污染源，长期大量施用会引起土壤某些重金属的积累。

表 7.6　湖南省典型养殖区基地土壤重金属含量

监测对象	数据范围	Cd	Hg	As	Pb
全部养殖区/（mg/kg）	地理国情普查	1.57	0.24	23.85	70.27
农村养殖区/（mg/kg）	城市 2km 外养殖区	1.32	0.19	22.81	62.74
农村养殖周边区/（mg/kg）	农村养殖周边 4km 比较区	1.02	0.17	20.26	57.74
湘江下游背景区/（mg/kg）	湘江下游背景值	0.31	0.10	12.4	32.0
贡献率/%		22.73	10.53	11.18	7.97

注：贡献率（%）=（农村养殖区-农村养殖周边区）/农村养殖区×100。

（三）湖南涉重金属产业概况

1. 涉重金属产业组成

湖南省涉重金属企业众多，涉重金属污染的产业（根据企业数依次排列）有：有色金属采选、冶炼及压延加工业，化学原料及化工制品制造业，黑色金属采选、冶炼及压延加工业，金属制品业，煤炭开采和洗选业，皮革、毛皮、羽毛（绒）加工制品业，通用设备制造业，电器机械及器材制造业，交通运输设备制造业，非金属矿采选业，非金属矿物制品业，通信设备、计算机及其他电子设备制造业，专用设备制造业废弃资源和废旧材料回收加工业，木、竹、藤、棕、草加工制品业，医药制造业，橡胶制品业，仪器仪表及文化、办公用机械制造业，电力、热力生产和供应业，印刷业和记录媒介的复制，工艺品及其他制造业。

2. 涉重金属产业分布

湖南省涉重金属产业主要分布在有色金属冶炼及压延加工业、有色金属矿采选业、化学原料及化工制品制造业（以硫酸生产为主）、黑色金属冶炼及压延加工业（以电解锰、钢铁行业为主）、金属制品业（以电镀行业为主）等 5 个行业。据统计，湖南省涉重金属污染行业所占比例见图 7.4，以上五大行业总企业数占全省总涉重金属企业数的 86.43%。

3. 涉重金属地域分布及主要污染物

有色金属冶炼及压延加工业企业主要分布在郴州、娄底、衡阳，分别占全省的 33%、17%、12%。有色金属矿采选业企业主要分布在郴州和湘西土家族苗族自治州，分别占全省的 47% 和 20%。化学原料及化工制品制造业企业主要分布在衡阳、长沙、湘潭，分别占全省的 20%、17%、13%。

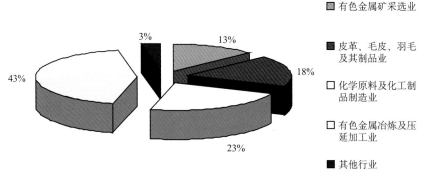

图 7.4　湖南省涉重金属污染行业分布图（2007 年）

　　湖南省涉重金属污染企业及重金属污染重点区县分布情况见图 7.5 和表 7.7。从图表中可见，湖南省重金属污染企业及重金属污染主要集中在湘江流域一线、湘南和湘西两片的区域，在其他地域如益阳市安化县和桃江县、常德市汉寿县和石门县等也都有比较大的有色金属采选及冶炼企业，造成了较严重的重金属污染。其污染范围由工矿企业沿江河向下游扩散，导致长株潭地区及洞庭湖区最终成为重金属污染的消纳区域。

表 7.7　湖南省农田重金属污染源及主要污染物

序号	地区	区县	产业类型	污染来源	主要污染物
1	株洲市	石峰区、攸县	重有色金属冶炼业、基础化学原料及化学制品制造业	水型、气型	Pb、As、Cd、Cr
2	衡阳市	常宁、耒阳、石鼓、衡南、衡东、祁东、衡阳	基础化学原料及化学制品制造业、重有色金属冶炼业	水型、气型	Cd、Pb、As、Hg、Cr
3	湘潭市	岳塘区、湘潭县、湘乡市	化学原料及化工制品制造业、皮革及其制造业	水型、气型	Pb、Zn、Cd、Cr
4	郴州市	临武县、桂阳县、苏仙区、永兴县、宜章县	重有色金属矿采选业、重有色金属冶炼业	水型、气型	Pb、Zn、Cd
5	长沙市	浏阳市	基础化学原料及化学制品制造业、重有色金属冶炼业	水型、气型	Pb、Cd
6	娄底市	冷水江市	重有色金属矿采选业、重有色金属冶炼业	水型、气型	As、Pb、Cd、Sb
7	湘西自治州	花垣县、吉首市、保靖县、泸溪县、永顺县	重有色金属矿采选业、重有色金属冶炼业、铁合金	水型、气型	Hg、Cd、Pb、As、Cr、Mn
8	怀化市	沅陵县、辰溪县、溆浦县、中方县、鹤城区	重有色金属矿采选业、重有色金属冶炼业	水型、气型	Cd、Pb、As、Cr
9	岳阳市	临湘市、平江县	重有色金属矿采选业	水型、气型	Pb、As
10	益阳市	桃江县、安化县	重有色金属冶炼业、重有色金属矿采选业	水型、气型	Pb、As、Sb
11	邵阳市	邵东市	金属表面处理及热处理加工业	水型、气型	Cr、Pb
12	永州市	东安县、冷水滩区	重有色金属冶炼业	水型、气型	Pb、As
13	张家界市	慈利县、永定区	重有色金属矿采选业、重有色金属冶炼业	水型、气型	Ni、As、Cd
14	常德市	石门县、汉寿县	化学原料及化工制品制造业	水型、气型	As

图 7.5　湖南省涉重金属污染企业及重点区县分布图

据调查，湖南省含 Hg、Cd、Pb、As、Cr 危废产生量 62.27 万 t，综合利用量 34.9 万 t，处置量 9.63 万 t，排放量 0.06 万 t，贮存量 17.7 万 t。各市州工业废渣中含重金属 （Cd、Pb、As、Cr、Hg、Sb）危险废物的产生主要分布在衡阳、郴州、怀化、常德和湘潭，产生量分别占全省 22.3%、20.6%、12.9%、11.5% 和 9.2%。湘西自治州、株洲、永州、益阳等地也有含重金属的危废产生，岳阳、邵阳、长沙和张家界等地含重金属的危废产生量最少，详见图 7.6。

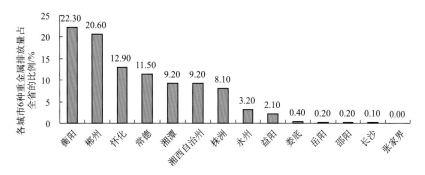

图 7.6　湖南省各市州含重金属危废产生情况

（四）湖南省灌溉水重金属污染特征

湖南省地表水超标[指污染物浓度超过断面所在功能区控制目标《地表水环境质量标准》（GB 3838—2002）]断面大部分出现在湘江流域，主要是由工业企业排放重金属和历史遗留固废渗漏造成的。调研结果表明，全省湘资沅澧四水流域、洞庭湖、长江湖南段及珠江北江武水的 97 个省控断面，Cd 超标的最多，共 23 个；Pb 超标的为 12 个，Hg 超标的为 1 个，六价 Cr 超标的为 1 个，特征污染物锑超标的断面为 6 个。枯水期全省出现重金属污染物超标的情况明显多于平水、丰水期，湘江干流的某断面 Cd 最大超标倍数为 2.83 倍，水质为劣 V 类。资江干流的某断面，锑最大超标倍数为 4.29 倍。

湖南省的地下水环境中的重金属，以六价 Cr、锰等元素污染比较突出且污染范围广。洞庭湖区地下水铁、锰超标[指污染物浓度超过监测点位所在功能区控制目标《地下水质量标准》（GB/T 14848—2017）]较为普遍，主要为地质背景浓度较高所致。其他地下水环境中的重金属污染来源主要为地表废水、废渣渗滤液下渗、污水灌溉等原因所致。根据湖南省地下水环境调查数据：第一类重金属规划对象（Hg、Cd、Pb、As、Cr）中超标点位最多的是六价 Cr，超标点位分布集中，主要在怀化地区；其次是 Hg，超标点位相对集中，除 1 个分布在娄底外，其余均分布在衡阳；超标点位第三的是 Cd，分布相对比较分散，分布在株洲、湘潭、怀化、永州、娄底等市。第二类重金属（锰、锡、锌、镍、钒等）规划对象中超标点位最多的是锰，超标点位分布分散，覆盖 8 个市州，按超标点位数排名依次是长沙、株洲、湘潭、邵阳、岳阳、常德、益阳、娄底；其次为镍，超标点位分布比较分散。

全省涉重金属废水排放量为 4.8 亿 t，外排废水中污染物排放量 Hg 0.3t、Cd 17.5t、Pb 56.0t、As 60.3t、总 Cr 34.2t、锑 1.6t。五种重金属（Hg、Cd、Pb、As、Cr）的排放量占全国 18.7%。湖南省各市州废水中重金属污染物（Hg、Cd、Pb、As、Cr、Sb）排放主要分布在衡阳、湘潭、郴州、湘西自治州、益阳，五市州排放量占全省 88.38%。其中，衡阳废水中重金属污染物排放量占全省 46.92%。衡阳的 Cd 排放量、Pb 排放量、As 排放量位居全省第一，Hg 排放量位列全省第三；郴州的总 Cr 排放量位居全省第二，Pb 排放量、As 排放量位居全省第三。湘西自治州的 Hg 排放量、Cd 排放量、Pb 排放量、As 排放量位居全省第二。废水的排放首先导致其下游河流、灌溉沟渠底泥重金属超标，并直接经灌溉水污染下游农田，同时，重金属污染底泥随水涨水落持续污染下游农田。

调研资料表明，全省湘资沅澧四水流域的河道底泥重金属污染十分突出，其中湘江底泥重金属污染最为严重，潜在风险大，湘江流域中有 3154km 河道的底泥受到不同程度的重金属污染，污染程度从大到小依次为 Cd、Hg、As、Pb、Cr。其中，Cd 最高超过背景值的 422 倍。特别是郴州三十六湾、衡阳水口山、娄底锡矿山等采选集中区附近的河道底泥超标最为严重。不少支流尾矿入河，底泥淤积，一则给当地居民饮水安全造成严重威胁，二是底泥受到一定扰动将增加水灌溉对农田土壤的污染。假定各市州外排废水中的重金属（Hg、Cd、Pb、As、Cr）皆由本市州的土地面积消纳，通过各市州外排废水与相应的国土面积的比值计算重金属的输入通量（图 7.7），可见，在衡阳、湘潭等主要工业区分布的市州水环境的通量较高，其次是益阳、湘西和湘南及湘中地区。

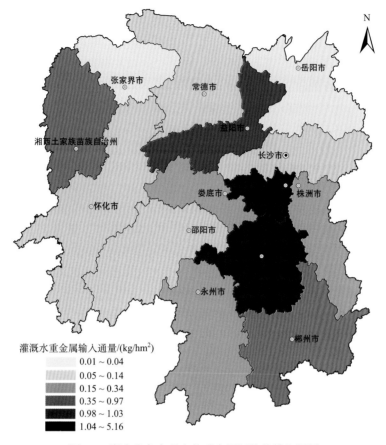

图 7.7　湖南省各市州水体重金属污染物输入通量

（五）湖南省农业投入品重金属污染特征

农业投入品主要包括化肥、种子、农药及农膜等农资，其中带入量最多的是肥料。通常认为，化肥（尤其是磷肥）施用是引起土壤重金属污染的主要原因。但在本研究区（长株潭），从输入通量上看，因施用化肥带入的 Cd 元素较少，仅为 0.016g/（亩·a），尤其是近年来随有机肥及磷肥等施用的减少，其带入农田的重金属更少，其中长沙地区更少，输入量还不足 0.004 g/（亩·a），显著低于大气沉降和灌溉水带入的量。

肥料调查结果表明，有机肥中 Cd 含量最高，尿素和过磷酸钙含量较低；Pb 以钙镁磷肥和复混（合）肥含量相对较高，尿素和过磷酸钙含量较低；Cr 以过磷酸钙含量最高，复混（合）肥含量较低；As 以复混（合）肥中含量最高，有机肥含量相对较低；Hg 以氯化钾和钙镁磷肥含量相对较高，过磷酸钙含量相对较低。根据《肥料中砷、镉、铅、铬、汞生态指标》（GB/T 23349—2009）的限值标准，除复混（合）肥存在 As 超标外，尿素、氯化钾、过磷酸钙、钙镁磷肥、有机肥等 5 种肥料的 Cd、Pb、Cr、Hg 均未超标，调查区域内常用肥料中除 As 存在超标风险外，其他重金属含量基本处于安全范围内。

（六）湖南省大气沉降重金属污染特征

湖南省气型重金属排放量大，据调查与测算，全省含重金属废气排放量标准体积为584.5亿 m³，气型重金属排放总量约为171.41t。废气中重金属排放分布为：湖南省各市州废气中重金属污染物（Hg、Cd、Pb、As、Cr、Sb）排放主要分布在衡阳、郴州、株洲、邵阳，排放量分别占全省的27.4%、23.6%、22.8%、17.7%。

监测城郊区和农村大气干湿沉降结果表明（表7.8），大气沉降主要集中在稻季（双季稻），稻季沉降总量与全年相差不大；而城郊区 Cd、Pb、Cr 沉降通量皆高于农村，尤其是 Pb，这可能主要是受城区汽车尾气、工业园废气排放的影响。而监测区域内 Cd 的结果表明（图7.9和图7.10），典型工矿区稻季（5～10月）大气沉降以6月和8月的输入量较大，其他月份数据的变幅较小，大气沉降中 Cd 的总输入量为1806.57mg/km²。而典型养殖区农田自7月的大气沉降 Cd 输入总量为262.45mg/km²，明显低于矿区农田的大气沉降 Cd 输入总量。可见，矿区农田系统中由大气沉降带入的重金属 Cd 污染比较严重。而监测长株潭地区典型双季农田 Cd 湿沉降结果表明（图7.8），降雨量大的季节，湿沉降中 Cd 浓度低，而降雨量小的季节湿沉降中 Cd 的浓度高，整体来说，不同月份间的农田大气湿沉降通量变化相对较小。

表 7.8　湖南省不同地点大气干湿沉降通量　　　　　　［单位：g/(hm²·a)］

地点		Cd	Pb	Cr
城郊区	全年	2.79	54.90	17.86
	稻季	2.40	48.98	14.66
农村	全年	2.22	30.68	12.29
	稻季	1.93	26.55	10.90

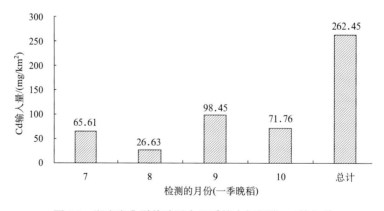

图 7.8　湖南省典型养殖区农田系统大气沉降 Cd 输入量

监测各市州大气沉降中重金属（Cd、Cr、Pb、As、Hg）的沉降通量（图7.11），可见，湖南大气沉降主要分布在湘中、湘南，其次是湘西，其中以衡阳和株洲的大气沉降通量最大。

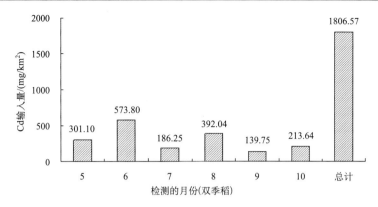

图 7.9 湖南省典型工矿区农田系统大气沉降 Cd 输入量

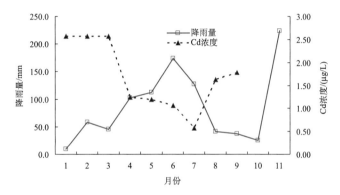

图 7.10 湖南省区域典型双季稻农田降雨量及降雨中 Cd 的浓度

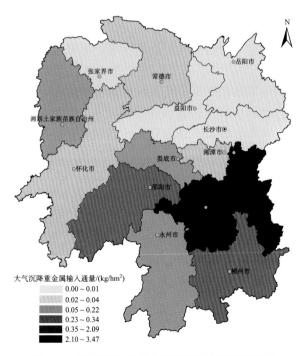

图 7.11 湖南省各市州大气沉降重金属排放通量

（七）小结

综合分析湖南省不同地市农田重金属污染现状及污染源分布情况，整体上呈现以下特点：

（1）土壤和稻米重金属超标情况表明，湖南农田重金属污染特征表现为以 Cd 污染为主，零星分布有 Hg、As、Pb、Cr 污染，并以长株潭地区的 Cd 污染较为典型。

（2）湖南重金属污染形成时间主要是 20 世纪 80 年代至 21 世纪初；其中，Cd、Hg、As 主要表现为表层土壤污染，其污染受工业化进程及集约化养殖的影响较为明显。

（3）涉重金属产业的分布与土壤重金属污染密切相关，涉重金属企业"三废"的排放通过大气沉降、灌溉水等途径导致其周边农田受到重金属污染；灌溉水的污染可通过江河向下游扩散，并以江河湖泊作为主要消纳场所，再通过灌溉等方式成为下游农田重金属的污染来源之一；大气沉降通过下层的风向直接飘向下风向，或者升入高空甚至对流层引起更大范围的重金属污染。

（4）农业投入品中以肥料对农田重金属总量的贡献较大，但相对灌溉水和大气沉降，其带入农田的量极少。目前，湖南省肥料中重金属含量皆达到国家相关标准，但由于修复治理过程中，施用肥料的同时还需施用石灰、土壤调理剂等物质，因此，加强对农业投入品带入农田重金属总量的控制也显得尤为重要。

（5）湖南省各市洲的 Cd 超标的土壤主要分布在株洲、衡阳、娄底、永州等市，有色金属冶炼及压延加工业企业主要分布在郴州、娄底、衡阳，工业废渣中含重金属危险废物（Hg、Cd、Pb、As、Cr、Sb）的产生主要分布在衡阳、郴州、怀化、常德和湘潭，废水中重金属污染物排放主要分布在衡阳、湘潭、郴州、湘西自治州、益阳；废气中重金属污染物排放主要分布在衡阳、郴州、株洲、邵阳，且大气沉降为工矿区、城郊区高于典型农区；而各地农业投入品超标情况极为少见，灌溉水仅部分监测点位在某一时刻存在超标情况。农田重金属污染更主要是历史遗留问题，20 世纪末至 21 世纪初形成的土壤耕层重金属超标是导致农产品重金属超标的直接原因，不同污染地区的污染源主要是工矿产业产生的废水、废气、废渣引起的污水、大气沉降等所致。因此，对农田外源污染源的排查应重点考虑工矿企业分布的影响，重点对其大气沉降进行监测管控，对排放污水进行监测预警，而农业投入品对农田重金属污染的影响不同地区间差异并不明显。

以农田重金属污染源大气沉降、灌溉水、农业投入品中重金属（Cd、Pb、As、Cr、Hg）的通量计算重金属污染源的总通量（图 7.12）。可见，总体上是涉重金属企业分布较为集中的湘中、湘南、湘西片区的重金属输入通量较大，衡阳最高，其次是株洲、湘潭、郴州等市。这与土壤重金属污染分布、稻米中重金属含量分布以及大气沉降、灌溉水等重要污染源带入重金属的通量基本一致。

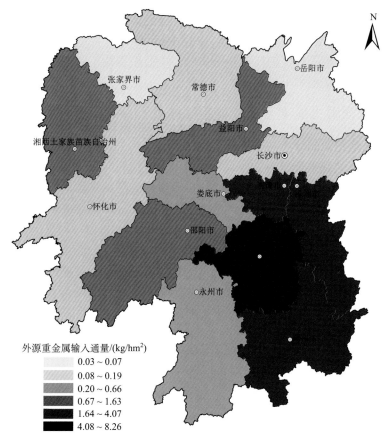

图 7.12 湖南省各市州外源污染源重金属总排放通量

三、分析与建议

（一）湖南农田土壤重金属污染特征

总的来说，湖南农田重金属污染特征表现为以 Cd 污染为主，零星分布有 Hg、As、Pb、Cr 污染，污染总面积呈增加趋势；污染以轻度为主，但有污染加重的趋势，并以长株潭农田 Cd 污染较为典型。农产品中重金属含量与涉重金属产业分布、土壤重金属含量、灌溉水、大气沉降、农业投入品等污染源皆密切相关。目前，湖南省农田重金属污染主要表现出以下几个特征。

（1）污染来源多、原因明晰：湖南省土壤中重金属污染来源是多途径的，成土母质、农业投入品、大气沉降、农业生产等皆是影响湖南省土壤重金属污染的重要因素；土壤重金属污染主要分布在 0~20cm 的农田表层，其污染时间主要是 20 世纪末至 21 世纪初，其污染受工业化进程及集约化养殖的影响较为明显。

（2）污染程度较轻、进程加快：除有色金属矿区、城郊区外，当前湖南省农田土壤重金属含量整体处于较轻的水平，但受城市化进程、工矿企业发展、集约化养殖的影响较为明显，农田土壤呈现出由轻度向中度污染发展的趋势。

（3）污染范围广、治理困难：湖南省素有"有色金属之乡"和"非金属之乡"的美誉，尤其是农田 Cd 污染在湖南极为普遍，Pb、Hg、As、Cr 则主要是点源污染，其面积相对要小，污染程度也较轻，但所有重金属的污染面积皆在不断增加。目前采用的应急性修复治理措施难以从根本上解决问题，且随时间的推迟，修复治理难度逐渐增大。

（二）湖南农田土壤重金属污染源解析

（1）涉重金属产业的分布与土壤重金属污染密切相关，涉重金属企业"三废"的排放导致其周边农田受到重金属污染，且其污染可通过江河向下游扩散，并以江河湖泊作为主要消纳场所，再通过灌溉等方式成为农田重金属的污染来源之一。

（2）湖南农用灌溉水重金属含量远低于灌溉水国家标准限量要求，但也存在极少量的灌溉水重金属超标情况。灌溉水中 Cd 年输入量为 2.13～819.14mg/亩，均值为 186.305mg/亩，Cd 输入量表现为工矿区、养殖区＞城郊区＞一般农区。

（3）农业投入品中以肥料对农田重金属总量的贡献最大。目前，湖南省肥料中重金属含量皆达到国家相关标准；农业投入品主要为肥料和农药的输入，不同类型的肥料中 Cd 含量高低为有机肥＞磷肥＞复合肥＞氮肥＞钾肥，长株潭地区输入的 Cd 总量约为 10mg/（亩·a），而通过农药输入农田的 Cd 总量极少。

（4）湖南省气型重金属排放量大，大气沉降与工业产业的发展密切相关，大气沉降中的重金属含量总体表现为工矿区、城郊区的高于农村；干湿沉降输入农田的 Cd 总量为 336.6～2632.7mg/亩，平均为 969.4mg/亩；干湿沉降 Cd 输入通量表现为工矿区＞城郊区≈养殖区≈一般农区。

（5）Cd、Hg、As 主要表现为表层土壤污染，其污染受工业化进程及集约化养殖的影响较为明显。母质 Cd 对耕层 Cd 的平均贡献率为 34.0%。

（6）通过大气干湿沉降、灌溉水、化肥三类途径带入的重金属总量由多到少依次为 Pb、As、Cd、Hg。在输入途径上，Cd、As、Pb 重金属元素主要通过大气干湿沉降的方式带入农田，其比重分别占 83%、56%和 91%，而由施肥带入的仅占总量的 1%左右；Hg 则主要以灌溉方式带入，约占 48%。综合分析农田土壤 Cd 污染源表明，大气沉降、灌溉水、肥料投入和母质 Cd 贡献的 Cd 比重分别达 55.0%、10.6%、0.4%和 34.0%，干湿沉降是土壤重金属 Cd 的主要来源，其次就是母质的影响，再次为灌溉水输入的影响，施肥对土壤 Cd 积累平衡的影响很小。Cd 输出主要包括径流排水输出和稻草、稻谷的离田输出。径流排水、秸秆积累、糙米积累的 Cd 占总 Cd 输出的百分比分别为 7.7%、74.1%和 18.2%。稻草离田是影响农田 Cd 输出的主要途径。在稻草还田的情况下，农田土壤每年以 0.018±0.012mg/kg 的速率积累；稻草不还田时，农田土壤每年则以 –0.009 ±0.016mg/kg 的速率积累。

（三）建议

（1）湖南农田土壤重金属污染防治应针对土壤和农产品污染风险对症施策、科学管控。对污染源的管控应按照"以防为主、以治为辅"的原则，管控的重点首先是涉及大气沉降的工矿企业废气的管控，其次是对涉及灌溉水的污染源头的工矿企业废水和集约化养殖废水排放的管控，最后是农业投入品重金属的管控。

（2）根据农田污染程度指导稻草的处置，建立不同污染农田稻草的移除管理技术指标体系，稻草 Cd 含量在 3.0mg/kg 以上的全部稻草离田，稻草 Cd 含量在 1.0～3.0mg/kg 的根据土壤类型、土壤肥力等采用部分稻草离田，稻草 Cd 含量为 1.0mg/kg 以下的可以稻草全部还田。

（3）结合涉重金属企业的分布和土壤重金属含量的关联可知，严格管控涉重金属产业"三废"的任意排放是缓解土壤重金属污染的重要措施，可从源头上对农田重金属污染源实现管控；按照湖南省大气沉降平均通量进行管控，大气沉降高于 1000mg/亩的区域应进行重点监控，并溯源到厂，对重点污染排放源列出清单，交由当地相关部门进行管控。

（4）鉴于湖南农田（尤其是晚稻）灌溉用水量大、偶有超标的特点，加强灌溉水的重金属污染监测与预警、制定湖南双季晚稻灌溉水重金属总量控制指标（地方标准，如灌溉水中 Cd 含量可以设定为 1～3μg/kg），是预防灌区农产品重金属超标的可行方法之一，对降低农产品重金属污染风险极为必要。

（5）由于在重金属污染土壤修复治理过程中，施用肥料的同时还需施用石灰、土壤调理剂等物质，因此，加强对农业投入品带入农田重金属总量的控制也显得尤为重要，如湖南制定的石灰施用技术规程中重金属的限量是以有机肥料（NY 525—2012）和水溶肥料（NY 1110—2010）的重金属限量标准从严原则执行，因此其他农业投入品也应依此为标准，甚至更严。

（6）短期内实行"边生产、边修复"的技术措施可确保我国粮食安全，但因此技术治标不治本，从长远来看，探索土壤全 Cd 和稻米 Cd 含量"土 Cd 米 Cd 双减"的修复治理技术显得尤为迫切。

第三节　重金属污染区耕地轮作休耕制度试点现状与问题

一、湖南长株潭重金属污染耕地休耕试点现状

（一）休耕试点工作开展情况

湖南省自 2016 年启动重金属污染耕地休耕试点工作以来，主动作为，稳步推进，较好地完成了 2016 年度休耕试点工作任务，落实了 2017 年休耕新增地块，加快了制度化的组织方式、技术模式和政策框架的探索，取得了初步成效。

2016 年，湖南省在长沙市、株洲市和湘潭市的长沙县、望城县、宁乡县、浏阳市、岳麓区、株洲县、醴临市、攸县、茶陵县、天元区、湘潭县、湘乡市、雨湖区等 13 个县（市、区）开展了修改试点工作，实际休耕 10.01 万亩，休耕农田全部落实了深翻耕、施石灰、旋耕开沟、种植绿肥等治理技术措施。休耕监测按照每 1000 亩布设 1 个耕地质量对比丘，每个对比丘分为 3 个小区，分别作为治理监测点、休耕监测点和对照监测点。完成了 100 个监测对比丘和 300 个小区的设置以及初始监测指标和年度监测指标的取样检测。

2017 年休耕总面积 20 万亩,试点工作从早稻季开始,区域为长株潭 13 个试点县(市、区)的重金属污染耕地,其中 2016 年原有 10 万亩休耕地块保持不变,2017 年新增 10 万亩以整存方式推进在中度、重度重金属污染区落实。休耕地块信息已经全部上报农业部种植业管理司,其中 7 个县(市、区)的休耕地块信息已经通过了农业部的审核,6 个县(市、区)的信息在整改之中。

(二)主要工作措施

(1)领导重视。省委主要负责人亲自主持制定休耕思路、工作重点和基本原则。分管副省长牵头研究休耕试点实施方案。省农委主任亲自挂帅,召开会议研究并组织部署。

(2)严格控制休耕区域。休耕地块严格控制在长株潭重金属污染地区耕地。2016 年休耕地块有 1.38 万亩分布在可达标生产区(稻米 Cd 含量在 0.2~0.4mg/kg),8.11 万亩分布在管控专产区(稻米 Cd 含量<0.4mg/kg、土壤全 Cd≤1mg/kg),0.52 万亩分布在替代种植区(稻米 Cd 含量>0.4mg/kg、土壤全 Cd>1mg/kg)。2017 年新增的 10 万亩休耕地均位于安全利用区(中晚稻米 Cd 为 0.2~0.6mg/kg 或土壤全 Cd 为 0.6~1.5mg/kg)和严格管控区(中晚稻米 Cd>0.6mg/kg 或土壤全 Cd>1.5mg/kg)内,其中 58%为轻中度污染耕地,41%为中度污染耕地。

(三)创建休耕模式

把休耕、治理和培肥三者结合起来,形成了"休治培三融合"休耕模式。休耕期间采用的重金属污染土壤的修复技术主要是施用石灰、深翻耕作层。计划采用植物提取技术(东南景天、迷迭香、商陆、龙葵等)以降低土壤重金属含量,并采用降 Cd 效果好的土壤调理剂。

(四)抓好休耕监管

(1)建立休耕台账:为了避免出现"账面休耕、田里不休"和非农化休耕现象的发生,建立了从村到组到户的休耕明细,以及休耕物资招投标、治理实施措施、休耕管理、资金使用等相关工作的台账,做到账实相符。

(2)规范资金使用:对资金管理和使用进行规范,做到补贴资金专款专用,严谨骗取、截留、挪用补贴资金或违规发放补贴。

(3)推进信息化管理:湖南省制定了监测方案,委托第三方连续三年定点监测耕地质量,复耕后对稻谷重金属含量进行监测,以检验效果。建立遥感数据库,实现休耕制度的可视化管理。

(五)组织和政策保障

(1)以政府为主体:湖南省农委、省财政厅负责休耕监督指导,试点县政府负责组织实施,乡镇负责督促,村委会负责落实。出台了《湖南省耕地治理式休耕试点考核办法(试行)》,不达标的将取消其粮食生产先进县的评选资格。以休耕地村委会为管护主体,负责休耕地的维护,确保休耕不弃耕、不抛荒。

（2）以农民志愿为基础：休耕以村组为单元，耕地相对连片集中。采取村级申报、乡镇审核、县级农业和财政部门复核、政府审批的程序，确定休耕地，报省市备案，休耕信息（位置、面积、责任人、政策规定、农户信息等）向社会公开。

（3）以政策落实做保障：保障农民收入不减少，2016～2017年，每亩补贴700元，实施旋耕的每亩补贴100元，种绿肥每亩补贴60元。在休耕期间其他农业补贴（耕地地力保护补贴等）仍然保留。试点县因为休耕而减少的粮食产量，不影响粮食生产绩效考核。

二、存在的主要问题

（一）实施层面上存在的问题

（1）思想认识不够到位。对休耕的意义和目标认识尚不完全到位，部分人认为休耕就是不种植，而对重金属污染耕地在休耕期间应该采取措施，以使得土壤重金属含量和土壤重金属污染风险有所降低的目标认识模糊。也有部分人由于怕引起粮食生产滑坡而对休耕持消极态度。

（2）政策预期不明朗。目前的休耕试点是一年一年推进，国家缺乏明确的整体规划，实施单位也无法制定整体的实施方案，这会影响休耕试点的总体效果。在实施过程中，无法做到一次性明确休耕范围、时间、休耕补贴等，增加了工作的难度。

（3）耕地重新划分问题。一些地方若干年就会对农户承包的耕地进行重新分配，这导致现在休耕的农户信息与土地确权信息无法完全对上，增加工作难度，同时也不利于农户培肥地力的习惯养成。

（二）技术层面上存在的问题

（1）休耕目标不够明晰。重金属污染耕地休耕的首要目标在于为污染土壤的修复腾出修复时间档期，次要目标是恢复和提高重金属污染耕地的肥力。因此，休耕应该优先在计划实施土壤修复（旨在去除部分土壤重金属的修复）的耕地上进行，其次在农业安全利用区耕地上也可以实施休耕，但是两类耕地休耕的目标不同、措施不同。

（2）休耕范围划定缺乏明确的标准或规范。湖南省采用土壤Cd全量加上稻米Cd含量的方法来确定休耕范围，其合理性在于它某种程度上反映了耕地Cd污染对稻米质量安全的风险程度。但同时也很明显的是，由于缺乏一个全国统一的或者地方性的休耕范围划定标准或者规范，这种划定方法存在不足，其主要不足在于对Cd以外的其他重金属没有考虑，野外出现的重金属污染通常以复合污染形式存在，有的时候Cd没有超标，但是其他重金属超标很严重，同样存在农产品质量安全的风险；其次是划定方法缺乏系统性。

（3）科技支持不足。尚缺乏对休耕农田明确的划分标准，导致该休耕的耕地得不到休耕，而不该休耕的耕地却被休耕。重金属污染耕地土壤的修复技术有待于进一步完善。在现有可选择的技术中，如何进一步克服各种技术在应用上存在的不足，从而有利于大面积推广应用，依然还有很长的路要走，还有不少问题需要解决。

第四节　对　策　建　议

一、进一步厘清重金属污染耕地的休耕目标

　　休耕是国家为了实现"藏粮于地、藏粮于技"、促进耕地地力恢复和保育而采取的重大战略举措。《探索实行耕地轮作休耕制度试点方案》中明确提出了轮作休耕的基本原则：禁止弃耕、严禁废耕，不能减少或破坏耕地、不能改变耕地性质、不能削弱农业综合生产能力，确保急用之时能够复耕，粮食能产得出、供得上；并提出本次轮作休耕试点的主要目标是：力争用 3～5 年时间，初步建立耕地轮作休耕组织方式和政策体系，集成推广种地养地和综合治理相结合的生产技术模式，探索形成轮作休耕与调节粮食等主要农产品供求余缺的互动关系。国家的轮作休耕试点包含轮作和休耕，其中休耕的对象有三大类，即地下水漏斗区、重金属污染区和生态严重退化地区，三大类休耕试点区的休耕主要目标不同。地下水漏斗区休耕试点的主要目标是探索连续多年实施季节性休耕，实行"一季休耕、一季雨养"，将需抽水灌溉的冬小麦换为雨热同季的春玉米、马铃薯和耐旱耐瘠薄的杂粮杂豆，以减少地下水用量。生态严重退化区休耕试点的主要目标是调整种植结构，改种防风固沙、涵养水分、保护耕作层的植物，减少农事活动，促进生态环境改善。重金属污染区试点主要在湖南省长株潭重金属超标的重度污染区进行，其主要目标是在休耕期间修复治理污染耕地，而不改变耕地性质。因此，建议将重金属污染区的休耕目标做如下细化。

　　（1）划定不同优先等级的休耕区：将重金属污染耕地分为Ⅰ类休耕区、Ⅱ类休耕区和Ⅲ类休耕区。严格管控类耕地属于Ⅰ类休耕区，安全利用类耕地中重金属含量较高的分为Ⅱ类休耕区，重金属含量较低的分为Ⅲ类休耕区。试点面积有限时，首先在Ⅰ类休耕区内实施；如果实施范围较大时，则可在Ⅱ类休耕区上实施；如果大面积推开，则在Ⅰ类、Ⅱ类和Ⅲ类休耕区上都可以实施。

　　（2）设定三类休耕区的休耕目标：Ⅰ类休耕区的休耕目标是在休耕期间实施土壤修复，土壤重金属全量和有效量应逐步降低，重金属含量降低的指标应该根据所采用的技术、结合土壤污染类型和污染程度及土壤性质等因素确定；修复后的土壤肥力主要指标（如有机质、主要养分、物理性质等）略有升高。Ⅱ类和Ⅲ类休耕区的休耕目标是在休耕期间部分实施土壤修复，土壤重金属全量和有效量应逐步降低，部分实施土壤钝化等虽不会降低土壤重金属全量但是可以降低其有效量的技术措施，休耕期间土壤重金属有效量应逐步降低。Ⅱ类和Ⅲ类休耕区在休耕期间的土壤肥力指标要明显升高，具体升高幅度可以参照当地土壤肥力培育的指标。休耕不能与安全利用相结合，因为安全利用期间必须种植作物，不存在休耕。应该将上述两类休耕区的目标作为休耕期间的定期监测指标和休耕结束时的验收指标。由于土壤重金属污染状况的复杂性和土壤条件的复杂性，很有必要通过进一步的科学研究来明确休耕验收指标确定的方法和程序。

二、休耕区的划定

重金属污染耕地上进行休耕首先要科学划定休耕区，以避免出现该休的未休，不该休的却休耕了。如前所述，可以通过耕地土壤的分类（分级）确定休耕区。在没有出台国家或地方统一的重金属污染耕地休耕区的划分标准或技术规范之前，可以参照国家《土壤环境质量　农用地土壤污染风险管控标准（试行）》（GB 15618—2018）进行划分，有土壤重金属有效量的地方可以同时按《土壤环境质量　农用地土壤污染风险管控标准（试行）》（GB 15618—2018）和福建省《农产品产地土壤重金属污染程度的分级》（DB 35/T 859—2016）进行划分，方法如下。

（1）Ⅰ类休耕区：土壤重金属全量高于土壤风险管控值或土壤重金属有效量高于高危值；

（2）Ⅱ类和Ⅲ类休耕区：土壤重金属全量高于土壤风险筛选值且低于土壤风险管控值或土壤重金属有效量高于警戒值且低于高危值的属于Ⅱ类和Ⅲ类休耕区。其中，土壤重金属有效量高于限制值的属于Ⅱ类休耕区，土壤重金属有效量低于限制值的属于Ⅲ类休耕区。

休耕地块不得与退耕还林还草地块重合，也不得与正在实施的安全利用地块重合。

三、休耕期间的土壤修复

Ⅰ类休耕区在实施休耕期间，必须实施以降低土壤重金属全量和有效量为目标的土壤修复，同时注意保护和提高土壤肥力。Ⅱ类和Ⅲ类休耕区在休耕期间，最好能实施土壤修复以降低土壤重金属全量或有效量，至少必须施用土壤钝化剂或调理剂，以显著降低土壤重金属的有效量，也可以实施耕作层深耕措施，以降低表层土壤的重金属含量；要实施培肥地力的措施（如种植绿肥、增施有机肥等），以提高土壤肥力。一些农艺措施（如低富集作物的种植、水肥调控等）不宜作为休耕期间的土壤修复措施。

四、制定休耕土壤监测与验收要求

由于重金属污染耕地休耕直接与土壤修复相联系，而实施有效的土壤修复一般需要较长的时间。因此，重金属污染耕地的休耕期至少一定 3 年，如能一定 5 年更好。在开始时一次性与农户签订 3～5 年的休耕合同，有利于土壤修复工作的开展。由于休耕试点是在国家财政投入条件下开展的工作，因此必须依据休耕目标设置明确的验收指标。验收指标主要是土壤重金属全量和/或有效量的降低值，具体数值应该根据农田土壤重金属污染的种类、程度和土壤条件而定。如果采用植物提取法，休耕期间每年土壤重金属全量的降低率应该介于 5%～15%，有效量的降低率应高于全量的降低率。如果采用化学淋洗法，则土壤重金属全量和有效量的总降低率均应不低于 60%。经过上述的休耕和修复之后，如果土壤重金属含量仍未达到可以种植食用农作物的要求，则应继续休耕并实施土壤修复，直至土壤重金属含量降到可以直接安全种植或辅以其他措施（如低富集作物、水分调控等）后能安全种植食用农作物时，方可停止休耕。

重金属污染耕地休耕的另一类验收指标是土壤肥力指标。重金属污染土壤可能同时伴有肥力障碍问题，如酸性或碱性太强、盐分过高等；土壤修复过程也会导致土壤性质的劣化，如养分流失、结构破坏、pH 大幅度改变、微生物数量和活性大幅度降低等。休耕后的土壤必须使这些破坏了的、退化了的肥力指标恢复到正常状态，甚至有所提高。主要指标包括土壤 pH、土壤有机质含量、土壤碱解氮、土壤速效磷、土壤速效钾，同时还要根据具体情况设置中微量元素指标。指标的具体数值可以参考当地的土壤肥力评价指标，总的目标是休耕后土壤肥力应有所提高。在与农户充分沟通的基础上，要在休耕合同上体现验收指标，作为验收的主要依据。

　　土壤监测是保证休耕质量的重要环节。监测包括过程监测和验收监测。要根据验收指标和休耕年限，合理制定分期（或分年度）的过程监测指标。要明确过程监测的时间，一般每年监测一次即可。验收监测在休耕结束后 2 个月内完成。要明确监测方法（采样方法和分析方法）。采样方法是保证监测可信度的重要环节，首先必须确定采样的田块，采样田块一般宜相对固定以便于前后的比较，但也可以根据实际情况随机设定若干采样小区。确定采样小区后，一般采用对角线五点采样法采集土壤分样，然后将分样混匀形成混合土样。采样深度一般为 0～20cm，如果耕作层厚度不足 20cm，就采集到耕作层底部。在过程监测中，每次的采样必须在同一采样田块上进行，但是临时设定的采样点可以随机进行。对于大面积的休耕区而言，采样点的密度一般不低于每 50 亩 1 个点位，在山区地形比较破碎的地区，每个采样点代表的面积应小于 25 亩，最好每位农户都有监测点位。验收监测的采样点可以与过程监测的采样点一致，也可以不一致，应根据实际情况而定。

　　土壤监测结果是休耕验收的主要依据。对于未达到验收指标要求的，应要求整改，直至符合要求为止。

五、组织管理和政策保障

（一）组织方式

　　湖南省目前的组织方式以政府主导型为主，省、县、乡镇、村层层落实。这种模式的优点在于培养了各级的农技干部，使他们在工作中明确了休耕该做什么和怎么做。政府主导型模式还有利于农民习惯的养成。这为今后持续性的休耕工作奠定了良好基础。企业主导型模式就是将休耕项目委托给第三方公司实施，公司除了完成休耕目标以外，也可以在不违背休耕要求的前提下，合理利用休耕的耕地，产生一定的效益，从而可以减少政府的支出。企业主导型模式的优点在于可以减轻政府财政负担，缺点是休耕过程各级农技干部和农民都不参与，不会养成任何习惯，不利于休耕工作的持续进行。建议在今后的休耕中，应以政府主导型模式为主，部分探索实施企业主导型模式。

（二）政策保障

　　国务院的试点方案中指出，必须付给农民相应的休耕补贴，补贴数额应该与农民原有的种植收益相当，不影响农民收入，湖南省长株潭重金属污染区全年休耕试点每年每亩补助 1300 元（含治理费用）。1300 元的补贴对于弥补农民的种植收入损失是够的，但是如果包含修复费用则不够。随着物价的上涨、工价的升高，休耕补贴不应该一成不变。建议把弥补农民种植收入的休耕补贴和修复费用分开来。修复费用应该随土壤重金属污染状况、采用的修复技术类型而不同。休耕补贴不应该影响农民获得其他农业补贴，否则会影响农民休耕的积极性。

除了因为家庭人口变动以外，农民承包的责任田应该长期稳定，不宜经常调整，这样有利于农民逐步形成改良土壤、培肥地力的习惯。

六、强化科技支撑

试点过程中出现的许多问题的主要原因是科技支撑不足，因此需要加强相关的研究，增强科技支撑能力。亟须研究的问题包括：

（1）不同休耕模式下土壤重金属的变化动态与合理减量指标的研究；
（2）不同休耕模式下土壤肥力的变化动态与合理提升指标的研究；
（3）研究制定休耕区划定的技术规范或标准；
（4）研究制定休耕监测技术规范。

参 考 文 献

豆长明, 徐德聪, 周晓铁, 等. 2014. 铜陵矿区周边土壤-蔬菜系统中重金属的转移特征. 农业环境科学学报, 33(5): 920-927.

福建省质量技术监督局. 2016. 农产品产地土壤重金属污染程度的分级(DB35/T 859—2016).

关卉, 王金生, 李丕学, 等. 2008. 湛江市农业土壤与作物铬含量及其健康风险. 环境科学与技术, 31(1): 120-124.

郭锋, 樊文华, 冯两蕊, 等. 2014. 硒对镉胁迫下菠菜生理特性、元素含量及镉吸收转运的影响. 环境科学学报, 34(2): 524-531.

环境保护部, 国土资源部. 2014. 全国土壤污染状况调查公报.

黄文捷. 2015. 重庆市本地产大米中镉污染调查及健康风险评价. 重庆: 重庆医科大学.

霍霄妮, 李红, 孙丹峰, 等. 2009. 北京市农业土壤重金属状态评价. 农业环境科学学报, 28(1): 66-71.

吉玉碧. 2006. 贵州省农业土壤中镉的污染现状. 贵阳: 贵州大学.

雷鸣, 曾敏, 王利红, 等. 2010. 湖南市场和污染区稻米中 As、Pb、Cd 污染及其健康风险评价. 环境科学学报, 30(11): 2315-2320.

李其林, 黄昀. 2000. 重庆市近郊蔬菜基地蔬菜中重金属含量变化及其污染情况. 农业环境与发展, 17(2): 42-44.

刘周萍. 2016. 长江流域稻米重金属污染及水杨酸调控镉积累的分子生理机制. 杭州: 中国计量大学.

马往校, 孙新涛, 段敏. 2010. 西安市不同蔬菜中重金属污染分析. 山西农业大学学报(自然科学版), 30(5): 439-442.

秦文淑, 邹晓锦, 仇荣亮. 2008. 广州市蔬菜重金属污染现状及对人体健康风险分析. 农业环境科学学报, 27(4): 1638-1642.

曲建平, 张建辉, 汪霞丽, 等. 2015. 大米重金属污染状况及健康风险评价. 食品安全导刊, (9): 62-63.

茹淑华, 耿暖, 张国印, 等. 2016. 河北省典型蔬菜产区土壤和蔬菜中重金属累积特征研究. 生态环境学报, 25(8): 1407-1411.

苏苗育, 罗丹, 陈炎辉, 等. 2006. 14 种蔬菜对土壤 Cd 和 Pb 富集能力的估算. 福建农林大学学报(自然科学版), 35(2): 207-211.

孙美侠, 黄从国, 郝红艳. 2009. 江苏省徐州市售蔬菜和水果重金属污染调查与评价研究. 安徽农业科学, 37(29): 14343-14345.

汤惠华, 陈细香, 杨涛, 等. 2007. 厦门市售蔬菜重金属、硝酸盐和亚硝酸盐污染研究及评价. 食品科学, 28(8): 327-331.

田甜. 2016. 福建省土壤汞、砷及其向籼稻籽粒富集特征的研究. 福州: 福建农林大学.

王佛娇, 邓敬颂, 程小会, 等. 2014. 广东省部分基地蔬菜重金属污染评价. 农业资源与环境学报, 31(5): 446-449.

王明湖, 连瑛, 庞欣欣, 等. 2016. 宁波市晚稻稻米中重金属污染分析及风险评估. 中国稻米, 22(4): 65-68.

王英英, 钱蜀, 邓星亮. 2012. 成都平原西部农业土壤中金属元素分布特征研究. 三峡环境与生态, 34(5): 11-18.

谢团辉. 2012. 不同蔬菜品种土壤 Pb 临界值研究. 福州: 福建农林大学.

许华杰. 2008. 遵义县农业土壤和蔬菜中镉含量关系的分析与研究. 贵阳: 贵州大学.

杨冰, 王雅洁, 代姣, 等. 2015. 贵州大米总汞富集及人体健康风险评价. 安徽农业科学, 43(21): 263-265,268.

杨国义, 张天彬, 万洪富, 等. 2007. 广东省典型区域农业土壤中重金属污染空间差异及原因分析. 土壤, 39(3): 387-392.

杨胜香, 易浪波, 刘佳, 等. 2012. 扬湘西花垣矿区蔬菜重金属污染现状及健康风险评价. 农业环境科学学报, 31(1): 17-23.

杨芸, 周坤, 徐卫红, 等. 2015. 外源铁对不同品种番茄光合特性、品质及镉积累的影响. 植物营养与肥料学报, 21(4): 1006-1015.

喻鹏, 马腾, 唐仲华, 等. 2015. 江汉-洞庭平原农业土壤重金属综合评价. 江苏大学学报(自然科学版), 36(5): 550-556.

张海英, 韩涛, 田磊, 等. 2011. 草莓叶面施硒对其重金属镉和铅积累的影响. 园艺学报, 38(3): 409-416.

甄燕红, 成颜君, 潘根兴, 等. 2008. 中国部分市售大米中 Cd、Zn、Se 的含量及其食物安全评价. 安全与环境学报, 8(1): 119-122.

邹素敏, 杜瑞英, 文典, 等. 2017. 不同品种蔬菜重金属污染评价和富集特征研究. 生态环境学报, 26(4): 714-720.

Norton G J, Williams P N, Adomako E E, et al. 2014. Lead in rice: Analysis of baseline lead levels in market and field collected rice grains. Science of the Total Environment, 485-486: 428-434.

第八章　连作障碍区耕地轮作休耕技术

第一节　我国耕地连作障碍现状与成因

一、连作障碍概念与内涵

连作障碍是指在同一土壤中连续种植同种或同科的植物时，即便给予正常的栽培管理也会出现植物生长势变弱、产量和品质下降的现象。日本称为"忌地"现象、连作障害或连作障碍，欧美国家称之为再植病害（replant disease）或再植问题（replant problem），我国常称为"重茬问题"，是植物栽培中的一种常见现象，许多园艺植物（包括瓜果类蔬菜和观赏花卉）、大田经济作物和中草药等都存在不同程度的连作障碍现象（图 8.1）（郭冠瑛等，2012）。

图 8.1　大田作物连作障碍

随着我国人口剧增和人民生活水平的提高，对粮食、蔬菜、水果等的需求量与日俱增，但我国的可利用土地面积却日益减少。在这种背景下，提高土地利用率和土地高度集约化经营已成为现代农业发展的一种趋势。但恰是由于现代农业具有复种指数高，作物种类单一的特点，随着栽培年限的增加，便出现了农业可持续发展中的一个亟待解决的瓶颈问题——作物连作障碍（郑良永，2005）。尽管人们很早就在农业生产中认识到这一问题，采用轮作倒茬的耕作方式来避免或减轻这一现象的发生。然而由于耕地有限，经济利益的驱动和生产栽培条件等因素的影响，我国耕地连作障碍现象仍有加剧趋势。

二、典型连作障碍区现状与影响

（一）我国露天栽培连作障碍现状

根据作物栽培环境差异，我国耕地连作障碍可分为露天栽培连作障碍和设施栽培连作障碍。露天栽培连作障碍主要发生于大规模露天栽培单一作物的主产区。我国各地区分布着一系列区域化、专业化的经济作物种植区，如东北地区的大豆，山东地区的花生，新疆内陆的棉花、云南地区的中草药种植等。生产实际当中，由于受种植习惯、市场需求、经济效益、交通设施、水源和水利设施以及家庭承包经营体制等诸多因素的制约，这些地区都存在着大面积连年耕作的形式，连作已成为一种不可避免的现象。而连作导致的土传病虫害情况加剧，农田有害物质的逐年积累，土壤理化性质变化，土壤养分失调，土壤生物化学过程受抑制，作物产量和品质显著降低，农田生态系统恶化等问题也日益严重（郭军等，2009）。

黑龙江省是我国重要的商品粮生产基地，我国大豆主要产区。据统计，2012 年黑龙江省大豆种植面积约为 266.67 万 hm²，占全省农作物种植面积的 20%左右，其中重迎茬面积占大豆种植面积的 40%以上。与正茬相比，大豆因连作障碍引起的减产幅度可高达 10%～40%（郑慧等，2016）。连作已成为大豆生产过程中的重要制约因素，长期连作不仅会导致大豆生长发育受阻，大豆产量及植株生物量降低，根部病虫害加重，而且随着大豆连作年限的增加，土壤 pH 呈下降趋势，土壤中氮、磷、钾、镁、锌、硼、钼、有机质等养分含量均低于正茬（表 8.1）（孙磊，2008），土壤酶活性降低，根圈微生态环境发生变化，土壤从高肥的"细菌型"转向低肥的"真菌型"（图 8.2）（谷岩等，2012；邹莉等，2005），作物根系分泌及残根腐解的有害化感物质累积，农田生态系统的稳定性遭到破坏。

表 8.1　大豆根系土壤性状分析

土壤性状	正茬	迎茬	连茬 4 年	连茬 8 年	连茬 12 年
pH	6.58	6.52	6.49	6.45	6.37
有机质/（g/kg）	25.9	25.7	23.8	25.5	26.6
碱解氮/（mg/kg）	163.74	151.37	102.17	112.23	113.02
速效磷/（mg/kg）	56.54	56.33	54.69	55.57	55.18
速效钾/（mg/kg）	180	160	131	142	149
Fe/（mg/kg）	2.74	2.77	2.65	2.87	3.11
Mn/（mg/kg）	9.82	10.41	10.01	10.86	10.86
Zn/（mg/kg）	0.67	0.61	0.62	0.59	0.58
Ca/（mg/kg）	125.76	122.41	124.4	129.74	125.88
Mg/（mg/kg）	25.77	25.66	25.08	24.56	24.33
Mo/（mg/kg）	0.311	0.282	0.208	0.171	0.129
B/（mg/kg）	0.487	0.443	0.415	0.408	0.379

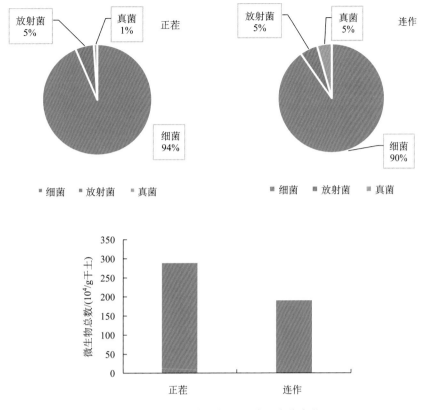

图 8.2　正茬与连作条件下土壤微生物变化

花生是我国重要的经济作物和油料作物，2013 年全国种植面积 471 万 hm²，总产量 1700 万 t，主要集中在华北平原、环渤海、华南沿海及四川盆地等地区。近年来，随着全国范围内种植业结构调整的深入，大宗谷类粮食作物的生产规模呈持续递减趋势，我国花生的生产规模持续增长，轮作倒茬更加困难，特别是花生主产区，重茬十分严重，有的地方花生连作年限甚至已达 10～20 年，且秋季抛荒严重（李孝刚等，2015）。如山东省每年大约有连作田 23 万～27 万 hm²，由连作造成的减产在 15 万 t 以上（刘娟等，2015）。随着种植年限增加，逐渐出现了花生产量降低、品质变劣、生育状况变差及病虫害严重等诸多生产问题，严重制约着花生产业发展。花生连作往往导致病虫害加剧，其中虫害主要有花生蚜虫和斜纹夜蛾等，随连作年限增加，花生根腐病、叶斑病、锈病的发病率成倍上升，青枯病和白绢病也从无到有，花生减产 50% 以上（王兴祥等，2010）。连作对花生生长的影响主要表现在花生个体生长发育缓慢、植株矮小、光合作用减弱、结果数少、百果重低、产量下降等，且随连作年限的延长上述症状加重，从而造成花生产量下降、经济效益降低（图 8.3）（张艳君等，2015）。

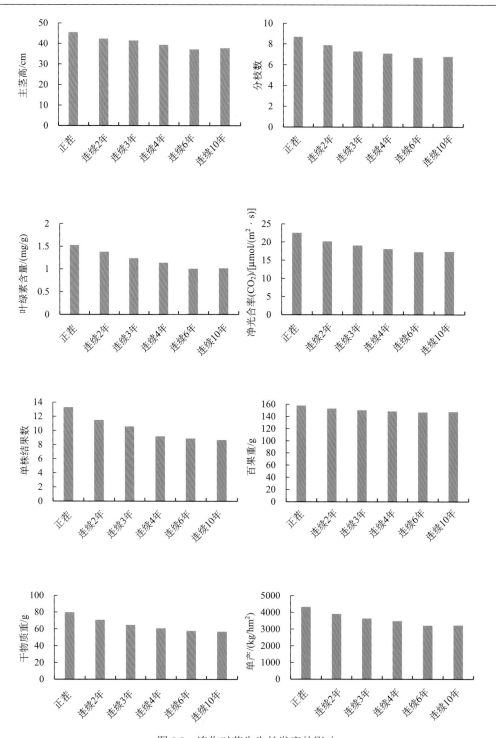

图8.3　连作对花生生长发育的影响

新疆是全国最大的优质商品棉基地，连续15年棉花播种面积、单产水平、总产水平等居全国首位。在光热资源丰富的州（县）已实现了植棉区域化、专业化生产，但同时也带来植棉区作物结构相对单一、出现轮作倒茬困难、棉花大面积连作的问题。2000 年以来，随着自治区特色林果业的发展，南疆棉花单作种植方式已逐渐被果棉间套作种植模式所代替，棉花连作问题已开始弱化，但是北疆主产区棉花种植面积仍然很大，棉花连作现象仍然很严重，短则 4～5 年，长则 8～10 年，甚至更长。长期的棉花连作导致土壤容重增大，孔隙度下降，土体紧实板结，结构性差，土壤质量下降。随着连作年限增加，土壤含盐量呈上升趋势，连作 5、10、15 和 20 年含盐量分别是连作 1 年的 122%、132%、124% 和 146%，次生盐渍化的倾向加剧，土壤中氮、磷、钾比例失调（图 8.4）（刘建国等，2009），土壤酶活性降低（表 8.2）（李锐等，2015），农田生态平衡遭到破坏。连作还导致棉花生长过程中死苗、生长不良、病虫害发生频繁，棉花品质下降，使得棉花产出和效益受到影响，对农业生产持续发展具有很大的潜在危险。据调查发现，3 年连作的棉田叶螨发生量是 1 年棉田的 4.3 倍，7 年连作的棉田叶螨发生量是 1 年棉田的 7～8 倍。加上长期以来农膜的使用，残膜在土壤中长期积累，长期连作使得棉区地膜污染加剧，在作物生长过程中带来隔水、隔肥、阻碍根系生长等不利影响，导致棉花产出减少和投入增加，严重影响了土地的可持续利用和棉花的生长发育，使得本来就十分脆弱的生态环境的承载能力日益下降（蒋旭平，2009）。

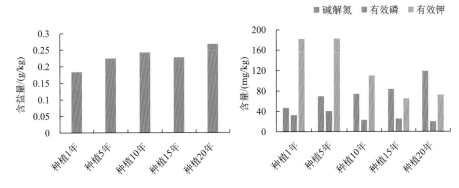

图 8.4 棉花连作对土壤盐分和养分的影响

表 8.2 棉花连作对土壤酶活性的影响

处理	过氧化氢酶/(mL/g)	蔗糖酶/(mg/gh)	脱氢酶/[μg(TPF)/(g·24h)]	蛋白酶/[μg/(g·h)]
连作 5 年	2.8	9.12	13.1	9.12
连作 10 年	2.74	4.04	7.52	7.27
连作 15 年	2.33	3.78	6.62	9.24

我国有着悠久的药材生产历史，国内医药市场的中药材需要量超过 60 万 t，且以 15% 的年增长率递增，目前使用的常用和大宗药材约有 70% 来自于人工栽培。而中草药大都讲究道地种植，忌地性极强，难以重茬连作。但随着人口激增，药材需求日益增长，人工栽培药材的种类和面积逐年提高，而大面积的中药栽培一方面导致药粮争田局面的出现，另一方面则导致栽培区域内物种单一、复种指数高、管理粗放等问题的出现，传统的栽培习惯使不少中药材在人工种植过程中出现了不同程度的连作障碍问题。云南省文

山州为药材三七原产地及道地产区，是目前三七的主产区，其栽培面积和产量均占全国90%以上。2013 年三七农业产值达 130 亿元，且市场份额还在迅猛扩大，市场对三七的需求有增无减（孙雪婷等，2015a）。随着中药材需求量不断增加，由于耕地的限制、耕作制度的改变、经济利益的驱动和种植条件等因素的限制，该地区重茬栽培三七现象已十分普遍（严铸云等，2012）。三七连作最突出的表现是"病多，产量低"，连作地根腐病的发病率平均为 23.9%，相当于新栽地的 3.5 倍，且随着连作年限延长，根腐病发病越重。随着三七种植年限的增加（图 8.5）（孙雪婷等，2015b），土壤 pH 呈显著下降趋势，土壤有酸化趋势，土壤养分比例失衡，土壤中关键酶活性下降，严重影响三七对营养元素的吸收，并削弱土壤对自毒物质的代谢，诱导连作障碍的发生。连作障碍严重制约着三七的规模化、集约化栽培，已成为目前三七生产中亟待解决的难题。

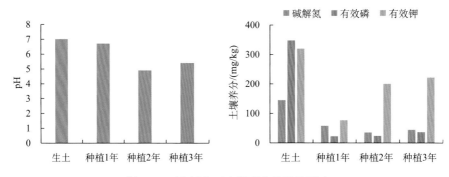

图 8.5　三七连作对土壤理化性质的影响

（二）我国设施栽培连作障碍现状

我国是一个农业大国，人口多，土地少，资源与人口矛盾日益尖锐，巨大的人口压力和人们日益增长的对农副产品的数量和质量需求，要求我国走适合国情的设施农业发展道路，有效解决资源短缺问题，逐步削弱自然资源对经济发展的约束。设施栽培弥补了露地生产受季节影响的缺点，延长了蔬菜瓜果等经济作物的生产季节，解决了长期以来作物生产的季节性周年供应的矛盾，极大提高了农民的收入，取得了显著的社会和经济效益，已成为我国农业生产中最有活力的新产业之一（王珊，2007）。目前我国设施栽培的类型主要是塑料中小拱棚、塑料大棚、日光温室和现代化温室，栽培的作物主要是蔬菜、花卉及瓜果类为主。据农业部统计数据表明，2010 年，我国设施蔬菜面积逾 344 万 hm^2，占 94.8%；设施果树面积 9.3 万 hm^2，占 2.6%；设施花卉约 9.0 万 hm^2，占 2.5%；日光温室和塑料大棚超过 230 万 hm^2、塑料小拱棚超过 131 万 hm^2、玻璃温室约 0.9 万 hm^2。根据我国地理和气候分布的不同，我国设施栽培可划分为下列四个气候区（表 8.3）（闫秋艳，2013）。

表 8.3 我国设施栽培气候区划

气候区	地区	气候特征	栽培形式
东北、蒙新北温带气候区	黑龙江、吉林、辽宁、内蒙古和新疆等地	我国最寒冷气候区，冬季日照充足，但日照时数少；1月均日照时数180~200h，日照百分率60%~70%，1月平均气温在-10℃以下，北部最低达到-20℃~-30℃	设施生产冬季以日光温室为主，设临时加温设备。在极端低温地区，冬季只能以耐寒叶菜生产为主。春秋蔬菜生产可利用各种类型的塑料大棚
华北暖温带气候区	秦岭、淮河以北、长城以南地区，包括北京、天津、河北、山东、河南、山西、陕西的长城以南至渭河平原以北地区以及甘肃、青海、西藏、江苏、安徽的北部地区	1月日照时数均在160h以上，1月平均最低气温0~10℃，冬春季光照充足	冬季利用节能型日光温室在不加温条件下可安全进行冬春茬喜温蔬菜的生产，但北部地区日光温室要注意保温，应有临时辅助加温设备。这一地区春提前、秋延后蔬菜生产设施仍以各种类型的塑料棚为主，可适当发展现代加温温室，用来生产菜、花、果等高附加值园艺产品
长江流域亚热带气候区	秦岭淮河以南、南岭—武夷山以北，四川西部—云贵高原以东的长江流域各地，包括江苏、安徽南部、浙江、江西、湖南、湖北、四川、贵州和陕西渭河平原等	1月平均最低气温0~8℃。冬春季多阴雨，寡日照，但这里冬半年温度条件优越	蔬菜生产设施以塑料大中、中棚为主，在有寒流入侵时，搞好多重覆盖，即可进行冬季果菜生产，夏季以遮阳网、防雨棚等为主要蔬菜生产设施，进行高附加值的菜、花、果、药等园艺作物的生产，或进行工厂化穴盘育苗以及在都市型农业中适当发展现代玻璃温室
华南热带气候区	福建、广东、海南、台湾及广西、云南、贵州、西藏南部	1月平均温度在12℃以上，周年无霜冻	可全年露地栽培蔬菜，利用该区优越的温度资源，作为天然温室进行生产，但该区夏季多台风、暴雨和高温，故遮阳网、防雨棚、开放式玻璃温室成为这一地区夏季蔬菜生产主要设施，冬季则以中小型塑料棚覆盖增温

　　然而与当前设施栽培迅猛发展所不相适应的是在设施栽培系统中，至今尚无一套与之相适宜的土肥管理措施。温室、大棚等栽培条件下的土壤缺少雨水淋洗，且温度、湿度、通气状况和水肥管理等均与露地栽培有较大差别，设施栽培长期处于高集约化、高复种指数、高肥料施用量的生产状态下，由于设施栽培大多在冬春反季节进行，低温弱光条件抑制了蔬菜根系对土壤养分的吸收，加上设施园艺有着"高投入、高产出、高效益"的特性，在市场经济压力下，各地设施栽培普遍向规模化和单一化方向发展，出现了只重视劳动生产率而忽视土地生产率的状况，在这种经济利益的驱动下，人们往往关注植株地上部的生长发育状况及其环境的调控，而忽视了植株根部环境即设施栽培所用土壤的环境问题，追求高产和日益严重的连作障碍现象又促使许多农民企图通过多施肥料和农药来缓解生长障碍，其结果所带来的不仅仅是产量的难以维持，更是农产品和环境的污染，特别是土壤肥力的降低及土壤质量的恶化，与此相关的设施土壤养分累积和次生盐渍化已成为我国设施蔬菜生产中普遍出现的问题，日益严重的连作障碍现象不仅

直接危害作物的正常生长，而且在某些地区已导致成片温室的荒废（图 8.6），威胁到我国设施农业的持续、健康发展（余海英，2005；闵炬，2007）。

图 8.6　成片温室荒废

据调查（表 8.4 和表 8.5）（王广印等，2016），目前绝大多数棚室都有连作障碍的问题，不管是大棚，还是日光温室，一般连作 3 年以上即开始表现连作障碍现象。有连作障碍棚室的比例及严重程度随连作年限的延长而增加。设施蔬菜土传病害发生最为严重，其中大棚根结线虫病发病率达 84.6%，日光温室达 56.9%。除土传病害外，因土壤养分失衡而导致的缺素症和一些不明原因的生理病害也时有发生。土壤次生盐渍化也普遍发生，但大棚比日光温室次生盐渍化相对较轻，下沉式日光温室比非下沉式日光温室相对较重，这可能与大棚揭膜雨淋有关。设施蔬菜连作障碍的总趋势表现是随着连作年限的延长，蔬菜生长势减弱，病害逐渐加重，产量逐渐降低，品质下降；设施土壤环境发生了一系列变化，造成连作障碍、土壤板结、土壤酸化、土壤微生物区系改变、土壤中有害气体增加、土壤次生盐渍化等严重问题。

表 8.4　设施蔬菜连作年限、障碍比例及障碍轻重程度

设施种类	项目	5 年以下	5～9 年	10～19 年	20 年以上
大棚	调查点数	10	15	11	3
	点数所占比例/%	25.6	38.5	28.2	7.7
	有连作障碍比例/%	85	96.4	96.4	100
	轻度障碍/%	50	12.5	0	0
	中度障碍/%	50	31.3	37.5	0
	重度障碍/%	0	56.2	62.5	100

续表

设施种类	项目	5 年以下	5～9 年	10～19 年	20 年以上
日光温室	调查点数	10	19	18	6
	点数所占比例/%	17.2	32.8	31	10.3
	有连作障碍比例/%	54	90.46	97.9	99.3
	轻度障碍/%	50	42.1	22.2	0
	中度障碍/%	25	21.1	44.4	50
	重度障碍/%	25	36.8	33.4	50

表 8.5　设施蔬菜连作障碍发生类型及出现频率　　　　（单位：%）

设施种类	次生盐渍化	养分失衡	酸化	板结	自毒作用
大棚	18	66.7	2.6	7.7	28.2
日光温室	43.1	65.5	6.9	10.3	24.1

三、连作障碍主要表现形式与成因分析

（一）连作障碍主要表现形式

1. 次生盐渍化

（1）露地土壤次生盐渍化（图 8.7）。次生盐渍化是我国耕地连作障碍的主要表现形式之一，指由于不合理的耕作灌溉而引起的土壤盐渍化过程。主要是人为原因导致的。露地次生盐渍化主要发生于干旱或半干旱地区地下水位较高、地下径流不畅、地下水中含有较多可溶性盐的地区。由于土地平整度较低、灌排系统不配套及播前限量灌溉，再加上当地气候干旱，蒸发量大，导致盐分聚集在耕作层内。我国新疆地区棉田普遍存在不同程度的盐渍化。虽然一般认为棉花是一种耐盐作物，但其仍存在耐盐极限和盐分限制的问题。随着棉花连作年限的增加，土壤总盐含量增加，土壤中过多的盐分，将抑制种子发芽、出苗，影响作物的营养平衡和细胞正常生理功能，最终导致棉花生长不良，并降低皮棉产量和质量，土壤盐渍化已经成为制约新疆棉花生产持续发展的关键因子（梁飞等，2011）。长期以来，露地蔬菜栽培被认为不太可能发生土壤的次生盐渍化，而通过近两年来对珠江三角洲部分地区（南海、惠阳）蔬菜地土壤取样的调查结果却反映出，土壤的次生盐渍化不只是发生在设施栽培上。其中，佛山市南海区蔬菜地 19.9%的土壤调查样本硝酸盐含量在 300mg/kg 以上，12.5%的土壤调查样本全盐量超过 0.20%，土壤次生盐渍化特征明显；惠州市惠阳区蔬菜地 17.9%的土壤调查样本硝酸盐含量在 300mg/kg 以上，有极个别土壤样本硝酸盐含量竟达 1313mg/kg，全盐量最高为 0.21%（柳勇等，2006）。说明珠江三角洲部分地区露地土壤的硝酸盐含量和可溶性盐分浓度已经接近多年塑料大棚水平，突出表现为蔬菜硝酸盐超标。

图 8.7　土壤次生盐渍化

（2）设施土壤次生盐渍化。随着设施栽培年限的增加，设施土壤次生盐渍化现象不断出现并日益加重，严重影响了作物的产量和品质，阻碍作物生产的可持续发展。设施土壤次生盐渍化是指在设施作物生产过程中，由于化肥的大量使用、栽培管理措施不当、水肥管理的不科学，加之长期处于高度集约化、高复种指数的生产状态，使得保护地土壤含盐量，特别是硝态氮含量大量增加的现象。次生盐渍化会引起栽培作物的生长发育受到抑制，作物病害加重，造成农产品中硝态氮和亚硝态氮积累等问题（王楠，2012）。参照表 8.6 中我国设施土壤的次生盐渍化状况和表 8.7 中我国土壤盐化程度分级标准（王媛华，2015），我国 50% 以上的设施土壤已轻度盐化，部分土壤甚至达到了盐土的级别，严重制约了我国设施农业的可持续发展。设施内耕层土壤盐分随种植年限延长而逐渐增加，所含盐分离子以 NO_3^-、SO_4^{2-}、Ca^{2+} 为主（表 8.6，图 8.8），部分土壤含有大量的 Cl^- 或 Na^+。NO_3^- 主要来源于过量氮肥的施用。过量施用氮肥后，各种形态的氮肥在土壤中被氧化成硝态氮，不能被吸收的氮以各种硝酸盐的形式溶解在土壤溶液中，是造成设施土壤盐分积聚的主要原因；SO_4^{2-} 主要来源于钾肥和过磷酸钙；Ca^{2+} 一部分来自于过磷酸钙、复合肥、石灰、石膏等，一部分来自于交换性钙（肥料中的阳离子可将土壤交换性钙置换下来），还有一部分来源于土壤中钙盐的活化（土壤 pH 下降或设施内高温高湿气候，使碳酸钙风化分解加强）。调查发现，设施农业长期连作条件下，土壤表面均有大面积白色盐霜出现，有的甚至出现块状紫红色胶状物（紫球藻），土壤盐化板结，作物长势差，甚至绝产（张金锦等，2011）。设施环境下，土壤累积的硝酸盐很容易随水淋溶到土壤深层，造成地下水污染。土壤次生盐渍化而引起的土壤盐分的积累，造成土壤溶液浓度增加，使土壤的渗透势加大，作物种子发芽和根系吸水、吸肥能力减弱或不能正常进行，甚至养分向根外渗透，容易出现生理性干旱和生长发育不良。蔬菜发生生理干旱后易引起生长发育不良，植株抗病性下降，病虫害加重等后果，严重影响蔬菜的产量和品质。同时，随着盐浓度的升高，土壤微生物活动受到抑制，铵态氮向硝态氮的转化速度下降，导致作物被迫吸收铵态氮，叶色变深甚至卷叶，生育不良，甚至造成氨毒害（周新刚，2011）。

表 8.6　我国设施土壤的次生盐渍化状况

省份	市/县/镇	土壤类型	耕层含盐量/(g/kg)	耕层 EC 值（水土比 5∶1)/(μS/cm)	主要盐分离子及所占比例	文献来源
安徽	蚌埠市怀远县	潮土	1.280～2.857	501～1176	Ca^{2+} 和 NO_3^- 占 63.8%	邹长明等，2006，2009
	蚌埠市固镇县	砂姜黑土	1.450～5.352	515～1890	Ca^{2+} 和 NO_3^- 占 73.3%	
辽宁	沈阳市于洪地区	草甸土	0.47～2.96		NO_3^- 占 20.57%～36.61%; SO_4^{2-} 占 17.77%～22.05%; K^+ 占 12.87%～17.59%; Ca^{2+} 占 7.05%～11.77%	范庆锋等，2009a
青海省	乐都县碾伯镇	栗钙土	1.72～5.35			王艳萍等，2011a
	西宁市城北区		1.27～4.34			
山西	临汾市	石灰性褐土	1.80～4.71	390～1080		杜新民等，2007
陕西	关中地区	黄土母质	2.23～3.93			党菊香等，2004
云南	呈贡县斗南镇		2.27～3.32		NO_3^- 占 24.81%～32.67%	李刚等，2004
山东	寿光		0.68～6.01	260～1560	NO_3^-，SO_4^{2-} 和 Ca^{2+} 为主	李卫和王永东，2011
辽宁	新民		0.61～2.64	140～800	NO_3^-，SO_4^{2-} 和 Ca^{2+} 为主	
江苏	常州		0.56～6.69	180～1710	NO_3^-，SO_4^{2-} 和 Ca^{2+} 为主	
四川	双流		0.65～2.27	140～500	NO_3^-，SO_4^{2-} 和 Ca^{2+} 为主	

表 8.7　土壤盐化程度分级标准

盐化程度	以含盐量为分级标准 含盐量/(g/kg)	盐化程度	以电导率为分级标准 EC/(μS/cm)	（水土质量比 5∶1) 对作物影响
非盐化	<2	无盐度	<250	一般作物生长正常
轻度盐化	2～5	低盐度	250～600	对敏感作物有障碍
中度盐化	5～7	中盐度	600～800	多数作物生长受阻
重度盐化	7～10	高盐度	800～1000	仅耐盐作物能生长
盐土	>10	超高盐度	>1000	仅极耐盐作物能生长

2. 酸化

（1）露地土壤酸化。土壤酸化指土壤吸收性复合体接受了一定数量交换性氢离子或铝离子，使土壤中碱性（盐基）离子淋失的过程（于天一等，2014）。我国连作土壤酸化主要分布在长江以南的热带、亚热带地区及西南地区红、黄壤上，另外北方的设施菜地、

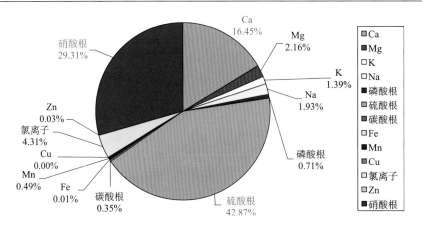

图 8.8　设施土壤中各盐分离子含量占全盐量的百分比

果园及部分旱地农田也存在酸化现象，且随连作年限增加，我国连作土壤的酸化程度及面积均呈上升的趋势。土壤酸化导致土壤有毒金属离子活度增加，肥力降低，土壤结构变差，影响作物生长发育，并带来一系列环境问题，已经成为影响我国粮食安全及农田可持续发展的主要障碍因素之一。露地栽培作物由于复种指数高，连作使有机酸在土壤中的积累过多，形成有机酸中毒，从而影响植物根系的生长发育和对养分、水分的吸收，使植株长势变弱、抗逆性降低。以三七为例，连作条件下的三七在生长后期会分泌大量的酸性物质，使土壤酸性变强，土壤透气性变差，病虫害严重，最终导致死苗现象。另外土壤的酸性变化还会导致土壤微生物迅速减少，土壤盐类浓度高及营养元素失衡等问题，严重影响土壤健康质量。此外，在作物种植过程中化学氮肥的施用也会造成土壤的酸化，特别是酸性和生理酸性肥料，如氯化钾、过磷酸钙等的施用都将会降低土壤的 pH，导致土壤酸化。土壤酸化加重将为病原真菌滋长提供条件，从而导致作物病虫害加剧，影响作物生长发育及根系对水、肥的吸收，进而促使作物产量和品质下降。

（2）设施土壤酸化。设施栽培土壤酸化是土壤中氢离子增加的过程，是其连作障碍的又一主要表现形式。从表 8.8（王媛华，2015）可以看出，目前对酸化评价使用广泛的指标即为 pHw（水浸提测定的 pH）。我国设施耕层土壤均出现了不同程度的酸化，酸化的程度因土壤酸碱缓冲容量、设施使用年限和当地的习惯管理模式而异；总体来看，耕层土壤 pHw 下降幅度均超过了 0.5 个单位。设施栽培土壤与露地栽培土壤相比，表现出土壤 pH 下降，土壤酸化的趋势；且随着种植年限的增加，土壤的缓冲性能降低，离子平衡能力遭到破坏，土壤 pH 下降而酸化加重。酸化的土壤中含铝的原生和次生矿物风化加速而释放大量的铝离子，形成植物可吸收形态的铝化合物，植物过量的吸收铝，不仅会降低作物产品的品质，还会对植物体特别是植物根系生长产生极大影响，甚至导致植物中毒死亡。土壤酸化使土壤中钙离子大量淋溶，土壤的团粒结构遭到破坏，从而导致土壤通气透水性不良，降水或灌水后土壤易僵硬板结，甚至土表结皮，使作物根部窒息，根系会出现数量减少、形态短粗、扎根浅等症状，影响水分和养分的吸收，进而导致果实苦痘病、痘斑病和水心病等果实生理病害的发生，影响作物产量和品质（谷瑞银等，2016）。随着土壤环境的酸化，土壤中有益菌活性降低，某些有害微生物的数量增加，使作物病害频发。

表 8.8 我国设施土壤的酸化状况

省份	市/县/镇	土壤类型	露地酸度	相对露地大程度酸化状况	文献来源
安徽	蚌埠市怀远县	潮土	pHw: 7.3	20 年下降 0.5	邹长明等, 2006
	蚌埠市固镇县	砂姜黑土	pHw: 6.9	9 年下降 0.8	邹长明等, 2006
辽宁	沈阳市于洪地区		pHw: 6.53	6 年下降 1.03	范庆锋等, 2009b
	沈阳市于洪地区	草甸土	pHw: 6.50; 交换性酸: 0.15cmol/kg; 非交换性酸: 2.75 cmol/kg; CEC: 14.7 cmol/kg; 盐基饱和度: 80.4%	调查平均下降: pHw 下降 0.9; 交换性酸上升 0.37cmo/kg; 非交换性酸上升 0.93cmol/kg; CEC 上升 3.2cmol/kg; 盐基饱和度下降了 9.5%	范庆锋等, 2009b
青海	乐都县碾伯镇	栗钙土	pHw: 7.92	8 年下降 0.53	王艳萍等, 2011a
	西宁市城北区	栗钙土	pHw: 7.90	30 年下降 0.80	王艳萍等, 2011b
山西	临汾市	石灰性褐土	pHw: 7.82	8 年下降 0.77	杜新民等, 2007
陕西	关中地区	黄土母质	pHw: 8.57	10 年及以上下降 0.67	党菊香等, 2004
山东	寿光市	潮土	pHw: 7.68	11 年下降 2.18	曾希柏等, 2010
云南	昆明晋宁县	红壤	pHw: 6.71	7 年下降了 1.72	陈晓冰和王克勤, 2014
辽宁	沈阳法哈牛镇		pHw: 7.00 水解性酸: 2 cmol/kg 交换性酸: 0.18 cmol/kg	10a pHw: 下降了 1.50 水解性酸: 增加了 1.80 cmol/kg 交换性酸: 增加了 0.27cmol/kg	李廷轩和张锡洲, 2011
	锦州中安镇		pHw: 6.70 水解性酸: 3.4 cmol/kg; 交换性酸: 0	12a pHw: 下降了 0.70 水解性酸: 下降了 0.60 cmol/kg; 交换性酸: 增加了 0.17cmol/kg	

3. 土传病害

（1）露地栽培土传病害。土传病害是指生活在土壤中的病原体或者土壤中病株残体中的病菌，从作物根部或茎部侵害而引起的植株病害。随着设施农业的发展和高附加值作物的连年露地栽培，造成土壤中病原菌、虫卵积累，毁灭性土传病害如枯萎病、根腐病、黄萎病、青枯病及根结线虫病等连年发生，逐年加重，通常栽种 3～5 年后，作物产量和品质受到严重影响，一般造成减产 20%～40%，严重的减产 60%以上甚至绝收（曹坳程等，2017）。在黑龙江省连作大豆主产区，最为严重的土传病害主要是大豆根腐病、大豆孢囊线虫、根潜蝇和菌核病。大豆根腐病原真菌在土壤中腐生，大豆重茬使病菌多年积累，侵染源量大，平均病株率为 56%，病情指数为 39%，连作时发病情况更严重，连作时间越长，发病越重。连作大豆孢囊线虫密度增大，感染孢囊线虫的大豆不仅结瘤少，体积小，且根瘤的固氮活性受到抑制，大豆根潜蝇危害也可使根腐病加重（苗淑杰等，2007）。新疆地区由于多年连作导致棉花枯、黄萎病加剧，导致棉花产量大幅度下降。华北地区花生连作重茬往往导致病虫害加剧，其中虫害主要有花生蚜虫和斜纹夜蛾等。花生苗期病害以镰刀菌根腐病为主，发病率随连作年限成倍增加；花果期多叶斑病，病株率近 100%；青枯病、白绢病则随连作年限延长从无到有。我国绝大多数的根（根茎）类药用植物，在连作栽培过程中也表现为病虫害发生严重、植株存活率，导致其药用价值下降。在药用植物栽培中，表现较为严重的土传病害有根腐病、黑腐病、全蚀病、锈腐病、枯萎病等。

（2）设施栽培土传病害。由于设施蔬菜生产常伴随着高度的集约化种植，造成设施蔬菜复种指数高，蔬菜种植品种相对单一、过分密植等，给土传病害的发生提供了赖以生存的寄主和繁殖的场所，造成土壤中病原菌的大量累积，使有益微生物受到抑制，土壤微生物区系发生变化，根区土壤微生物生态失衡，同种类蔬菜互相传播病虫害，随着连作年限增加，土传病害发生逐年加重，使植株表现出根部变色、腐烂、茎叶黄化、萎蔫，幼苗倒伏、干枯，成株结果少等症状。设施蔬菜常见土传病害有：十字花科的软腐病；茄果类、瓜类的立枯病、疫病、根腐病、枯（黄）萎病；番茄、辣椒的青枯病及线虫。其中番茄枯萎病、根腐病，茄子枯黄萎病，黄瓜枯萎病、疫病等最为普遍，一般棚室在栽培 2～3 年后，会出现植株生长缓慢，矮化，叶片黄化等较明显的土传病害症状。甜瓜、西瓜对土传病害枯萎病最敏感，如果连茬三年发病率可达 20%以上，连茬五年发病率可达 60%～70%，结瓜后全部枯死。其他作物茄子、辣椒连茬 5 年以下的发病率在20%～30%，产量损失达到 30%，如果连茬 5 年以上发病率达到 50%～60%，产量损失达到 60%（赵荧彤，2013）。同时，由于过多地使用化肥、农药使土壤中病原拮抗菌减少，有益微生物结构趋于单一，更加重了土传病害的发生，导致严重的减产和品质下降，甚至毁种（郝永娟等，2006）。

4. 自毒作用

（1）露地栽培作物自毒作用。自毒作用是指植物个体通过向周围环境释放一些代谢产物和化学物质，从而对同茬及下茬同种或同科植物生长产生的抑制现象（陈玲等，2017）。目前发现，玉米、高粱、水稻等禾本科植物，大豆、花生等豆科作物，黄瓜、茄子等蔬菜及地黄、三七等中药材栽培均存在一定程度的自毒作用现象。露地栽培中花生连作产生的酚酸类物质对土壤硝化过程起抑制，影响氮素形态的转化，抑制根系对土壤养分的吸收，影响膜电位，破坏细胞的完整性，使作物光合产物减少，叶绿素含量降低。连作大豆根系分泌物对大豆根腐病病原菌有增殖作用，刺激有害微生物的生长和繁殖，这些微生物将抑制下一茬作物的生长，从而造成连作障碍。连作药用植物中含量丰富的次生物质往往具有较强的化感作用，其中有些物质还会对植物自身产生毒性。这些毒素主要来自作物根系、地上茎叶及植株残茬腐解分泌的有毒物质，不仅影响药用植物根系对水分和养分的吸收及光合作用能力，而且引起植株抗氧化系统紊乱，导致植物生长受阻，致使药材品质下降（王飞等，2013）。

（2）设施栽培作物自毒作用。近年来研究认为，设施蔬菜的长期种植会导致植物的自毒作用，从影响细胞膜透性、酶活性离子吸收和光合作用等多种途径影响植物生长，造成连作障碍，影响土壤中微生物的种类和数量，破坏土壤微生物相互间平衡，使土传病害和虫害增加。设施农业生产过程中，如番茄、茄子、西瓜、甜瓜和黄瓜等极易产生自毒作用。目前，已在番茄、黄瓜和辣椒等多种设施园艺作物组织和根系分泌物中分离出包括苯甲酸、肉桂酸和水杨酸在内的 10 余种具有生物毒性的酚酸类物质,这些物质通过影响离子吸收、水分吸收、光合作用、蛋白质和 DNA 合成等多种途径来影响植物生长(孙光闻等,2005)。例如当黄瓜连续种植时,根系释放的酚类物质积累到一定程度就会抑制下茬作物的生长,并证明它们可抑制黄瓜根系对 NO_3^-、SO_4^{2-}、K^+、Ca^{2+}、Mg^{2+} 和 Fe^{2+} 的吸收。番茄植物不仅具有自毒作用,其植株的水提液对黄瓜、萝卜、生菜、白菜、甘蓝的幼苗生长均有显著的抑制作用。植物根系分泌物的组成成分及数量与土壤营养状况有关,营养不均衡(营养亏缺)不但直接导致作物连作障碍,而且也可通过改变根系分泌物种类和数量从而间接地影响植物生长。同时在土壤中,由于土壤的吸附、螯合及微生物的作用,这些物质可能发生数量和结构的变化从而加剧或缓解自毒作用(郑军辉等,2004)。

(二)连作障碍成因分析

1. 露地栽培连作障碍成因分析

露地栽培土壤次生盐渍化形成原因既有自然因素(气候条件、土壤质地、地下水位)的影响,也有人为因素(灌溉方式、施肥方式)的影响,是由自然因素和人为因素共同作用的结果。我国新疆内陆地区成土母质组成物质为铝硅酸盐,是该区域盐渍化土壤中的重要盐源。区域气候干旱少雨与强蒸发量使土壤水盐处于绝对向上运动,几乎全年处于积盐状态,盐分向地表迁移累积成厚盐、结皮或结壳。同时,随着地下水位埋深减少、干燥度增加,积盐强度增加。而该区域农业生产过程中不合理的灌溉,作物的长期连作,且农药、化肥和地膜的大量使用,都是造成土壤次生盐渍化的重要原因。而我国沿海地区露天菜地次生盐渍化的发生则与内陆地区有所不同,随着城市化进程的加快,沿海地区耕地面积逐渐减少。农户受经济利益的驱使,往往大量施用化肥,且部分菜地连作过度,因此盲目的不合理施肥以及连作的耕作制度等人为因素可能是引起沿海蔬菜地土壤次生盐渍化的主要原因。

露地栽培土壤酸化是自然因素和人为因素作用的结果。自然酸化是农业生产中普遍存在的一种不可避免的酸化现象,主要是指由于降雨而导致露地土壤中盐基离子大量淋失,交换性氢及铝含量大量增加,这种酸化速度较缓慢。与自然因素相比,人为因素则加速了土壤酸化,主要包括:以酸雨为主要形式的酸沉降;硫酸铵、氯化铵等生理酸性肥料不合理的施用,铵根离子氧化后被作物吸收带走,而氢离子和铝离子含量增加,导致土壤 pH 降低;连作和种植致酸作物,作物生长过程中吸收大量的盐基离子,尤其是长期种植单一植物,通过秸秆和籽粒带走的盐基离子长期得不到补充,导致土壤离子失衡、pH 降低。

露地栽培土传病害的发生一方面是因为作物在生长过程中不可避免地要发生病虫害;另一方面是发生的病虫害会累积一定的病原基数,成为田间翌年发病的根源,连作提供了根系病虫害赖以生存的寄主和繁殖的场所,使土壤中病原菌数量不断增加,使一些寄生和繁殖能力强的有害微生物种群在根际土壤中占优势,导致土壤中的微生物群落发生改变,打破了原有作物根际微生态平衡,土壤微生物区系从高肥的"细菌型"向低肥的"真菌型"转化，而真菌的富集，特别是病原菌数量的增加也是导致作物病虫害的主要原因。

露地栽培作物自毒作用的产生主要有三个途径：①挥发和淋溶。作物地上部主要通过挥发和淋溶产生自毒物质，在一定条件下，挥发和淋溶能够相互转化，共同发生。挥发多发生在干旱高温时期，自毒物质通过作物体表器官挥发释放到空气中，直接或间接作用于同种或同科作物。淋溶易在多雨潮湿时期发生，作物体表含有的自毒物质通过雨、雾淋溶被释放到周围环境中抑制自身或其他作物生长。②根系分泌。连作条件下作物根系会分泌化感自毒物质到根际土壤中，对作物产生直接毒害作用，有些需要通过与土壤微生物互作间接影响作物生长。③植物残体腐解。植物残体释放自毒物质主要有直接和间接两个途径，直接途径是植物残体腐烂后直接释放出自毒物质，而间接途径是通过土壤微生物的分解作用而释放出自毒物质。连作加重了化感自毒物质在植物根际区的积聚，改变了土壤微环境，尤其是植物残体与病原微生物的代谢产物对植物有致毒作用，并连同植物根系分泌物分泌的自毒物质一起影响植株代谢，对植物生长造成很大的影响，最后导致自毒作用的发生。

2. 设施栽培连作障碍成因分析

设施栽培连作中土壤次生盐渍化的形成大致可归纳为以下几个方面：①不合理的施肥措施。盲目大量施肥和偏施氮肥是造成设施土壤次生盐渍化重要因素，氮、磷养分远远超出了蔬菜本身的吸肥量，一些未被作物吸收利用的肥料及其副成分便大量残留于土壤中，成为土壤盐分离子的主要来源。②设施环境特殊的水温条件。温室大棚封闭的环境条件使得设施土壤温度和湿度显著高于露地，导致土壤水分自下而上的运动剧烈、蒸发量大，盐分大量表聚，加之设施内长年缺少雨水淋洗，盐分不能像露地那样被雨水淋溶，进一步导致盐分的大量积累。另外，高温高湿的环境条件促进了土壤固相物质的快速分解与盐基离子的释放，同时也提高了硝化细菌的活性，使土壤中残留的 NO_3^- 含量增加，从而加重了土壤的次生盐渍化。③不合理的栽培制度。设施土壤次生盐渍化氮的发生不是一时形成，是随着设施使用年限的增加而逐渐显现出来。设施栽培耕作频繁，灌溉频率比露天土壤高，不合理的灌溉措施会加剧土壤盐分在土壤表层的积累。

设施土壤酸化原因为归纳为以下几个方面：①复种指数高。设施农业产量高、效益好。在栽培过程中，作物从土壤中带走了过多的碱基元素，如钙、镁、钾等，导致了土壤有机质含量下降，土壤中的钾和中微量元素消耗过度，缓冲能力降低，使土壤向酸化方向发展。同时，为了追求利润，菜农往往增加大棚复种指数、大量施用化肥，导致大棚内土壤有机质含量下降，缓冲能力降低，加重土壤酸化。土壤酸化后又加速了钙、镁、钾等元素的溶解，造成营养成分流失。②大量施用化肥。蔬菜大量吸收利用生理酸性肥料（如硫酸铵或氯化铵）中的铵离子，释放出氢离子，与大量残留在土壤中的硫酸根或氯离子结合生成硫酸或氯酸。加上棚内温湿度高，土壤中各种微生物活动旺盛，土壤养分转化和有机物质分解速度加快，肥料用量大大增加。随着栽培年限的增加，土壤缺少雨水冲刷，酸根不能淋溶到土壤深层，而只能残留在耕作层，造成耕层土壤酸根累积严重，加剧了土壤的酸化。长期大量施用碱性氮素肥料（如碳酸氢铵、氨水）或中性氮素肥料（如硝酸铵和尿素），过量的铵离子被硝化成亚硝酸根或硝酸根离子，也会造成土壤酸化。③肥料施用比例不合理。高浓度氮、磷、钾复合肥的投入比例过大，而钙、镁等中微量元素投入相对不足，造成土壤养分失调，使土壤胶粒中的钙、镁等碱基元素很容易被氢离子置换，致使其随土壤水分移动而流失。

　　随着蔬菜栽培面积的不断增加，设施农业高密度栽培，在同一块土地上连年种植同一品种作物的现象助长了土传病病原菌的积累。设施土壤土传病害的发生主要是因为：①连作栽培条件下，作物根系分泌物和植株残茬腐解物给病原菌提供了丰富的营养和寄主，同时长期适宜的温湿度环境，使病原菌具有良好的繁殖条件，从而使得病原菌数量不断增加。②设施栽培条件导致病虫害多发，大量施用农药导致作物生长环境的破坏，对土壤中的微生物种群乃至土壤中的固氮菌、根瘤菌和有机质分解菌等有益微生物产生不利的影响。③设施栽培中化肥的过多施用也导致了土壤中病原拮抗菌的减少，从而助长了土壤病原菌的繁殖，加重了土传病虫害的发生。

　　单一研究某一因素对连作作物的影响很难揭示作物连作障碍的发生过程，在露地和设施栽培过程中，连作问题是多种因素综合作用的结果。植物与土壤相互作用形成一个以根际为中心的根际微生态系统，化感物质、土壤酶、土壤微生物、土壤养分、土壤理化性质及土壤动物区系之间存在着直接或间接作用，而这个系统的平衡失调可能是连作障碍发生的真正机理。因此，作物连作障碍通常是由多个因素引起并相互作用造成的。如土壤养分胁迫对植物造成生理伤害，导致植物生理代谢的异常变化和根系原生质膜透性的增加，从而促进了分泌物的大量增加。这些根系分泌物的大量增加又可能引起植物自毒作用，同时改变土壤微生物群落结构及土壤 pH，引起土壤物理化学性质的改变，进而对植物生长造成影响。我们认为的土壤病原菌增殖导致连作障碍发生，其实质可能由植物通过残茬降解和根系分泌等向环境中释放的自毒物质引发，并协同土传病虫害对植物致害，导致连作障碍的严重发生。

（三）连作障碍对经济发展与生态环境的影响

　　我国耕地连作障碍普遍存在于作物种植中，特别是规模化、专一化及设施化的作物种植中，现已成为制约农业经济发展与生态环境平衡的关键因素。目前，中国危害程度高的连作地块面积达 10%，其中规模化种植区发生面积一般超过 20%；连作障碍导致当季作物损失巨大，占 20%～80%，严重的几乎绝产，每年造成的经济损失可达数百亿元；同时还降低了农产品的安全性。因此，克服作物连作障碍是农业可持续发展的当务之急。

　　而连作障碍也对农业生态环境造成严重影响，种植区域作物生长发育受害，严重影响作物产量；土壤理化性质的改变，土壤营养元素平衡失调，土壤酸化及盐渍化现象严重；土壤微生物区系失衡，土传病害严重，农田生态系统恶化。在我国干旱地区连作带来的次生盐渍化情况加重，耕地资源的质量退化，使部分耕地被荒废，加速了荒漠化的进程，限制了土地资源的农业利用；同时土壤与水体的盐分存在相互作用，使周围水体出现盐污染现象；次生盐渍化问题会造成地下水质的恶化，对生物多样性带来不利影响。我国中药材的栽培，由于连作障碍的发生，为了获得质量好、产量高的药材，药农不得已转移传统种植区，占用森林园地，土地资源得不到有效利用而浪费，导致该区域内环境的生物多样性受到严重破坏。设施农业连作障碍发生后，农民企图通过多施肥料和农药来缓解生长障碍，不但造成农产品质量及安全性下降，也造成土壤和水源污染，导致农田蚯蚓等有益生物及微生物数量急剧下降，某些地区已导致成片温室的荒废，资源与环境问题不断凸显。

第二节　我国耕地连作障碍防治技术

一、露天栽培连作障碍防治

（一）露天土壤盐渍化防治措施

1. 增施有机肥

努力补充和平衡土壤中作物所需的各种阳离子，减少对作物生长有毒害的钠离子，通过离子平衡提高作物的抗盐性。土壤培肥后，可以显著促进作物根系发育；根系的发达又能调节离子平衡，使作物能够经受住较高的盐分浓度，减轻盐分毒害。研究结果表明：施用有机肥，有机无机结合，可以促进脱盐，抑制返盐。除 Ca^{2+} 外，HCO_3^-、Cl^-、SO_4^{2-}、Mg^{2+}、K^+、Na^+ 含量年平均施有机肥的均低于不施用有机肥的土壤，同时施用有机肥料可以提高水稻产量 15%（宿庆瑞等，2006）。

2. 草田轮作

种植耐盐绿肥作物。既可以减少地表水分的蒸发、防止土壤表面积盐，又可以降低地下水位和盐分，改良土壤的物理性状，增加有机质和土壤微生物，降低土壤 pH，从而彻底改善周围的生态环境。研究表明：苜蓿栽培三年后，1m 土层内 0.05～0.3mm 的颗粒平均为 23.6%，60cm 土层有机质增加 152.2%，全氮量增加 133.8%，土壤含盐量降至 0.55%（郭德发等，1996）。

3. 排水洗盐

通过铺设水平或垂直排水管，降低或控制地下水位，调节区域水文状况及土壤和地下水的水盐动态，使土壤逐渐脱盐，地下水逐渐淡化，以防止土壤返盐。这种方法适用于土壤含盐重、盐化面积大、土质黏重、透水性不良、地下水补给多而排水不畅的地块。研究表明，暗管埋设后能有效地改善土壤通气状况，暗管有效年限越长，土壤的通气孔隙增加越明显，排水改良效果越好，在土表下 40～60cm 分层间隔埋设暗管，通过灌水洗盐或土壤毛细管渗水作用，能显著降低土壤耕作层的盐类含量，盐分与水随暗管排出田外，其排盐效果可达 70%～80%（张金龙等，2012；于淑会等，2012）。

4. 根区隔盐处理

在土壤耕层以下设置盐分隔离层，根区隔盐能阻断上下土层间的水力联系，使得土壤水分运行到隔离层下界面时发生停滞，抑制毛管水上升，促进重力水向下渗透，从而隔盐层上层土壤的盐分积累减少，一定程度上能够减缓盐分积聚（孙跃春等，2012）。

5. 土层深耕

打破富含盐分的底土层，促使盐分下渗到土壤深层，降低表层土壤溶液浓度，切断土壤毛细管，避免土壤返盐。

（二）露天土壤酸化防治措施

1. 控制酸沉降

随着现代工业的发展，酸沉降已成为导致土壤酸化的重要原因。因此，需从源头上控制二氧化硫、氧化亚氮等污染物的排放。如采用新型的环保能源，采用高效农业废弃物处理技术。

2. 合理施肥，缓解土壤酸化

一方面，试验表明，由于施入尿素，红壤土壤的 pH 将显著降低，说明化学氮肥施用与土壤酸化是密切相关的。为此，在农业生产上要根据作物的需肥特点适时适量的施肥；积极推广与应用新型肥料，如微生物肥料、缓/控释肥料等。还应当调整施肥品种和结构，选择生理碱性肥料，防止土壤进一步酸化。另一方面，秸秆还田对减少土壤中碱性物质的流失有主要作用，有研究表明，混施腐熟的猪粪和小麦秸秆能提高酸性红壤 pH 值，且有一定程度的缓解铝毒作用；草木灰富含 Ca 和 K，在酸性土壤中施用不仅能降低土壤酸度，还可补充 K、P、Ca、Mg 以及一些微量元素。同时施用腐熟有机肥，也有利于增强土壤对酸碱的缓冲能力（王海江等，2014）。

3. 施用化学改良剂，提高土壤的 pH

如石灰在传统农业中应用较为广泛，施用石灰是一项传统而有效地改良土壤酸化的措施，可以中和土壤酸度，改善土壤的物理、化学和生物学性质，从而提高土壤养分有效性，降低 Al^{3+} 和其他重金属对作物的毒害，提高作物的产量和品质。此外，生物质炭具有较高的 pH，添加到酸性土壤中可以提高土壤的 pH，降低土壤酸度。生物质炭含有丰富的营养元素，可以提高酸性土壤有效养分的含量，降低铝对作物的毒害作用。

4. 种植制度改良

如豆科作物在吸收养分时会通过根系向土壤中释放氢离子，加速土壤酸化，而豆科作物与禾本科作物间作或轮作会有效缓解这一现象。通过多年试种研究发现，在低丘红壤地区果园套种牧草能显著提高其有机质含量和保水抗旱能力，改善土壤的理化性状，降低土壤酸度，增加土壤速效养分含量，使土壤的缓冲能力增加。

（三）露天栽培土传病害防治措施

1. 培育抗病品种，提高植株自身的抗病能力

因地制宜选用抗病品种，适时播种，培育壮苗，及时移栽，合理施肥，科学用水，为植株创造一个适合农产品生长发育的环境条件，培育健壮植株，提高植株自身的抗病能力是预防土传病害的有效措施。

2. 改善栽培制度，合理间、套、轮作

不同植物间的轮作、间作、套作可以减少土壤中病原菌的数量，增加了拮抗菌数量，改善土壤的微生物种群结构，改善了土壤的理化特性，增强了植物的抗病性，从而减轻连作症状的发生。如薄荷前茬种植可抑制土壤棉花枯萎病菌，在对照发病率为 67.8%～81.7% 的情况下，防病效果达 49.6%～64.9%。甜菜、胡萝卜、洋葱的根系分泌物，可抑制马铃薯的晚疫病（李兴龙等，2015）。

3. 土壤灭菌

包括高温灭菌、空间电场法的物理消毒技术和通过土壤化学药剂熏蒸消灭病原微生物的化学消毒技术。如对葡萄连作土壤进行蒸汽灭菌，结果发现灭菌可改变根系分泌物的成分及含量，促进植株的生长，减轻葡萄的连作障碍（周娟等，2013）。

4. 生物防治

在连作作物根区土壤中接种生防菌活菌制剂，使拮抗菌在根际微环境中大量繁殖，抑制土壤中特定病原菌的生长，减少病原菌数量，从而达到"以菌治菌"的效果。如用芽孢杆菌 Rb2 和 Rb6 菌液浸种，对小麦苗期纹枯病的防效分别为 71.8% 和 78.1%。用枯草芽孢杆菌 B916 菌液喷施人工接种发病的水稻，对纹枯病的防效达到 50%～80%（郭肖等，2016）。

（四）露地栽培作物自毒作用的防治措施

1. 培育自毒次生代谢物抗性品种

通过遗传育种手段选育在生长早期就具有对自毒次生代谢物有抗性的品种。

2. 异位育苗

利用异位育苗，如营养钵育苗、无土育苗（漂浮育苗）等，诱导幼苗合成抗性赋予蛋白，及早获得对自产毒性次生代谢物的抗性。

3. 合理密植

降低植物密度，阻止依赖性自毒次生代谢物的合成。

4. 生物防治

可以应用不同农作物之间的化学他感作用来提高作物的产量和品质，并减少根部病害。

5. 增施有机肥

改善土壤环境，有机肥对消除或降低土壤中有毒物质是行之有效的方法，因为有机质在分解过程中，微生物大量繁殖，使一部分有毒物质被分解，加上有机质具有相当强的吸附能力，能将有毒物质吸附，减少有毒物质的危害。

二、设施栽培连作障碍防治

（一）设施栽培土壤次生盐渍化防治措施

1. 改善施肥方法，进行综合的肥料管理

一是避免盲目施肥。要根据蔬菜作物的需肥特性及土壤养分含量状况进行配方施肥。连作时，应考虑前作施肥量的大小，同时做 EC 测定。若 EC 偏高，则应适当减少后作施肥量。二是慎选肥料种类。尽量施用不带 SO_4^{2-}、Cl^- 等副成分的肥料，如尿素、磷酸铵、硝酸钾等。施用缓效氮肥在降低土壤 $NO_3^- -N$ 累积上有很好的作用，因为缓效氮肥可延缓氮肥肥效期，降低短期内过高的土壤 $NO_3^- -N$ 供应强度。有研究表明，番茄施用缓效氮肥可节省氮肥 20%。三是多施半腐熟的有机肥料。半腐熟有机物碳氮比（C/N）较大，进一步腐熟时，土壤微生物可吸取土壤溶液中的氮素，并暂时加以固定，从而降低了土壤溶液的盐分浓度和渗透压，缓解土壤盐害。在国外，如荷兰、加拿大、日本等常施用树皮或秸秆等类有机物来防止保护地土壤盐害的发生（何传龙，2003）。

2. 合理的水分调控措施，以水洗盐

具体措施主要有：①揭棚洗盐。经过冬春季节的设施栽培管理后，温室土壤中的养分大量累积在土壤的表层，造成土壤表层的盐分含量显著上升，而利用换茬空隙揭膜淋雨溶盐或灌水洗盐，洗盐前先翻耕土壤，然后灌水，并且在设施地周围挖好排水沟，使盐随水排出设施地外，灌水量一般在 200mm 以上。研究发现，灌水后 2d，耕层土壤（0～20cm）中盐分可减少 30%～40%。②合理灌溉。每次浇水不宜小水勤浇，而应浇足灌足，将土表刚积聚的盐分稀释下淋，以减轻根系周围的盐害浓度。将传统的沟灌和大水漫灌改为滴灌、渗灌等方式，能有效地缓解次生盐渍化温室土壤中局部盐分过高所造成的危害。根据"盐随水来，盐随水走"的原理，将传统的大水漫灌、沟灌等方式改变为现在的滴灌、渗管等方式后，生产灌溉的水分从地上部分改为在较深的土体部分，引导土壤中的盐分离子向土壤深层迁移，从而缓解土壤表层盐分过度累积的状况，而该层是作物根系在土壤中的主要生长分布层，因此，灌溉方式的改变就为作物的生长创造了一个较好的环境。

3. 覆盖土壤料理剂

稻草、锯末等有机物以及其他改良材料做成料理剂，通过对次生盐渍化土壤上进行有机物覆盖，可以降低土壤的蒸发量，从而减少土壤中的盐分在土壤表层大量累积，减

轻土壤中盐分局部过高对作物生长的危害。覆盖的有机物多为碳氮比较高的物质，能够刺激提高土壤中的微生物活性，同化土壤中的氮，降低土壤硝酸根的含量。据测定，覆盖木屑能明显地降低月季花温室土壤盐分含量，有效地减少盐分在表层土壤的积聚，尤其在春季、初夏及晚冬等季节效果特别明显，覆盖木屑的表土层电导率比不覆盖的降幅均在 50% 左右。覆盖稻草也可以降低土壤盐分含量，防止土壤盐分表积，而且随着覆盖时间的延长而除盐效果越明显，覆盖稻草后 42 天较覆盖后 5 天的土壤电导率降低了近50 个百分点。

4. 采用合理的耕作栽培措施，降低土壤盐害

①选择某些耐盐、吸肥能力强的植物（如苏丹草、玉米和田菁等），在夏季温室休闲期栽培，进行生物洗盐，通过耐盐作物的生长来把土壤中过多养分带出土壤，从而达到降盐、除盐，消除土壤盐害的目的，在国外已有较多的应用。②通过深耕可把积聚在耕层表面的盐分与下层土壤相互混合，以达到稀释设施土壤表层盐分浓度的目的。同时，深耕可以改善设施土壤的通透性，减弱毛细管作用，降低地下水位，从而可有效地防止盐分的表聚作用发生。③水旱轮作是减轻土壤次生盐渍化的主要措施，不仅能使土壤中多余的养分被水生作物吸收，还能通过灌水使表土养分、盐分下渗，而且增加土壤微生物的数量、提高微生物的活性，能很好地解决栽培中土壤次生盐渍化问题。对江苏省连作 5 年的设施蔬菜耕作层实施水旱轮作模式，在豆瓣菜种植并采收后发现耕作层土壤电导率（EC 值）降低了 70.3%、pH 上升了 0.37。

5. 客土改良

目前次生盐渍化温室土壤上的客土改良一般是用附近的露地农田土壤或者其他土壤质地相近并且没有发生次生盐渍化的土壤掺混入盐渍化土壤中，起到降低盐渍化土壤中盐分的目的。在次生盐渍化程度较为严重的温室土壤上使用这种改良措施的效果较好。与原次生盐渍化设施土壤相比，随着非盐渍土掺入比例的提高，混合土壤盐分含量明显降低，速效氮和速效磷含量稍有增加，作物的产量和质量均有较大程度的提高和改善。

（二）设施栽培中土壤酸化防治措施

1. 合理施肥

（1）合理施用大量元素肥料，增施中微量元素肥料

设施种植因产量高和复种指数高，施肥量远远高于露地。在用肥方面存在不合理的现象，即氮肥施用过量，而磷钾不足，中微量元素肥料更少。因此，应根据设施用肥的特点，不同生长期应选用不同配比的肥料，生长期以氮磷肥为主，品质形成期以磷钾肥为主，进行配方施肥；同时适时增施中微量元素肥料。

（2）施用腐熟的有机肥和生理碱性肥料

大棚中有机肥分解利用率高，能快速提高土壤中有效氮的含量，不断地分解释放二氧化碳和磷、钾、钙、镁、硫等矿质元素，满足植物生长发育的需求，还能促进土壤中

有益微生物的发展，刺激根系生长发育，抑制蔬菜病害的发生；设施栽培中不宜过量施用硫酸铵、氯化铵、普钙等酸性肥料。

（3）施用生物肥料

生物肥料含有大量的有益微生物菌群，对土壤理化性质及生物群落有良好作用，同时使用微生物肥料可减少化肥用量，有利于无公害蔬菜的生产，避免土壤酸化发生。

2. 施用土壤酸性调理剂或改良剂

土壤调理剂能调节土壤酸碱度、缓解土壤板结、改善土壤环境。施用氰氨化钙可调节土壤酸性。氰氨化钙（$CaCN_2$）俗名石灰氮或碳氮化钙，可作为土壤酸性调理剂和土壤消毒剂使用，日本将氰氨化钙作为土壤消毒剂使用已有多年历史。因为石灰氮施入土壤中后水解出 $Ca(OH)_2$，具有中和土壤酸性的作用，而中间产物氰氨和双氰氨具有杀虫、灭菌的作用。同时应用花生壳、碳化稻壳等改良剂，也能有效缓解设施土壤酸化。

3. 合理轮作与灌溉

利用不同蔬菜对养分需求的差异，进行合理的轮作倒茬。设施蔬菜生产过程中大量的灌水使得土壤中的碱性离子可能随水向土下流失，也易造成土壤酸化，在施肥方式避免大水漫灌，而应逐步采用滴灌、喷灌等方式，提高水肥一体化水平，提高肥料利用率。所以采用合理的轮作措施和灌溉方式，也能有效防止土壤酸化（郑镇勇，2017）。

（三）设施栽培中土传病害的防治措施

1. 合理的轮作和间作制度

通过倒茬轮作、水旱轮作以及间、混、套作来抑制病原菌的繁殖，进而减轻土传病害的发生。轮作会使有寄主专化性的病原物得不到适宜生长和繁殖的寄主，从而减少病原物的数量；轮作还可以调节地力，提供肥力，改善土壤的理化性能。轮作不仅是普通蔬菜的轮作，也包括同水稻、对抗植物和净化植物等的轮作。如黄瓜与大葱、大蒜韭菜与辣椒等轮作。实践证明，番茄、黄瓜、茄子、菜豆等葱蒜类进行 3 年轮作，10～20cm 土层内线虫数量可减少 70%～85%，枯萎病、黄萎病、根腐病等发病率可降低 40%～50%，发病程度明显减轻（赵荧彤，2013）。

2. 嫁接技术

受经济收益和栽培习惯的限制，设施蔬菜很难实行多年轮作。嫁接可作为防治蔬菜土传病害、克服连作障碍的一项重要栽培措施。目前在生产上逐步加大应用。通过嫁接，重茬地栽培防病效果可达 90% 以上。据统计，黄瓜用黑籽南瓜做砧木嫁接栽培，对枯萎病的防治效果可达 95%～98%；茄子利用高抗或免疫的砧木进行嫁接对黄萎病的防治效果可达 96%（武泽民等，2013）。

3. 土壤消毒灭菌

包括石灰消毒、大水浸泡、太阳能高温消毒、药剂消毒等。大部分土传病害的病原菌具有喜酸性土壤的习性，因此，翻耕前在土壤耕作层每亩撒施石灰 80~100kg，可以起到杀菌和调节土壤酸碱度的作用，对青枯病、枯萎病、黄萎病、软腐病和根腐病有明显的防治效果。有条件的地方可利用作物休闲之季，将水堵起来浸泡土壤。浸泡时间越长，效果越明显。如果浸泡 20 天以上，可明显控制土传病菌及根结线虫危害。在土壤太阳能热处理中，由于事先施入有机肥和灌水，土壤湿润、温度高，微生物呼吸十分旺盛，在覆膜封闭条件下，土壤中氧气逐渐消耗，呈缺氧还原状态，使大多数好气的病原菌在缺氧和高温条件下死亡。目前熏蒸法在育苗床及设施蔬菜栽培中应用较广泛。蒸气热消毒土壤是用蒸气锅炉加热，通过导管把蒸气热能送到土壤中，使土壤温度升高，杀死病原菌，以达到防治土传病害的目的。在距离加热导管 10cm 范围内，不到 1h 土壤温度即可达 90℃，几乎可杀灭土壤中所有的有害生物。

4. 生物防治

通过施用生物有机肥、菌肥、生物农药，引入拮抗性微生物或提高原有拮抗微生物的活性，通过营养和空间竞争等降低土壤中病原菌的密度，抑制病原菌的活动，以达到减少病原菌的数量和根系感染的目的。

5. 无土栽培

无土栽培使用的是人工基质或者营养液，因此能够避免土传病害带来的影响。

（四）设施栽培中作物自毒作用的防治措施

1. 选择抗化感作用强的品种

由于作物品种间抵抗自毒作用的能力存在显著差异，选择没有自毒作用或自毒作用低、抗性强的作物种类或品种，对减轻或克服自毒作用意义重大，尤其对于易于发生连作障碍的作物，采用该方法的效果更为明显。

2. 建立合理休耕轮作制度

合理休耕轮作制度是解决连作障碍中自毒作用最经济有效的一项综合措施。选择具有促进生长作用的相生作物进行合理的轮作，不仅可以提高作物产量，而且还可以有效改善土壤理化性质和微生态环境，从而避免连作障碍的发生。同时，两次作物种植之间给予耕地以适当的休耕期，利用土壤中存在的大量微生物降解其中的化感物质，使其浓度下降到不能危害作物的水平。研究表明，西瓜与旱作水稻间作种植模式中，水稻作为枯萎病菌的非寄主作物，同时对枯萎病菌具有较强的化感抑制作用，西瓜与水稻间作使西瓜幼苗的鲜重和株高分别提高了 18.6% 和 80.5%，植物向健康方向发展，降低了西瓜枯萎病的发病率（苏世鸣等，2008；郝文雅等，2011）。

3. 增施有机肥

有机肥含有丰富的微生物和各种养分，其中的腐殖酸成分是消除植物毒素的自然装置，可改善根际土壤微生态环境，减轻作物的自毒作用。研究表明，有机肥能减轻苯丙烯酸对连作黄瓜生长的抑制，促进黄瓜的生长，提高黄瓜根系脱氢酶活性、根系 ATP 酶活性，促进黄瓜根系对养分的吸收，提高连作黄瓜土壤微生物活性，对减轻黄瓜由于自毒作用产生的连作障碍具有一定效果。

4. 采用嫁接技术

化感物质大部分都是通过根系分泌物传到土壤中，因此，采用嫁接技术对减轻和克服作物的自毒作用意义较大。

第三节　连作障碍区轮作休耕试点现状与问题

一、长三角设施栽培轮作休耕试点现状与问题

（一）长三角设施栽培轮作休耕试点现状

江苏既是我国经济大省，也是农业大省，它以占全国 1.06%的土地、3.9%的耕地，保障了全省 7998 万人的主要农产品供求平衡，粮食、蔬菜、畜禽等重要农产品产量均居全国前列。近年来，江苏省大力发展高效农业，设施蔬菜种植面积逐年扩大，至 2013 年，全省设施蔬菜面积已达 70 万 hm^2，占全国设施总面积的 15.2%，居全国之首。对促进农业增效、农民增收发挥了至关重要作用。但是，由于设施内高温高湿、无雨水浇灌、肥料施用不当、多年连作等因素，设施内土壤出现了次生盐渍化、土壤酸化、土传病害严重等问题。对太仓市进行温室和露地采样对比发现（表 8.9，图 8.9），温室土壤表层 pH 较小，而 0～20cm 层全盐量占全部剖面层的 55%，盐分已经在表层明显富集，土壤有明显酸化和盐渍化趋势，使得相当多的大棚和温室中的作物生长环境得到了极大的破坏，轻则产量降低，品质变差，重则作物无法生长，只得荒废，给有限的耕地资源带来了巨大的压力和浪费，也给环境造成了严重威胁。有研究表明，采用水旱轮作后大棚中土壤酸化、盐渍化、土传病害等问题可得到缓解。对黄瓜霜霉病的调查发现，常年种植大棚黄瓜发病率最高为 54.2%，而水旱轮作田为 27.5%，水旱轮作有效地降低了黄瓜霜霉病的病率。水旱轮作是指在同一块田地上有序地轮换种植水生作物与旱生作物的一种种植方式，是保持地力、维持作物持续增加产量的一项重要措施。由于水作和旱作的交替变化，影响了土壤氧化还原电位的变化；同时，土壤水热条件的明显转换，也使土壤的理化性状及生物特性在不同季节间交替变换，减轻连作障碍的发生及危害（王燕等，2015）。因此实施耕地轮作休耕对培肥地力、调整农业产业结构、促进农业绿色可持续发展具有重要意义。

表 8.9　两种土壤 pH 比较

位置	土层			
	0～20cm	20～30cm	30～40cm	40～50cm
温室	5.08	6.15	6.96	7.30
露地	5.53	6.26	6.97	7.17

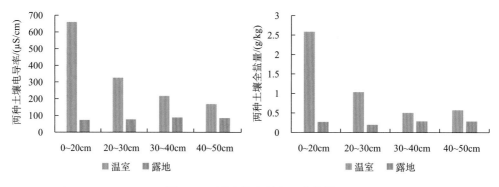

图 8.9　两种土壤电导率及全盐量

　　耕地是最宝贵的资源,在部分地区探索实行耕地轮作休耕制度试点,是党中央、国务院着眼于我国农业发展突出矛盾和国内外粮食市场供求变化做出的重大决策部署,既有利于耕地休养生息和农业可持续发展,又有利于平衡粮食供求矛盾、稳定农民收入、减轻财政压力。依据江苏省加快推进 2017 年全省种植业结构调整的意见(http://www.tuliu.com/read-46108.html),2016 年以来,江苏省财政累计安排 1 亿元,重点在夏熟生产效益低的苏南地区、土壤贫瘠化的丘陵地区、盐碱重的沿海地区及生态退化明显地区,选择 20 个县(市、区)先行试点,总面积 25 万亩。除省级财政引领外,以苏州为代表的苏南大部分地方财政主动配套,加快耕地轮作休耕试点步伐,促进环太湖流域生态治理。"苏州市耕地保护轮作休耕相关政策及措施"及时出台(http://www.tuliu.com/read-44807.html)。2015 年,昆山在全省率先开展在新型合作农场推行土地轮作休耕制度。2016 年,昆山结合省级耕地轮作休耕制度试点项目,进一步扩大轮作休耕面积,1466.67hm² 轮作休耕面积覆盖全市 11 个乡镇,涉及集体农场和个体农户;太仓对城厢、浮桥、新区、璜泾和双凤等地 17 个村、合作农场的 1333.33 hm² 连片耕地进行轮作休耕,通过种植蚕豆和紫云英培育绿肥等方式,以及粮绿、粮豆、粮油轮作,实行用地与养地相结合。另一方面,随着江苏农业现代化建设进程的加快和农业供给侧结构性改革的深入推进,不少农户早已自发探索实践耕地轮作休耕路径,以此提高农产品品质和市场竞争力,实现优质优价(图 8.10)。

图 8.10　苏州耕地轮作

（二）长三角设施栽培轮作休耕试点中的问题

通过一年的试点，江苏省休耕轮作效果显著，特别是在冬季培肥和轮作换茬过程当中，不种小麦，种了绿肥油菜、豆科植物，促进了休闲观光农业的发展。但其推广过程中存在的一系列问题也不容忽视。

1. 缺田轮作，导致连作障碍

有技术、有资金、有营销经验的瓜果、蔬菜种植专业户，面临着无田可轮作的困境。由于连作障碍及土传病害，种植效益连年下降。农户由于连续多年在同一地块种植蔬菜，即使是种植不同品种，每年都有大批作物死亡，花费在这些作物上的生产成本，如肥、药、工等年年攀升，但种植效益不是年年提高，反而在不断下降。

2. 设施栽培中种粮效益低，轮作积极性不高

粮食相对于种植蔬菜而言利润较低。轮作虽然能改善土壤肥力，但生产成本逐年上升，且往往种稻的不懂种菜，种菜的不懂种稻，水旱轮作积极性受到影响。

3. 基础建设不完善，劳动力成本上升

大棚改种水稻存在灌水难、保水更难等问题，田块易渍水，同时大棚灌水钢管容易生锈、毛竹易腐烂，使用寿命缩短。随着城市化的快速推进，造成劳动力成本不断上涨，尤其是规模种植大户，轮作换茬时季节紧，用工短缺，不但增加劳动成本，甚至无人可请，限制了种植规模扩大。

4. 机械化替代困难，缺少适用机械

虽然粮食生产的机械应用率已经较高，但对种植户实施水旱轮作需购置两套生产机械，增加生产成本，而且蔬菜生产机械化程度较低，尤其是移栽、收获等实用小型机械还处于研究推广阶段，性能有待提高。大棚瓜菜-水稻轮作模式中，普通收割机机体高、机型庞大，不能在大棚内作业，推广的小型收割机机体较小，操作灵活，但也存在脱粒后杂质多，不易烘干，对植株较矮的品种脱粒不干净，落粒较多等问题。

5. 配套技术不完善，提质增效难度大

水旱模式的增产增效作用主要在于能充分利用温、光、水和土地资源，在实际推广应用中，由于季节安排比较紧凑，但如果品种搭配和茬口衔接不当，一旦遇上异常气候不能及时收割或销售，易造成季节耽搁，影响下季蔬菜适时栽种及正常生产，因此对茬口布局安排等要求较高。

二、东北地区轮作休耕试点现状与问题

（一）东北地区轮作休耕试点现状

黑龙江省是我国重要的商品粮基地，粮食总产实现十二连增，突破 650 亿 kg，为保障国家粮食安全做出了巨大贡献。但不能否认，近年来黑龙江省粮食增产历程中每一次突破都是以扩大种植面积和增加化肥、农药投入取得的。如图 8.11 所示（葛选良等，2016），1980～2014 年，玉米、水稻、大豆、薯类和小麦的总播种比例由 70%增加到 95%。在50 多年的演变过程中，黑龙江省逐步形成了以玉米、水稻、大豆三大作物为主的种植结构。据统计，目前黑龙江省连作玉米面积在 400 万 hm^2 以上，黑河地区大豆连作面积在13.33 万 hm^2 以上，黑龙江省种植制度及品种单一的问题日趋突出，主粮作物重迎茬减产现象日趋严重。因此，无论是从农业可持续发展角度出发，还是保障国家粮食安全考虑，改变黑龙江省当前的种植结构，实行玉米替代种植和轮作，建立新型的生态高效轮作制度体系刻不容缓。

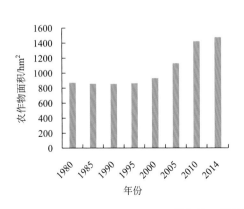
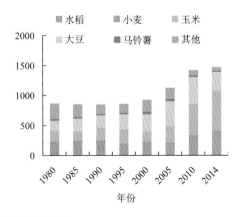

图 8.11　黑龙江省农作物面积

黑龙江省耕地轮作休耕制度试点实施近两年来，在组织方式、技术模式等方面进行了有益探索，取得了积极进展，制订与实施了一系列针对轮作休耕的政策，如 2016~2017 年探索实行耕地轮作休耕制度试点方案，多举措探索耕地轮作、轮作休耕为农业绿色发展注入新动力（http://www.sohu.com/a/193047146_115612）、2017 年耕地轮作试点补贴每亩 150 元，正在发放中（http://www.ntv.cn/p/353852.html）。首先，探索建立了有效的工作机制。2016 年，国家在 9 个省区探索实行耕地轮作休耕制度试点，黑龙江省被确定为耕地轮作制度试点省份，安排试点任务面积 16.67 万 hm²。2017 年，国家将黑龙江省耕地轮作试点任务面积增加到 33.33 万 hm²。按照农业部、中央农办、财政部等国家 10 个部门和单位《关于印发探索实行耕地轮作休耕制度试点方案的通知》和国家年度工作方案要求，黑龙江省制定了《黑龙江省探索实行耕地轮作制度试点方案》和《黑龙江省 2017 年耕地轮作试点工作方案》，将 33.33 万 hm² 试点任务分解落实在第三、四、五积温带耕地面积占比大的黑河、伊春、齐齐哈尔、绥化、佳木斯、双鸭山、鹤岗等 7 个市和省农垦总局。其次，探索集成了轮作休耕技术模式。在轮作区，实行"一主"与"多辅"结合。"一主"，就是玉米与大豆轮作为主，发挥大豆根瘤固氮养地作用，提高土壤肥力，增加优质食用大豆供给。"多辅"，就是实行玉米与薯类、杂粮杂豆、油料作物、蔬菜及饲草等作物轮作，改变重迎茬，减轻土传病虫害，改善土壤物理和养分结构。第三，轮作休耕的政策体系进一步完善。在轮作上，注重比较效益。从现有的单产水平和种植效益看，轮作模式中的玉米大豆轮作，可按照 1∶3 的效益平衡点来测算。其他的轮作模式，可根据上一年的收益情况，结合市场变化动态调整。在合法农业用地上开展耕地轮作试点的种植大户、家庭农场、农民专业合作社等新型农业经营主体，补贴标准为每亩150 元。

（二）东北地区轮作休耕试点中存在的问题

目前，虽然黑龙江省耕地轮作休耕制度试点进展良好，在实际操作中，受玉米比较效益高及政策不配套等因素影响，耕地休耕轮作的推广仍面临一些困难。

（1）粮豆轮作历来存在，对于大豆所能带来的生态改善也早有研究，农民也知道粮豆轮作的好处，只是由于近几年在保护价政策等因素的影响下，玉米的种植效益高于大豆，豆改粮的发展愈演愈烈，大豆种植效益偏低造成种植面积大幅度萎缩，形成如今的玉米产能过剩、国产大豆产业萧条的格局。

（2）玉米大豆比价关系发生扭曲，导致农民对粮豆轮作缺乏动力。尽管 2015 年国家将玉米价格调低，但玉米效益还是明显高于大豆。且大豆目标价格补贴与农民的心理预期还有差距，试点效果不明显，对提振大豆生产作用有限。

（3）国家实行的小麦最低收购价，在黑龙江没有实行。尽管大豆有固氮养地作用，且种植起来省时省力，但比较效益低，再加上粮食考核指标影响，大豆单产低，地方政府积极性不高，粮豆轮作推行面临困难。

第四节　对策建议

合理的休耕轮作制度是用地养地结合，不仅可以改变土壤的理化性质，改善土壤结构，调节供应作物所需的氮磷钾和其他矿物营养，还有利于病虫害的防治，加快种植业结构调整，建立各具特色的现代耕作制度模式，构建农作物全面高产稳产、农业可持续发展的农作制技术体系，对实现农业持续增产、发挥周期效益，具有决定性意义。在我国休耕轮作制度实施过程中，尚需考虑如下方面。

（一）确保粮食安全和生态文明建设需要合理确定轮作休耕规模

影响轮作休耕规模的因素包括人口规模、人均粮食消费、种植结构、食物结构、农业科技进步等，确定轮作休耕规模是一个难度很大的技术性问题。如果休耕规模太小，耕地就得不到休养生息的机会；如果仅从生态安全角度出发，则生态敏感区、生态脆弱区的耕地都应休耕，但休耕规模太大又会影响粮食安全，因此，国家必须在总量上对休耕规模进行控制。

（二）结合区域农业资源禀赋和生态环境特点选择轮作休耕的区域模式

我国地域辽阔，区域类型多样，自然禀赋、土地利用、经济发展差异明显，实行轮作休耕既不可照搬欧美规模农业经济体的做法，也不可照搬东亚小规模农业经济体的经验。在区域层面，应基于各自的问题导向、资源本底和耕地利用特点，针对性地设计差异化的休耕模式。在生态脆弱区，应推动以保护和改善农业生态环境为优先目标；在粮食主产区，应以调控农业产能为主导目标。

（三）基于农地基本制度和各利益主体需求确定轮作休耕的组织形式

我国实行的是土地承包经营制度，这是与发达国家（地区）的土地制度和经营利用方式最大的差别。轮作休耕制度必须与我国农地基本制度（承包经营责任制）及农地利用基本特征（利用细碎化）相适应。目前正在实施的农村土地"三权分置"改革也使得轮作休耕所处的制度环境更为复杂，其利益主体不仅涉及中央政府、各级地方政府及专业机构，还涉及村集体、外出务工农户、兼业农户以及各类新型农业经营主体。科学确定这些利益主体及其职能，分类引导、精细管理，对顺利实施我国轮作休耕制度至关重要。尤其在具体实施环节，既要尊重农户的主体地位，又要激发专业大户、家庭农场、农业合作社等新型经营主体的积极性。

（四）以收益平衡和保障农户生计为基础建立和完善补偿标准

为确保轮作休耕中农民收益不降低，我国出台的《探索实行耕地轮作休耕制度试点方案》规定"轮作补助要与不同作物的收益平衡点相衔接，互动调整；休耕补助要与原有的种植收益相当。"不难发现，这一补偿机制主要考虑了农户的利益平衡和生计，但对于如何调动各类新型经营主体的积极性和奖励措施，还有待于深入探索。

（五）建立健全监测监管体系保障轮作休耕制度有效实施

在休耕试点区域加快土壤环境监测能力建设，建立土壤环境信息管理系统；对休耕地利用状况、水土流失、生物量、重金属含量等各类生态环境指标进行实时监测，为耕地资源生态环境保护和产能、功能提升绩效评价提供数据支撑；防止休耕农户为了增加粮食而开发利用未纳入休耕的边际土地，造成新的环境破坏；建立完善处罚机制，对签订了休耕协议却不履行休耕责任的农户进行惩戒。此外，针对中国农业基础设施的短板，在休耕的同时应积极进行土地整治，夯实农业发展基础。

（六）加强我国轮作休耕制度试点模式及其配套技术体系的研究

我国休耕轮作总的考虑是，坚持"生态优先、轮作为主、休耕为辅、自然恢复"的方针，以保障国家粮食安全和不影响农民收入为前提，突出重点区域、加大政策扶持、强化科技支撑，加快构建用地养地结合的耕作制度体系。

对于轮作，主要在东北冷凉区、北方农牧交错区等地开展。重点推广"一主四辅"种植模式。"一主"，即实行玉米与大豆轮作；"四辅"，即实行玉米与马铃薯等薯类轮作，实行籽粒玉米与青贮玉米、苜蓿、草木樨、黑麦草、饲用油菜等饲草作物轮作，实行玉米与谷子、高粱、燕麦、红小豆等耐旱耐瘠薄的杂粮杂豆轮作，实行玉米与花生、向日葵、油用牡丹等油料作物轮作。

对于休耕，重点在地下水漏斗区、重金属污染区和生态严重退化地区开展试点。技术路径如下。

1. 地下水漏斗区

连续多年实施季节性休耕，实行"一季休耕、一季雨养"，将需抽水灌溉的冬小麦休耕，只种植雨热同季的春玉米、马铃薯和耐旱耐瘠薄的杂粮杂豆，减少地下水用量。

2. 重金属污染区

在调查评价的基础上，对可以确定污染责任主体的，由污染者履行修复治理义务，提供修复资金和休耕补助。对无法确定污染责任主体的，由地方政府组织开展污染治理修复，并纳入休耕试点范围。

3. 生态严重退化地区

调整种植结构，改种防风固沙、涵养水分、保护耕作层的植物，同时减少农事活动，促进生态环境改善。在西南石漠化区，选择 25°以下坡耕地和瘠薄地的两季作物区，连续休耕 3 年。在西北生态严重退化地区，选择干旱缺水、土壤沙化、盐渍化严重的一季作物区，连续休耕 3 年。

在上述试点的基础上，还应总结经验，进一步开展支撑技术的基础理论研究，并在此基础上，因地制宜地研发更有效的轮作休耕模式及其配套技术体系。

参 考 文 献

曹坳程, 刘晓漫, 郭美霞, 等. 2017. 作物土传病害的危害及防治技术. 植物保护, 43(2): 6-16.

陈玲, 董坤, 杨智仙, 等. 2017. 连作障碍中化感自毒效应及间作缓解机理. 中国农学通报, 33(8): 91-98.

陈晓冰, 王克勤. 2014. 西南红壤区保护地土壤次生盐渍化状况研究. 西南农业学报, 27(3): 1207-1211.

党菊香, 郭文龙, 郭俊炜, 等. 2004. 不同种植年限蔬菜大棚土壤盐分累积及硝态氮迁移规律. 中国农学
　　通报, 20(6): 189-191.

杜新民, 吴忠红, 张永清, 等. 2007. 不同种植年限日光温室土壤盐分和养分变化研究. 水土保持学报,
　　21(2): 78-80.

范庆锋, 张玉龙, 陈重. 2009a. 保护地蔬菜栽培对土壤盐分积累及 pH 值的影响. 水土保持学报, 23(1):
　　103-106.

范庆锋, 张玉龙, 陈重, 等. 2009b. 保护地土壤酸度特征及酸化机制研究. 土壤学报, 46(3): 466-471.

谷端银, 高俊杰, 焦娟, 等. 2016. 设施土壤酸化研究现状、产生机理及防治措施. 化工管理, (34): 84-86.

谷岩, 邱强, 王振民, 等. 2012. 连作大豆根际微生物群落结构及土壤酶活性. 中国农业科学, 45(19):
　　3955-3964.

葛选良, 钱春荣, 来永才. 2016. 黑龙江省耕作制度现状及发展建议. 黑龙江农业科学, (9): 136-139.

郭德发, 王庆. 1996. 新疆灌区防治土壤次生盐渍化的主要措施. 西北水资源与水工程, (3): 60-65.

郭冠瑛, 王丰青, 范华敏, 等. 2012. 地黄化感自毒作用与连作障碍机制的研究进展. 中国现代中药,
　　14(6): 35-39.

郭军, 顾闽峰, 祖艳侠, 等. 2009. 设施栽培蔬菜连作障碍成因分析及其防治措施. 江西农业学报,
　　21(11): 51-54.

郭肖, 孔德章, 黄本婷, 等. 2016. 农作物连作障碍产生机理与调控技术研究. 作物研究, 30(2): 215-220.

郝文雅, 沈其荣, 冉炜, 等. 2011. 西瓜和水稻根系分泌物中糖和氨基酸对西瓜枯萎病病原菌生长的影
　　响. 南京农业大学学报, 34(3): 77-82.

郝永娟, 王万立, 刘春艳, 等. 2006. 设施蔬菜土传病害的综合调控及防治进展. 天津农业科学, (1):
　　31-34.

何传龙, 徐继平, 王世祥, 等. 2003. 大棚土壤障碍因子形成及调控技术的新进展. 安徽农业科学, 31(6):
　　1040-1042.

蒋旭平. 2009. 新疆棉农连作行为分析——基于棉花替代作物可选择空间的思考. 中国农业资源与区划,
　　30(6): 47-50.

李刚, 张乃明, 毛昆明, 等. 2004. 大棚土壤盐分累积特征与调控措施研究. 农业工程学报, 20(3): 44-47.

李锐, 刘瑜, 褚贵新, 等. 2105. 棉花连作对北疆土壤酶活性、致病菌及拮抗菌多样性的影响. 中国生态
　　农业学报, 23(4): 432-440.

李卫, 郑子成, 李廷轩, 等. 2011. 设施灌溉条件下不同次生盐渍化土壤盐分离子迁移特征. 农业机械学
　　报, 42(5): 92-99.

李孝刚, 张桃林, 王兴祥. 2015. 花生连作土壤障碍机制研究进展. 土壤, 47(2): 266-271.

李兴龙, 李彦忠. 2015. 土传病害生物防治研究进展. 草业学报, 24(3): 204-212.

梁飞, 田长彦, 尹传华, 等. 2011. 盐角草改良新疆盐渍化棉田效果初报. 中国棉花, 38(10): 30-32.

刘建国, 张伟, 李彦斌, 等. 2009. 新疆绿洲棉花长期连作对土壤理化性状与土壤酶活性的影响. 中国农
　　业科学, 42(2): 725-733.

刘娟, 张俊, 臧秀旺, 等. 2015. 花生连作障碍与根系分泌物自毒作用的研究进展. 中国农学通报,
　　31(30): 101-105.

柳勇, 徐润生, 孔国添, 等. 2006. 高强度连作下露天菜地土壤次生盐渍化及其影响因素研究. 生态环
　　境, (3): 620-624.

苗淑杰, 乔云发, 韩晓增. 2007. 大豆连作障碍的研究进展. 中国生态农业学报, (3): 203-206.

闵炬. 2007. 太湖地区大棚蔬菜地化肥氮利用和损失及氮素优化管理研究. 杨凌:西北农林科技大学.

苏世鸣, 任丽轩, 霍振华, 等. 2008. 西瓜与旱作水稻间作改善西瓜连作障碍及对土壤微生物区系的影响. 中国农业科学, 41(3): 704-712.

宿庆瑞, 李卫孝, 迟凤琴. 2006. 有机肥对土壤盐分及水稻产量的影响. 中国农学通报, (4): 299-301.

孙光闻, 陈日远, 刘厚诚. 2005. 设施蔬菜连作障碍原因及防治措施. 农业工程学报, (S2): 184-188.

孙磊. 2008. 不同连作年限对大豆根际土壤养分的影响. 中国农学通报, 24(12): 266-269.

孙雪婷, 李磊, 龙光强, 等. 2015a. 三七连作障碍研究进展. 生态学杂志, 34(3): 885-893.

孙雪婷, 龙光强, 张广辉, 等. 2015b. 基于三七连作障碍的土壤理化性状及酶活性研究. 生态环境学报, 24(3): 409-417.

孙跃春, 陈景堂, 郭兰萍, 等. 2012. 轮作用于药用植物土传病害防治的研究进展. 中国现代中药, 14(10): 37-41.

王飞, 李世贵, 徐凤花, 等. 2013. 连作障碍发生机制研究进展. 中国土壤与肥料, (5): 6-13.

王广印, 郭卫丽, 陈碧华, 等. 2016. 河南省设施蔬菜连作障碍现状调查与分析. 中国农学通报, 32(25): 27-33.

王海江, 石建初, 张花玲, 等. 2014. 不同改良措施下新疆重度盐渍土壤盐分变化与脱盐效果. 农业工程学报, 30(22): 102-111.

王楠. 2012. 设施栽培年限对设施土壤生态环境的影响及次生盐渍化土壤的改良. 成都:西南大学.

王珊. 2007. 不同种植年限设施土壤微生物学特性变化研究. 雅安: 四川农业大学.

王兴祥, 张桃林, 戴传超. 2010. 连作花生土壤障碍原因及消除技术研究进展. 土壤, 42(4): 505-512.

王燕, 杨蒙立, 王波, 等. 2015. 水旱轮作对设施蔬菜连作障碍调控的研究现状. 长江蔬菜, (22): 156-160.

王艳萍, 李松龄, 秦艳, 等. 2011a. 不同年限日光温室土壤盐分及养分变化研究. 干旱地区农业研究, 29(3): 161-164.

王艳萍, 李松龄, 秦艳, 等. 2011b. 不同年限日光温室土壤盐分及养分动态研究. 中国土壤与肥料, (4): 5-7.

王永东, 郑子成, 李廷轩, 等. 2011. 设施栽培对土壤结构及水分特性的影响. 四川农业大学学报, 29(1): 75-79.

王媛华. 2015. 设施土壤酸化与次生盐渍化的相互影响研究. 北京:中国科学院大学.

武泽民, 于振茹, 卢立华, 等. 2013. 设施蔬菜土传病害的诊断与综合防控措施. 安徽农业科学, 41(31): 12320-12321, 12323.

严铸云, 王海, 何彪, 等. 2012. 中药连作障碍防治的微生态研究模式探讨. 中药与临床, 3(2): 5-9, 1.

闫秋艳. 2013. 根区温度对设施蔬菜生长生理及养分高效利用的影响研究. 北京:中国科学院大学.

于淑会, 刘金铜, 李志祥, 等. 2012. 暗管排水排盐改良盐碱地机理与农田生态系统响应研究进展. 中国生态农业学报, 20(12): 1664-1672.

于天一, 孙秀山, 石程仁, 等. 2014. 土壤酸化危害及防治技术研究进展. 生态学杂志, 33(11): 3137-3143.

余海英, 李廷轩, 周健民. 2005. 设施土壤次生盐渍化及其对土壤性质的影响. 土壤, (6): 581-586.

张金锦, 段增强. 2011. 设施菜地土壤次生盐渍化的成因、危害及其分类与分级标准的研究进展. 土壤, 43(3): 361-366.

张金龙, 张清, 王振宇, 等. 2012. 排水暗管间距对滨海盐土淋洗脱盐效果的影响. 农业工程学报, 28(9): 85-89.

张艳君, 郭丽华, 于涛, 等. 2105. 花生连作对植株生长发育及主要农艺生理指标的影响. 辽宁农业科学, (6): 17-20.

曾希柏, 白玲玉, 苏世鸣, 等. 2010. 山东寿光不同种植年限设施土壤的酸化与盐渍化. 生态学报, 30(7):

1853-1859.

赵荧彤. 2013. 黑山县设施蔬菜土传病害发生状况与防治对策. 科技传播, 5(4): 92, 95.

郑慧, 杨继峰, 董汉文, 等. 2016. 轮作和连作对大豆农艺性状及产量的影响. 大豆科技,(5): 14-17.

郑军辉, 叶素芬, 喻景权. 2004. 蔬菜作物连作障碍产生原因及生物防治. 中国蔬菜,(3): 57-59.

郑良永, 胡剑非, 林昌华, 等. 2005. 作物连作障碍的产生及防治. 热带农业科学,(2): 58-62.

郑镇勇. 2017. 连作蔬菜大棚土壤酸化成因及防治措施. 现代农业科技,(16): 160, 162.

周娟, 袁珍贵, 郭莉莉, 等. 2013. 土壤酸化对作物生长发育的影响及改良措施. 作物研究, 27(1): 96-102.

周新刚. 2011. 连作黄瓜土壤生态环境特征及对黄瓜生长的影响. 哈尔滨:东北农业大学.

邹长明, 孙善军, 张晓红, 等. 2009. 蚌埠地区设施土壤盐分累积特征研究. 安徽科技学院学报, 23(3): 8-13.

邹长明, 张多姝, 张晓红, 等. 2006. 蚌埠地区设施土壤酸化与盐渍化状况测定与评价. 安徽农学通报, 12(9): 54-55.

邹莉, 袁晓颖, 李玲, 等. 2005. 连作对大豆根部土壤微生物的影响研究. 微生物学杂志,(2): 27-30.

第九章 生态严重退化区耕地轮作休耕制度试点

生态退化区是国家耕地休耕轮作制度试点的重要区域。基于生态退化类型的多样性、区域性和复杂性等，本章分别从东北水土流失与有机质下降区、西北干旱半干旱风沙区和水土流失区、华北平原砂姜黑土板瘦障碍区、长江中下游水田僵板化和酸化区、南方红壤旱地水土流失和酸化区、西南喀斯特石漠化区/西藏高原农业区等，具体介绍不同类型生态退化区耕地休耕轮作制度试点情况。

第一节 东北水土流失与有机质下降区

一、东北黑土退化及其危害

东北黑土区土壤肥沃、气候适宜、耕地集中连片、机械化程度高，耕地面积 4.5 亿亩，占全国耕地总面积的 22.2%。人均年产粮 1200kg 以上，粮食商品率 60% 以上，是国家最大的商品粮基地，也是我国最具粮食增产潜力的区域之一，对国家粮食安全起着举足轻重的作用。然而，由于大量垦殖，掠夺式经营，东北黑土区虽总体开垦只有百余年，但黑土严重退化和水土流失问题加剧，制约并威胁着区域农业的可持续发展和国家粮食安全（刘兴土和阎百兴，2009）。

（一）黑土退化过程及其驱动因素

据中国科学院东北地理与农业生态研究所长期观测和区域大样本土壤采样调查，2002 年黑龙江省典型黑土区农田土壤有机质平均含量为 38.9 g/kg，开垦后黑土有机质已下降了约 60%。从第二次全国土壤普查起的 20 年间，农田黑土有机质仍以年平均 5‰ 的速率在下降（图 9.1）。表明黑土退化不容忽视，如不加以及时保育，势必要降低黑土地农田生产力。

东北黑土退化主要原因有两个，一是掠夺式经营，输入显著少于输出，导致目前黑土有机质以年均 5‰ 的速率在下降；另一是黑土典型地貌为漫川漫岗，80% 的旱作农田为坡耕地，且多顺坡或斜坡垄作，水土流失严重，致使黑土层逐渐变薄，肥沃的表土流失，目前黑土有机质以年均 13.5‰ 的速率在下降，水土流失成为当前黑土退化的最主要驱动因素（张兴义等，2013）。

（二）黑土退化危害

通过黑龙江省海伦田间定位长期试验，土壤生产力已降低了 20% 以上，土壤有机质含量从 6.0% 下降为 5.0%、3.2% 和 1.7%，土壤生产力分别降低了 38.6%、41.3%、54.6%，土壤有机质含量每下降 1 个百分点，土壤生产力平均下降 12.7%；表明黑土退化，有机质含量降低，黑土生产力下降，黑土有机质对维持土壤生产力起着重要的作用。

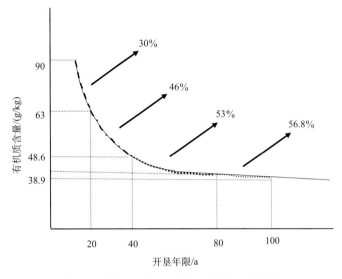

图 9.1　黑土有机质随开垦年限的下降过程

水土流失导致现黑土层以年均 2～3mm 的速度在变薄，黑土层平均厚度已由开垦前的 50～60cm 下降到 30cm，并有约 10% 的农田母质裸露，黑土层消失，黑土层每变薄 1cm，玉米每公顷减产 80kg（刘晓冰等，2012）；已形成约占全国 1/3 的大型侵蚀沟 29 万余条，造成土地支离破碎，损毁耕地 0.5%，不利于机械化耕作，每年因水土流失减产粮食 1000 万 t 以上，且仍呈侵蚀面积扩大、侵蚀强度增加、沟壑数量和密度增大的发展趋势，已成为全国 3 个急需治理区之一（刘兴土和阎百兴，2009）。

二、耕地轮作和休耕制度与技术现状及问题

轮作让耕地用养结合，休耕让耕地休养生息，均为农田土壤保护和可持续利用的重要举措，当前，东北黑土区承担了保障国家粮食安全的重任，开展耕地轮作休耕意义更加重大。

（一）耕地轮作技术

1. 轮作优势与潜力

轮作是农田保护性生产的最佳方式，已被国内外广泛证明并应用。黑土发育形成于半干旱半湿润的温带区域，土壤肥沃，成为玉米和大豆主产区，为开展轮作提供了有利条件。玉米-大豆轮作已成为旱作黑土农田的主要保护性措施之一，同时实现了条带和间作种植（图 9.2）。东北开展轮耕具有得天独厚的优势，主要表现在：一方面东北气候冷凉，作物单季种植，现作物种植结构为开展轮作提供了前提基础；轮作的好处在生产实践中早已被农民充分认识，农民有自主实施轮作的主观能动性；国家实施的大豆种植补贴和轮作补贴为轮作实施注入了强动力。另一方面粮食生产不可忽视的国营农垦系统，地块大，机械化和集约化程度高，粮食生产半军事化管理，耕地仍采用一年一承租制，农场将现有 2000 万亩旱作统一制定耕作、种植及管理规划，将轮作作为种植计划重要组

成部分，实施率高达 90% 以上，高标准的管理，获得高产，农场作物单产较相邻地方高出三分之一，耕地等级也至少高出一级，粮食商品率高达 92%，成为我国名副其实的"大粮仓"。

图 9.2　玉米-大豆轮作（黑龙江省拜泉县，2016 年 9 月，李浩拍摄）

旱作黑土农业，除主产作物玉米和大豆外，还种植马铃薯、甜菜、芸豆、高粱、谷子等作物，与主产作物尤其是与玉米轮作。表 9.1 所示，1980~2015 年东北农作物和粮食作物播种面积逐步扩大，分别增加 1.5 和 1.7 倍，水稻和玉米播种面积快速增长，分别增加 6.1 和 2.8 倍，大豆面积先增后降，其他粮食作物面积快速萎缩，下降了近 80%，表明东北粮食作物种植向主产作物玉米、水稻、大豆集中，更加单一。1980 年玉米和大豆播种面积比 2∶1，至 2015 年已达 5∶1，加之其他粮食作物种植面积的萎缩，表明最佳的玉米-大豆轮作形势严峻。

表 9.1　东北（黑吉辽）播种面积

年份	播种面积/万 hm²						
	农作物	粮食作物	水稻	玉米	大豆	其他粮食作物	大豆+其他
1980	1670	1351	85	498	266	502	768
1990	1622	1407	164	575	289	379	668
2000	1782	1407	258	505	371	273	644
2010	2366	2122	433	1037	498	154	652
2015	2469	2270	515	1394	262	99	361

注：数据来源于统计年鉴。

东北农区畜牧业发达，粮-草轮作具有优势，为国家粮改饲试点重要区域。近年来工厂化畜牧业规模化生产发展迅速，东北土地资源丰富，生态总体良好，各大奶业公司纷纷建立大型奶牛养殖场，为了保证饲料供应，多就近租赁耕地，粮改饲，种植饲料牧草，有利于土壤肥力的培育和藏粮于土。例如红星天野森林有机牧场按照欧盟标准设计建成（图9.3），租赁万亩耕地，种植优质的荷兰黑麦草、苜蓿等，形成"种养加"一体化发展模式，打造第一个欧洲模式+世界品质牧场。在有机肉奶生产的同时，更有效地保护黑土地。已有研究表明，种植紫花苜蓿和羊草两年后 0～30cm 土壤有机质可增加 6.5g/kg 和 3.4g/kg（高超等，2015）。

图 9.3　红星天野森林有机牧场（2017 年 8 月，刘杰淋拍摄）

2. 玉米和大豆连作障碍

东北黑土区土壤肥沃、气候适宜、耕地集中连片、机械化程度高，是我国玉米和大豆的最大产区，一年一熟，我国著名的黄金玉米带就坐落在典型黑土带上，集中于中部和南部，玉米常年连作，有的已达几十年。玉米是喜肥、耗水高、喜热、生物产量高的旱地作物，长期连作对土壤养分消耗大，尤其是土壤钾素亏缺，农业生产已由不需施钾到不施钾减产；病虫草害加重，尤其是玉米食心虫时有规模化爆发，造成玉米成片绝收；土壤板结，结构趋劣，就主产作物而言，玉米田土壤最硬。虽单就产量而言，玉米较为耐连作，年归还土壤有机碳高，但玉米产量的维持更加依赖化肥和农药，农机耕作成本高。

中国科学院海伦农业生态实验站长期定位试验研究表明（图9.4），长期连续种植玉米，农田黑土有机质以年均 1.3‰ 的速率下降。吉林省农业科学院田间长期定位试验玉米连作土壤有机质年均下降速率为 4.5‰（孙宏德等，1993）。

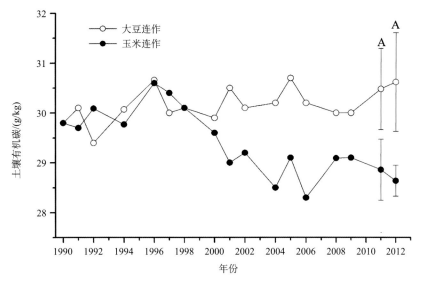

图9.4 玉米大豆连作下土壤有机质演变（韩晓增提供）

大豆主要集中在北部的冷凉区域种植，缺少轮作作物，连作较为普遍。大豆是少有的对连作敏感的作物，连作障碍大。大豆连作引起土传病害加剧、生长受阻而导致减产，大豆长期连作，减产 30%～50%，甚至高达 70%。生物障碍主要是根腐病、孢囊线虫、根潜蝇和菌核病加重，土壤微生物群落发生改变，由"细菌型"向"真菌型"转变。连作大豆还导致土壤中某一养分过度消耗，即所谓的"土壤衰竭"，尤其是土壤中速效 N、P、K 和微量元素 Zn、B 含量降低（刘晓冰等，1990）。

（二）耕地休耕技术

休耕即短期或永久退耕，用地养地相结合来提升和巩固粮食生产力，是黑土地力培育的最有效保护措施，南美黑土区应用最为普遍。我国东北黑土区受国家粮食需求和农民经济收益的双重压力，虽实施难度较大，但在黑土退化严重尤其水土流失区正在逐步实施。

1. 水土保持休耕

1991 年国家颁布并执行的《中华人民共和国水土保持法》中规定≥25°的坡耕地应退耕还林还草，黑龙江省依据水保法制定的实施条例中规定 15°为耕种线。在组织水土保持生态建设中依据小流域治理山顶戴帽，山下稻草鱼，将部分耕地还林还草（图 9.5 和图 9.6）。

2. 严重侵蚀退化坡耕地休耕

在东北低山丘陵区，由于土层薄，下位沙砾，坡度大，开垦后，表土严重流失，难以维持作物产量和收益，加之国家休耕政策和补贴的推动，退耕和人工混播牧草，在恢复生态遏制水土流失的同时，发展畜牧业，建立用地生产"羊"的休耕模式（图 9.7）。

图 9.5　退耕还林还草（黑龙江省拜泉县，2016 年 6 月，李浩拍摄）

图 9.6　退耕还林还草（黑龙江省穆棱市东大沟，2017 年 6 月，李浩拍摄）

图 9.7　退耕还草（黑龙江省穆棱市，2017 年 6 月，李浩拍摄）

3. 地埂植物带休耕

东北农田约有 60%为坡耕地，存在不同程度的水土流失，但 95%的坡度小于 7°，依据国家颁布的[《黑土区水土流失综合防治技术标准》（SL 446—2009）]，3°～5°应间隔修筑地埂植物带，5°以上修筑梯田的要求，黑土坡耕地水土流失综合治理区，修筑了大量的地埂和梯田埂，休耕土地 5%～20%，已休耕 50 多万亩，有 400 万亩的潜力，对遏止水土流失发挥着显著的作用，耕地质量逐步提高，据中国科学院东北地理与农业生态研究所在东北唯一的一个水土保持生态文明县黑龙江省拜泉县采样调查，近 10 年，修筑地埂植物带后耕地表层 0～20cm 土壤有机质以年均 5‰的速率提高，粮食单产提高 15%～20%（张兴义和回莉君，2016）。图 9.8 为黑龙江省拜泉县通双小流域综合治理区。

4. 退耕还林还草

东北大规模开展退耕还林还草，起始于 1998 年国务院《关于保护森林资源制止毁林开垦和乱占林地的通知》，仅黑龙江省 1999～2002 年就完成退耕还林 34 万 hm^2，2015 年财政部等八部门又下发了《关于扩大新一轮退耕还林还草规模的通知》，国家按退耕还林每亩补助 1500 元，退耕还草每亩补助 1000 元，又将推动休耕。

据中国生态研究网络海伦农业生态实验站长期定位试验研究，休耕 5 年，土壤容重下降 7.5%，孔隙度、饱和含水量和田间含水量分别增加 2.6%、6.0%和 1.9%（江恒等，2013）；耕层 0～20cm 土壤有机质含量 5.4%，全氮含量 0.3%的耕地休耕 22 年后，土壤有机质和全氮含量仍维持在 5.3%和 0.26%，土壤微生物碳总量较耕地高 66%，而耕地土壤有机质和全氮含量分别降到 4.8%和 0.22%，土壤有机质含量年均下降速率为 5.0‰（侯雪莹和韩晓增，2008）。

图 9.8　黑龙江省拜泉县通双小流域综合治理区（2005 年 6 月，张兴义拍摄）

三、耕地轮作休耕制度及技术对策建议

（一）轮作休耕是东北农田生态保护重要举措

东北开展轮作休耕面临着良好的机遇和较为广泛的应用空间。近十多年来东北黑土地保护已得到了国家的充分重视，大量国投资金用于退化黑土农田生态治理。2003 年国家启动了东北黑土区水土流失综合治理试点工程，2008 年又相继启动了国家农业综合开发东北黑土区水土流失综合治理重大一期、二期、三期工程，以坡耕地水土保持生态建设为主体，治理水土流失面积 1.8 万 km²。在水土保持方面，已建立了独具东北特色高效的坡耕地水土保持技术体系，颁布了国家技术标准［《黑土区水土流失综合防治技术标准》（SL 446—2009）］，3°以下，环坡等高条带种植，3°～5°间隔修筑地埂植物带，5°以上修筑梯田的水土保持技术体系；耕地中形成的中小型侵蚀沟采用秸秆打捆填埋的沟毁耕地再造复垦创新技术。

2015 年国家又启动了东北黑土地保护试点工程，东北黑土地保护已连续三年纳入"中央一号文件"，计划到 2030 年使东北黑土区耕地质量平均提高一个等级以上和黑土地保护面积达到 2.5 亿亩的工作目标，其中玉米大豆轮作被纳入黑土地保护的重要措施之一。遏制黑土退化的根本途径为增加土壤有机物料还田和防治水土流失，科学高效的保护性措施是实现黑土培育的关键，当前东北已形成一整套独具特色的成熟的黑土地保护农艺和工程措施。在增加有机物料还田方面，建立了以深翻为主体的秸秆深翻埋和以条

耕为主体的秸秆地表覆盖全量还田技术；建立了以淤泥为基质，添加秸秆和牛粪，生物菌剂促发酵，利用田边地头废弃地为场地的农村有机肥规模化快速腐熟沤制技术。在合理耕作方面，建立了以玉-玉-豆、玉-经、玉-杂等间隔条带种植轮作制，以深松和条耕为主体的保护性少免耕耕作。

2016 年国家启动了轮作休耕试点工程，将东北冷凉区和北方农牧交错带列为轮作试点区，2016 年实施轮作 500 万亩，2017 年实施 1000 万亩。

（二）对策建议

建立科学合理的耕地轮作休耕补偿机制是实施成败的关键。现行耕地实施的是家庭联产承包责任制，以家庭为主体耕种，作物种植由农民决定，主要受经济收益的驱使，受粮食市场价格左右。在东北旱作玉米和大豆两大主产作物中，玉米单产高，收益相对高，种植面积扩大，大豆产量低加之受国际价格影响，收益低，种植面积萎缩明显，东北大豆播种面积已由 7000 万亩下滑到 3000 万亩。2014 年黑龙江实行大豆目标价格补贴政策以来，大豆种植面积止跌回升，2016 年大豆种植面积已恢复到 4200 万亩左右。2016年国家又出台了《探索实行耕地轮作休耕制度试点方案》，在东北冷凉区和北方农牧交错区推广轮作 1500 万亩，每亩补偿 150 元，在东北是完全可行的。2017 年大豆种植面积稳中有升，为实施米豆轮作创造了有利条件。因此，以经济收益为导向，以国家政策为驱动，以国家补贴资金为引领，建立以种植大户、家庭农场、农民专业合作社等新型农业经营为主体的轮作推进机制。

此外，以国家实施耕地轮耕休耕工程为契机，建立高效管理机制，推进东北农业生态修复。通过休耕补偿，将严重退化不宜耕种的土地退下养起来，部分解决黑土退化问题；按当前每亩 500 元的休耕补偿，完全能够破解坡耕地水土保持生态建设埂带占地的瓶颈，解决黑土层变薄问题，确保农业可持续发展；开展粮改饲，促进规模化生态养殖，保障生态高值肉蛋奶生产，将单纯的粮仓变为"粮仓+奶罐+肉库"，解决用地养地问题。

第二节　西北干旱半干旱风沙区和水土流失区

一、土壤退化问题——以甘肃省为例

甘肃位于黄土高原、青藏高原、内蒙古高原三大高原和西北干旱区、青藏高寒区、东部季风区三大自然区域的交汇处，总土地面积 42.58 万 km^2，地跨北亚热带、暖温带、温带和高原亚寒带等气候区域，自然因素影响大、干旱范围广、水土资源不匹配、植被少而不均、承载力低、修复能力弱是甘肃生态的基本特征。北部沿省界从西北到东南为河西三大内陆河流域的中下游、陇中和陇东黄土高原北部，本区域降水量小，植被稀疏，是典型的生态脆弱区，是生态治理和退耕休耕的重点区域，其中陇东和陇中是我国黄土高原水土保持重点区域，总面积近 11 万 km^2，占黄土高原总面积的 16.9%，每年流入黄河的泥沙占黄河年均输沙量的 30.8%。特别是泾河上游 1 万 km^2 的多沙粗沙区水土流失强度大，是黄河流域年输沙量最大的水系；河西走廊北部是防风固沙生态屏障区，沙化

土地绝大部分分布在河西走廊北部地区，风沙线长 1600km，主要风沙口 846 处，全国八大沙漠中的腾格里、巴丹吉林、库姆塔格三大沙漠在此均有分布，是我国沙尘暴主要策源区之一，也是全国防沙治沙的重点区域。

根据全省土地特点，全省分为陇南山地、陇中黄土高原、甘南高原、祁连山—阿尔金山山地、河西走廊温带干旱荒漠、北山山地 6 个大的区域类型，属典型的山地型高原，山地和丘陵占总土地面积的 78.2%，平川地只占 21.8%，其中又有沟谷地、河川平地、黄土塬地和梁峁地、黄土丘陵地、盆地、沙漠、戈壁、绿洲等 30 多个土地种类。现有耕地中山地占 65%，川塬地仅占 35%。耕地中降水量<450mm 的旱坡地占 30%，高寒阴湿地占 14.91%，另外还有 2.76% 的低洼湿地、1.26% 的盐碱地和 1.64% 的风沙地。由于特殊的地形地貌、干旱半干旱气候、极端天气和自然灾害及人类过度开垦和掠夺式经营等原因，土地退化总体上比较严重，主要有土地沙漠化、土壤侵蚀和土壤盐渍化三种类型。沙化和盐渍化土地主要集中在河西五市及沿黄灌区，土壤侵蚀土地集中在中东部黄土高原丘陵沟壑区。

土地沙化问题突出。根据 2015 年甘肃省第五次荒漠化和沙化监测结果，全省荒漠化和沙化土地面积 3167.22 万 hm²，占全省土地面积的 74.4%，其中土地荒漠化面积 1950.2 万 hm²，沙化土地面积 1217.02 万 hm²，分别占全省土地总面积的 45.8% 和 28.6%。全省 8 市（州）24 个县（市、区）有 125.73 万 hm² 耕地、454.74 万 hm² 草地、417.92 万 hm² 林地受到荒漠化和沙化威胁，河西地区有 4370km 灌渠受到风沙威胁、256km 经常被流沙淤积或掩埋。土地沙化问题已对区域社会经济的可持续发展和国家生态安全构成了重大威胁，向人们的生存权和发展权发出了严峻挑战。

荒漠化土地现状为：在各气候类型区中，干旱区、半干旱、亚湿润干旱区，分别占荒漠化土地总面积的 52.2%、34.3% 和 13.5%；在荒漠化形成类型中，风蚀荒漠化、水蚀荒漠化、盐渍化荒漠化、冻融荒漠化分别占荒漠化土地总面积 81.2%、14.3%、3.7% 和 0.8%；按荒漠化程度，轻度荒漠化、中度荒漠化、重度荒漠化和极重度荒漠化分别占荒漠化土地总面积的 16.7%、33.7%、15.6% 和 34.0%。沙化土地现状为：沙化土地类型中戈壁面积占 57.1%，流动沙地（丘）占 15.2%，半固定沙地（丘）占 11.0%，固定沙地（丘）占 14.4%，露沙地和沙化耕地占 0.5%，非生物治沙工程占 0.01%，风蚀残丘和风蚀劣地占 1.4%；沙化程度为轻度沙化、中度沙化、重度沙化和极重度沙化，分别占沙化土地总面积的 5.3%、16.3%、21.0% 和 57.4%。

水土流失形势依旧严峻。甘肃省有水土流失面积 28.13 万 km²，集中在黄土高原丘陵沟壑生态功能区，目前已完成初步治理的面积仅 7.18 万 km²，还有 75%、近 20.95 万 km² 水土流失面积亟须整治。黄土高原长度在 1 km 以上的沟道达 5 万多条，泾河上游 1.1 万 km² 的多沙粗沙区，渭河、泾河等重点支流水土流失综合治理程度普遍较低。水土流失导致土壤肥力减弱，生产能力降低，农业生产条件恶化，严重影响农业生产发展。水土流失还导致江河湖库淤积，全省水库淤积总量达 4.65 亿 m³，占总库容的 21.4%，致使防洪压力加大。

农田生态面临诸多威胁。长期重用地、轻养地，重化肥、轻有机肥，对耕地保护不够，过度开发利用导致耕地地力退化，质量有逐年下降趋势。同时，不当的耕地利用方式也引起自然灾害频发，造成水土流失加剧。河西灌区土壤次生盐渍化比较严重，农药、化肥、地膜等大量施用以及工业"三废"等日益成为产生耕地污染的新因素。河西农田防护林退化严重，功能下降。农田涵养水源、保持水土生态功能降低。

目前，河西黑河流域水资源开发利用率已达98%，石羊河流域水资源开发利用率高达155%，形成上游开荒、下游撂荒，绿洲搬迁，沙进人退的局面；中部干旱地区曾经解决了人们吃饭问题的沙田、沟坝地等，也因气候干旱而弃耕；黄土高原地区由于以自然经济为主要特征的土地开发利用，忽视了对土地资源的保护利用，加之严重的水土流失和生物涵养功能不断降低及大量劳动力转移，耕地弃耕及撂荒耕地趋势性增加（沈鸿飞等，2011）。

二、耕地轮作和休耕制度与技术现状及问题

休耕作为一种古老的耕作方式，我国在夏商周时期就已经采用，当时称之为"撂荒休耕"，而作为一项制度，休耕最早起源于20世纪30年代的美国，称之为土地休耕保护计划；20世纪80年代欧盟开始实施休耕，是作为共同农业政策的一个组成；20世纪80年代日本也开始实施休耕制度，称之为休耕项目；2015年我国也开始试点休耕，称之为休耕制度。针对西北干旱半干旱风沙区和水土流失区资源现状及土地退化问题，形成了与资源环境特点和生产发展相适应的几种典型耕地轮作和休耕制度。

（一）一年一熟和填闲复种的传统蓄水保墒轮作制

干旱是甘肃水土流失区农业生产中的主要自然灾害，抗御干旱是一切耕作技术的核心。根据甘肃黄土高原地区热量一季有余，两季不足，降水稀少且季节性分布不均的实际，利用耕、耙、耱、压精耕细作，纳、蓄、保高效利用雨水，建立了"犁、耙、耱"三位一体的传统蓄水保墒耕作技术体系。西汉时期《氾胜之书》土壤耕作的原则："凡耕之本，在于趣时和土，务粪泽，早锄早获"；对麦田的耕作蓄墒经验："五月耕，六月再耕，七月勿耕，谨摩平以待种时"；人们在农业生产实践中，发明了如畎亩法、代田法等耕作方法。陇东旱塬区长期以来盛行以粮食作物为主、粮食作物以小麦为主、小麦以冬小麦为主的传统种植格局，实行麦后填闲复种小日月作物糜谷等为主的填复种制，建立了冬小麦-油菜、冬小麦-春玉米为主的轮作制；陇中丘陵沟壑区形成了春小麦-马铃薯、春小麦-杂粮杂豆、马铃薯-豆类等轮作制，大力推行禾豆一年一熟用养结合培肥轮作制。采用的主导技术有"深耕"、"丰产沟"、"丰产坑"、"垄沟种植法"和"水平沟种植法"。

这些传统旱农精细耕作技术的核心是"伏天深耕晒垡"，翻转耕层把残茬和肥料翻入土中，也利于控制病虫草害，伏天深翻晒垡，增加土壤养分，提高土地生产率和产量水平。但休闲期降水60%左右蒸发损失，土壤水分蓄保率仅30%～40%，产量波动幅度较大。连续翻耕破坏了土壤结构，形成坚硬的犁底层影响作物生长，耕作次数越多、深度越深，大气越干燥，损失的土壤水分就越多，土壤有机质矿化氮减少，导致土壤侵蚀和生产力下降，干旱缺水迫使实施休耕制，但杂草滋生又迫使机耕防草，风蚀和水蚀加剧；土壤耕作强度愈大，疏松裸露蒸发面增大，加剧了土壤风蚀水蚀；这些土壤耕作增加作业成本和能耗，经济效益降低，不宜连年采用（武均等，2018）。

（二）耕地休闲轮耕制

根据降水资源分布特征和热量状况，我国西北地区广泛盛行夏休闲年内休耕制和冬春跨季节休耕制，主要是第一季作物收获后让土地休耕保蓄休闲期降雨，供下季节作物利用。小麦收获后的 7、8、9 三个月恰逢雨季（占全年降水的 60% 左右），要进行传统耕翻晒垡为主的夏季休闲制，休闲期降水蓄保效率 30%～40%，实行小麦+夏休闲，小麦、玉米/马铃薯+冬春休闲，冬春休闲期土壤水分损失严重，春季作物往往遇到春旱难以播种保全苗问题。这种休闲耕作制目前仍然是西北退化耕地区的主要耕种制度，采取的主要技术由以前的夏休闲期翻耕晒垡发展为少耕、秸秆覆盖和地膜覆盖保墒技术，使休闲期降水保蓄率提高到 50% 以上，冬春休闲期耕作由以前的土壤裸露发展为免耕、留膜留茬保墒、秋覆膜保墒等覆盖耕作，使耕层土壤水分增加 5 个百分点，有效解决了春季作物抗旱保苗问题。存在的主要问题是：次年播种配套农机具缺乏，冬春覆盖免耕播种施肥问题难以解决，长期下去会不断消耗土壤肥力（黄国勤和赵其国，2018；樊廷录等，2017）。

（三）黄土高原水土流失区区域特色的覆盖保护性耕作制

针对传统耕翻轮作制的缺陷，逐渐形成了基于少免耕和覆盖耕作为主的保护性轮作制。少耕和免耕是对土壤耕作次数和程度的管理，以几年一次轮耕代替年年翻耕，以耙地、浅松等表土耕作代替深层耕作，目的是秸秆残茬很好地覆盖在地表，减少土壤水分损失。免耕的年限一般 3～5 年耕作一次。打破犁底层，提高蓄水保墒能力。覆盖种植技术包括地膜覆盖和作物秸秆覆盖，现阶段推广地膜覆盖、留高茬、秸秆覆盖技术，以高效蓄保降水和稳定提高土壤肥力为核心，建立了与产业需求相适应的地膜覆盖与秸秆覆盖结合、少免耕结合、有机无机配施结合、抗逆品种与化学除草结合、农机农艺结合的现代农业耕作技术体系（张建军等，2017）。

目前推广应用的主导技术包括：冬小麦机械化高留茬收割少耕技术，旱地玉米全膜双垄沟集雨种植技术，旱地马铃薯垄上微垄沟种植技术，旱地小麦全膜覆土穴播技术，留膜留茬少免耕防蚀节本种植技术，退化区农牧结合型草粮带状种植制度，坡耕地水土保持与耕地轮作休耕技术，坡耕地留茬等高耕种技术，果园秸秆和地膜双覆盖有机质提升及高效用水技术，这些技术的集成应用大幅度提高了降水利用率和作物产量，如全膜双垄沟玉米平均增产 30%，水分利用效率平均达到每亩 2.0～2.5kg/mm，成为旱作农业技术的一场革命。但面临的主要问题如下：一是长期地膜覆盖带来了土壤残膜污染的增加，也成为影响土壤质量和环境的主要因素之一，甘肃省地膜覆盖面积接近 2700 万亩，全省耕地的一半地膜化，耕层残膜量平均每亩 5kg 以上；二是长期地膜覆盖导致土壤有机质矿化分解和土壤质量下降；三是长期地膜覆盖造成半干旱区土壤深层水分耗竭，出现干燥化，可持续发展受到影响；四是地膜覆盖增加了生产成本，收获时地膜与秸秆交缠在一起，影响作物机械化收获的进行（王淑英等，2016）。

（四）河西干旱风沙区保护性耕作制

西北绿洲农业区主要问题是灌溉水消耗量大，地下水资源短缺，并容易造成土壤次生盐渍化；干旱、沙尘暴等灾害频繁，土地荒漠化趋重，制约农业生产的可持续发展。本区域保护性耕作的主要技术需求包括：以维持和改善农业生态环境为主要目标，通过秸秆等地表覆盖及免耕、少耕技术应用，有效降低土壤蒸发强度，节约灌溉用水，增加植被和土壤覆盖度，控制农田水蚀和荒漠化。目前推广的主要技术模式：留茬覆盖少免耕技术模式，沟垄覆盖免耕种植技术，垄膜沟灌和膜下滴灌技术，固定道保护性耕作技术，机械化秸秆还田技术，休闲期绿色覆盖技术（复种绿肥翻压还田、冬季种植油菜增加绿色植被覆盖等）等。这些技术面临的主要问题：一是机械化配套不足，影响技术的扩大应用，二是土壤残膜污染加重，残膜量高于黄土高原水土流失区，成为影响耕地质量的关键因素之一，三是风沙严重区和极度缺水区，这些技术应用受到限制。

综上所述，黄土高原水土流失区和绿洲风沙区保护性耕作面临着共同的问题：干旱缺水和农机具不配套致使秸秆还田技术应用缓慢，缺水影响还田秸秆腐解和播种质量，秸秆覆盖后带来化感、施肥、病虫草害等问题，农田规模较小且分散，大型耕作机械难以应用，秸秆还田长期效应短期难以体现，3 年内基本上不增产。

（五）耕地休耕制度及技术处于试验探索阶段

在水土资源时空分布严重错位、中低产田面积大、生产环境严酷的甘肃省，大力调整农业种植结构，曾经是商品粮基地的河西绿洲区基本退出粮食生产，成为国家种子生产基地和特色高效农产品生产基地，黄土高原地区成为全省粮食生产功能区、优质马铃薯和苹果生产区，大量应用集约化、精细化、高成本种植技术，粮食生产实现了"十三年丰"，但也付出了沉重的代价，生态环境"紧箍咒"对农业的约束日益趋紧。一是大量使用化肥，有机肥使用量严重不足，土壤重用轻养，土壤生产能力不断消耗；尽管推广了节水灌溉技术，但农业总灌溉量增加，水资源短缺加剧；作物区域化种植后连作年限加长，土壤连作障碍增加。二是地膜覆盖面积和用量大幅度增加，土壤残膜积累量趋势性增加，土壤承载能力越来越接近极限，已经亮起了"红灯"。三是受农户土地承包制和每个农户经营规模限制，耕地连年种植，无法实现休耕轮作。

面对资源环境压力，利用现阶段粮食供给充裕的宽松环境，在部分地区开展耕地休耕制度试点，既可以让过于疲惫的耕地喘口气、解解乏，让生态得到治理修复；也可以通过改良土壤、培肥地力，增强农业发展后劲，实现"藏粮于地"。甘肃省从 2016 年开始选择干旱缺水、土壤沙化、盐渍化严重的地块耕作休耕试点，2017 年试点扩大到环县、会宁县、通渭县、静宁县、永靖县、永登县、古浪县、景泰县、安定区、秦州区等 10个区县的 20 万亩耕地，不断改善生态环境，涵养地力，实现农业转型升级和可持续发展。对承担休耕任务的农户、种植大户、家庭农场、农民合作社等，将以每亩每年补贴 500元的标准，3 年内分年拨付。对承担休耕任务的耕地属于流转性质的，将把补助资金直接发给流转经营户。目前，全省主要通过耕地休耕试点，引导农民转变生产理念和传统生产习惯，实现增产增效相统一；逐步探索茬口衔接合理、用地养地结合、资源高效利用的适宜耕作模式；集成推广种地养地和综合治理相结合的生产技术模式，探索形成休耕与调节粮食等主要农产品供求余缺的互动关系；落实以绿色生态为导向的农业补贴制度。因此，退化耕地休耕轮作制刚刚起步，尚没有一个成熟模式。

三、推进西北耕地轮作和休耕制度的对策建议

休耕作为土地利用的一种方式，具有悠久的历史，而作为土地利用制度已在欧美、日本等国家盛行。休耕是为了让土地休养生息，通过用地养地结合来巩固提升粮食产能，探索分区域、分作物的休耕技术模式，做到休而不荒、休而不废，不能让休耕的土地荒芜。为此，以甘肃为例，建议开展以下工作，稳妥推进退化耕地休耕工作。

（一）根据西北区域环境现状和小农经济特征设计休耕制度

发达国家土地休耕早已成为一项调控土地利用和粮食供需的公共政策，普遍实施。但发达国家的休耕制度是建立在土地私有制、规模化经营、土地登记制、税收和信用制等制度基础上，休耕的补贴对象一般是农场主，能够进行税收、补贴和监控等方面的数字化管理。我国实行的是土地公有制，实行休耕制度是建立在耕地细碎化和小农经济这一基本国情之上，特别是西北地区地块碎小、山坡地和梯田多，为土地轮作休耕带来了极大的不便，无法实现数字化、精准化管理，这些将影响耕地休耕制度的建立、运行和监管。因此，需要系统研究符合本区域实际的耕地轮作休耕制度的利益主体及其作用机制，基于耕地细碎化实际和不同经营主体，设计一套运行成本和监督成本低的休耕制度体系，探索土地适度流转与多种经营主体结合的休耕轮作制度。

（二）构建西北土地退化区休耕与休闲轮耕制度的基本框架

根据西北干旱风沙区和黄土高原水土流失区土地退化现状及农业生产实际，建立生态修复休耕与轮耕模式，重点考虑生态环境与土地承载能力，确定土地生态安全阈值，划定土地生态安全红线，监测生态严重退化区休耕产生的生态效应。一是科学确定两大土地退化区域休耕土地的类型，将过去用于粮食生产的边际土地退下来，发挥其生态服务功能，让边际土地和受损土地逐步恢复产能，待其复耕后，再让受损程度较轻的耕地进行休耕。二是合理确定休耕的等级及数量，按照高度迫切、中度迫切、低度迫切、不迫切确定耕地休耕的等级，休耕的数量以不影响区域粮食安全和农民收入为目标。三是要合理安排休耕地的时空合理配置，将休耕区域、休耕规模和休耕时间进行优化组合，实现对休耕"定位、定量、定序"的宏观调控。四是确定休耕补助标准及补助方式，休耕会对耕地承包经营者造成一定的经济损失，休耕补助是为了弥补休耕对农户造成的损失而给予农户等量的货币或实物补助。休耕补助是休耕制度运行的核心动力。五是合理管护休耕地，耕地休耕、退耕、撂荒都是减小耕地压力的行为，但休耕不是对耕地置之不管，而是主动让耕地休养生息，是保护、养育、恢复地力的措施，休耕结束后需重新耕作。长期休耕极容易造成耕地废耕，增加复耕难度，在休耕的同时进行土地整治和培肥地力，夯实农业发展基础，一旦复耕后，就能迅速形成产能。

（三）加强区域特色的休耕轮耕主导模式集成应用

1. 水土流失区耕地休耕培肥技术模式

以甘肃中东部年降水量 450mm 以下的黄土丘陵沟壑区为主体，围绕防止休耕地荒化、降低休耕地侵蚀、提升休耕地地力、协调休耕地水肥等四个主要环节，以种植绿肥为核心，结合地力培肥综合技术，按照种植绿肥→杀青还田→深翻晒垡→增施有机肥→耙糖保墒的流程，落实休耕地年度管护措施，实现耕地质量提升，做到休而不荒、休而不废。如甘肃中部会宁县确立的主导轮作模式，南部降水条件和休耕地相对好的地区，以油菜为主，按春油菜-冬油菜-冬油菜、春油菜-春油菜-春油菜两种模式轮作种植，北部半干旱土地瘠薄区以一年生毛苕子、箭舌豌豆、油菜及豌豆为主，示范毛苕子-油菜-箭舌豌豆、箭舌豌豆-油菜-毛苕子、油菜-毛苕子-箭舌豌豆、毛苕子-箭舌豌豆-毛苕子、豌豆-毛苕子-油菜的轮作种植；对于休耕地块有地膜覆盖的，可采取地膜保护休耕措施。

同时要着力推进技术模式创新，逐步建立茬口衔接合理、用地养地结合、资源高效利用的耕作模式。分区域、分品种探索形成绿色高效的技术模式，推进替代品种与生态条件相适应、农机与农艺相融合。依靠科技进步，促进耕作制度改进和技术模式创新。

2. 河西风沙区耕地休耕生态恢复技术模式

针对该区耕地干旱缺水、土壤沙化、盐渍化严重的实际，总体技术路径是调整种植结构，改种防风固沙、涵养水分、保护耕作层的植物，同时减少农事活动，促进生态环境改善；制定改良耕层土壤、提升土壤有机质和养分含量的绿肥作物为主的休耕技术方案，至少连续休耕 3 年，休耕地在休耕期间，以种植豆科植物、牧草、油菜和绿肥为主，大力推广绿肥还田应用技术，提高耕地土壤有机质含量。加强对休耕地的管理，减少农事活动，改善土壤质地，不能让休耕地生长多年生小灌木和高大乔木，确保三年后作为种植耕地。

3. 建立种养结合和综合治理的耕地轮作休耕体系

在西北农牧交错地区，重点开展休耕轮作技术，实行杂粮杂豆与玉米轮作，发挥豆科作物固氮养地作用，提高土壤肥力，增加优质豆类供给；马铃薯与蚕豆、玉米等轮作，改变重迎茬，减轻土传病虫害，改善土壤物理和养分结构；籽粒玉米与青贮玉米、苜蓿、草木犀、黑麦草、饲用油菜等饲草作物轮作，以养带种、以种促养，满足草食畜牧业发展需要；实行玉米与谷子、高粱、燕麦、红小豆等耐旱耐瘠薄的杂粮杂豆轮作，减少灌溉用水，满足多元化消费需求；实行玉米与向日葵、油菜等油料作物轮作，增加食用植物油供给。利用间作、套种、复种、轮作倒茬等技术措施，在农区积极推行"草田轮作"和玉米"粮改饲"。

4. 推行休耕农田保护性耕作示范工程

在河西绿洲农业区和陇中黄土高原丘陵沟壑区，建设高标准、高效益保护性耕作示范区，积极推行少免耕和秸秆覆盖有效结合的保护性耕作技术，提高地表覆盖度，控制农田风蚀和荒漠化，推进膜下滴灌技术应用，高效节水和提高土壤肥力，控制水土流失，增强农田稳产性能。加快保护性耕作机具研发与完善，筛选示范农田全生物降解地膜和秸秆腐熟剂，控制休耕农田残膜污染，实行秸秆还田，推进绿色发展。

第三节　华北平原砂姜黑土板瘦障碍区

一、华北平原砂姜黑土区生态退化特征

（一）华北平原砂姜黑土分布面积及成因

华北平原（黄淮海平原）土地面积约占全国平原面积的 30%，是中国的第二大平原，位于 32°N～40°24'N，112°48'E～122°45'E，处于黄河下游，由黄河、海河、淮河等冲积而成，包括河北、河南、山东、安徽、江苏、北京及天津等 5 省 2 市的大部分或部分地区（侯满平，2004）。属大陆性季风型暖温带半湿润气候，季节差别明显，气温温差大，降水时空分布不均，全年降雨量 500～1000mm。6～9 月集中了全年降雨量的 80%左右，在有暴雨的季节，常出现洪涝灾害；而在春季，降水稀少，往往受冬春旱或春旱威胁。该地区耕地面积约占全国的 1/6，是我国重要的粮食产地，其自然区位条件较优越，粮食作物播种面积占全国总量的 20%以上，是我国的重要农产品基地，也是保障粮食安全的主要区域。

砂姜黑土是华北平原的主要中低产土壤，约占华北平原总耕地面积的 20%，其总面积约为 400 万 hm^2，其中安徽境内有 164.7 万 hm^2，主要分布于淮北平原和淮河以南的寿县、长丰、凤阳等县；河南省约有 127.2 万 hm^2，主要分布在豫东南平原和南阳盆地；山东省约 53.7 万 hm^2，主要分布在胶莱平原、沂沭河平原；江苏省约 14.6 万 hm^2，主要分布在苏北平原。此外，在河北省的唐山、玉田、丰润、丰南等市县，湖北省的光化、枣阳等县以及天津市的部分区县均有零星分布。图 9.9 为我国砂姜黑土分布图（张俊民等，1988）。

砂姜黑土是发育于河湖相沉积物、低洼潮湿和排水不良环境，经前期的草甸潜育化过程和以脱潜育化为特点的后期旱耕熟化过程所形成的一种古老耕作土壤。砂姜黑土区具有砂姜形成所需的条件：①沉积了较厚的富含 $CaCO_3$ 的粉土、粉质黏土的河湖沼相沉积物；②蒸发量大于降水量形成的干湿交替的自然环境条件，造成富含 HCO_3^--Ca^{2+} 的浅层地下水的垂直运动，使成土母质处于地下水的变动范围内，且地下水径流缓慢。在土壤水分移动和 CO_2 分压变化的影响下，碳酸钙在有自由水流动的低吸力阶段溶解成为重碳酸钙，在相对干燥的高吸力阶段水分被土壤基质吸收或者蒸发，碳酸钙重新沉淀析出，在土壤颗粒表面形成碳酸钙沉积，并逐渐形成结核。如图 9.10 所示，砂姜一般呈黄白色、灰色，个体粒径大的可达 30cm 以上，最小的不及 1cm，具有不规则的蛋形外貌，呈姜状、核状或浑圆状（李德成等，2011）。

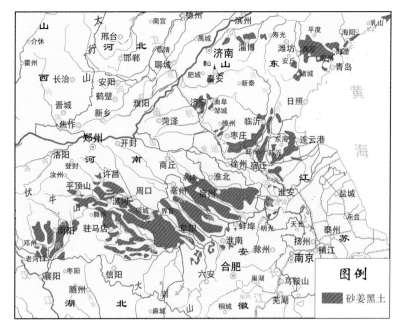

图 9.9　我国砂姜黑土分布图

图 9.10　砂姜黑土中的砂姜（安徽省怀远县）

（二）华北平原砂姜黑土生态退化特征

砂姜黑土作为华北平原生态退化区的主要中低产土壤类型，生态退化最突出的两点是"板、瘦"，这两点严重制约了该区作物生产能力。

"板"的主要原因是砂姜黑土土体构造不良，土体棱柱状结构发达，耕层粉砂含量高，土壤物理性状差，吸热性强，蒸发量大。从土体构型上看，砂姜黑土土体深厚，剖面自上而下又大致可分为黑土层（分异为耕作层、犁底层、残留黑土层三个层次）和砂姜层（分异为脱潜性砂姜层和砂姜层两个层次）。突出的特点是耕作层浅（一般仅 12cm 左右），犁底层只有 15~20cm，该土层除耕作层为粒状结构外，其余土层土体均呈棱柱状结构，容重较大。图 9.11 是该区典型土壤剖面：耕层和亚耕层团块状和边角明显为裂隙分割的块状、碎块状结构，较紧实，浅灰色，少量铁猛结核。心土层棱块状结构，紧实，颜色灰黄，少量钙质结核。底土层棱柱状结构，紧实，黄色，铁猛结核增多，可见大量钙质结核。

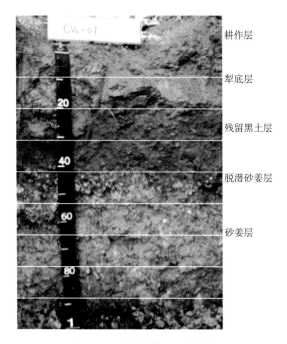

　　耕作层

　　犁底层

　　残留黑土层

　　脱潜砂姜层

　　砂姜层

图 9.11　典型砂姜黑土剖面图

土壤的总孔隙度和通气孔隙度都很小，耕作层为 47% 和 8%，其余土层分别在 45% 和 2% 左右（张义丰等，2001）。雨后易板结，旱时易断裂，从而切断了结构体单位之间的毛管联系，地下水运行受阻，不能补给耕层，易产生干旱，湿时又由于土壤膨胀系数大，封闭孔隙，加上犁底层透水性弱，雨水难于下渗，同时整体地下水位又较高，遇水后土壤水分很快就达到饱和，而产生涝渍灾害。这种状况不仅影响作物生长，而且严重制约土壤中水肥气热的协调。

"瘦"的主要表现形式是砂姜黑土土壤养分含量低，尤其是有机质含量低。根据对安徽、河南、山东、江苏等四省砂姜黑土土种信息的统计，砂姜黑土具有如下特征：①呈中性-弱碱性反应，黑色土层的 pH 6.0～8.6；②有机质、N、P 含量低，而 K 含量高，耕作层有机质含量 10～15g/kg，残余黑色土层 8～10g/kg，耕作层全 N 含量 0.3～1.7g/kg，残余黑色土层 0.2～0.5g/kg。全 P 含量多低于 0.5g/kg，速效 P 多低于 4mg/kg。全 K 含量约 18.1g/kg，速效 K 含量多高于 100mg/kg；③耕作层和残余黑土层的 CEC 较高，可达 200～300mg/kg。

二、华北平原砂姜黑土区主要综合治理措施

砂姜黑土是所在区域生产力较低，改造难度较大的一类中低产土壤。尽管多年来土壤肥料工作者致力于该类耕地的改良，提高其生产能力，但至今仍没有找到快速有效的

改良办法。近年来，在其所在区域科研工作者的努力下，研究集成了一批相对适用的技术模式，通过这些技术的应用，可使土壤有机质和养分含量得到较大幅度的提升和改善，生产力有了较大幅度的提高，但相对而言其成本较高，对机械化的依赖性较强，如何实现低消耗培肥土壤，提高耕地质量，实现国家"藏粮于地"战略，任务依然很艰巨。

（一）农田水利工程配套体系建设

华北平原砂姜黑土地区光热水资源丰富，地势平坦，具有较大的生产潜力。但是该区降水多集中在夏季，强度大，容易形成涝渍和干旱。建立完善的农田水利工程配套体系是解决该区低产主要环境因子的重要手段，通过兴修水利，沟、路、桥、涵配套，使"旱、涝、渍"得到有效控制。在田、林、沟、渠、路统一规划的基础上，把开挖大、中、小沟和桥、涵、站（井）作为一个完整的农田水利工程配套体系，是综合治理的前提，也是消除"旱、涝、渍"灾害和发挥各项农业措施应有的保证。

（二）深松培肥技术体系

实施全方位深松技术，采取全面深松、间隔深松、垄沟深松等方式。深松后形成"上虚下实"左右松紧相间，紧实层深处有鼠道的土体构造，土壤全方位深松与深耕差别为深松不打乱土层，不破坏微生物区系，只深松，不翻土。研究表明（表9.2），通过土壤深松技术可以降低土壤容重，增加土壤总孔隙度和通气孔隙度，增加田间持水量。利用秸秆直接还田、过腹还田、绿肥加秸秆共同还田等多种方式进行土壤有机质提升技术。不同土壤的肥力状况存在差异，秸秆还田的数量亦有适宜的范围。高肥力地块麦秸粉碎翻压还田量为 $3750\sim5250kg/hm^2$，覆盖还田为 $3000\sim4500kg/hm^2$，高留茬还田为 $3000\sim4500kg/hm^2$；中低肥力地粉碎翻压还田为 $3750\sim4500kg/hm^2$，覆盖还田为 $3000\sim4500kg/hm^2$，高留茬还田为 $2250\sim3000kg/hm^2$。利用"过腹"转变成动物粪便进行还田，能较快的提高土壤有机质含量以及活性有机质含量。

表9.2　深松对砂姜黑土不同深度土壤容重、孔隙度、田间持水量的影响

耕作方式	土层深度/cm	土壤容重/(g/cm³)	总孔隙度/%	通气孔隙度/%	田间持水量/%
CK	0～10	1.32	50.2	10.5	32.2
	10～20	1.41	46.8	7.6	31.1
	20～30	1.39	47.6	7.7	33.5
	30～40	1.43	46.0	6.3	33.7
	平均	1.39	47.7	8.0	32.6
深松（当季）	0～10	1.14	57.0	14.1	43.2
	10～20	1.23	53.6	12.4	38.0
	20～30	1.32	49.8	10.1	36.7
	30～40	1.37	50.7	9.9	35.1
	平均	1.27	52.8	11.6	38.2

（三）少耕免耕技术

少免耕技术是近年来在国内广泛应用的一种改良土壤、提高耕地质量的技术，该技术具有省工、高效、培肥土壤等效果，特别在北方地区的应用较广泛。从已有研究结果看，经改良后的少免耕技术在该地区应用后，对砂姜黑土具有提高土壤有机质和养分含量，消除或减缓障碍因子影响等效果（曾希柏等，2014）。

三、华北平原砂姜黑土区轮作休耕制度及技术

小麦、大豆、甘薯、高粱是历史上华北平原砂姜黑土区种植面积最大的作物类型。随着社会的进步，农业技术的不断发展，本地区种植结构也在不断地变化。近三十年来主要粮食作物有小麦、水稻、玉米、高粱、谷子和甘薯等，经济作物主要有棉花、花生、芝麻、大豆和烟草等。

（一）华北平原砂姜黑土区主要轮作休耕制度

华北平原的轮作复种模式多种多样，主要以旱作为主，有一年一作、一年二作、二年三作、三年四作、二年五作等，其中每一种模式又各有其变化。20世纪50年代初期，轮作方式以小麦-大豆（或甘薯）-春高粱或春甘薯的两年三熟制和小麦-大豆（或甘薯）的一年两熟制为主体，搭配部分小麦-夏季休闲的一年一熟制。这样的作物轮作方式，在当时的生产条件和技术条件下，符合用地与养地相结合的原则。50年代中后期开始至70年代，为了追求高产作物，扩大甘薯面积和改种水稻，压缩了高粱、小麦、大豆面积。进入80年代后，1982年1月1日，中国共产党历史上第一个关于农村工作的一号文件正式出台，明确指出包产到户、包干到户都是社会主义集体经济的生产责任制。农村实行联产承包责任制，推动了农业的高速发展，良种和化肥的使用使该区改变以小麦为主的种植方式。

进入2000年以后华北平原农作物总播种面积约3607.3万 hm²，其中粮食播种面积占总播种面积的69%；粮食作物中，小麦占粮食播种面积的50%，玉米占28%，水稻占5%；以冬小麦夏玉米轮作为主要耕作制度，冬小麦耕种面积占全国小麦播种总面积的55.5%。从表9.3可以看出，2005~2015年，安徽砂姜黑土主要分布区域为淮北平原，农作物及粮食作物播种面积呈现增加趋势。但是增加的主要作物类型集中于稻谷、小麦和玉米。豆类、薯类及经济作物面积大幅度缩减，单纯为了追求粮食产量，种植结构趋于单一化，土壤养分逐年耗竭，产生了一系列土壤及环境问题。

表9.3　淮北平原主要作物播种面积　　　　　　（单位：万 hm²）

年份	农作物总播种面积	粮食作物总播种面积	稻谷	小麦	玉米	豆类	薯类	经济作物
2005	420.8	304.2	23.3	145.1	49.7	59.4	19.1	114.4
2015	476.4	386.2	38.8	182.4	98.6	56.1	8.2	88.5

（二）华北平原砂姜黑土轮作休耕建议

1. 华北平原砂姜黑土开展轮作休耕的必要性

针对华北平原的土壤改良工作已开展了几十年，主要分为三个阶段：第一阶段是中华人民共和国成立后至 20 世纪 70 年代末，针对砂姜黑土的低产、多灾状况，农民群众自发开展一些治理措施，但对于砂姜黑土的认识和了解缺乏，科研投入少。第二阶段是70 年代末至 80 年代末，开展了砂姜黑土的中低产原因剖析研究，并提出了"治水、改土、调整种植业结构"为主要内容的砂姜黑土综合治理措施和途径，砂姜黑土的改良得到了各级各部门的重视，也取得了一系列成果（闫晓明等，1999）。第三阶段是 80 年代末至 21 世纪初，确立了以安徽省农业科学院土壤肥料研究所建立的"农业部蒙城砂姜黑土生态环境重点野外科学观测实验站"为核心，多部门，多学科联合攻关，研究提出了针对砂姜黑土"黏僵"改良的技术措施，建立砂姜黑土区高效农业发展区。

近十年农业的发展进入了一个新的时期，已经告别了粮食短缺的时代，社会的基本矛盾也在十九大的报告中出现了重要的转变，农业供给侧改革也势在必行（陈展图等，2017）。以单纯追求丰产高产的种植方式、种植制度将不可避免地面临一场新的深刻的调整和变革。在粮食逐年增产和丰收的同时，耕地资源以及环境面临着多重挑战，耕地复种指数高，长期高强度、高负荷的利用，造成了许多问题，耕地质量退化、耕地污染产生、耕地地力透支等严重制约了我国农业的可持续发展（赵其国等，2017）。

轮作休耕是耕作制度的一种类型或模式，是指土地所有者或使用者为提高耕地种植效益和实现土地可持续有效利用，在一定时期内采取的以保护、养育、恢复地力为目的的更换作物或不耕种措施。是有效利用耕地资源、提升耕地综合产能的有力措施（张晨等，2017）。在华北平原砂姜黑土区科学推进轮作休耕制度，是探索"藏粮于地"战略的具体实现途径，对推动我国农业绿色发展和耕地资源永续利用具有重要的战略意义。

实施轮作休耕有利于国家粮食安全（王志强，2017）。华北平原砂姜黑土区的主要种植制度为一年两熟（小麦-大豆，小麦-玉米，小麦-甘薯，小麦-水稻，油菜-水稻），两年三熟（小麦-大豆-春玉米，小麦-大豆-春高粱，小麦-大豆-春甘薯），由于长期对粮食"数量安全"的要求，化肥和农药被过量使用，致使土壤酸化、连作障碍等问题持续加剧。目前，我们对粮食"质量安全"的要求日益增加，实施轮作休耕有利于耕地休养生息，恢复产能，有利于降低土壤酸化程度，减少和缓解连作障碍的发生和加剧。实施轮作休耕也切合了国家当前化肥农药减施的战略，对产地环境进行保护，休耕不减少耕地，有利于提高农产品品质，减少由于粮食超量生产导致的价格波动，增加当季农民收入。

2. 对华北平原砂姜黑土轮作休耕制度试点工作的探讨

在华北平原上同时存在着耕地过度使用和耕地抛荒两种问题，要进行轮作休耕首先要对全区开展全面系统的调查，摸清楚适宜轮作休耕的耕地类型和面积，划分区域，区分作物类型，分清耕地类型等级，明确具体区域达到预期休养效果所需的时间和轮作周期。图 9.12 为安徽省砂姜黑土地力等级。

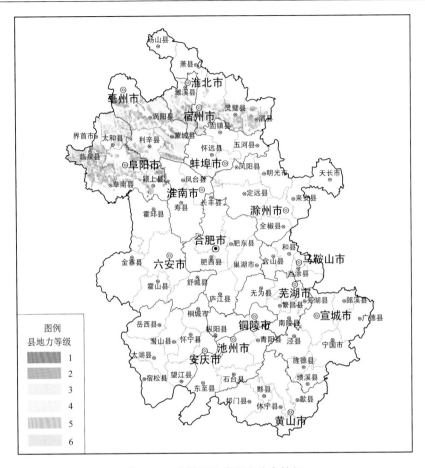

图 9.12　安徽省砂姜黑土地力等级

在耕地地力较好区域发展用养结合的粮肥轮作技术模式,推广小麦-绿肥间作-大豆、玉米间作的种植方式(绿肥间作面积占麦田面积的 1/5,每季轮换地段),既培肥又增产,符合现代农业发展方向。研究表明,小麦-绿肥间作-大豆、玉米间作,3 年有机质含量没有明显变化,土壤全氮含量从 0.93g/kg 增加到 1.01g/kg,速效磷含量从 9.5mg/kg 增加到 14.0mg/kg,土壤肥力得到提升。

在耕地地力较弱区域适当发展农牧结合的轮作技术模式,腾出部分耕地轮流种植绿肥牧草,利用茎叶养殖牲畜,根茬和牲畜粪便培肥土壤,3～5 年可将农田轮流培肥一次,既可以培肥土壤,也不会降低农民收入(樊军等,2003)。

试点发展经济作物代替传统粮食作物的轮作模式,分区域因地制宜开展特色蔬菜种植,替代传统粮食作物,提高单位面积产值,用地与养地相结合,推行蔬菜-休闲轮作,利用蔬菜生产季的高肥料投入培肥土壤,在冬季进行休闲,定期更换种植蔬菜类型,降低连作障碍发生概率。

在华北平原砂姜黑土区,各作物在复种轮作中地位和作用如何,应以哪些优势作物为主体进行组合轮换,在作物组合和轮换中应遵循哪些原则才能充分利用自然资源和社会经济条件取得最佳经济、生态和社会效益,是亟待研究解决的问题。

为此，以淮北平原砂姜黑土典型区域选取的主要粮食及经济作物进行了以下8种轮作方式（表9.4），进行了三年的试验，讨论其土壤营养平衡及土壤养分变化，为该区域进行适宜的轮作制度提供理论基础。

表9.4　不同轮作方式

种植方式	第一年	第二年	第三年
种植方式 I	小麦—夏高粱	小麦—夏高粱	小麦—夏高粱
种植方式 II	小麦—夏山芋	小麦—夏玉米	小麦—大　豆
种植方式III	小麦—夏山芋	小麦—夏山芋	小麦—夏山芋
种植方式IV	小麦—夏山芋	小麦—夏花生	小麦—大　豆
种植方式 V	小麦—大　豆	小麦—大　豆	小麦—大　豆
种植方式VI	小麦—夏山芋	油菜—夏玉米	小麦—大　豆
种植方式VII	小麦—夏山芋	冬绿肥—春棉花	小麦—大　豆
种植方式VIII	油菜—夏棉花	冬绿肥—春山芋	小麦—大　豆

对各种植方式的主要营养元素有机碳和氮、磷、钾的产投和输入输出盈亏进行比较分析，借以评估各轮作方式的营养平衡状况，以便用于指导生产实践中不同轮作制的土壤养分平衡。由表9.5，从营养元素平衡分析可以看出，如不考虑肥料利用率等其他非人为控因素，在没有进行秸秆还田的情况下，除有机碳的理论平衡是负值外，氮、磷、钾元素的理论平衡都是正值。因此轮作有利于均衡利用土壤养分，缓和某些易缺营养元素的片面消耗。

表9.5　不同轮作方式的营养元素理论平衡分析　　　　（单位：kg/亩）

分项		营养元素	I	II	III	IV	V	VI	VII	VIII
总产出		净生物量	4229.0	3974.6	4003.6	3513.6	2953.8	3902.7	3162.5	3670.7
		C	1732.30	1589.91	1576.75	1412.72	1166.57	1586.82	1264.78	1459.77
		N	42.15	43.54	26.72	44.35	41.01	48.09	35.98	59.27
		P	10.00	7.95	8.86	7.85	6.49	8.19	8.14	9.18
		K	37.72	21.67	22.00	23.08	16.40	24.71	19.11	29.07
携出物	主产品	净生物量	1679.4	1702.0	2076.2	1486.1	1010.2	1571.6	1190.9	1255.3
		C	694.72	735.42	897.28	639.66	432.33	702.73	514.91	546.28
		N	32.41	29.88	18.43	28.32	28.28	30.46	18.66	29.56
		P	5.86	5.50	6.28	5.20	3.99	5.35	3.89	3.59
		K	5.89	8.86	9.80	8.92	6.78	8.92	6.77	9.02
	茎、叶和皮壳总和	净生物量	2217.4	1659.8	1506.8	1450.2	1282.0	1662.6	1383.8	1752.3
		C	861.01	601.54	515.44	534.94	454.31	620.93	514.74	659.89
		N	9.47	10.18	7.43	12.04	8.27	10.98	12.03	20.75
		P	3.78	1.69	2.27	1.87	1.54	1.72	3.15	4.05
		K	27.72	8.48	8.57	10.36	5.36	10.48	8.51	15.78

续表

分项		营养元素	I	II	III	IV	V	VI	VII	VIII
自然归还物	根、茬和落叶落花总和	净生物量	442.2	612.8	420.6	577.3	661.6	668.5	587.8	663.1
		C	176.57	252.95	165.03	238.12	279.92	263.16	235.13	253.60
		N	0.27	3.48	0.86	3.99	4.46	6.65	5.29	8.96
		P	0.36	0.76	0.31	0.78	0.96	1.12	1.10	1.54
		K	4.11	4.33	3.63	3.80	4.26	5.31	3.83	4.27
总投入		C	276.61	230.109	426.60	381.42	273.63	305.31	210.83	215.70
		N	71.34	59.08	60.97	56.96	45.26	57.97	51.02	50.26
		P	15.54	17.01	18.47	17.88	16.29	16.34	15.21	14.35
		K	49.59	52.91	65.09	58.89	49.85	56.97	37.40	38.27
投入产出平衡		C	−1464.69	−1259.72	−1150.15	−1031.30	−892.94	−1281.51	−1053.95	−1244.07
		N	29.19	15.54	34.25	12.61	4.25	9.88	15.04	−9.01
		P	5.54	9.06	9.61	10.03	9.80	8.15	7.07	5.17
		K	11.87	31.24	43.09	35.81	33.45	32.26	18.29	9.20
输入输出平衡		C	−1111.55	−753.82	−820.09	−555.06	−333.10	−755.19	−568.37	−527.04
		N	29.73	22.50	35.97	20.59	13.17	23.18	26.86	25.81
		P	6.26	10.58	10.24	11.59	11.72	10.39	9.37	9.80
		K	20.09	39.90	50.35	43.41	41.97	42.88	26.55	25.93

注：种植方式符号 I ……VIII的具体内容见表 9.4 所示；总产出指携出物与自然归还物之和；主产品指每年收获的具有经济价值部分产品。

由表 9.6，在对不同轮作制度下的土壤养分进行分析结果表明，各种植方式的土壤有机质和氮、磷元素含量都有不同程度增多，而钾元素含量都有所减少。将各参试种植方式的营养元素理论平衡与土壤养分含量变化实际分析的结果进行比较，得到以下结果：①土壤有机质含量的变化与人工投入有机碳及作物自然归还有机碳之和的大小有显著相关；②豆科作物对土壤中氮素营养状况有良好作用；③属沉淀循环的磷、钾元素土壤含量变化与理论平衡有较明显的相关，说明磷、钾元素的理论平衡具有较好的参考价值。

表 9.6　不同种植方式的土壤养分含量实际变化　　　　（单位：%）

分析项目	试验期初	试验期末							
		I	II	III	IV	V	VI	VII	VIII
有机质	1.14	1.40	1.53	1.58	1.50	1.46	1.43	1.31	1.32
N	0.107	0.142	0.157	0.147	0.152	0.157	0.142	0.132	0.134
P	0.037	0.035	0.041	0.045	0.041	0.045	0.041	0.041	0.043
K	1.104	0.623	0.664	0.813	0.805	0.805	0.805	0.755	0.813

注：种植方式符号 I ……VIII的具体内容见表 9.4 所示。

通过研究发现，该区域作物复种组合的原则是：生育期短的夏种作物如中早熟品种的高粱、玉米、大豆、绿豆、芝麻等与小麦组合复种，生育期较长且延长生育期有利于提高产量，夏种作物如棉花、花生和山芋则安排在大麦、汕菜或蚕豆、豌豆等早茬上；由于早茬面积少，利用山芋栽插期弹性大的特点，将大部分山芋安排在小麦茬上。年度间接茬关系应将早茬让给直播油菜（甘蓝型），大麦和育苗移栽油菜安排在晚茬；部分晚茬留作春种。小麦根据前作腾茬早晚分别种植冬性、半冬性、春性类型品种，以半冬性品种为主。年度间应根据作物的生理生态特性合理轮换作物复种组合。复种连作一般不宜超过两年，小麦也应三四年轮换一次。

砂姜黑土土壤黏粒含量高，土体构型不良，土壤贫瘠、有效养分含量低，存在多种障碍和限制因子，受旱、涝、碱危害（闫晓明等，2000）。经过几十年的联合攻关治理，贫穷、缺粮的状况得到了根本的改善，农产品产量获得了较大的提高，但质量依然不高，农业结构布局不合理，农民收入增长缓慢及水资源严重短缺等问题仍然存在，传统农业生产方式已经不适应我国未来的农业生产。十九大报告指出，要开展国土绿化行动，推进荒漠化、石漠化、水土流失综合治理，强化湿地保护和恢复，加强地质灾害防治。完善天然林保护制度，扩大退耕还林还草。严格保护耕地，扩大轮作休耕试点，健全耕地草原森林河流湖泊休养生息制度，建立市场化、多元化生态补偿机制。农业农村部开展耕地轮作休耕制度试点，推行绿色、可持续的理念，转变生产方式和耕作方式，集成推广节水、节肥、节药技术，推行标准化生产，开展土壤改良、地力培肥，并逐步完善轮作休耕补贴机制。为此，开展生态退化区耕地轮作休耕技术研究是实现国家"藏粮于地"战略及粮食安全的必要方式。

第四节　长江中下游水田僵板化和酸化区耕地轮作休耕试点

一、长江中下游水田僵板化和酸化区概况

长江中下游地区，主要包括沪、苏、浙、皖、赣、湘、鄂等7个省市，属亚热带季风气候，水热资源丰富，河网密布，水系发达，是我国传统的鱼米之乡。该区是我国南方红黄壤分布的主要区域，尤其是在长期的耕种过程中，已明显演变为红壤旱地（旱耕）和水稻土（水田耕作）两大类型。全区年降水量800～1600mm，无霜期210～300d，≥10℃积温4500～5600℃，日照时数2000～2300h，耕作制度以一年两熟或三熟为主，大部分地区可以发展双季稻，实施一年三熟制。耕地以水田为主，占耕地总面积的60%左右，旱地约占耕地总面积的40%。种植业以水稻、小麦、油菜、棉花等作物为主，是我国重要的粮、棉、油生产基地。

长江中下游地区现有水（稻）田中，约有2/3属于中低产田。这些中低产田，存在多种生产限制因子、障碍因子，如"僵化""板结""酸化"等，是生态严重退化型农田。其生态退化的主要特征如下。

（一）"冷"

冷浸田是该区域水田僵板化和酸化区广泛分布的一种生态严重退化型水田。冷浸田是长期受冷水、冷泉浸渍或湖区滩地受地下水浸渍的一类水田，具有深厚的潜育层，排

水不良、土壤通气透水性差。冷浸田主要分布在山区丘陵谷地、平原湖沼低洼地，以及山塘、水库堤坝的下部等区域。冷浸田的发生与演变受地形、水文地质、光热条件、植被、地下水位、排水条件及人为经营等诸多因素的影响。地下水位高、冷、烂、酸、毒、瘦及潜在肥力不能发挥是冷浸田生产力降低和土壤质量劣化的重要特征。

如浙江省水稻土总面积为 212.58 万 hm^2，占土壤总面积的 21.95%，广泛分布在全省各地，以杭嘉湖、宁绍、台州和温州等四大水网平原和滨海平原最为集中，此外在丘陵山区的河谷平原和山垅谷地及缓坡也有分布。根据第二次全国土壤普查结果，浙江省潜育性水稻土共有面积 3.62 万 hm^2，占水稻土类面积的 1.7%，也有研究表明浙江省的冷浸田面积约有 6.67 万 hm^2，其中丽水山区冷浸田面积较大，约有 2.67 万 hm^2，主要分布在水网平原、滨海平原和河谷平原内地势低洼处，其次在丘陵山区的山垅、山岙的低洼处也有分布。浙江省冷浸田类型主要分为烂浸田、烂泥田、烂青紫泥田、烂塘田和烂青泥田等 5 个土属。

安徽省冷浸田性质的潜育性水稻土面积 16.21 万 hm^2，占水稻土总面积的 6.71%，集中分布于长江冲积平原区，以安庆、巢湖、芜湖三市面积最大，其次是宣城、黄山、六安和滁州等市，合肥、马鞍山、铜陵和淮南市面积较小。主要分为青泥田、青紫泥田、青石灰泥田、青湖泥田、陷泥田和烂泥田等 11 种。

江西省冷浸田性质的潜育性水稻土面积 29.32 万 hm^2，以吉安、九江和上饶三市分布面积最大，南昌、鹰潭、赣州和宜春四市次之，主要分为表潜和全潜两种，表潜的有表潜灰麻泥沙田、表潜红沙泥田、表潜灰黄泥田以及表潜潮沙泥田，全潜的有麻泥沙田、灰麻泥沙田、紫沙泥田、灰紫泥田等 10 余种土壤类型。

湖南省水稻土共有 275.58 万 hm^2，占总土地面积的 13.0%；共有冷浸田性质的潜育性水稻土 50.4 万 hm^2，占水稻土总面积的 18.3%。湖南土壤有单独设立的冷浸田土属，其面积共有 5.01 万 hm^2，占水稻土类面积的 1.8%。分布面积最大的是常德、邵阳和永州三市。湖南省冷浸田土属主要分为冷浸泥田、冷浸沙田、冷浸荫山田、冷浸岩渣田、石灰性冷浸田、滂泥田等 6 个土种。主要分布在山丘区地下水丰富的低岸、冲垄中或塘坝、水库下面，发育于多种母质，主要为板页岩、砂岩风化物及第四纪红土、溪河冲积物等。

湖北省潜育性水稻土面积 29.5 万 hm^2，占水稻土面积的 8.83%。潜育性水稻土在各地市都有分布，但占比例较大的是老水稻区的黄冈和荆州两市，分别占本亚类的 17.12% 和 41.4%。主要包括青泥田、灰青泥田、矿毒青泥田、烂泥田、灰烂泥田和灰烂泥田等 6 个土属。

除浙江、安徽、江西、湖南、湖北之外，上海、江苏也都分布有相当面积的冷浸田。

（二）"板"

土壤板结、僵板是长江中下游地区中低产水稻田的典型特征。导致土壤板结的主要原因是黏粒含量过高且有机质含量较低，表土黏粒含量高易板结（黏韧性强），犁底层或心土层黏粒含量高则不利于水分下渗，易发生土壤上层滞水，并影响作物根系下伸等，同时也不利于土壤通气，且犁耕阻力大、耕性差，从而导致作物低产。长期施用化肥、土壤酸化、单一或不合理的耕作及种植模式等，也是导致土壤板结的重要原因。

（三）"酸"

土壤酸化及酸性过强。酸化是指土壤 pH 下降的过程；酸性过强则是因土壤中活性或交换性酸含量过高、pH<5.0 且严重影响作物生长和产量的现象。土壤酸性过强是导致作物低产的重要原因之一。当前，土壤酸化和酸性过强已成为该区域水稻实现高产的重要障碍因子。其主要原因：一是干湿沉降等气候自然因素造成的；二是大量施用化肥（特别是氮肥）、不合理的复种轮作方式及水分管理不当等。后者往往是导致和加速土壤酸化的重要原因。

（四）"毒"

土壤重金属污染已经成为我国主要的土壤生态环境问题。我国受镉、砷、汞、铜、锌等重金属污染的耕地约有 1.5 亿亩（0.1 亿 hm²），每年受重金属污染的粮食（如"镉米""砷米"等）达 1000 多万 t，造成的直接经济损失 200 余亿元。长江中下游地区作为我国稻米的主要生产区域，稻田特别是中低产水稻田含有有毒、有害物质，尤其是土壤重金属污染物质，这已成为确保我国粮食（稻米）质量安全的重要关注领域。特别值得注意的是，根据中国科学院地理科学与资源研究所陆地表层格局与模拟重点实验室（尚二萍等，2017）对我国南方四省（湖南、江西、浙江、福建）集中连片水稻田土壤重金属污染评估研究，结果表明：不同省份水稻田土壤重金属污染程度不同，其中，重金属点位污染等级最高的是江西省，约有 5.26% 的土壤为 Hg 中度污染；重金属污染种类较多的是湖南省，9.52%～14.29% 的土壤呈 Hg、As 和 Ni 轻度污染；浙江和福建仅存在少量呈轻度重金属污染的点位，比例为 1.69%～10.00%。

（五）"旱"

由于区域降水量严重不足且季节性分配不均，以及季节性干旱时灌溉条件差，或土壤蒸发强烈等多种原因，导致土壤有效水分含量低，对作物供水严重不足，甚至使作物干枯、死亡。水资源紧缺、水分利用效率低、耕作制度不当、灌溉粗放等均可能加剧该区干旱发生并使作物产量严重下降。

二、水田僵板化和酸化区轮作休耕现状及存在问题

（一）轮作休耕现状

根据近年来的实地调查和试验研究，长江中下游水田僵板化和酸化区轮作休耕主要有以下几种类型与模式。

1. 定区式轮作

1949～1978 年（属计划经济时代），长江中下游地区各省（市）在耕作制度方面，年间主要是实行"定区式轮作"，即有计划地确定轮作田区数、轮作周期（即轮作年限，一般为 3～5 年），且一般根据轮作田区数与轮作周期（年数）相等的原则建立水田轮作

制度。生产上多为由 3 个田区 3 年组成的三熟复种轮作，如"绿肥（紫云英）-早稻-晚稻→小麦-早稻-晚稻→油菜-早稻-晚稻"，当时在江西、湖南、湖北等省广泛分布。亦有二熟制定区轮作方式，如江苏练湖农场第十四耕作队从 1959 年，尤其是 1962 年水利条件改善和土壤肥力得到提高后，实行"小麦-晚稻→绿肥-晚稻→油菜（大麦、元麦）-中稻"和"小麦-甘薯（绿豆）→绿肥-晚稻→大、元麦（或胡萝卜、早熟苕子）-中稻"定区轮作。均收到良好效果。

2. 换茬式轮作

1978 年开始，我国实行改革开放，农村实行家庭联产承包责任制，1992 年开始实行社会主义市场经济，这对长江中下游地区水田耕作制度改革，特别是水田轮作制度的发展带来了生机和活力。农民可以自主设计水田作物组成及轮作方式，于是自由式、换茬式的水田轮作制度在该地区得到空前发展。在这一时期，上海市郊区设计了"肥（油、麦）-稻-稻→麦/青饲玉米-稻"轮作，以增加青饲料供应，发展畜牧业；江苏省沿江稻区发展"麦-稻→麦/玉米-水稻"和"冬闲-稻-荞麦→冬菜-稻-秋玉米"轮作方式，既保证了粮食（水稻）生产，又增加了饲料生产，实现粮饲兼顾；浙江省实行"大（小）麦-早稻-晚稻→油菜-西瓜-稻"和"绿肥-早稻-晚稻→大（小）麦-西瓜-晚稻"等稻田水旱轮作；湖南省邵东县发展"油菜-早稻-晚稻→蔬菜-早稻-晚稻"和"麦类-西瓜-晚稻→蔬菜-秧田-晚稻"等轮作方式；江西省将常年种植的"绿肥-双季稻"换茬为"油菜-早稻-玉米‖甘薯"，或"油菜-早稻-玉米‖大豆"，实行换茬式的水旱复种、水旱轮作，既优化种植结构，又改善稻田环境。

3. 高效化轮作

进入 21 世纪，长江中下游地区耕作制度发展呈现"高效化"趋势，尤其是高效化轮作方式在生产上广泛推广。如果说，定区式轮作、换茬式轮作是以增加粮食生产、确保粮食安全为中心的话，那么，高效化轮作则着重提高效益，特别是提高经济效益，甚至可以说，高效化轮作就是以提高经济效益为核心。2000 年至今，该区水田涌现的多样化、高效化轮作方式有：稻棉轮作、稻菜轮作、稻烟轮作、稻瓜轮作、稻果（树）轮作、稻花（卉）轮作、稻苗（木）轮作、稻药（中药材）轮作、稻草（牧草）轮作、稻蛙（青蛙）轮作、稻鱼轮作、稻螺轮作、稻萍鱼螺轮作、稻萍鱼泥鳅轮作、稻虾轮作、稻鸭轮作、稻鸡轮作（即在特定时期如冬闲期利用一定面积稻田养鸡产蛋积肥）、稻菌（食用菌）轮作，等等。实行上述高效化轮作方式，不仅提高了稻田经济效益，还改善了稻田生态系统环境，对发展资源节约型、环境友好型农业有利。

4. 多方式休耕

当前，长江中下游红黄壤水稻土耕地休耕大概有以下 5 种方式：

（1）冬耕养地。冬季不种作物，将水稻土耕地进行耕翻，达到冬耕晒垡、改善土壤耕层性状的目的，以利翌年更好地耕种。这种"休耕""养地"的做法，在长江中下游各省、市均能见到。

（2）冬种养地。江苏省在沿江及苏南等小麦赤霉病易发重发、生产效益低下地区，丘陵岗地等土壤地力贫瘠地区、沿海滩涂等土壤盐渍化严重地区，以及土壤酸化、养分非均衡化等生态退化明显地区，改长年种植小麦为冬种绿肥（紫云英）、油菜、豆科植物（蚕豆、豌豆），实现冬种养地。

（3）少种养地。通过降低种植强度、减少熟制以达到休耕、养地的目的。如长江中下游红黄壤水稻土地区，以前是以三熟制、二熟制为主体，现在很多地方是以二熟制或一熟制为主，如以前的"肥-稻-稻"三熟制，现在很多地方改成"油菜-中稻（或一季稻）"二熟制，"冬闲-稻-稻"二熟制改为"冬闲-早稻（或晚稻，或中稻）"一熟制。

（4）改"单"为"混"。即改单一种植为种养混合，在长期单一种植水稻的耕地（稻田），既种稻，又养殖鱼、虾、蛙等，实现种植业与养殖业结合、种养混合，这是一种积极的休耕模式，成效好，但花工较多，要求条件较高。

（5）自然休闲。在一定时间，当作物收获（收割）后，任耕地自然休闲——既不耕，也不种，又不管（不进行任何田间管理）。这种休耕方式在长江中下游红黄壤水稻土地区分布最为广泛，也是最为简单易行。

（二）存在问题

1. 轮作存在的问题

根据作者实地调查及有关研究资料，当前长江中下游水田僵板化和酸化区存在的突出问题主要有：

（1）轮作面积"小"。根据作者粗略调查，该区域每年实行轮作的面积只有稻田耕地面积的3%～5%，最多不超过10%。

（2）轮作分布"散"。由于实行家庭联产承包责任制，各家各户经营的稻田相对分散、不集中。尽管当前各地实行土地流转，但经营土地相对分散的状况还依然存在，没有根本改变。由于轮作分布"散"且"零星"，不成"片"，不利于集中管理，尤其对实行规模化管理和机械化操作不利。由于不能进行规模化管理和机械化操作，"轮作"的效益就不能充分展现出来。这在一定程度上又影响了轮作的进一步发展。

（3）轮作时间"短"。长江中下游水田僵板化和酸化区实行轮作时间一般2～3年或3～5年，生产上轮作能坚持10年以上不间断，实则不易，也不多，可以说几乎没有（除非是科学研究设置的长期定位试验）。

（4）轮作方式"杂"。从各地推行的轮作方式来看，很难找到一种或几种特别"优"，效益特别好，且生产上推广面积又特别大的"主导性"轮作方式。轮作方式"多"而"杂"，是当前长江中下游水田僵板化和酸化区普遍存在的现象。

（5）管理不规范。从长江中下游红黄壤水稻土实行轮作来看，由于该地区长期以水稻为主，水稻是一种相对耐连作的作物，其轮作多与旱作物组合成"水旱轮作"，这样生态效益更明显。但实行水旱轮作时，往往会出现"水包旱"或"旱包水"的问题，不利于田间水分管理。由于田间水分管理"不到位"且"不易管"，从而极易出现管理不规范，轮作效益不能充分发挥出来，这在一定程度上也影响各地水稻土轮作的发展。

2. 休耕存在的问题

从当前来看，长江中下游水田僵板化和酸化区休耕存在以下问题：

（1）被动式休耕多。耕地休耕，本来就是指在可种可耕的耕地上，为了恢复地力、保护耕地可持续生产能力而采取的"积极"的、"主动"的"养地"方法和措施，让耕地休养生息，以便"来年再战"。然而，长江中下游僵板化和酸化区耕地休耕，多是"被动式"，是不得已的，或是因缺乏劳动力而不耕不种，或是因"没有"经济效益（实为经济效益不高）而不耕不种，或是由于耕地"质量"太差（如受到污染）而不耕不种，等等，且往往是"一丢了之"，不管、不闻、不问，一切听之任之。这种"休耕"，实为"弃耕"、"撂荒"。

（2）休耕面积不合理。该地区休耕面积不合理主要表现在："冬休"面积（冬闲田）过大，而"秋休""夏休"面积太小，不协调。今后可以考虑降低"冬休"面积，适当提高"秋休""夏休"面积。

（3）休耕农田"不合适"。据作者调查，长江中下游红黄壤水稻土地区现有休耕稻田中，大多是因为当地农民（农户）外出，农田没人种而"休耕""休闲"，且这类农田往往还是水肥条件好、"不值得"休耕的水稻田。而恰恰相反，有许多水肥条件差、"值得"休耕的稻田反而没有"休耕""休闲"。

（4）休耕模式"太单一"。各地现有耕地的休耕模式中，多数所谓的耕地"休耕"，实际上都是耕地"休闲""不耕不种""听之任之"，这样必然造成耕地在"休耕"期间，肥力下降、地力衰退、质量变劣、耕性变差，到了下一季或下一年真正要耕种的时候，往往"耕作困难、作物难长、产量难以提高"。如在耕地"休耕"期间，采取积极的、多样化的休耕模式，如松土（改变土壤耕性）、覆盖（秸秆覆盖保持水土）、种植养地作物（可种植绿肥、豆类作物等）等，必将有利于提高耕地质量，有利于来季（或来年）的农业生产。

（5）休耕周期"无规律"。农业生产上的耕地"休耕"，一般是短期的，一季或一年。如休耕时间超过1年，达到2年、3年，甚至更长，或者说休耕周期不定、无规律，则对农业生产的可持续发展不利。实际上，各地目前实行的农民"自发式"的耕地"休耕"，多是上述"无规律"的，而且往往是长期的，不利于农业稳定发展。

三、长江中下游水田僵板化和酸化区耕地轮作休耕的发展对策

（一）提高认识

与以前提倡的"多熟多种""多熟高产"相比，"轮作休耕"概念在国家层面的提出则属于"新东西""新方式""新理念""新要求"。而要让广大干部、群众接受这一"新东西""新方式""新理念""新要求"，唯一可行的办法就是加强宣传，加强对中央文件的解读，要通过电视、电影、网络、报纸、墙报等各种媒体和途径，反复宣传"轮作休耕"概念及实施轮作休耕、建立轮作休耕制度的重要性和重大意义。只有这样，才能提高干部、群众对轮作休耕和轮作休耕制度的重要性认识，从而自觉地推进轮作休耕制度

试点的各项工作。

（二）搞好规划

农业部、中央农办、发展改革委、财政部、国土资源部等部门已联合印发了《探索实行耕地轮作休耕制度试点方案》（以下简称《试点方案》），长江中下游七省（市）应根据《试点方案》的总要求，结合各省、市的具体实际，制定各自的耕地轮作休耕制度试点方案，且方案应具有科学性、先进性、针对性、可行性和可操作性，要简单明了，让干部、群众一看就懂、一做就会、一推就广、一推就见成效。

（三）扎实推进

长江中下游各省、市制定了轮作休耕规划之后，就必须有计划、有重点、分步骤、分区域地扎实推进并稳步实施轮作休耕制度试点工作，决不能出现"规划规划，墙上挂挂""规划规划，经常变化""规划规划，鬼话鬼话"。只有扎扎实实推进，方能见成效。

（四）完善制度

实行轮作休耕，建立轮作休耕制度，这是一项全新的工作。要使这项工作顺利开展、稳步推进，必须有"制度"来保证。要通过制定和完善相关的法规制度来确保轮作休耕制度在长江中下游地区顺利开展、如期实施。

（五）规范管理

有了完善的制度作保证，还必须规范轮作休耕制度试点工作的管理。如哪些人、哪些农户、哪些水稻土耕地田块实施轮作休耕，采用何种轮作休耕方式，何时进行轮作休耕，时间持续多久，轮作休耕的效果如何，等等，这样一系列具体问题，都需要通过规范管理来解决。

（六）加大补贴

国家对实施轮作休耕制度试点的地区和农户已制定了补贴的标准，长江中下游各省、市应根据国家标准的总体要求，制定各省、市的具体补贴标准，要让农户"有利可图"，要通过轮作休耕制度试点工作，为农民增收、为农村脱贫做出积极贡献。

（七）加强合作

开展耕地轮作休耕制度试点，建立长江中下游水田僵板化和酸化区耕地轮作休耕制度，需要加强国内外的交流与合作。首先，要"走出去"，长江中下游地区各省、市要主动到国外、省外参观、考察、学习，尤其是要去发达国家（如美国、英国、日本等）和地区进行考察、交流与合作；其次，要"请进来"，要将在耕地轮作休耕制度方面做得好的、成效显著的"人""组织""机构"请进来，请他们（它们）来中国、来长江中下游地区"传经送宝"，传授建立耕地轮作休耕制度的经验和方法，为我所用；最后，广泛开展合作，在人员互派、项目共设、成果共享等方面，积极推进长江中下游红黄壤水稻土耕地轮作休耕制度的各项工作。

第五节　南方红壤旱地水土流失和酸化区

一、南方红壤区的生态退化问题

在我国南方热带、亚热带气候带（34°N 以南，98°E 以东）广泛分布着各种红色土壤，包括铁铝土纲的砖红壤、赤红壤、红壤、燥红土等土类，主要分布在长江以南的上海、江苏、安徽、湖北、重庆、四川、西藏等省市的南方部分区域和云南、广西、海南、广东、贵州、湖南、江西、福建、浙江、台湾等省的全境，其中在局部地区也有其他颜色土壤（包括黄壤、石灰土、水稻土等土类）的分布，习惯上把这一区域统称为中国南方红壤区（图 9.13）（李庆逵和熊毅，1987；赵其国，2002）。该区域土地总面积约 218万 km^2，占全国土地总面积的 22.7%（赵其国，2002）。

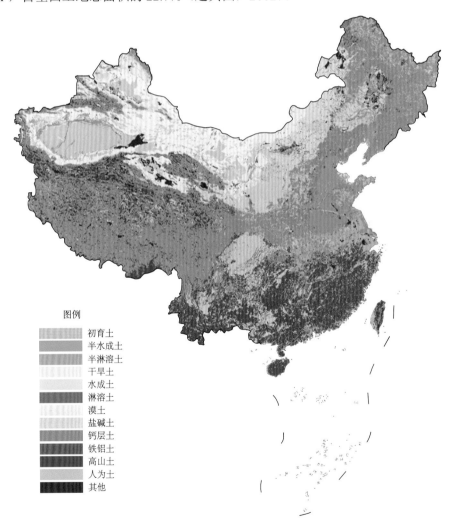

图例
- 初育土
- 半水成土
- 半淋溶土
- 干旱土
- 水成土
- 淋溶土
- 漠土
- 盐碱土
- 钙层土
- 铁铝土
- 高山土
- 人为土
- 其他

图 9.13　中国热带亚热带红壤区

本区地处热带亚热带的季风气候区，具有优越的水热条件：光照足、热量丰富（年平均温度14～28℃，≥10℃的积温4500～9000℃）、雨量充沛（年降水量1200～2000 mm），且水热同季，适宜种植多种作物以及发展多熟种植和轮作模式，农业生产潜力巨大（赵其国等，2013）。本区耕地面积为4.19亿亩，约占全国耕地总面积的23%，而该地区的粮食产量大约占到全国粮食总产量的54%，因此南方红壤区在我国粮食安全保障方面具有重要的战略意义（赵其国，2002）。但是，由于人为因素和自然因素的影响，南方红壤区目前正面临着严重的水土流失、土壤酸化加剧等生态退化问题，已严重威胁到该区作为我国粮食安全保障的战略地位（赵其国等，2013）。

（一）水土流失严重

南方红壤区的山地、丘陵、平地的大体比例为7∶2∶1，山地、丘陵、平原呈相互交错分布，丘陵山地的地貌面积占大部分，因而红壤坡耕地也多（图9.14 上图），占红壤区旱地面积的70%以上（张斌等，1993）。南方红壤区虽然水资源丰沛，但季节分配很不平衡，常出现季节性暴雨，加上该区以山地丘陵为主的地貌特点以及人为因素的影响，使得该区的水土流失现象十分普遍，成为仅次于黄土高原的严重水土流失地区（图9.14 下图）（水利部等，2010）。长江以南的红壤丘陵地区水土流失面积达80万km^2，在以花岗岩风化壳为成土母质的红壤地区，年土壤侵蚀模数可高达1000t/km^{2}以上（赵其国，2002）。基于2001～2002年卫星遥感数据的分析，在我国东南部丘陵红壤区，水土流失面积占该区总面积的15.1%，其中轻度侵蚀占7.0%、中度侵蚀占5.5%、强度以上级别侵蚀占2.4%（水利部等，2010）。红壤区的水土流失不仅导致耕地土壤肥力降低，也会引起河道水库淤积等其他一系列环境问题，从而严重影响红壤区土壤的农业生产力和生态服务功能。

图9.14　我国南方红壤区的典型坡耕地和严重水土流失区

上图：云南东川；下图：湖南衡南（左）和江西赣县（右）

（二）土壤酸化加剧

土壤自然酸化过程的速度是非常缓慢的，但是近几十年来我国南方红壤区的土壤酸化呈加速发展趋势，其主要原因是酸沉降和生理酸性肥料（主要是铵态氮肥）的大量施用（Guo et al., 2010）。酸沉降包括干沉降和湿沉降（酸雨，雨水 pH<5.6），其中酸性成分 SO_2 主要来源于煤、石油及天然气的燃烧，NO_x 主要来源于汽车排放的尾气。我国已成为世界上第三大酸雨区，主要分布在长江以南-云贵高原以东地区的红壤区，其中浙江、福建、湖南、江西等省尤为严重（图 9.15）。随着我国汽车工业的迅猛发展，我国酸雨将向 SO_2-NO_x 混合型转变，南方红壤区土壤酸化会进一步加剧。但对于农田土壤而言，铵态氮肥的大量施用是红壤区农田土壤加速酸化的主要原因，因为铵氮经过硝化反应或被植物根系吸收都会释放 H^+ 到土壤中，施用铵态氮肥对土壤酸化的贡献远高于酸沉降的

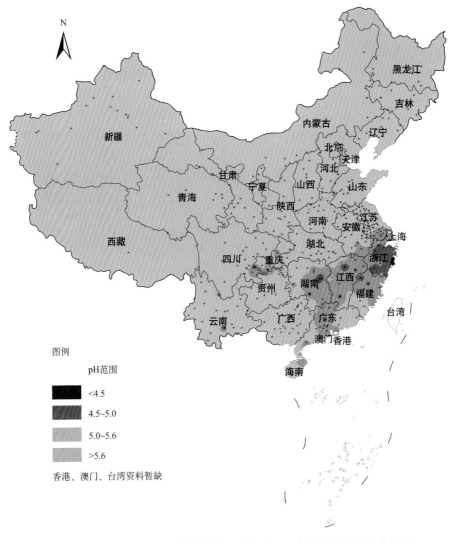

图 9.15　我国酸雨及酸雨强度的分布（引自《2016 年中国环境状况公报》）

贡献（孙波，2011）。根据第二次全国土壤普查资料，福建、湖南和浙江等省 pH 4.5～5.5 的强酸性土壤分别占各省土壤总面积的 49.4%、38.0% 和 16.9%，pH 5.5～6.5 的酸性土壤分别占 37.5%、40.0% 和 56.4%，而江西省 pH<5.5 的强酸性土壤面积占该省土壤总面积的 71.0%。土壤酸化加剧将加重 Al 和 Mn 等元素形成毒性较强离子或基团，过量的 H^+ 会破坏根细胞膜的渗透性，这些均将严重影响作物的正常生长而最终影响作物产量。另外，过低的 pH 将提高有害重金属 Cd、Pb、As、Cr 的活性，从而增加农产品重金属污染的风险（孙波，2011）。

（三）其他生态退化问题

除了严重的水土流失、土壤酸化加剧等主要生态退化问题，我国南方红壤区还存在季节性干旱、土壤肥力下降等生态退化问题，严重制约了红壤区优越的光、热、水资源潜力的发挥和我国南方红壤区农业的可持续发展。红壤旱地一般缺乏灌溉条件，容易出现伏旱、秋旱，特别是在全球变暖的背景下，南方 50 年乃至 100 年一遇的干旱气候事件近年日益频繁：2003 年江西、湖南等地出现了特大干旱，2006 年百年不遇的特大干旱袭击了四川、重庆，2009～2011 年云南省连续三年遭遇"百年大旱"（赵其国等，2013），这些季节性干旱严重制约了红壤区旱地农业的发展。另外，红壤是一种强淋溶性、高度风化发育的土壤类型，盐基饱和度低，缺乏碱金属（例如 K）和碱土金属（例如 Ca、Mg），土壤自然肥力低。红壤区耕地中 68% 为中低产地，旱地比例更高，约 80% 以上；红壤区耕地 100% 缺少有机质和氮，58% 缺钾，60% 水田和 100% 的旱地缺磷，80% 缺硼，64% 缺钼，49% 缺铜，18% 缺镁，10% 缺硫（赵其国等，1991；孙波，2011；张斌等，1993）。由于化肥的显著肥效及其施用的便利性，近二十年来化肥已成为农田肥料投入的主体，有机肥比例不断降低，绿肥种植基本上消失，红壤区耕地的土壤结构变劣，板结严重，土壤物理性状退化明显（赵其国等，2013；孙波，2011）。许多大田作物、经济作物、园艺植物和中草药植物等在单一连续种植后出现土传病害严重、作物产量和品质下降等现象（即连作障碍问题），尤其以中草药、蔬菜作物和豆科作物发生连作障碍较为严重，这是土壤生物学功能退化的具体表现（侯慧等，2016）。

二、南方红壤区旱地的轮作休耕现状及存在问题

我国南方红壤区的旱耕地面积约有 1.95 亿亩，占本区耕地总面积的 46.5%（万淑婉和陈哲忠，1990；张斌等，1993），主要分布在排灌不便或无灌排设施的山地和丘陵地区，其水土流失和土壤酸化问题显得尤为突出（赵其国等，2013）。本节仅对南方红壤区的旱地轮作休耕现状及存在的主要问题进行分析，提出该区的旱地轮作休耕制度建议及其技术对策。

（一）红壤旱地轮作现状及存在的问题

1. 轮作现状

我国南方红壤区以丘陵山地为主，山地、丘陵、平原地貌单元相互交错分布，这使

得红壤旱地耕作制度不仅随纬度变化而变化，也随海拔变化而变化，因此南方红壤区旱地的耕作制度极其复杂多样（张斌等，1993）。从复种指数（潜力）看，该区旱地以二熟制、三熟制为主，一熟制所占面积相对较小。一熟制主要分布在西南高原一些高海拔山地的旱地，多实行玉米、甘薯、马铃薯、大豆、烤烟等一年一作。在多熟制地区，因不同地区的气候、地貌以及社会经济条件的差异，各地的作物轮作模式也是多种多样。在西南高原的丘陵中山地区，常采取麦（或油菜）-玉米（或甘薯）、马铃薯/玉米、冬作-烤烟等一年两熟的旱地轮作模式（"-"表示接种、接作；"/"表示套种、套作，下同）。在东南和华南丘陵低山地区，一般实行一年两熟或三熟制，常见的两熟制轮作模式有麦-甘薯（或玉米）、麦/棉、油菜/棉、玉米-玉米（或甘薯、大豆），常见的三熟制轮作模式有芥菜/辣椒/棉、榨菜/西瓜/棉、油菜/春玉米/棉、西瓜/春玉米-秋玉米、花生/春玉米-蔬菜、花生-甘薯-蔬菜、大豆/纯玉米-马铃薯、西瓜-秋玉米-马铃薯、油菜-玉米//甘薯、麦/棉/甘薯、麦/玉米/甘薯（"//"表示间种、间作，下同）。旱地作物基本上以粮食作物为主，在城镇周边的蔬菜（或其他经济作物如药用植物、牧草、花卉植物等）生产基地，则可能以非粮作物为主。

2. 轮作存在的问题

（1）轮作变单作。南方红壤区地处热带、亚热带气候区，热量条件优越，该区的旱地普遍具有两熟、三熟的复种潜力。南方红壤区的旱地复种指数经过 20 世纪 60 年代至 70 年代全国性耕作制度改革都达到了这一高度并持续到 90 年代末，但随着人口向城市的迁移，农村劳动力不足，导致当地的耕地复种指数总体呈下降趋势，许多地区以二熟制为基础的轮作降为单作。以江西为例，该省的旱地仅有 30%～50%实行轮作，一半以上旱地实行一年一熟制（黄国勤和赵其国，2017）。这不仅是对光热资源的浪费，而且由于红壤旱地多为坡耕地，休耕期间缺乏植被而致土层裸露，容易造成水土流失。另外，长期年际连作也会出现连作障碍问题，例如江西许多地区红壤旱地一年只种一季花生，连年种植花生后就会出现连作障碍现象（侯慧等，2016）。

（2）重用轻养。与全国施肥特点一致，化肥也是南方红壤旱地的肥料主体，有机肥输入严重不足。目前红壤旱地上的轮作模式大部分只是"用地"，一方面表现为较少种植养地作物（如绿肥作物），因而对于每茬作物，土壤养分和有机碳平衡最终多表现为土壤有机质的消耗；另一方面铵态氮肥（尿素）为主的化肥施用使得土壤酸化加剧，豆科作物连作也会加重土壤酸化。由于红壤旱地大部分属于中低产地，"重用轻养"轮作制度打破了耕地土壤的"用养"平衡，从而导致红壤旱地出现土壤板结、物理性状恶化以及其他土壤属性退化现象（孙波，2011）。

（3）模式不优。从技术层面而言，红壤旱地轮作模式的针对性不强。在水土流失严重或风险较高的红壤地区，缺乏"水土流失防治与作物生产兼顾"的农林草复合轮作模式；在土壤酸化加剧的某些红壤地区，对可酸化土壤的豆科作物（如花生、蚕豆）仍实行单作甚至年际连作，没有把非酸化作物纳入轮作体系；在季节性干旱频发而缺乏灌溉条件的红壤地区，轮作作物种类或品种的耐旱性不高，容易发生减产。从经济层面而言，红壤旱地轮作模式的效益不高。尽管红壤旱地的轮作模式多种多样，但因规模小，均"不成气候"。要实现轮作模式的丰产高效，应针对市场需求，有目的地培育主导轮作模式，注重模式的过程优化和标准化，包括作物种类、品种的选择，养分调控，环境影响控制等，形成规模效应和品牌效应，从而提升轮作模式的经济效益以及环境效益（黄国勤和赵其国，2017）。

（二）红壤旱地休耕现状及存在的问题

1. 休耕现状

随着国家工业化、城镇化、现代化进程的发展，农村劳动力不断向城镇转移，造成农村劳动力缺乏。在南方红壤区，尤其是对于经济产值相对较低的红壤旱地，由于劳动力不足，"有地无人种"的现象越来越多，这是一种"被动"的年休或长期休耕，其实质是"弃耕""撂荒"（黄国勤和赵其国，2017）。在某些地区，红壤旱地长期"撂荒"实际上成了退耕，数年后逐渐被周边森林或草原植被自然侵占与其成为一体。这对当地的生态恢复十分有利，近几年来大部分红壤丘陵山区的生态环境得到明显改善也与此有关。也有许多红壤地区采取减少复种指数办法以应对劳动力不足，"三茬变两茬""多茬变一茬"，一般是放弃冬作或秋作，甚至只保留夏作，这可视为一种"季休"休耕形式。

2. 休耕存在的问题

（1）多为被动式休耕。休耕是指有计划、有目的地让耕地在一段时间内处于不种植作物的一种状态，它是保护耕地、保护整个生态环境的一种形式和手段。然而，目前南方红壤区旱耕地休耕多为"被动式"，主要原因是劳动力缺乏，部分原因是因为种植的作物的经济效益不高，其实质是"弃耕"（黄国勤和赵其国，2017）。当前尚缺乏以恢复地力、休养生息为目的而采取的"主动"休耕做法。

（2）休耕安排不合理。一是休耕时间安排不合理。冬季休耕占南方红壤旱地休耕面积的主体，而在土壤利用强度较高的夏季、秋季，旱地休耕面积很小。应适当增加"夏休"和"秋休"旱地面积，让土壤得到真正的休养生息时间，以更有效地恢复土壤地力。二是休耕地块不合理。许多处于平坝、低丘上水肥条件好的基本农田也由于农民外出打工而被迫"休耕"，而有许多生态退化风险大、水肥条件差的坡耕地却反而没有休耕。长期不种作物会导致耕地质量变劣，长此以往，以这种方式发生的基本农田流失可能会对我国粮食安全保障产生不利影响（黄国勤和赵其国，2017）。

（3）休耕周期无规律。当前红壤旱地的休耕基本是农民"自发式""被动式"休耕，在同一片农区，有的旱地休耕 1 季，有的休耕 1 年，有的休耕 2 年、3 年甚至更长，休耕周期尚没有制度化，很难显示出休耕的示范效应和规模效应（黄国勤和赵其国，2017）。

三、南方红壤区旱地发展轮作休耕的问题与对策

（一）南方红壤发展轮作休耕存在的问题

1. 目前没有中央财政补贴

中央财政补贴的轮作试点区域重点在东北冷凉区、北方农牧交错区等地；休耕区域

重点在地下水漏斗区、重金属污染区和生态严重退化地区开展，其中西南石漠化区（云南、贵州），选择坡度在 25°以下的坡耕地和瘠薄地的两季作物区连续休耕 3 年。对大面积的南方红壤旱地来说，没有中央财政补贴，只能自发摸索前进。

2. 科技支撑薄弱

过去耕作制度研究，主要是提高土地生产力（如大量发展秋冬农业种植粮食作物），没有从供给侧改革认识到轮作休耕的重要性，对培养地力重视不够，对这方面研究和技术研发显得十分不足。在自然条件复杂多样的南方红壤区推行推广轮作休耕时，缺乏相关理论指导和技术储备。

3. 缺乏成功范例

优化轮作休耕模式样板比较缺乏，大部分有效的轮作休耕模式多停留在田间小区试验或小面积示范水平，更多的是体现技术方面的效果，较少考虑技术推广时需要的其他社会经济因素，例如提出的优化轮作模式由于对农民受益考虑不够，在实践中很难推行。

（二）南方红壤发展轮作休耕的对策

热带亚热带红壤区的水热资源丰富，农业生产与经济发展潜力大，是我国热带亚热带粮食、经济作物及名贵药材生产的重要基地，在全国国民经济发展中占有重要地位。针对我国南方红壤旱地本身存在的问题以及轮作休耕试点工作在红壤区的推行情况，建议加强区域水土资源安全战略规划、积极开展轮作休耕模式及其配套管理技术研究、加强组织管理的机制体制建设，从而有效推进红壤旱地的轮作休耕工作，逐步扭转红壤旱地总体土壤质量下降的趋势。

1. 加强区域水土资源安全的战略规划

国家发布的《试点方案》，提出了实行耕地轮作休耕制度试点的总体要求、技术路径、补助标准和方式等。但该试点方案是基于全国耕地总体情况做出的指导性文件，各农业生产区应根据具体情况进一步细化适应于本区的轮作休耕目标、技术途径以及补助标准和方式等。因此，应遵循《试点方案》的基本原则并结合南方红壤区旱地资源的具体特点及主要生态退化问题制定本区水土资源安全的战略规划。为了方便管理，建议以省为单位进行区域水土资源安全规划，一级区可以根据主要生态退化问题进行划分。以江西为例，赣南山区的坡耕地、赣东北红壤丘陵旱地可划为水土流失严重区，应实行采用草带、植物篱与主作物分带间作为特点的耕地轮作休耕形式，以减轻当地的水土流失（袁久芹等，2015）。对南方红壤旱地而言，针对其易蚀、酸、瘦、多旱等制约因子以及本区地形地貌复杂多样的特点，因地制宜地采取有效的轮作休耕模式，发展特色农业，以达到减产不减收、地力逐渐好转的目标。

2. 积极开展轮作休耕模式及其配套管理技术研究

虽然《试点方案》中指出了实行耕地轮作休耕制度试点的总体要求以及技术路径，

但各地条件千差万别，并没有能够适用于任何地区的万能轮作休耕模式，《试点方案》也要求各地根据实际具体情况采取有效的轮作休耕模式。对红壤旱地而言，关于不同轮作休耕模式对旱地红壤培肥或土壤质量改善的效果与效益的研究还很有限，目前迫切需要根据不同的土壤退化问题划分不同的轮作休耕片区，有针对性开展轮作休耕模式设计及其优化研究，筛选出适用于各地的轮作休耕模式，以便为红壤旱地区推行轮作休耕提供科学和技术支撑，充分发挥科技引领作用。例如，在水土流失严重的红壤地区，应重点开展农林草复合轮作模式的研究，在选择植物篱的林草种类时应重视对当地乡土林草资源的利用；土壤酸化严重的红壤地区，应主要关注轮作体系的土壤酸化效应，提出酸化效应低的轮作模式，应把耐酸作物种类和品种筛选、豆科植物与非豆科植物轮作或间作的酸效应纳入研究内容；在土壤肥力退化严重的红壤地区，应以培肥土壤肥力为主，兼顾生产需要，可重点研究纳入豆科作物、豆科绿肥的轮作模式。

同时，还应重视人才培养，要培养大批"懂轮作、会休耕、能管理"的领导干部和群众（万淑婉和陈哲忠，1990），从下而上建立"轮作休耕"工作队，使轮作休耕工作能够有计划、有组织地执行。

3. 加强机制体制建设

一是要建立补偿机制。实行的"用养平衡"为目标的轮作休耕制度，尤其是在目前土壤普遍退化的严峻形势下更需要加强养地措施，这短期内会减少作物产量，影响农民的收入。因此，在实行轮作休耕的过程中，应给予农民合理的补偿，以确保农民收入不减少。为了遏制基本农田"撂荒"现象，政府可以整合种粮补贴和休耕补贴以提高补贴标准，通过规定耕地休闲时间不超过一年才能获得补贴，促使农民能够恢复对弃耕基本农田的间歇耕作，以保持优质耕地的生产力。同时，政府要制定并公布补贴标准和发放的具体规程，保证农民得到合理的轮作休耕补贴。没有中央补贴的地区，地方政府也应进行补贴，以达到甚至超过因轮作休耕造成的农民收入损失。

二是要形成示范带动机制。为了展示"轮作休耕"的效果，应在各典型片区选择基础条件较好、农民积极性高的数个村庄或小流域，进行耕地轮作休耕制度示范点建设，努力打造成"样板"，供片区、全区乃至全国相关省市参观学习，发挥榜样的力量，加快轮作休耕工作的推行。

第六节　西南喀斯特石漠化区耕地轮作休耕制度试点

一、西南喀斯特地区面临的主要生态环境问题

（一）喀斯特地区概况

我国西南喀斯特地区既是全球碳酸盐岩集中分布区面积最大、岩溶发育最强烈、人地矛盾最尖锐的地区，也是景观类型复杂、生物多样性丰富、生态系统极为脆弱的地区。该区以云贵高原为中心，北起秦岭山脉南麓，南至广西盆地，西至横断山脉，东抵罗霄山脉西侧，跨中国大地貌单元的三级阶梯。地理坐标为 98°36′E～116°05′E，22°01′N～

33°16′N。行政范围涉及贵州、云南、广西、湖南、湖北、重庆、四川、广东等 8 省（自治区、市）的 463 个县，喀斯特面积 45.2 万 km² （图 9.16）。该区是珠江的源头，长江水源的重要补给区，也是南水北调水源区、三峡库区，生态区位十分重要（袁道先等，2016）。

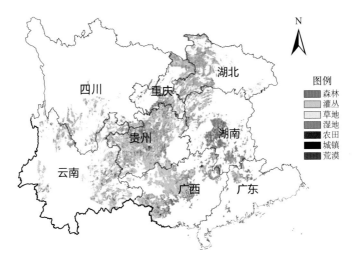

图 9.16　西南喀斯特区范围及土地覆被类型（2015 年）

　　碳酸盐岩是岩溶发育的物质基础，根据喀斯特发育的特征，主要包括中高山喀斯特山地、喀斯特断陷盆地、喀斯特高原、喀斯特峡谷、峰丛洼地、喀斯特槽谷、峰林平原、溶丘洼地等地貌类型。西南喀斯特区域以湿润多雨的亚热带气候为特征，降雨年内、年际间变化大，导致干旱和内涝频繁发生。喀斯特土壤以碳酸盐岩风化形成的石灰土为主，其理化性质有别于地带性的土壤，表现为富钙，偏碱性，有效营养元素供给不足且不平衡，成土速率缓慢，土层薄，土层与下伏的刚性岩石直接接触，土壤易侵蚀。独特的地表-地下二元水文地质结构导致水文过程变化迅速，水土资源空间分布不匹配。植被具有旱生性、石生性和喜钙性的特点，植被覆盖的空间分布受喀斯特环境和海拔高度等多方面的制约，植被生产力低，恢复速率相对缓慢，喀斯特生态系统具有显著的脆弱性（袁道先等，2016；王克林等，2016）。

　　西南喀斯特地区既是我国生态环境脆弱地区，也是典型的“老、少、边、穷”地区。该区总人口 2.22 亿人，其中农业人口 1.79 亿人，占总人口的 80.63%，少数民族人口 4537 万人，主要居住有 46 个民族，分布有 48 个少数民族自治县，平均人口密度为全国的 1.5 倍。该区也是我国最大面积的连片贫困区域，据 2014 年国家公布的 592 个贫困县中有 246 个分布区西南喀斯特地区，占全国贫困县总数的 42%（蒋忠诚等，2016）。

（二）喀斯特石漠化现状及其危害

　　截至 2011 年底，西南喀斯特地区石漠化土地总面积 12 万 km² （图 9.17），占喀斯特土地总面积的 26.5%，占区域国土面积的 11.2%。潜在石漠化土地面积 13.3 万 km²，占喀斯特土地面积的 29.4%，占区域国土面积的 12.4%。其中，贵州省石漠化土地面积最大，为 3 万 km²，占石漠化土地总面积的 25.2%；云南、广西、湖南、湖北、重庆、四川和广东石漠化土地面积分别为 2.84 万 km²、1.93 万 km²、1.43 万 km²、1.09 万 km²、0.9 万 km²、0.73 万 km² 和 0.06 万 km²，分别占石漠化土地总面积的 23.7%、16.1%、11.9%、9.1%、7.5%、6.1% 和 0.5%（国家林业局，2012）。

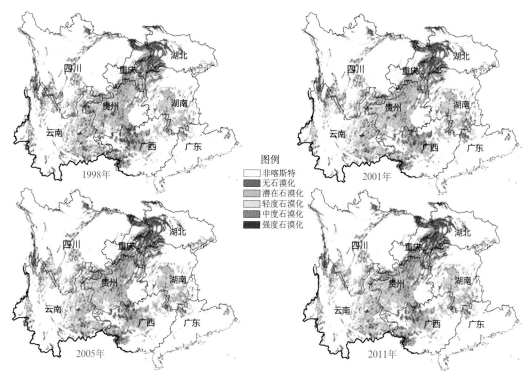

图9.17　西南喀斯特区石漠化演变与分布

　　喀斯特地区石漠化综合治理工程自 2008 年启动实施以来，截止到 2015 年，316 个重点县已累计完成中央预算内专项投资 119 亿元，地方投资 20.1 亿元，完成喀斯特土地治理面积 6.6 万 km²，石漠化治理面积 2.25 万 km²。在专项投资的带动下，451 个石漠化县积极整合退耕还林、天然林保护、长江防护林、珠江防护林、农业综合开发、土地整治等相关方面的中央资金达 1300 多亿元，初步完成石漠化治理面积 4.75 万 km²。西南土地石漠化整体扩展的趋势已得到初步遏制，由过去持续增加转为"净减少"。据国土资源部 2015 年石漠化遥感调查表明，石漠化总面积约为 9.2 万 km²，相比 2005 年，石漠化面积减少了 3.7 万 km²，减少了 28.68%（蒋忠诚等，2016）。但受整个西南喀斯特区地质背景、气候、土壤和地形的影响，本区域石漠化发生的可能性整体仍然较高（图 9.18），2016 年约 76.0% 的喀斯特土地为石漠化敏感区，石漠化防治形势依然严峻。

　　石漠化治理虽然取得了阶段性成效，但治理仍是初步的。很多地区仅对轻度石漠化土地实施了植被修复措施或仅在小流域内修筑了引水沟渠等水土保持措施。即便是已经治理好的地块，由于缺乏后期管护经费，补植补造、运行维护等后续措施滞后，仍面临

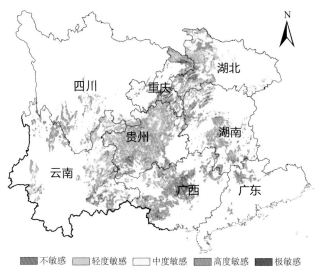

图 9.18　2016 年西南喀斯特区石漠化敏感性分布

退化的风险，成果巩固压力巨大，石漠化防治任务十分繁重，石漠化危害依然严重，具体表现在如下几方面。

（1）耕地资源减少，生态环境恶化。石漠化表现为土壤养分流失，耕作层粗化，土层变薄，岩石逐渐裸露，最后形成石漠化土地，从而使耕地资源丧失，生态环境恶化。

（2）自然灾害频发，威胁人民群众的生命财产安全。石漠化地区由于特殊的地质条件，造成旱涝灾害频发。一遇中到大雨，地表径流就携带着泥沙迅速汇集低洼处，许多地方由于排水不畅，内涝严重，天干无雨时又极易出现干旱。

（3）影响江河流域的水利水电设施安全运营，危及长江、珠江流域的生态安全。喀斯特地区是长江和珠江两大水系的源头和中、上游地区，生态区位极其重要。石漠化导致生态系统功能退化，流域内截蓄降水、调节径流的能力减弱，水土流失加剧，泥沙淤积江河湖库，直接影响流域内的水利水电设施的安全运行和效能发挥。据水利部门调查，长江第二大支流乌江流域每年流失表土 1.4 亿 t，有 6000 多万 t 直接输入三峡库区。

（4）区域脱贫困难，制约经济和社会可持续发展，影响社会安定和民族团结。石漠化地区是我国经济欠发达地区、边疆地区和少数民族聚居区，少数民族人口占该区域总人口的 1/5。由于石漠化的影响，该地区长期处于贫困状态，有 3000 多万贫困人口。恶劣的生态条件、落后的经济将成为影响社会稳定、民族团结和边疆安宁的重要隐患。

二、西南喀斯特石漠化区耕地轮作休耕制度与技术现状及问题

（一）西南喀斯特石漠化区耕地轮作休耕制度与技术现状

2016 年 6 月，农业部等十部门联合印发《探索实行耕地轮作休耕制度试点方案》，根据方案，我国在地下水漏斗区、重金属污染区和生态严重退化地区开展休耕试点。2017 年中国耕地轮作休耕试点规模继续扩大，轮作面积扩大到 1000 万亩、休耕面积扩大到

200 万亩。作为石漠化严重地区,西南喀斯特区 2016 年试点实行了耕地轮作休耕 4 万亩,选择 25°以下坡耕地和瘠薄地的两季作物,连续休耕 3 年。主要通过调整种植结构,改种固土保水、保护耕作层的植物,同时减少农事活动,促进生态环境改善。同时,西南喀斯特地区主动适应农业发展的新趋势新要求,转变思路、创新方式,努力把试点区打造成政策改革的"试验区"、生产方式变革的"样板区"。积极探索种地与养地相结合、轮作休耕与粮食供求调节相互动。同时,在试点区域,积极推行绿色、可持续的理念,转变生产方式和耕作方式,集成推广节水、节肥、节药技术,推行标准化生产,开展土壤改良、地力培肥,并逐步完善轮作休耕补贴机制。在休耕试点区积极探索新模式,通过邀请专家实地调研"开药方",按照石漠化地区生态农业要求,"像种粮一样种草",在山下种经济作物,在山顶种板栗,山腰种李子。采取立体种植模式,大力发展山地立体农业经济;发展"饲料林-养殖"模式,实现林牧结合,发展林业经济;探索果-药复合栽培与节水节地型种植模式,改变种植模式,提高山地产值;休耕的同时种植油菜等绿肥作物,发展养蜂、旅游观光产业。不仅有效治理了石漠化山地,改善了生态环境,也使农民人均纯收入显著增加。

(二)西南喀斯特石漠化区耕地轮作休耕制度与技术存在的问题

1. 石漠化区耕地轮作和免耕模式区域推广较难,缺乏产业扶持政策

西南喀斯特区人地矛盾尖锐,人均耕地面积 1.2 亩,部分石漠化严重地区人均耕地面积不到 0.5 亩。喀斯特地区有限的耕地大多属于旱涝不保收的贫瘠坡地,中低产田比重超过 70%,有效灌溉耕地面积仅占耕地总面积的 34%,该区人地关系高度紧张,加之全国近 40%的贫困人口集中在本区,人口对耕地的依赖性极高。同时,该区农民群众受充分利用每一寸耕地、一年多熟、多种多收等观念影响较大。目前该区虽然开展了一部分耕地休耕制度试点,然而具有增收潜力的替代型支柱产业(如种草养殖业、长短结合、种养一体的特色生态产业、旅游业、加工业等)尚未发展壮大,缺乏可替代性产业的培育和扶持,短期内势必会影响农民生计,阻碍该区耕地轮作和休耕技术的推广应用。

2. 现行制度和技术模式没有根据西南喀斯特区不同地貌气候类型区分类规划

西南喀斯特区地貌类型差异较大,地貌组合类型可分为:中高山喀斯特山地、断陷盆地、喀斯特高原、喀斯特峡谷、峰丛洼地、槽谷、峰林平原、溶丘洼地以及局部分布的石林等。不同类型区耕地的水文气候条件和水土资源禀赋差异极大,现有的轮作和休耕技术没有针对不同区域的水文地质地貌特征进行差别化的分类规划。如果简单地将某一类型区的成功模式照搬到其他类型区,则可能导致"水土不服"、事倍功半。

3. 相关制度和模式与石漠化治理结合不够,缺乏典型样板模式的示范

国家先后在喀斯特地区实施了一系列石漠化治理工程,对该区石漠化进行了综合治理,生态环境得以逐步改善。石漠化综合治理工程中本身就包含部分用于耕地治理、农田水利建设的实施内容,理论上能够实现在治理石漠化的同时促进耕地休养生息和资源

永续利用的目的，然而目前推广试点的耕地轮作和休耕制度缺乏能够与石漠化治理工程相互取长补短、相互促进的体制机制。另外，由于喀斯特区环境异质性极强，耕地轮作和休耕技术标准的制定难度很大，很多技术方法和措施需要试验。而且，当地居民的科技素质又普遍较低，即使成熟的技术方法，也需要科技人员通过示范工作提供详细的操作方法，以及结合示范点的实物进行讲解。示范区建设的成功，可为广大的干部和群众树立信心。所以，要推广实施西南喀斯特区的轮作休耕试点工作，就必须要在不同类型区建立示范区，开展示范工作，形成可供推广应用的模式。

4. 轮作和休耕模式基础研究不足，缺乏合理的补偿制度

为切实做好西南喀斯特石漠化区耕地轮作休耕制度的试点和推广工作，必须重视和开展科学研究工作，但当前尚未完成石漠化区耕地轮作休耕试点区技术与模式的综合效益评价，更缺乏针对喀斯特石漠化区域特性的耕地轮作和休耕技术与模式的研发，休耕不是弃耕，它需要相应的措施进行喀斯特土壤地力恢复与生态修复。同时，在生态补偿制度方面，目前在喀斯特石漠化治理与生态保护政策方面取得一定成效，但在农业生产领域的相关补偿政策依然缺乏，亟须构建切实可行的喀斯特石漠化区轮作休耕技术与模式，建立相应的政策法规、财政补贴政策，以及针对不同喀斯特地貌类型区资源禀赋条件差异的补偿标准。

三、西南喀斯特石漠化区耕地轮作休耕制度及技术的对策建议

西南喀斯特石漠化区是非地带性的生态脆弱带，也是我国最大面积的连片贫困区域。因而该区的轮作休耕制度和技术模式既要限制大规模高强度种植活动，推进西南生态安全屏障的构建，又要协调石漠化防治与脱贫、资源开发和生态保护之间的矛盾，将轮作休耕、生态治理和生态系统服务提升有机结合。因此，针对该区面临的轮作休耕制度与技术模式区域针对性差、综合效益亟待提升、耕地休养生息政策缺乏等问题，做好今后工作的总体思路为：基于西南喀斯特石漠化区土地承载力低，生态环境脆弱，区域脱贫任务艰巨的实际，因地制宜制定喀斯特石漠化区轮作休耕制度区划，将轮作休耕和生态治理有机结合，以自然修复为主，再造秀美山川，提升喀斯特生态系统的服务能力；加大基础设施、教育、生态修复等建设力度，结合当地资源特点，大力发展替代型生态衍生产业，加快推进城镇化建设速度，增强区域经济实力。对策建议如下。

（一）完善喀斯特石漠化区轮作休耕制度与规划

石漠化区轮作休耕制度的实施不单是农业发展问题，更是以人为本的生态环境和社会经济发展相结合的复杂系统工程。然而目前我国西南喀斯特区的轮作休耕制度还很不完善，对石漠化区适宜于轮作休耕的土地资源数量和质量都缺乏充分认识，亟须在调研该区适于轮作休耕的耕地资源现状与区划基础上，以土地承载力、劳动生产率、社会服务成本和生态系统服务为依据，因地制宜制定区域适应性轮作休耕制度和规划。不同喀斯特地貌类型区自然环境和社会经济差异巨大，断陷盆地、岩溶高原、峰丛洼地和岩溶槽谷区石漠化面积和发生率仍然较高，是石漠化综合治理的重点地区，因而该区的轮作

休耕制度应以石漠化治理和退耕还林还草为主，在兼顾生态保护和经济发展基础上以提升石漠化耕地综合服务功能为目标，推行特色产业发展和生态功能提升相结合的轮作休耕制度；中高山区，石漠化面积和发生率不高，应探索实行耕地轮作休耕制度试点，推行生态保护型轮作休耕制度，同时采取必要措施防治石漠化；峰林平原和溶丘洼地区，生态承载力较高、社会经济条件较好，应以土地可持续利用为目标，推行土地适度休耕制度，探索保护性种植与生态高值农业技术和模式。

（二）加快喀斯特区域适宜性轮作休耕技术模式研发与示范

西南喀斯特区农业生态环境基础研究起步晚，相对薄弱，基础与应用基础研究和研究成果的推广不足，轮作休耕措施和石漠化治理的技术含量有待提高。加强解决缺土、漏水和土地产出率不高的应用基础和防治技术研究。同时，不同喀斯特地貌类型区在景观单元、生态系统、生境等不同尺度也具有高度的空间异质性。因而，喀斯特石漠化耕地的轮作休耕技术与模式不能相互简单照搬套用，必须结合不同类型区特点和不同地形地貌部位土壤环境和自然资源条件，因地制宜，加快区域适宜性轮作休耕技术模式研发，集成水资源调控与高效利用、土壤流失/漏失阻控、退化土地肥力提升、植被复合经营、生态产业培育等适应性技术体系，逐步建立与生产发展相协调、与资源禀赋相匹配、与市场需求相适应的喀斯特区耕地轮作模式，推进喀斯特生态脆弱区农业转型发展和国家粮食安全战略的深入实施。在上述研究和技术研发基础上，加强石漠化区耕地轮作休耕制度试点示范和成果推广。

（三）构建喀斯特石漠化区耕地轮作休耕的补偿制度

我国当前已初步形成了生态补偿制度框架，生态补偿投入逐步增加，但由于部分自然资源的产权制度不健全，功能区划分没有到位，补偿主体不够清晰，补偿标准没考虑区域间的差异性，生态补偿的法律规定分散，缺乏系统性和可操作性，更缺乏农业生产领域的切实可行的补偿政策。针对喀斯特区域的特殊性，亟须将石漠化治理和生态恢复与轮作休耕有机结合，在开展耕地轮作休耕的同时，兼顾耕地休养生息对促进石漠化治理、改善喀斯特生态环境的作用，因地制宜制订喀斯特石漠化耕地轮作休耕的补偿制度，并根据不同喀斯特地区资源禀赋条件的差异，合理确定补助标准。通过补偿制度的建立，轮作要保证农民种植收益不降低，休耕要与原有的种植收益相当、不影响农民收入。同时，增加对喀斯特区耕地轮作休耕制度推广应用区域的财政转移支付，并建立推广应用区域的转移支付资金奖惩机制，督促地方政府切实加强轮作休耕制度的区域推广。

（四）发展替代型生态产业，推进西南喀斯特区域农业结构调整

由于地质背景制约，西南喀斯特区传统作物种植的人为耕作活动反复扰动土壤，加剧土壤漏失，土壤有机质急剧损失，洼地作物受地下水上涌的季节性淹涝与岩溶干旱双重胁迫，产量也低而不稳。同时，该区生态环境与贫困问题交织，全国42%的贫困县分布在西南喀斯特区，在制定轮作休耕制度规划过程中必须兼顾农民增收和民生改善。因而西南喀斯特石漠化区的轮作休耕制度应寓轮作休耕于区域农业结构调整之中，在区域

规划基础上，因地制宜构建替代型草食畜牧业、特色水果坚果产业（如柑橘、红心柚、猕猴桃、火龙果、澳洲坚果）、特色种植-生态旅游复合产业等模式。如在峰丛洼地地区，通过构建木本饲料植物作为先锋群落，结合优质牧草的种植，大力发展肉牛圈养，形成喀斯特农牧复合生态系统，大大减轻垦殖活动对坡耕地的破坏，生态系统碳汇、水源涵养、养分循环等生态功能大大提升，使草食畜牧业成为农民新增收入的主要来源，同时促进沼气的普及，有效保护薪炭林与水源林。草食畜牧业成为农林牧结合的喀斯特峰丛洼地生态恢复替代产业，为区域"藏粮于地""藏粮于技"决策部署和生态系统服务功能优化调控提供借鉴参考。此外，发挥地域优势发展生态高值型功能农业，如富硒"水稻+马铃薯"生态轮作循环生产模式，充分发挥生态轮作高产高效、用地养地、协调发展的作用，发展高值、高效特色生态农业模式。

第七节 西藏高原农业区耕地轮作休耕制度

一、西藏农业概况

西藏现有耕地面积 23.68 万 hm^2（国家统计局，2016），其中主要分布在"一江两河"（雅鲁藏布江、拉萨河、年楚河）区。西藏的主要农区具有海拔高气温低、无霜期短、雨量少、日照时数多、辐射强、昼夜温差大、雨热同季等特点，因而限制了农作物种植的种类及范围。区内种植最多的作物有冬小麦、冬春青稞、油菜和豌豆，号称西藏四大作物。藏东南及南部边缘地区海拔低，气候温暖湿润，雨量充沛，适宜喜温作物生长，种植的作物有玉米、水稻、花生、鸡爪谷、大豆等。

在历史上，随着人口数量的增加（图 9.19）和科技水平的提升，西藏进行了区域性的大规模农业综合开发，20 世纪 80 年代，开始实施拉萨河谷"农业综合开发项目"，20 世纪 90 年代被国家列为"八五"计划和十年规划重点建设项目的"一江两河"中部流域地区农业综合开发工程也开始实施。"八五"和"九五"期间，开垦荒地 6.73 万亩。且西藏耕地面积的变化主要表现在 1980 年之前，表现为随着时间的变化而快速增加的趋势，然后尽管也呈增加趋势，但变化范围很小（图 9.20）（国家统计局，2016）。

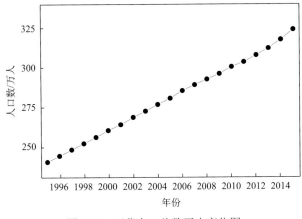

图 9.19 西藏人口总数历史变化图

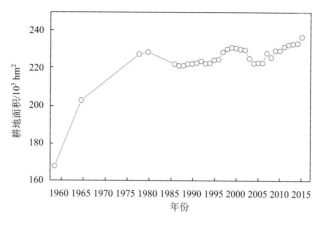

图 9.20　西藏耕地面积历史变化

二、西藏轮作休耕概况

西藏农业属于典型的高原农业。在藏东南察隅、墨脱及其他类似生态区域海拔 180m 以下的农区，以稻-麦、青稞-青稞、玉米-小麦、玉米-青稞一年两熟制为主；海拔 180~210m 的农区可种植一季中稻或晚稻；林芝、米林、波密、朗县等农区以种植一年二熟制或二年三熟制，栽培一季冬小麦（冬青稞）复种荞麦、豆类、油菜；西藏"一江两河"中部流域农区，耕地面积占全区总耕地的 60%以上，是西藏的主要粮仓，当地以栽培冬小麦、青稞为主，基本为一年一熟，在保护地生产为一年多熟制，多种植蔬菜、花卉（张亚生等，2001）。

西藏轮作休耕形式主要有：撂荒农作制、休耕制、轮作制和混作制。

（1）农田撂荒：目前撂荒农作制主要受水分条件及农民用工结构的影响，如在长期缺水或灌水困难区域农田的撂荒，及农村务农劳动力向建筑业、工业等领域的转移，导致农田土壤的撂荒。但目前撂荒农田面积非常有限。有统计数据表明，西藏在 2000 年末耕地面积减少 $0.94 \times 10^3 hm^2$，仅占当年农田总面积的 0.41%，2014 年和 2015 年末耕地面积分别减少 $0.97 \times 10^3 hm^2$ 和 $0.65 \times 10^3 hm^2$，分别占当年农田总面积的 0.41%和 0.27%。

（2）休耕：主要指为维持或提高农田土壤地力，在某一阶段，土壤不种植农作物的农田管理方式。目前针对西藏农田而言，尚缺乏必要的休耕制度的指导及技术支持，从而使休耕土地面积越来越少。

（3）轮作：西藏农田轮作主要为油菜-青稞的轮作，而对于玉米田则常呈现出多年连作的现象。目前，有个别科研单位在西藏部分区域开展了牧草（紫花苜蓿）与青稞或小麦的轮作生产体系实验，或豌豆与青稞、小麦的套种等生产方式的研究与示范工作。西藏的轮作形式有休闲轮作、作物轮作两种。从西藏作物种植方式的发展、演变过程来看，民主改革前以休闲轮作为主体，在相当一部分地区，由于施肥水平还相当低，加之要协调解决灌溉、锄草等矛盾，休闲轮作占很大比重。作物轮作则以拉萨和林芝两地区较具代表性。而山南沿江农民也有"换茬如上粪"和"札根换盘根、盘根换札根"的经验。轮作均由豆科作物或豆科饲料以及油菜的单作或混作形式参与轮换。

（4）混作：西藏的混作以青稞与豌豆混作为主，青稞与油菜、小麦与豌豆、青稞与豌豆、油菜混作也常见，有的地方蚕豆、雪莎等作物也参加混作。各地群众在生产实践中创造了许多的混作方式，积累了丰富的混作经验，在农业生态系统中，由于混作采用几种作物组成的复合群体结构，既能提高对不同层次光能利用率，而且有利于利用空间。

三、西藏农业生产的主要矛盾与轮作、休耕制度

西藏地处高原，地势高低起伏较大，农业生产也呈现出多层次的分布状况。西藏农业发展主要受到资源、农业基础设施和生态环境等几个要素的限制。

西藏面积辽阔，但可利用的农业土地面积极其有限，且土地质量较差，基本属于边际土地范畴，改造成本高，产出低，域内水资源丰富但分配不合理；粮田分散，对于主要粮食产区，农田基本建设已经改善很多，对于分散不成片的农地，目前农田基础设施整体仍然较差，应继续加强农田水利设施建设，扩大土地灌溉面积，提高抗灾防旱的能力，提高单产；西藏地区日照时间较长，昼夜间温度差别较大，有利于干性物质的积累，例如小麦、青稞等农作物。但是由于地区内山地较多，土地质量差等一系列的生态问题导致地区内的种植业发展受到了很大的限制。

西藏农业可用土地面积非常有限，生态环境较为脆弱，且受土壤质量及气候条件的影响，农业生产能力较低，另一方面受粮食需求量增加与耕地面积有限之间矛盾的影响，导致对农业土壤开发利用程度的增加，如休耕、撂荒土地面积的有限性，及通过大量的施肥导致农业面源污染潜在风险的增加等问题；同时，受区域气候条件、不同农作物经济效益及较低的农业科技水平等因素的影响，使轮作制度的推广受到一定的阻碍。因此，西藏的农业生产需要根据当地不同的自然条件来匹配相适应的种植业、畜牧业和林业以及相适应的模式与品种（李菁等，2015）。

四、西藏农业与轮作休耕制的研究发展建议

西藏农业发展应该以区域自足为目标，包括粮食和蔬菜两个重点方向，为实现该自足目标，建议从以下方面进行政策和科技的投入。

（1）继续强调农业基础地位，重点发展粮食生产：目前西藏高原可用农田面积非常有限，应首先保障基本粮食需求的生产，实现域内粮食完全自足。应完善西藏地区的农业基础设施，加强水利设施建设，完善灌溉条件。

（2）适度发展高原特色农业：合理调整西藏农业产业结构，探索高原不同生物气候条件下的高效农业模式；发挥高原光照优势，在有条件的区域，适度开发高原特色农业，如保护地种植，发展蔬菜、花卉等，提高单位面积产出，提升经济效益，并满足域内需求。

（3）提高农业科技水平：强化轮作、休耕制度的研究，维持农田土壤地力水平。受气候条件（温度、降水）、土壤条件（低肥力，水肥保蓄性能差等）、生产管理水平等因素的综合影响，农业生产水平普遍偏低，导致休耕和轮作等生产方式普遍较少，故关于此方面的研究应进一步加强，适度推广休耕，加强轮作方式的推广。

（4）加强退化农田土壤改良：区域内农田整体属于低产田，应当加大科技投入，提高低产田土壤改良利用水平。化肥的大量施用和不合理的耕作方式将导致土壤质量退化，

加剧农业环境风险，故应加强西藏高原不同气候、土壤、管理措施背景下的土壤质量过程研究，综合评价西藏农田土壤退化程度与风险，并探讨合理的改良措施，以实现农田土壤的可持续利用。

（5）加强农业补贴：针对西藏区域特点，应该进一步提高农业补贴，提高农民积极性，稳定并适度扩大农田面积。

参 考 文 献

陈展图, 杨庆媛. 2017. 中国耕地休耕制度基本框架构建. 中国人口·资源与环境, 27(12): 126-136.

陈展图, 杨庆媛, 童小容. 2017. 轮作休耕推进农业供给侧结构性改革路径研究. 农村经济, 17: 20-25.

樊军, 郝明德, 王永功. 2003. 旱地长期轮作施肥对土壤肥力影响的定位研究. 水土保持研究. 10(1): 32-36.

樊廷录, 李尚中, 等. 2017. 旱作覆盖集雨农业探索与实践. 北京: 中国农业科学技术出版社.

高超, 张月学, 陈积山. 2015. 松嫩平原苜蓿和羊草栽培草地土壤氮素动态分析. 草业科学, 32(4): 501-507.

高旺盛. 2004. 中国区域农业协调发展战略. 北京: 中国农业大学出版社.

国家林业局. 2012. 中国石漠化状况公报.

侯慧, 董坤, 杨智仙, 等. 2016. 连作障碍发生机理研究进展. 土壤, 48(6): 1068-1076.

侯满平. 2004. 黄淮海平原农业结构调整及农业发展战略研究. 北京: 中国农业大学.

侯雪莹, 韩晓增. 2008. 不同土地利用和管理方式对黑土肥力的影响. 水土保持学报, 22(6): 99-103.

黄国勤, 赵其国. 2017. 江西省耕地轮作休耕现状、问题及对策. 中国生态农业学报, 25(7): 1002-1007.

黄国勤, 赵其国. 2018. 中国典型地区轮作休耕模式与发展策略[J]. 土壤学报, 55(2): 283-292.

黄晓婷. 2016. 不同土壤类型冬小麦-夏玉米轮作施肥效应研究. 硕士学位论文, 河南农业大学.

江恒, 邹文秀, 韩晓增. 2013. 土地利用方式和施肥管理对黑土物理性质的影响. 生态与农村环境学报, 29(5): 599-604.

蒋忠诚, 罗为群, 童立强, 等. 2016. 21 世纪西南岩溶石漠化演变特征及影响因素. 中国岩溶, 35(5): 461-468.

李德成, 张甘霖, 龚子同. 2011. 我国砂姜黑土土种的系统分类归属研究. 土壤, 43(4): 623-629.

李菁, 刘书特, 于转利. 2015. 西藏地区农业发展面临的困难及解决途径. 商界论坛, (22): 251.

李庆逵, 熊毅. 1987. 中国土壤. 2 版. 北京: 科学出版社.

刘晓冰, 于广武, 许艳丽. 1990. 大豆连作效应分析. 农业系统科学与综合研究, 3: 40-44.

刘晓冰, 周克琴, 苗淑杰, 等. 2012. 土壤侵蚀影响作物产量及其因素分析. 土壤与作物, 1(4): 205-211.

刘兴土, 阎百兴. 2009. 东北黑土区水土流失与粮食安全. 中国水土保持, 1: 17-19.

吕豪豪, 刘玉学, 杨生茂, 等. 2015. 南方地区冷浸田分类比较及治理策略. 浙江农业学报, 27(5): 822-829.

尚二萍, 张红旗, 杨小唤, 等. 2017. 我国南方四省集中连片水稻田土壤重金属污染评估研究. 环境科学学报, 37(4): 1469-1478.

沈鸿飞, 张军, 邱慧珍, 等. 2011. 区域生态环境状况综合评价——以甘肃省庆阳市为例. 干旱区资源与环境, 25(6): 13-17.

石全红, 王宏, 陈阜, 等. 2010. 中国中低产田时空分布特征及增产潜力分析. 中国农学通报, 26(19): 369-373.

水利部, 中国科学院, 中国工程院. 2010. 中国水土流失防治与生态安全(南方红壤区卷). 北京: 科学出版社, 33-93.

孙波. 2011. 红壤退化阻控与生态修复. 北京: 科学出版社.

孙宏德, 李军, 尚惠贤. 1993. 玉米连作黑土培肥效果的长期定位试验研究. 玉米科学, 1: 53-56.

万淑婉, 陈哲忠. 1990. 中国东南部红壤旱地种植系统的生物学及其应用研究. 江西农业大学学报, 12(2): 10-15.

王克林, 岳跃民, 马祖陆, 等. 2016. 喀斯特峰丛洼地石漠化治理与生态服务提升技术研究. 生态学报, 36(22): 7098-7102.

王淑英, 樊廷录, 李尚中, 等. 2016. 生物降解膜降解、保墒增温性能及对玉米生长发育进程的影响. 干旱地区农业研究, 34(1): 127-133.

王志强. 2017. 新常态下我国轮作休耕的内涵意义及实施要点简析. 土壤, 49(4): 651-657.

武均, 蔡立群, 张仁陟, 等. 2018. 不同耕作措施对旱作农田土壤水稳性团聚体稳定性的影响. 中国生态农业学报, 26(3): 329-337.

闫晓明, 等. 2000. 砂姜黑土地区农业持续发展研究. 北京: 中国农业科技出版社.

闫晓明, 张习奇, 张祥明, 等. 1999. 安徽省砂姜黑土地区的农业持续发展. 中国农业资源与区划, 20(5): 39-43.

袁道先, 蒋勇军, 沈立成, 等. 2016. 现代岩溶学. 北京: 科学出版社.

袁久芹, 梁音, 曹龙熹, 等. 2015. 红壤坡耕地不同植物篱配置模式减流减沙效益对比. 土壤, 47(2): 400-407.

曾希柏, 等. 2014. 耕地质量培育技术与模式. 北京: 中国农业出版社.

张斌, 张桃林, 翟玉顺. 1993. 南方红壤丘陵区的农业景观特征与农业布局. 长江流域资源与环境, 2(4): 325-330.

张晨, 赵敏娟, 姚柳杨, 等. 2017. 城乡居民休耕方案支付意愿差异性研究. 西北农林科技大学学报(社会科学版), 17(5): 90-97.

张建军, 樊廷录, 党翼, 等. 2017. 黄土旱塬耕作方式和施肥对冬小麦产量和水分利用特性的影响. 中国农业科学, 50(6): 1016-1030.

张俊民, 吴文荣, 何静安, 等. 1988. 砂姜黑土综合治理研究. 合肥: 安徽科学技术出版社.

张丽. 2016. 长期轮作与施肥对土壤肥力的影响及其综合评价. 杨凌: 西北农林科技大学.

张兴义, 回莉君. 2016. 水土流失综合治理成效. 北京: 中国水利水电出版社.

张兴义, 隋跃宇, 宋春雨. 2013. 农田黑土退化过程. 土壤与作物, 2(1): 1-6.

张亚生, 金涛, 关卫星. 2001. 西藏耕作制度综述. 西藏农业科技, 23(2): 17-21.

张义丰, 王又丰, 刘录祥. 2001. 淮北平原砂姜黑土旱涝渍害与水土关系及作用机理. 地理科学进展, 20(2): 70-75.

赵其国. 2002. 红壤物质循环及调控. 北京: 科学出版社.

赵其国, 等. 2017. 赵其国文集·农业发展卷. 北京: 科学出版社.

赵其国, 黄国勤, 马艳芹. 2013. 中国南方红壤生态系统面临的问题及对策. 生态学报, 33(24): 7615-7622.

赵其国, 石华, 吴志红. 1991. 红黄壤地区农业资源综合发展战略与对策//中国科学院红壤生态实验站. 红壤生态系统研究(第一辑). 北京: 科学出版社.

赵其国, 滕应, 黄国勤. 2017. 中国探索实行耕地轮作休耕制度试点问题的战略思考. 生态环境学报, 26(1): 1-5.

中华人民共和国国家统计局. 2016. http://data.stats.gov.cn/.

Guo J H, Liu X J, Zhang Y, et al. 2010. Significant acidification in major Chinese croplands. Science, 327: 1008-1010.

第十章　我国耕地轮作休耕制度试点体制机制

体制机制是我国耕地轮作休耕制度试点工作的重要政策管理体系，也是制度试点运行成败的重要保障。本章介绍发达国家耕地轮作休耕制度的体制机制建设经验与做法，综合分析我国耕地轮作休耕制度试点的体制机制以及目前存在的主要问题，在此基础上进一步提出完善我国耕地轮作休耕制度体制机制的对策建议。

第一节　制度试点的体制机制现状

一、发达国家耕地轮作休耕制度的体制机制建设

（一）美国耕地轮作休耕制度的体制机制建设

美国是目前推行休耕制度最为成熟的国家，面对粮食供给过剩和生态环境退化的现状，美国国会 1985 年通过了农业法案《食品安全法案》（*Food Security Act*），1986 年正式启动"土地休耕保护计划"（Conservation Reserve Program，CRP）项目（毕淑娜，2018；杨庆媛等，2018；朱文清，2009）。项目实施以来，美国农业部农场服务局（Farm Service Agency，FSA）负责这一项目的具体实施；农业部自然资源保护局（Natural Resources Conservation Service，NRCS）提供技术支持；农业部商品信贷公司（Commodity Credit Corporation，CCC）提供资金支持（Heimlich 和杜群，2008）。

在休耕实施的过程中，农业部建立了环境效益指数（environmental benefit index, EBI）（卓乐和曾福生，2016），用来评估所申报的每块土地的环境收益状况。环境效益指数量化了环境要素的相关性，明确了土地保护和治理的要求，健全了成本效益评估程序，兼顾了效率与公平（王晓丽，2012）。

为了调动农民的积极性，美国采取了以政府补偿为主的动态化、市场化及多样化的休耕补贴制度，建立了一套以政府补贴与市场运作相结合，生态环境效益与农民经济利益兼顾的农业补贴运行机制。此外，采用补贴加奖励的手段，即以土地年租金为计算标准进行补贴，对休耕后种植有利于环境的作物进行奖励（朱文清，2010a, 2010b；卓乐和曾福生，2016）。

（二）欧盟耕地轮作休耕制度的体制机制建设

由于自愿休耕推行率较低，1992 年欧盟启动"麦克萨里改革"（MacSharry Reform），将休耕作为欧盟减少粮食产量的强制手段并在欧盟全面推广。1999 年欧盟"2000 年议程"（Agenda 2000）提出构建欧洲农业发展模式，对农业政策进行更为彻底的改革，即大幅削减农产品的价格补贴、继续推行强制性休耕。目前休耕项目已成为欧盟农业政策的一个重要组成部分（唐启飞和何蒲明，2017；杨庆媛等，2017）。

欧盟休耕计划是根据世界粮食形势不断进行调整的，同时补贴方式和补贴金额也随市场价格的变化而变化。欧盟根据粮食安全和世界粮食形势决定是否采取强制休耕，在非强制休耕下又根据耕地面积和年产量决定农户是否需要进行强制休耕，然后根据当年的谷物价格对休耕农户进行补贴，休耕的费用由各成员国承担，由各县农业局进行操作执行，最终实现控制粮食产量的目的（谭永忠等，2017）。

欧盟休耕计划过程较为复杂，从申请核实、执行、补贴、管理监督到退出休耕后的土地保护工作量很大，整个休耕过程的监督体系不健全，部门之间存在互相牵制推诿的现象，最终导致监督管理成本很高，实施效果不佳。为了鼓励农民支持这一改革，欧盟还建立了"农业环境行动"国家补贴项目来取代之前的补贴制度（刘沛源等，2016）。

（三）日本耕地轮作休耕制度的体制机制建设

日本于1995年首次将休耕写入主粮法（*Staple Food Law*），让农民自己决定是否参与休耕项目。但在实施过程中，日本农林渔业部（MAFF）和日本农业合作社（JA）要求所有农民都参与休耕项目，以村庄而非农民个体为单位下派稻田轮作的任务（唐启飞和何蒲明，2017）。

日本稻田轮作计划的补贴是根据参与休耕项目的农民是否采取保障土地可持续利用措施而浮动的，且休耕补贴的多少根据休耕方式决定，并根据农户采取的土地管理利用方式的差异进行实时的动态调整。为了实现产业化和规模化经营，其直接补贴的对象是拥有耕地面积 4hm^2 以上的单个农户和拥有耕地面积 20hm^2 以上的农业合作组织（饶静，2016）。

与美国相比，日本的休耕体制机制相对粗糙，缺乏精确的定量分析，缺少科学的检测和评价机制，因而对生态环境带来的效益仅限于低层次的环境目标。

二、我国耕地轮作休耕制度试点的体制机制建设

耕地轮作休耕制度试点是中央全面深化改革领导小组确定的重大改革任务，《探索实行耕地轮作休耕制度试点方案》（以下简称《方案》）对抓好耕地轮作休耕制度试点提出了明确要求，将任务分解到部门、到省份、到实施单位，确保目标到位、责任到位、措施到位。

（一）加强组织领导、强化绩效管理

《方案》中指出，耕地轮作休耕制度试点工作由农业部牵头，会同中央农办、发展改革委、财政部、国土资源部、环境保护部、水利部、食品药品监管总局、林业局、粮食局等部门和单位，建立耕地轮作休耕制度试点协调机制，加强协同配合，形成工作合力。试点省份建立相应工作机制，落实责任，制定实施方案。试点县成立由政府主要负责同志牵头的领导小组，明确实施单位，细化具体措施。

湖南省紧紧围绕"政府主导"的思路，层层落实责任，充分发挥各级政府和村级组织的主体作用。省农委、省财政厅负责休耕监督指导，试点县政府负责组织实施，乡镇负责督促，村委会负责落实。休耕试点县市区成立了以政府主要负责人任组长的领导小

组，从上到下建立严格的责任制度，每个休耕乡镇有一名县委常委、每个村有一名乡镇领导、每个组有一名村干部包干负责。此外，出台了《湖南省耕地治理式休耕试点考核办法（试行）》，对休耕绩效进行考核。为确保耕地休耕过程中不弃耕、不抛荒，湖南省农委安排了专门的管护资金，以休耕地村委会为管护主体，负责休耕耕地的管理和农田基础设施的维护。

河北省政府成立了地下水超采综合治理试点工作领导小组，省长亲自任组长，省政府办公厅和省财政厅、省水利厅、省农业厅、省国土厅等 10 个省直部门为成员单位，共同推动包括开展季节性休耕在内的地下水超采综合治理试点工作，同时省农业厅会同省发改委、省财政厅等部门，建立了季节性休耕制度试点协调机制。省农业厅成立了休耕试点专家指导组，及时研究工作中遇到的技术问题。层层签订责任状，明确各级任务和责任。省、市、县、乡分别成立包县、包乡（镇）、包村责任制，组织机关干部和技术人员进村入户，蹲点包片，指导农民开展休耕试点，协调解决工作中遇到的困难和问题。

贵州省建立了省、市、县三级耕地休耕制度试点协调制度。省、市（州）一级成立由农委牵头，会同发改、财政、国土、水利、林业、粮食等部门和单位的领导小组，建立耕地休耕制度试点协调机制，加强协同配合，形成工作合力。省级领导小组由分管副省长任组长。试点县成立由政府主要负责同志牵头的领导小组，明确实施单位，细化具体措施。此外，还对行业主管部门、技术服务专家的相关职责进行明确，定期对试点工作开展技术指导服务。为扎实推进耕地休耕制度试点，进一步强化责任落实、强化措施到位、强化监督考核，确保试点取得实效，贵州省农委制定了《贵州省耕地休耕制度试点考核办法》，对组织领导、任务落实、指导服务、督促检查、总结宣传、奖惩措施等方面进行考核。

黑龙江省的试点工作由省农委牵头，会同省委农办、省发展和改革委员会、省财政厅、省国土资源厅、省环境保护厅、省水利厅、省食品药品监督管理局、省林业厅、省粮食局、省统计局、省物价监督管理局等部门和单位，建立耕地轮作制度试点协调机制，加强协调配合，形成工作合力。各试点市（地、局）、县（市、区、农场）要成立由政府主要负责同志牵头的领导小组，制定试点方案，明确实施主体，细化具体措施，将轮作任务分解到乡镇，落实到村组。在试点结束时，要安排当地审计部门对项目实施进行全程审计，出具资金使用审计报告，并聘请委托中介机构对本地试点的经济效益、社会效益、生态效益等方面进行评估，形成客观、公正、全面的分析评估报告。

（二）突出补贴政策保障，强化资金落实

《方案》中要求该工作要鼓励农民以市场为导向，调整优化种植结构，拓宽就业增收渠道。强化政策扶持，建立利益补偿机制，对承担轮作休耕任务农户的原有种植作物收益和土地管护投入给予必要补助，确保试点不影响农民收入。对未落实轮作休耕任务的农户，要及时收回补助；对挤占、截留、挪用资金的，要依法依规进行处理。

湖南省充分发挥政策托底作用，规定按每亩 700 元的标准对休耕农民进行收入补贴，合理测算各项技术措施的补贴标准，对休耕工作中的技术措施进行额外补贴，确保农民收入不减少。休耕耕地承包者在休耕期间，仍然按照相关规定同等享受耕地地力保护补贴，保证农业补贴不落空。明确试点县、市、区因休耕而减少的粮食产量，不影响该县粮食生产绩效考核，不影响粮食生产财政转移支付和农业支持保护补贴等资金额度，力保县级政府工作的积极性。对资金管理和使用进行规范，做到补贴资金专款专用，严禁骗取、截留、挪用补贴资金或违规发放补贴资金。

河北省按照试点任务统筹安排，因地制宜采取直接发放现金或折粮实物补助的方式，落实到县乡，兑现到农户。合理确定补助标准，轮作要保证农民种植收益不降低，休耕补助要与原有的种植收益相当，不影响农民收入。支持试点区域农民转移就业，拓展农业多种功能，延长农业产业链，开辟新的增收渠道，推动农村一二三产业融合发展。

贵州省要求补助标准必须与原有的种植收益相当，不影响农民收入，补助资金全部补助到休耕的农户或新型经营主体。中央财政补助资金按任务分配到县，由县按照任务落实到乡镇、农户或经营主体，采取直接发放现金的方式，通过涉农"一折通"（或经营主体账户）兑现到农户或新型经营主体。试点任务及补助资金要及时张榜公示，接受社会监督。省市农业部门会同有关部门对耕地休耕制度试点县开展督促检查，重点检查任务和资金落实情况。对未落实休耕任务的农户，要及时收回补助；对挤占、截留、挪用资金的，要依法依规进行处理。

黑龙江省对自愿参加耕地轮作试点及 2015 年在合法农业用地上种植玉米，2016 年种植大豆，其他试点年度合理轮作的以种植大户、家庭农场、农民专业合作社等新型农业经营主体为主的实际种植者进行补助。省级财政部门根据耕地轮作补助标准和省统计、省农业部门函告的分县补助面积，履行相关审批程序后，将补助资金直接拨付给各市（地）、县（市、区）和农垦总局。各市（地）、县（市、区）和农垦总局在接到省级财政部门拨付的补助资金后 15 日内，根据同级统计、农业部门函告的补助对象耕地轮作试点面积和每亩补助标准，通过粮食补助"一折（卡）通"将补助资金兑付给补助对象。各市（地）和农垦总局建立补助面积和补助资金公示、档案管理和监督检查制度。设立并公布监督举报电话，接受群众监督。此外，为了确保耕地轮作试点有力有序推进，各试点县（市、区、农场）要根据轮作任务和工作需要，安排必要的工作经费，确保试点如期开展，保证轮作耕地地块定位、耕地质量监测、签订轮作协议、开展技术指导服务、建立档案和成效宣传等项工作的顺利进行。

（三）突出农民自愿休耕，强化过程监管

《方案》中强调，我国生态类型多样、地区差异大，耕地轮作休耕情况复杂，要充分尊重农民意愿，发挥其主观能动性，不搞强迫命令、不搞"一刀切"。试点县要建立县统筹、乡监管、村落实的轮作休耕监督机制，建立档案、精准试点。试点任务要及时张榜公示，接受社会监督。农业部会同有关部门对耕地轮作休耕制度试点开展督促检查，重点检查任务和资金落实情况。利用遥感技术对试点情况进行监测，重点加强土地利用情况动态监测。

湖南省坚持不影响农民收入，做到农民自愿申报休耕地块。构建休耕审批制度，保证耕地相对集中连片，采取村级申报、乡镇审核、县级农业和财政部门复核、政府审批的程序，报省市备案。加强信息公示，对休耕区域位置、面积、责任人、相关政策规定、农户信息等进行公开,接受社会监督。重视信息化管理和休耕效果监测,建立遥感数据库,上报地块信息,实现休耕地制度的信息化管理,印发了《耕地质量监测方案》,委托第三方定点监测耕地质量和稻谷重金属含量,评估治理式休耕效果。

河北省在地下水超采治理方面坚持惠农富民方向,尊重群众意愿,接受群众监督,拓宽群众建言献策渠道,明晰农民水权,严格执行节奖超罚,让农民充当工程建设的监督员,建立农民地下水超采治理的归属感和主人翁意识,让农民在超采治理改革中得到红利。休耕工作坚持以种粮大户、家庭农场、农民合作社等新型经营主体为单元,成方连片,集中实施,鼓励有条件的地方整村推进,层层签订责任状,明确各级任务和责任,并组织机关干部和技术人员进村入户,蹲点包片,指导农民开展休耕试点,协调解决工作推动中遇到的困难和问题。省、市、县农业部门对季节性休耕试点进行不定期督促检查。

贵州省要求充分尊重农民意愿,发挥其主观能动性,不搞强迫命令、不搞"一刀切"。允许试点区根据试点目标和实际工作需要,制定补助资金兑现办法,建立对农户实施休耕效果的评价标准和体系,每年对农户和新型经营主体的休耕耕地进行检查验收,达到耕地肥力不减、地力提升的休耕效果后,再兑现补助资金。试点县建立县统筹、乡监管、村落实的轮作休耕监督机制,建立档案、精准试点。

黑龙江省根据各地生产实际,充分尊重农民意愿和生产经营自主权,发挥其主观能动性,不搞强迫命令、不搞"一刀切"。鼓励以乡、村为单元,优先支持种植大户、家庭农场、农民专业合作社等新型农业经营主体实施轮作试点,确保有成效、可持续。各试点县(市、区、农场)农业部门要定期对耕地质量变化情况跟踪监测,建立数据库。

(四)突出组织模式探索,强化产业培育

《方案》中鼓励以乡、村为单元,集中连片推进,确保有成效、可持续。鼓励农民以市场为导向,调整优化种植结构,拓宽就业增收渠道。

湖南省基本形成了政府主导型和企业主体型的组织管理模式,特别是企业主体型,主要依靠农民专业合作社、环保企业等经营主体,采用政府购买服务的方式,由第三方负责措施落地和治理修复,目前参与试点工作的农业专业合作社达1200多家,环保企业130多家,370多家企业研发的近400个产品聚集到试点区展示,极大地推动了湖南省环保产业的快速发展。

河北省休耕区要求成方连片,整村推进,很多地区种植合作社、家庭农场、种植大户数量快速增加,原有的种植合作社等也适当扩大规模,有效促进和推动了当地的土地流转工作,推动了传统农民向现代农民、职业农民转变。水肥一体化项目按照政府搭台,企业唱戏,农民参与,市场运作的方式,充分发挥行政推动作用,整合行政管理、推广机构、科研教学单位、生产供应企业、农民专业组织力量,形成五位一体的技术培训推广服务机制。

贵州省因地制宜构建替代型草食畜牧业、特色水果坚果产业(如柑橘、红心柚、猕猴桃、火龙果、澳洲坚果)、特色种植-生态旅游复合产业等模式。如在峰丛洼地地区,通过构建木本饲料植物作为先锋群落,结合优质牧草的种植,大力发展肉牛圈养,形成

喀斯特农牧复合生态系统。这种做法一方面大大减轻了垦殖活动对坡耕地的破坏，另一方面对水源涵养、养分循环起到促进作用，同时，草食畜牧业成为农民新增收入的主要来源。

黑龙江省对于≥25°的坡耕地实行退耕还林还草；对严重侵蚀退化坡耕地实行休耕，人工混播牧草，在恢复生态遏制水土流失的同时，发展畜牧业，建立用地生产"羊"的休耕模式。此外加快土地流转，推动规模化经营，通过成立合作社或公司作为新型经营主体，推动东北冷凉区、北方农牧交错区的耕地轮作休耕工作。

第二节　目前存在的体制机制问题

一、顶层设计不够完善，缺乏科学的休耕计划

轮作休耕制度是一个系统工程，涉及土、肥、水、种、密、保、管、工、法等生产和管理要素，需要国家层面全面规划、综合考虑多方面因素，联合多个部门协同工作。

从组织机制上来看，国家层面，由农业部牵头，会同中央农办、发展改革委、财政部、国土资源部、环境保护部、水利部、食品药品监管总局、林业局、粮食局等部门和单位，建立耕地轮作休耕制度试点协调机制，加强协同配合，形成工作合力。试点省份要建立相应工作机制，落实责任，制定实施方案。试点县要成立由政府主要负责同志牵头的领导小组，明确实施单位，细化具体措施。在中央统一部署下，各省均成立了领导工作小组和专家委员会，发布了耕地轮作休耕试点实施方案，并层层落实任务和责任，将耕地轮作休耕工作按照要求进行部署和实施。这种多部门协同配合的组织机制，往往容易导致部门间相互推诿，工作无法落到实处，责任无法追究。

耕地轮作休耕是一项长期性和艰巨性并存的工作：一方面，重金属污染土壤修复、地下水超采治理、耕地地力提升和生态恢复等都是长期性的工作，需要不断创新研究方法，发展治理技术，探索适合于不同地区的轮作和休耕模式，逐步恢复和提高耕地的生产潜能；另一方面，由于我国不同的气候条件差异和不同的土地利用方式，造成各地出现的土壤问题不尽相同。所以在制定耕地轮作休耕制度试点规划方面，国家层面需要有明确的整体性和长远性的规划，因地制宜、分类分区实施耕地轮作休耕工作（赵其国等，2017）。轮作休耕时限不明确，模式不确定，没有稳定的资金投入作保障，将会导致休耕政策的可持续性严重受到影响，亟须根据每个地区的具体情况，将确保粮食安全、保护农业生态环境和保障农民利益相结合，确定合理的模式、适宜的轮作休耕面积，设计轮作休耕的时限，制定一套科学的轮作休耕计划（饶静，2016）。

二、认识不到位，宣传力度有待加强

耕地轮作休耕制度的实施有利于保产能、调结构、去库存，在很大程度上耦合了农业供给侧改革的目标任务。在推进耕地轮作休耕工作过程中，存在与农业供给侧改革割裂认识的问题。

一方面，部分农户担心耕地轮作休耕会影响粮食生产总量，因而对耕地轮作休耕工

作存在疑虑，积极性不高。耕地轮作休耕可实现土壤养分的均衡利用，有效减少病虫害，去除土壤中的污染物，改善土壤的理化性状，不断恢复和提高地力。通过休耕，短期看粮食产量减少，但从长期和全局看，休耕可使土地得到休养生息，实现耕地的用养结合，促进保护和提升地力，提升粮食产能，实现"藏粮于地"。另一方面，农民由于认知水平的欠缺，对耕地轮作休耕的内涵理解不够，当前我国粮食生产的主要矛盾不是粮食供需总量矛盾，而是结构性矛盾，耕地轮作休耕不仅要通过休养土地以提升耕地生产能力，更需要通过有目的、有选择地进行轮作休耕，采取不同的模式，以调整农产品生产结构，调节农业供需结构性矛盾。轮作休耕制度不仅是生产制度的更新，更是农业理念上的更新认识。如果对轮作休耕认识还不到位，只注重地方经济发展，忽视农业绿色发展和生态文明建设工作，不愿意承担休耕任务，对落实轮作休耕制度持消极被动态度，那势必会影响试点工作的开展。各级政府需要加大宣传和推广力度，重视轮作休耕技术的指导，积极打造样板，及时向农民展示实施休耕轮作地区取得的效益，让农民充分了解这一制度的优势和长远效益所在，并进一步了解休耕的意义所在，提高农户对于休耕的认知，增强农民参与的积极性，为休耕计划的实施做保障（刘振中等，2016）。

三、补助标准缺乏柔性，资金来源单一

农业供给侧改革的最终目标之一是要增加农民收入，实施耕地轮作休耕制度试点也是以不影响农民收入为前提，并尽可能促进农民增收。只有农民的收入得到保障，他们才有积极性参与、配合耕地轮作休耕工作。

从2016年试点地区发放补贴的情况看，补助政策存在不少问题，比如补助标准缺乏弹性、补助形式较少、补助资金来源单一、补助制度缺乏保障等，这些都在一定程度上影响了农民的收入水平，影响了农民参与的积极性。《方案》中按照试点区的不同规定了补助标准，"河北省黑龙港地下水漏斗区季节性休耕试点每年每亩补助500元，湖南省长株潭重金属污染区全年休耕试点每年每亩补助1300元（含治理费用）"，事实上，不仅试点区之间的耕地特征存在差异，各休耕试点区域内部也存在较大的差异。以湖南省为例，各重金属污染地区耕地污染程度、土壤肥力水平、休耕模式、土地流转的价格等都存在一定的差异，但是湖南省统一按照700元每亩进行补助。这种不考虑各个地区内部差异性的做法可能会使一些区域补助过度，一些区域补助不足，从而影响农民休耕的积极性。由于各种不确定因素的存在，粮食价格每年会出现波动，但补助标准却没有相应的动态变化，农民的收入得不到稳定的保障，出现粮价低的年份农民积极要求休耕，粮价高的年份农民不愿意休耕（谭永忠等，2017）。补助的形式采用的是直接支付补助，即政府依据农民休耕前的粮食收入，对休耕造成的损失从财政收入中直接给农户支付补助。这种补助方式操作简单，但是往往容易出现补助发放标准偏高的现象，给政府带来较大的财政压力。从农业部2018年2月就耕地轮作休耕制度试点情况举行的发布会看，2016年，中央财政安排了14.36亿元，试点面积616万亩，2017年安排了25.6亿元，试点面积1200万亩，2018年拟安排约50亿元，试点面积比2017年翻一番，达到3000万亩，此后每年按照一定比例增加，加上地方自主开展轮作休耕，力争到2020年轮作休耕面积达到5000万亩以上。这么大额的补助资金如果单纯依赖于政府的财政补贴，会给政府带来较

大的财政压力，应积极拓展资金筹措渠道，建立政府财政补助与市场付费补助相结合的补助机制。

四、过程监管和考核评估有待加强

《方案》要求开展耕地轮作休耕试点，要"以保障国家粮食安全和不影响农民收入为前提"，休耕不能减少耕地、搞非农化、削弱农业综合生产能力，确保急用之时粮食能够产得出、供得上，所以休耕要防止"非农"和"撂荒"两种倾向。一些地方借轮作休耕之名行改变土地用途、占用耕地之实，搞非农化。一些农民对保护和管理休耕地的意识不强，甚至误解休耕就是对土地弃而不管，导致试点地区出现一定程度的休耕地撂荒和弃耕现象，像南方地区高温多雨区域，如果不加强管理，休耕会产生"一年长草，两年长柴，三年长树"的现象。此外，对于如何轮作和休耕，农民并不具备这方面的专业知识和技术，要保证耕地轮作休耕制度的顺利实施，就需要政府在制度实行过程中派遣相关技术人员对农民进行指导，增加农民的农业知识，提高农民的专业技术。在过程监督方面政府逐步建立了"天眼"察和"地网"测的技术手段，即采用卫星遥感技术对轮作休耕区域进行遥感监测（"天眼"察），耕地质量变化则采用"大片万亩、小片千亩"的原则布置土壤监测网点，跟踪监测耕地质量和肥力变化（"地网"测）。高科技给轮作休耕工作带来了很多帮助，但是在实施过程中，需要加强人力的配合，加强数据的整理和收集，使高科技发挥应有的作用，确保轮作休耕工作取得实效。

确保耕地质量稳步提升，真正实现"藏粮于地"，还必须充分发挥政策和考核的导向作用。一些地区没有出台休耕轮作绩效考核办法，缺乏有效的考核评价机制，领导干部责任心不足，实施主体没有紧迫感，导致轮作休耕工作不能达到预期目标。一方面，实施轮作休耕前，应先确定轮作休耕后预期达到的目标或标准，再对耕地质量进行评估并建立档案；在轮作休耕后，按照之前的评估指标进行检测评价，合格后予以验收。为提升评价结果的科学性，还应进行后期跟踪评估。另一方面，要出台相应的管理和考核办法，加强对各级政府在组织领导、任务落实、指导服务、督促检查等方面的考核和评估，增强各部门负责人的责任感，确保轮作休耕工作有序进行（饶静，2016）。

五、耕地轮作休耕制度缺少法律法规支撑

耕地轮作休耕是保障农产品有效供给和质量安全，提升农业可持续发展能力，实现"藏粮于地"的重要举措。如何让耕地轮作休耕制度落地，离不开相应的政策法律制度的保障。《方案》中指出：耕地轮作休耕要强化政策扶持，建立利益补偿机制。虽然《方案》中明确了补助标准、补助形式、资金来源等，但是在实施过程中没有相应的法律法规进行约束，补助制度缺乏保障，在实施过程中容易出现随意性和主观性，影响工作的开展。生态补偿在本质上是一种利益补偿机制，是因为从事生态保护、治理、恢复与建设的单位和个人因增进公共生态利益而致自身利益减损或发展机会丧失，对生态受益者课以补偿义务的一种制度安排。它以承认环境资源同时具有生态利益和经济利益为理论前提，以实现资源的生态利益和经济利益的妥协、协调、和谐发展为努力方向。生态补偿对从事生态保护的人们的补偿最终都体现为经济补偿，以实现资源的经济利益来实现对环境

生态利益的保护。如果能在总结森林、流域及矿产资源生态补偿成功经验的基础上，构建我国耕地轮作休耕生态补偿制度，对于保障耕地轮作休耕工作顺利进行有着举足轻重的作用（吴萍，2016，2017）。

从其他国家和地区轮作休耕的经验教训来看，由于缺乏完善的控制体系和监督制度，导致耕地没有得到有效养护、生态环境没有得到改善。我国亟须加快出台相关约束性的法律法规，对组织实施程序、补助形式和标准、资金监管、轮作休耕过程监督、评价指标、第三方评估等进行详细规定，并完善奖惩机制，强化领导干部的绩效考核（江娟丽等，2018）。

六、科技投入少，支撑基础薄弱

在我国，虽然开展过轮作休耕制度的试验研究和推广应用，积累了较多的知识、技术和经验，但是针对重金属污染区、地下水漏斗区和生态严重退化区轮作休耕制度的研究较少，并且区域间相当不平衡，已不能满足和指导新时代轮作休耕制度实施的要求。目前，缺乏试点省份轮作休耕农用地的划分标准和技术指南；缺乏不同区域轮作休耕技术应用的土壤质量和生态环境变化的科学基础研究及长期影响评估方法研究，缺乏重金属污染区、地下水漏斗区和生态严重退化区轮作休耕与修复恢复协同技术研究；缺乏轮作休耕面积和耕地质量动态识别的大尺度遥测、评估技术与预测模型研究；缺乏与产学研相结合的轮作休耕制度实施模式创新研究等。因而，难以形成科技创新支撑区域轮作休耕制度实施与发展的新局面。

第三节　体制机制的对策建议

一、加强顶层设计，尽早编制国家耕地轮作休耕总体规划和中长期路线图

我国实施耕地轮作休耕的目标是让土地休养生息，藏粮于地，改善土壤质量，保存土地生产力。这一目标的实现，需要进行轮作休耕制度的设计、执行和评估，做好打持久战、攻坚战的准备。

国家层面尽早统筹制订耕地轮作休耕总体规划，完善轮作休耕制度的顶层设计，构建因土制宜、因水制宜的轮作休耕制度体系，编制轮作休耕制度 2035 实施路线图。科学地划定耕地轮作休耕区域，按照重金属污染区、地下水漏斗区、生态严重退化区、肥力障碍区等问题类型，选定"适合"轮作休耕区域，进行示范推广。科学制订适宜不同问题类型地区农业生产实际的 10 年轮作休耕实施方案。针对地下水漏斗区，统筹考虑华北平原漏斗区粮食安全与水资源环境安全的协同战略规划，河北省地下水漏斗区水资源治理应与京津冀环境整治和雄安新区建设工作结合起来，统筹考虑华北地区的耕地轮作休耕试点任务与布局，建立统一机制、统一发展理念和生态建设理念，积极探索因水制宜、因土制宜的轮作休耕制度体系，科学地划定耕地轮作休耕区域，规划休耕时限（赵其国等，2018）。针对重金属污染区，湖南省作为我国粮食主产省份，耕地复种指数高，建议同步启动推进轮作休耕试点，在休耕的同时，也支持湖南省开展稻-油、稻-肥、稻-马铃

薯等水旱轮作（赵其国等，2017a）。东北冷凉区和北方农牧交错区部分耕地水土流失严重，耕地严重退化，建议在现状严重地区同步实施休耕。此外，国家还需要预先考虑休耕后转作，休耕计划到期，休耕土地退出休耕计划之后如何利用和保护等问题（赵其国等，2017a）。

为避免由于受部门本位主义思想影响，多部门联合开展工作会出现只顾自己，而不顾整体利益，对别部、别地、别人漠不关心的思想作风或行为态度。建议建立耕地轮作休耕制度试点多部门协调机制，由农业农村部牵头，财政部、水利部、生态环境部、科学技术部等多部委协同配合，统筹管理。

二、明确各地区的轮作休耕目标，加强宣传工作

我国地大物博，南北、东西从气候、地形、水文、作物种类到种植习惯甚至消费结构的巨大差异，加上多年来各地区经济社会发展不平衡，造成区域土壤环境的差异性较大。国家层面需要充分考虑地域差异，明确各地区实施轮作休耕的具体目标，分区分类实施，探索多模式多体系。比如湖南省主要目标是重金属污染治理；河北省地下水漏斗区主要目标是水资源安全；设施农业主要是解决连作障碍问题；生态脆弱区主要是为了让土地休养生息等。不同区域，不同问题，要因地制宜，充分考虑地域差异，采取不同的模式，制定相应的方案（卓乐和曾福生，2016），推动地方经济发展与生态环境的协同发展。

由于知识和文化水平的局限性，很多农民对耕地轮作休耕工作的内涵和意义理解不够，他们片面地认为轮作休耕打乱了自己的耕种计划，减少了自己的收入，甚至部分人因为轮作休耕赋闲在家，这种情绪会对轮作休耕工作产生负面影响。他们态度消极，不配合工作的开展，加大了各地开展耕地轮作休耕工作的难度。国家需要在基层政府建立耕地轮作休耕项目管理部门，由专人专门负责该制度在农村的推行，加大宣传力度，加强轮作休耕内涵的科普，安排专业技术人员驻地指导，加大轮作休耕区的新型职业农民培训力度，建立示范性样板工程，向农民展示已经开展轮作休耕的国家或者地区在实施该工作以来农民获得的利益、土壤质量的提升、生态环境的改善等，让农民感受到他们是受益者，从而激发他们参与该工作的积极性（刘振中等，2016），逐步变被动为主动，让轮作休耕的理念根植于心。

三、强化资金补助动态化，拓宽补助资金来源渠道

农户是耕地轮作休耕制度推行中最主要的利益相关者，如何采用合理的激励措施和配套政策使农户自愿、积极参与轮作休耕，事关该制度能否顺利实施和取得成效。首先，由于我国各地区自然资源禀赋各异，社会经济发展水平存在差距，在实施补助政策的时候需要充分考虑地域差异，因地制宜地确定补助标准（刘沛源等，2016）。其次，由于国际形势变化、自然灾害等各种不确定因素的存在，粮食价格每年会出现一定的波动，每年的补助标准应根据实际情况适时调整，以保障农户的利益。此外，随着轮作休耕工作的开展，补助政策也要适时进行调整。现阶段的补助主要以稳定农户收入、保障农民利益为目的，提高农民参与的积极性。轮作休耕制度实施的下一阶段，可以考虑侧重于保

护生态环境,补助政策应调整为激励农户采取有效措施、恢复和提高土壤地力、降低土壤环境污染、改善生态环境等。

补助资金是否充足和及时到位是轮作休耕制度顺利开展和持续实施的前提。目前我国耕地轮作休耕的补助资金仅来源于中央财政纵向转移支付,这种方式控制性和针对性强,但是耕地轮作休耕是一项长期性的工作,历时长、工程量大,单一的资金来源会给政府带来较大的财政压力。政府应该拓展资金筹措渠道,建立政府财政补助与市场付费补助相结合的补助机制(谭永忠等,2017)。当前我国有关政府-企业合作的 PPP(public-private-partnership)模式正在兴起,政府与企业合作能够为农业经营者提供有偿或无偿的服务。这个模式有利于使提供社会服务的企业更加专业化,从而在整体上提高效率、降低成本。此外,可以探索发展横向转移支付。目前承担耕地轮作休耕工作的试点地区在河北省地下水漏斗区、湖南省长株潭重金属污染区、西南西北生态严重退化区、北方农牧交错区等,其他生态受益的地区可以通过横向财政转移支付的形式对轮作休耕试点区进行资金补偿,实现不同区域之间利益保护的权责对等。

四、重视过程监管,完善评估体系

公开透明、高效合理地管理和监督对耕地轮作休耕制度有序推进至关重要,决定着我国轮作休耕制度的走向和未来。尽管我们有高科技的"天眼"察和"地网"测,但是这些技术手段尚处于初步建立阶段,能否让"天眼"和"地网"起到预期效果,关键在于实施过程中实行有效监管,规范"天眼"和"地网"的使用,及时获取相关信息,建立轮作休耕资料数据库,用监测结果反过来指导实际工作。因此有必要建立一套"自上而下管理,自下而上监督"的监督管理体系。"自上而下管理"是指各级政府自上而下布置轮作休耕任务,每一级的任务具体到点上,建立评价指标体系,通过一定的指标对每一级的任务完成情况进行打分,通过得分情况进行绩效考核,决定最终的奖惩。"自下而上监督"是指自下而上逐级对上一级部门开展的轮作休耕工作进行打分和评价,客观公正地反映实际情况。耕地轮作休耕制度的推行需要跨部门力量的合作,同时还应考虑各个利益主体的权益。完善耕地轮作休耕监管体系,不能单一依靠行政主管部门,还要加强社会监督,在实施过程中落实公众知情权,定期公布补助发放、实施进度、监测结果等信息,接受公众监督(毕淑娜,2018;饶静,2016;唐启飞和何蒲明,2017)。

建立科学完善的预测评估体系是轮作休耕计划的重中之重。美国在项目实施之初便建立了环境效益指数,即以土壤数据库、各地地形图、各区域分布图等为依据形成的一个科学的综合评价体系,用来评价休耕地的生态效益。而日本等国由于缺乏定量分析与科学监测、缺乏有效评价体系,导致轮作休耕的社会、经济和生态环境效益达不到预期效果。我国正处于实行耕地轮作休耕工作的起步阶段,应借鉴国外的经验和教训,从一开始就重视评估体系的建立,在总结国外优秀做法的同时,不断收集和完善已有资料,建好资料数据库、尽早制定出一套科学合理的耕地轮作休耕评估体系,以提高轮作休耕项目的实施效果(卓乐和曾福生,2016)。

五、加强耕地轮作休耕法律法规建设

生态补偿是实现耕地轮作休耕的重要途径和手段，能平衡不同主体、不同区域间生态利益与资源利益的冲突，实现公平正义。2014 年新修订的《环境保护法》中已经将生态补偿确立为一项环境法的基本制度，近年来森林、自然保护区、流域、矿产资源开发等领域的生态补偿实践也正如火如荼地开展，取得了一定的成效。耕地轮作休耕生态补偿制度的建设是推进耕地轮作休耕顺利运行的重要手段与措施，建议国家在总结森林、流域及矿产资源生态补偿成功经验的基础上，充分考虑各相关利益群体，合理确定补偿标准，体现效率和公平，实现动态调整，兼顾市场资金来源，尊重环境效应的市场调节规律，构建我国耕地轮作休耕生态补偿制度（吴萍，2017；吴萍和王裕根，2017）。

为确保耕地轮作休耕制度稳妥有序推进，建议国家建立健全第三方验收和政策评估机制，加强平时的检查、抽查、巡查机制，加强对农户、农场的考核机制，加强对地方政府的绩效考核机制，加强对政策实施的评估和反馈机制，建立一套科学合理的第三方验收和评估体系，实现耕地休养生息和农业可持续发展，确保国家粮食安全和农民利益不受影响。国家有关部门要尽快制定耕地轮作休耕管理暂行条例，根据本地实际制定耕地轮作休耕的实施办法等政策性文件，保证耕地轮作休耕制度规范化、程序化、常态化实施推广。

六、建立健全科技保障机制

基于当前我国耕地轮作休耕工作中存在的各种科学技术难题，建议加大科技投入，制定科技创新支撑区域轮作休耕制度发展行动计划，设立耕地轮作休耕科技工程重点专项，支持耕地轮作休耕制度的科学技术、工程应用、监测评估和政策管理的系统研究。

重点加强轮作休耕区土壤质量和生态环境变化规律及长期影响评估方法，重金属污染区、地下水漏斗区和生态严重退化区轮作休耕与修复恢复协同治理技术与新模式，轮作休耕面积和耕地质量动态识别的大尺度遥测、评估技术与预测模型，区域轮作休耕农用地的划分标准和技术指南，区域轮作休耕制度实施工程成效评估、模式集成与示范等方面的科学研究，形成新时代轮作休耕制度实施与发展的科技指导与支撑体系。

参 考 文 献

毕淑娜. 2018. 美国土地休耕计划对中国耕地轮作休耕制度的启示. 南方农业, 12(11): 122-124.
江娟丽, 杨庆媛, 童小蓉, 等. 2018. 我国实行休耕制度的制约因素与对策研究. 西南大学学报(社会科学版), 44(3): 52-57.
刘沛源, 郑晓冬, 李姣媛, 等. 2016. 国外及中国台湾地区的休耕补贴政策. 世界农业,(6): 149-153, 183.
刘振中, 刘瑾, 周海川. 2016. 耕地轮作休耕制度试点的若干问题与对策. 中国经贸导刊,(26): 18-19.
饶静. 2016. 发达国家"耕地休养"综述及对中国的启示. 农业技术经济, 9: 118-128.
谭永忠, 赵越, 俞振宁, 等. 2017. 代表性国家和地区耕地休耕补助政策及其对中国的启示. 农业工程学报, 33(19): 249-257.
唐启飞, 何蒲明. 2017. 国外经验对我国耕地休耕制度建立的启示——以美国、日本和欧盟为例. 长江大学学报(自科版), 14(22): 5, 60-65.

王晓丽. 2012. 论生态补偿模式的合理选择——以美国土地休耕计划的经验为视角. 郑州轻工业学院学报(社会科学版), 13(6): 69-72.

吴萍. 2016. 我国耕地休养生态补偿机制的构建. 江西社会科学, 36(4): 158-163.

吴萍. 2017. 构建耕地轮作休耕生态补偿制度的思考. 农村经济,(10): 112-117.

吴萍, 王裕根. 2017. 耕地轮作休耕及其生态补偿制度构建. 理论与改革,(4): 20-27.

杨庆媛, 陈展图, 信桂新, 等. 2018. 中国耕作制度的历史演变及当前轮作休耕制度的思考. 西部论坛, 28(2): 1-8.

杨庆媛, 信桂新, 江娟丽, 等. 2017. 欧美及东亚地区耕地轮作休耕制度实践:对比与启示. 中国土地科学, 31(4): 71-79.

赵其国, 沈仁芳, 滕应, 等. 2018. 我国地下水漏斗区耕地轮作休耕制度试点成效及对策建议. 土壤, 50(1): 1-6.

赵其国, 沈仁芳, 滕应, 等. 2017a. 中国重金属污染区耕地轮作休耕制度试点进展、问题及对策建议. 生态环境学报, 26(12): 2003-2007.

赵其国, 滕应, 黄国勤. 2017b. 中国探索实行耕地轮作休耕制度试点问题的战略思考. 生态环境学报, 26(1): 1-5.

朱文清. 2009. 美国休耕保护项目问题研究. 林业经济,(12): 80-83.

朱文清. 2010a. 美国休耕保护项目问题研究(续一). 林业经济,(1): 123-128.

朱文清. 2010b. 美国休耕保护项目问题研究(续二). 林业经济,(2): 122-128.

卓乐, 曾福生. 2016. 发达国家及中国台湾地区休耕制度对中国大陆实施休耕制度的启示. 世界农业,(9): 80-85.

Heimlich R E, 杜群. 2008. 美国以自然资源保护为宗旨的土地休耕经验. 林业经济,(5): 72-80.